전쟁神과 군사전략

군사전략의 이론과 실천에 관한 논문 선집

강 성 학

The God of War and Military Strategy

An Anthology on the Theory and Practice of Military Strategy

Sung-Hack Kang

리북

전쟁神과 군사전략

군사전략의 이론과 실천에 관한 논문 선집

초판1쇄 발행일 • 2012년 8월 27일
2쇄 발행일 • 2014년 11월 25일

지은이 • 강성학
펴낸이 • 이재호
펴낸곳 • 리북
등 록 • 1995년 12월 21일 제13-663호
주 소 • 경기도 파주시 광인사길 68 2층(문발동)
전 화 • 031-955-6435
팩 스 • 031-955-6437
홈페이지 • www.leebook.com

정 가 • 23,000원

ISBN 978-89-97496-07-05

이 도서의 국립중앙도서관 출판시도서목록(CIP)은 e-CIP홈페이지(http://www.nl.go.kr/ecip)와
국가자료공동목록시스템(http://www.nl.go.kr/kolisnet)에서 이용하실 수 있습니다.
(CIP제어번호: CIP2012003730)

고려대학교 대학원에서

지난 30여 년간 나에게 지도 받았던,

자신들의 삶의 가장 중요한 시기 중 한때를

나와 함께했던

대한민국 군 장교 제자들에게

■서 문

"전쟁은 모든 것의 아버지이다." _ 헤라클리투스(Heraclitus)

"전쟁은 국가에 치명적으로 중대한 문제이다. 즉 삶과 죽음의 영역이요 생존과 멸망의 길이다. 철저히 연구해야 한다." _ 손자

"오직 죽은 자만이 전쟁의 종말을 보았다." 인류의 스승 플라톤(Plato)의 말이다. 전쟁은 바란다고 해서 사라지지 않는다. 그렇다고 해서 전쟁이 필연적인 것도 아니다. 전쟁은 예측할 수 없는 것이다. 독일이 낳은 위대한 철학자 임마누엘 칸트(Immanuel Kant)도 "영구평화에로"의 서두에서 어느 여인숙 간판에 그려진 무덤을 영구평화의 상징처럼 내세웠다. 반면에 헤라클리투스(Heraclitus)는 전쟁을 "모든 것의 아버지"라고 불렀다. 그렇다. 전쟁은 파괴적인 반면에 그 어느 것보다도 생산력이 있다. 인간의 삶에서 전쟁에 의해 영향을 받지 않은 것은 거의 없다. 정치, 경제, 사회, 문화의 창조자, 파괴자 및 변경자로서 전쟁에 비교될 만한 것은 거의 없다고 해도 과언이 아닐 것이다.

전쟁의 연구는 풍성한 고전적 유산을 갖고 있다. 인류문명사에서 호메로스(Homeros), 헤로도투스(Herodotus), 투키디데스(Thucydides), 제노폰(Xenophon), 중국의 손자, 시저(Caeser), 조세푸스(Josephus), 폴리비우스(Polybius), 마키아벨리(Machiavelli), 에드워드 기본(Edward

Gibbon) 그리고 그것은 전쟁 철학자 칼 폰 클라우제비츠(Carl von Clausewitz)에서 절정을 이루었다. 이런 유산의 이유는 분명하다. 그것은 바로 인간의 역사에서 전쟁이 만연했기 때문이다. 평화, 즉 전쟁이 폐지된 국제사회 질서의 아이디어는 최근의 발명이다. 그럼에도 불구하고 "평화"가 전쟁을 사회 및 정치적 사유에서 적지 않게 추방해 버렸다. 계몽주의 시대로부터 미래사회는 평화롭고 탈 국가적일 것이라는 문제가 많은 믿음 속에서 전쟁은 중대한 지적 탐구의 대상에서 멀어졌다. 왜냐하면 많은 계몽주의 사상가들은 인류의 문명을 야만적 폭력이 제거되어 가고 있는 하나의 목적론적 과정으로 이해했기 때문이다.

그러나 근대의 역사도 역시 전쟁과 다음 전쟁의 준비과정이었다. 플라톤의 말처럼 전쟁의 종말은 정말로 죽은 자만이 볼 수 있는 것인가 보다. 그러나 전쟁은 한 사람의 일생을 통해 어쩌면 한번 직접 체험할까 말까 할 정도로 드문 사건이기도 하다. 그럼에도 불구하고 전쟁의 신(神)은 마치 죽음처럼 늘 살아있는 우리와 함께 있다고 보아야 할 것이다. 따라서 우리 인간들이 할 수 있는 일이란 그 전쟁의 신(神)에 대처할 올바른 전쟁방법, 즉 올바른 군사전략을 준비하는 것이 될 것이다. 그러나 기이하게도 학문적으로 군사전략은 매우 특수한 분야이다. 그렇기 때문에 교과서로 쓸 만한 서적을 국내에서 찾기가 쉽지 않다. 이 분야는 일반 대학에서 거의 진공상태라고 해도 과언이 아니다. 이런 생각은 고려대학교 대학원과 정책대학원에서 현대군사전략 과목을 수년 간격으로 강의를 개설했었던 저자가 갖게 된 것이다. 아무쪼록 본서가 군사전략 분야에서 다소나마 유용한 교과서나 참고서로 쓰이길 기대하는 마음에서 출간하기로 결심했다.

본서는 저자가 지난 30여 년간 교수생활을 하면서 이미 출판된 여러 저서에 흩어져 있고, 또 어떤 것은 오래 전에 이미 절판된 과거 저서 속에 파묻혀 이제는 완전히 잊혀진 것들로 군사전략에 집중된 것들만을 한 곳에 모은 것이다. 이렇게 한 권으로 묶은 것은 고려대학교 대학원과 정책대학원에서 석. 박사 학위 과정을 지도했던, 이제 모두 50여명에 달하는 군 장교 제자들(군 위탁생과 일반 장교들 포함)의 빈번한 권유에 따른 것이다. 아래 출처에서 밝히겠지만 어떤 장들은 처음 발표된 후 제법 오래된 것들도 있다. 그러나 독자들로부터 오늘의 시점에서 평가를 받기 위해 어느 것도 전혀 수정 보완하지 않았다. 아니 어쩌면 지금도 수정이나 보완할 필요가 없다고 마음속으로 생각하는 저자의 지적 오만이 숨겨 있는지도 모르겠다. 혹 그렇게 생각하는 독자가 있다면 미리 사과드린다. 총 8개장으로 구성된 본서에서 각 장의 출처는 다음과 같다.

제1장은 〈무지개와 부엉이: 국제정치의 이론과 실천에 관한 논문선집〉 박영사, 2010, 제25장.
제2장은 〈용과 사무라이의 결투: 중(청)일 전쟁의 국제정치와 군사전략〉 리북, 2006, 제1장.
제3장은 〈시베리아 횡단열차와 사무라이: 러일전쟁의 외교와 군사전략, 고려대학교 출판부, 1999, 제6장.
제4장과 제6장은 〈카멜레온과 시지프스: 변천하는 국제질서와 한국의 안보〉 나남출판, 1995, 제8장과 제6장.
제5장과 제7장은 〈이아고와 카산드라: 항공력 시대의 미국과 한국〉 오름, 1997, 제23장과 제4장.
제8장은 〈새우와 고래싸움: 한민족과 국제정치〉 박영사, 2004, 제4장.

이제 본서의 출간과 관련하여 마음속으로부터 깊은 고마움을 표현하고자 한다. 우선 먼저 본서의 출판사에 깊이 감사하고 싶다. 본서는 엄격한 의미에서 결코 "새 책"이 아니다. 이미 출간된 저서들로부터 하나의 새로운 주제에 맞춰 발췌한 장들로 구성된 것이다. 따라서 이것을 하나의 새로운 신간서적처럼 출간한다는 것은 한국의 작은 서적시장과 오랜 출판관습을 고려할 때 아주 어려운 일이다. 그럼에도 불구하고 상업적으로 거의 무모하리만큼 매우 모험적인, 그래서 진실로 용기 있고 또 친학문적인 도서출판 리북의 이재호 사장님께 깊은 감사와 함께 높은 찬사를 보낸다. 그의 "전략적 결정"이 궁극적으로 옳았었다는 것으로 가까운 장래에 판명되길 진심으로 기대해 마지않는다.

또한 본서의 출간 준비과정에서 무더위 속에서도 원고교정에 애써준 대학원의 모준영 박사후보, 강정일 박사후보, 김선규 소령, 박찬선 소령, 김수형 대학원생과 박성건 대학원 신입생에게 감사한다. 그리고 특히 그 동안 이런 저런 다양한 일들을 언제나 성실하게 도와준 김현경 연구조교에게 감사한다.

뿐만 아니라 저자에게 40여 년 전에 국제정치학에 대해 눈을 뜨게 해주시고 학문의 세계로 인도해 주신 분으로 지난 7월 22일 숙환으로 타계하신 김경원 옛 스승님께 진심으로 깊은 감사를 드린다. 그리고 언제나 마치 "영원한 하숙생"같았던 가장을 이해하고 견디어준 어머님과 아내 그리고 자식들에게도 고마운 마음을 전하고 싶다.

끝으로 저서를 낼 때마다 반복하는 말이긴 하지만 지난 30여 년간 비교적 안락한 삶과 자유로운 학문생활을 할 수 있는 여건을 제공해온 고려대학교에 거듭 감사한다.

2012년 8월

정경관 402호 구고서실(九皐書室)에서

■ 차 례

제1장

21세기 군사전략론

_ 클라우제비츠와 손자간 융합의 필요성

전쟁이란 국가에게 사활적 중대사이다. 즉 그것은 삶과 죽음의 영역이며 생존이나 멸망으로 가는 길이다. 따라서 전쟁을 철저히 연구해야만 한다.
_ 손자

당신은 전쟁에 관심이 없을지도 모른다. 그러나 전쟁은 당신에게 관심이 있다. _ 레온 트로츠키

Ⅰ. 서론

많은 사람들은 제1차 세계대전이 인류의 전쟁을 종결하는 마지막 전쟁이라고 생각했다.[1] 하지만 제2차 세계대전은 그것이 하나의 거대한 환상에 지나지 않았음을 증명했다. 제2차 세계대전의 종결과 함께 탄생한 유엔(UN)은 모든 국제적 분쟁들을 종식시킬 것으로 기대되었다. 하지만, 그러한 기대에도 불구하고 한국전쟁을 비롯한 수많은 전쟁들이 동양과 서양을 막론하고 계속되었다. 소

1) Thomas J. Knock, *To End All Wars: Woodrow Wilson and the Quest for a New World Order*, New York and Oxford: Oxford University Press, 1922.

련의 붕괴와 함께 길고 긴 냉전이 막을 내리면서, 또다시 많은 사람들은 더 이상 전쟁이 일어나지 않을 수도 있다는 기대감에 부풀었다. 바로 그런 분위기 속에서 1991년 마틴 반크리벌드(Martin van Creveld)는 『전쟁의 변환(*The Transformation of war*)』이라는 널리 주목받은 저서를 통해 자신과 비슷한 조직과 싸울 국가의 능력이 갈수록 의심스러울 뿐만 아니라 싸우지 않고 싸울 수도 없고 또 싸우지 않을 조직에 대해 충성한다는 것이 별로 의미가 없기 때문에 국가가 망각의 길로 접어든 것 같다고 주장했다.[2] 그는 제1차 30년 전쟁(1618~1648)의 참화가 종교전쟁들의 시대를 종식시켰듯이 1914~1945년간의 30년 전쟁이라고 부른 두 차례의 세계대전과 핵무기의 출현이 민족국가간의 권력투쟁에 종지부를 찍었다는 것이다. 그 결과 17세기에 실제로 그랬던 것처럼 주요행위자들이 이제 무대를 떠나야만 한다는 것이다. 뒤이어 1993년 존 키건(John Keegan)도 『전쟁의 역사(*A History of Warfare*)』[3]의 출간을 통해 전쟁이란 다른 수단에 의한 정책의 수단이 아니라고 선언했다. 전쟁은 국가들의 탄생보다도 앞섰으며 국가의 정책이 아니라 문화의 산물이라는 것이다. 메리 칼도어(Mary Kaldor)는 교전장들의 목적이 정치적인 것 못지않게 흔히 경제적 이득인 비국가 행위자들, 군벌들 그리고 범죄자들이 관련된 새로운 전쟁 시대의 도래를 선언하면서 이들은 전쟁을 종결짓는 데 보다는 오히려 지속시키는 데 더 많은 관심을 갖고 있다는 결론을 내림으로써[4] 전쟁의 본질적 변화에 대해 주장하는 추세를 마무리 짓는 것처럼 보였다.

그러나 지금도 국가는 여전히 정치의 조직 원리로 남아 있으며

---

2) Martin van Creveld, *The Transformation of War*, New York: The Free Press, 1991, pp.193-194.

3) John Keegan, *A History of Warfare*, New York: Alfred A. Knopf, 1993, p.3.

4) Mary Kaldor, *New and Old Wars: Organized Violence in a Global Era*, Stanford, CA: Stanford University Press, 1999, p.15

종교전쟁의 시대와는 다르게 국가간 무력투쟁도 아직 사라지지 않았다. 다만 그것이 지구의 제한된 지역에서 권력투쟁의 직접 군사적 차원을 잃었을 뿐이다. 뿐만 아니라, 그 후 발생한 걸프전쟁, 아프리카와 발칸반도에서의 사악한 전투들 그리고 한 순간에 3천여 명의 목숨을 앗아간 미국 9.11 테러사건과 그에 뒤따른 아프간 전쟁과 이라크 전쟁 등은 역시 그러한 기대가 한낱 허황된 소망에 불과하였다는 것을 다시 한 번 입증하였다. 오히려 국제사회에서는 국제평화와 안보를 위협하는 새로운 요인들이 등장했다. 언제 어디서 일어날지 모르는 테러의 위협뿐만 아니라 폭군들이 지배하는 이른바 불량국가(rogue states)들은 언제든지 자신들이 보유한 대량살상무기를 사용할 태세이다. 헤겔과 마르크스의 역사철학[5]에 입각하여 프란시스 후쿠야마(Francis Fukuyama)가 선언 했던 소위 "역사의 종말"은 21세기의 전야와 새벽에 그것이 하나의 신기루에 지나지 않았음이 분명해졌다. 최근에 고통스럽게 경험한 많은 전쟁들이 "역사가 다시 되돌아왔다"[6]는 명백하고도 확실한 교훈을 가르치고 있음에도 불구하고 여전히 많은 탈근대 글로벌리스트들은 여전히 후쿠야마가 제시한 역사관에 입각하여 사고하는 모습을 보이고 있다.

그러나 무엇보다도 테러에 대한 전쟁은 이제 막 시작되었다고 말해도 좋을 것이다. 이 전쟁의 궁극적인 목적은 영토의 정복이나 특정 이데올로기의 탄압에 있는 것이 아니다. 그 궁극적인 목적은 테러를 억제하기 위한 국가들 간의 공감대 형성을 위해 필요한 국제적 환경을 조성하고 적들이 테러를 일으키지 못하도록 하는

---

5) Francis Fukuyama, *The End of History and The Last Man*, New York: The Free Press, 1992.

6) Robert Kagan, *The Return of History and the End of Dreams*, New york: Alfred A. Knopf, 2008.

데 있다. 이런 전쟁의 근원은 이슬람이 아니라 바로 국가의 본질과 전쟁의 새로운 기술, 방법 그리고 목적과의 관련성에 근본적인 변화가 있기 때문이다.[7] 이러한 전쟁들의 본질과 구조를 폭넓고 깊게 이해하기까지는 상당한 시간이 필요할 것이다. 오늘날 우리는 국제적 사회가 대처해야 하는 전쟁과 폭력의 전 세계적인 확대를 목격하고 있다. 갑작스럽게 대두된 국제테러단체 조직망과 대량살상무기 그리고 더욱더 커져가는 수많은 민간인들의 취약성의 불안스러운 결합은 국제안보에 대한 전통적인 지혜의 근본적인 전환을 강력하게 요구하고 있다.

문명화된 국민들 간의 전쟁을 단순히 국가의 합리적인 행위의 결과로 보거나 전쟁에 대한 인간들의 열정이 점차 사라져간다고 여겨 결국에는 군사력의 물질적인 충돌이 반드시 필요하지는 않을 것이라고 생각하는 것은 명백한 환상일 것이다. 만약 전쟁을 힘에 입각한 행위라고 간주한다면 전쟁에는 감정이 개입되지 않을 수 없는 것이다. 물론 전쟁이 적대감이라는 감정으로부터 발생하지 않을 수도 있다. 하지만 그것이 영향을 준다는 것은 틀림없으며, 다만 얼마나 많은 영향을 주는가는 문명화 수준에 따른 것이 아니라 상호 충돌하는 이익의 중요성과 그 갈등이 얼마나 오랫동안 지속되었는가에 따라 다르게 나타나는 것이다. 화약의 발명과 핵무기로 대표되는 화기의 지속적인 발전은 문명의 진보가 적을 파괴하고자 하는 충동을 억제하거나 변화시키는 데 실질적인 도움이 되지 못함을 잘 보여주고 있다. 그리고 그것이 자신의 의지를 관철하기 위해 힘을 행사하는 행위로서 "수단을 달리한 정치적 행위의

---

7) Philip Bobbitt, *Terror and Consent: The Wars for Twenty-First Century*, New York: Alfred A. Knopf, 2008, p.3. 이런 점에 대한 필자의 논의를 위해서는, 강성학, 『인간 神과 평화의 바벨탑: 국제정치의 원칙과 평화를 위한 세계헌정 질서의 모색』, 고려대학교출판부, 2006, pp.674-678을 참조.

연속인 전쟁"의 바로 그 핵심이자 본질인 것이다.[8)]

때문에 서양세계에서 유일한 전쟁 철학자로 인정받고 있는 클라우제비츠(Clausewitz)[9)]는 다음과 같이 경고하였다.

"마음이 착한 사람들은 피를 흘리지 않고 적을 이기고 무장해제시킬 수 있는 독창적인 방법이 분명히 있을 것이며, 그것이 전쟁의 궁극적인 목표라고 생각할 수 있을 것이다. 하지만 이러한 생각은 듣기

---

8) Carl von Clausewitz, *On War*, ed. and trans. by Michael Howard and Peter Paret, Princeton, NJ: Princeton University Press, 1976, pp.75-76, and p.87.

9) Raymond Aron, *Clausewitz: Philosopher of War*, trans. by Christine Booker and Norman Stone, London: Routledge & Kegan Paul, 1983(1976에 처음 불어로 출간되었다). 존 키건(John Keegan)은 클라우제비츠를 단지 19세기 초 승진 못하고 답답한 군대생활로 조절한 일개 장교로 격하시켰다(Johe keegan, *A History of Warfare*, New York: Hutchinson, 1993 pp.15-16). 그러나 미래의 전쟁에서 클라우제비츠의 적실성을 부인하는 마틴 반 크리벌드(Martin van Creveld)도 그가 서양의 지적 전통에서 전쟁에 대해 쓴 가장 위대한 작가라고 인정한다(Martin can Creveld, "What is Wrong With Clausewitz?" in Gert de Nooy, ed., *The Coausewitzian Dictum and the Future of Western Miliary Strategy*, The Hague, Netherkands: Kiuwer Law International, 1997, p.7.). 그에 의하면 전략연구분야의 주요 학술지들의 조사가 보여주듯이 클라우제비츠만이 일 세기 전에 살았지만 군사문제에 관해선 여전히 실천적 안내자로 간주되는 유일한 작가이다. 예를 들어, International Security와 Strategic Studies라는 학술지에서 지난 10여 년간 클라우제비츠를 제외하고는 일세기 전의 어느 누구도 또 어떤 주제도 논문의 주제가 되지 못했다. 프론티누스(Fronstinus)로부터 리들 하트(Liddel Hart)에 이르기까지 클라우제비츠만이 군사문제에 대해 "어떻게," 즉 요리책 같은 접근법에 만족하지 않은 유일한 이론가이다(Martin van Creveld, "The Etenal Clausewitz," In Michael I Handel, ed., *Clausewitz and Modern Strategy*, London: Frank Cass, 1986, pp.35-50). 클라우제비츠는 먼저 원칙을 추적하고 그 다음에 이론과 역사적 현실을 항상 병립시키는 방법으로 진행하여 지구적 차원의 역사적 중요성을 갖는 작품을 생산했다. 그리하여 동료 군사이론가들 중에서 유일하게 클라우제비츠만이 괴테, 셰익스피어, 마키아벨리, 베이컨, 홉스, 마르크스 그리고 누구보다도 아담스미스에 비견되었다(Bernard Brodie, *War and Politics*, New York: Macmillan, 1973, p.436: S. L. Murray, *The Reality of War*, London, Hugh Rees, 1906, p.xiii). 두 세기가 다 되어가는 지금도 그의 저작이 시대를 초월하는 작품이라는 평가는 여전히 진실이고 또 미래에도 그렇게 인정될 것이다.

좋은 만큼 이는 분명한 착각이다. 전쟁이란 것은 너무나 위험한 것이기에 착한 마음으로부터 발생하는 실수는 치명적인 것이다. 강력한 힘의 사용은 절대 지성의 사용과 동시에 양립할 수 없다. 만약 한쪽에서는 힘의 사용이 유혈을 가져온다는 사실에 주저하지 않고 무력을 사용하는 반면 다른 쪽에서는 반대로 힘의 사용을 자제한다면 전자 쪽이 분명한 우위를 점하게 된다. 우위를 점한 쪽은 다른 쪽으로 하여금 따르도록 강요할 것이다. 서로를 극단으로 몰고 갈 것이며, 이를 제한하는 유일한 요소들은 전쟁에 내재되어 있는 균형일 뿐이다. 전쟁이란 바로 이런 것이다. 전쟁의 극악무도함과 절대적인 고통으로부터 진정한 전쟁이 무엇인지를 사람들에게 제대로 알리지 않으려고 하는 것은 의미 없을 뿐만 아니라 잘못된 것이다."[10]

이와 같은 클라우제비츠의 전쟁관은 동양의 대표적인 전쟁 철학자인 손자의 전쟁관에 정면으로 대치된다. 손자는 백 번의 전투에서 백 번 이기는 것이 최고의 전술이 아니라 싸우지 않고도 적을 이기는 것이 최고의 전술이라고 생각하였다.[11] 클라우제비츠에게, 손자는 착한 마음을 가진 사람이며 전쟁에 대한 잘못된 생각을 가진 대표적이고 전형적인 사람으로 보일 것이다. 하지만 동양과 서양을 대표하는 이 두 전쟁 철학자들 중 과연 오늘날 21세기의 전쟁에 대해 올바른 가르침을 줄 수 있는 전략가는 누구일까? 군사전략[12]이라는 것은 문명 또는 특정 사회 문화의 지적

10) Carl von Clausewitz, *op. cit.*, pp.75-76.

11) Sun Tzu, *The Art of War*, trans. by Samuel B. Griffth, London: Oxford University Press, 1963, p . 77.

12) 여기서 말하는 군사전략이란 우리 시대의 군사교리의 개념보다 더 광범위하고 포괄적인 개념을 담고 있다. 현재의 군사 제도는 대전략(Grand Strategy)의 하부요소로서 공격과 방어, 혹은 억제보다 협소한 성격을 갖고 있다. 군사 교리 개념에 대해서는, Barry R. Posen, *The Sources of Miliary Doctrine*, Ithaca and London: Cornell University Press, 1984, pp.13-16 참고.

산물이다.[13]) 클라우제비츠가 서양의 문명과 근대 서양 사회문화의 산물이었다면, 손자는 바로 동양(구체적으로 말하면 중국이지만)의 문명 또는 고대 중국 사회의 문화의 산물이었던 것이다.[14]) 근대 사회 그리고 근대 이전의 사회와 많은 공통점과 차이점을 가지고 있는 오늘날의 탈근대적이고 세계화된 국제정치 속에서 근대 전략가인 클라우제비츠와 전근대 전략가인 손자 중 21세기의 새벽을 맞이한 우리에게 더 나은 전략적 가르침을 줄 수 있는 인물은 과연

---

13) 이 부분에서 필자는 토인비가 그의 역사철학에서 언급한 문명을 사회와 동일하게 여기는 것을 따르고 있다. Kenneth W. Thompson, *Toynbee's Philosophy of World History and Politics*, Baton Rouge and London: Louisiana State University Press, 1985, pp.14-15. 그리고 Samuel P. Huntington은 *The Clash of Civilizations and The Remaking of World Order*, New York: Simon & Schuster, 1996에서 문명과 문화를 동일시했다.

14) 『손자병법』은 1772년 예수회 신부인 J. J. M. 아미오(Armiot)에 의해서 불어로 처음 번역되었다. 아미오 신부는 투롱(Toulon)이 고향이었으며 오랫동안 북경에서 생활하다가 1794년에 생을 마감했다. 독자는 왜 선교사가 전쟁에 관한 서적을 번역하는 일을 담당했는지에 대해 의문을 품을 수가 있다. 그에 대해 아미오 신부가 직접 설명하기를 루이15세 왕권 당시 국무부 장관인 베르틴의 명령으로 중국 서적 번역 작업을 했다고 한다. 아미오 신부의 번역서 이후로 불어로 개정판이 나오지 않았다. 1905년에는 일본에서 유학하는 영국인 E. F. 칼드롭(E. F. Calthrop) 선장이 손자병법의 "13장"을 영어로 번역했다. 사실, 이 문헌은 원래 "손시(Sonshi)"라는 이름으로 동경에서 번역되었다. 칼드롭 선장은 오류가 제법 많았던 일본어 번역서를 다시 영어로 번역했을 가능성이 크다. 1910년 런던에서 길스(L. Giles)가 영어로 "13장"을 새로 번역했다. 같은 해 독어 번역본도 출간되었다. 러시아에서는 손자의 교본이 1860년에 스레즈네브스키(Sreznevskij)라는 중국학자에 의해 번역되었다. 당시 미국에서는 길스가 번역했던 영문판은 전혀 알려져 있지 않았다. 1944년에 들어서야 토마스 R. 필립스(Thomas R. Phillips)가 군사 관련 문헌들을 집필한 "전략의 근원"이라는 책을 통해 미국에 소개했다. 일본군이 몇 백 년 동안 손자의 전략을 따랐음에도 불구하고 미국 군대가 일본과 대치되어 있을 당시에 권위 있던 군사 서적 "근대 전략가들"이라는 책은 손자의 자료를 참고하지 않았다. 이에 대한 추가적인 내용은 Samuel B. Griffithm, *Sun Tzu: The Art of War*, London: Oxford University Press, 1963, Appendix Ⅲ 참고. 손자가 일본 군사사상에 미친 영향에 대해서는 Appendix Ⅱ 참조. 손자병법이 일본의 중세의 전쟁 기술에 미친 영향을 분석한 저서가 최근 출간되었다. Roland Knutsen, *Sun Tzu and The Art of Medieval Japanese Warfare*, Hawaii: University of Hawaii Press, 2006.

누구일까? 본 논문은 바로 그런 의문으로 시작하여 21세기의 전쟁은 그들 간의 배타적 선택보다는 그들 간 창조적 융합이론의 필요성이 제기되는 이유를 전개할 것이다.

Ⅱ. 테러행위의 이해와 클라우제비츠를 통해 본 대테러전쟁

현대와 미래 그리고 과거의 전쟁을 이해하는 데 있어서 클라우제비츠는 여전히 가장 좋은 출발점이 될 수 있다.[15] 2001년 9월 11일 미국의 심장부를 강타한 거대한 테러 사건은 전쟁의 특징, 더 나아가서는 전쟁의 본질을 바꾸어 놓은 것처럼 보였다. 인간 만사가 그렇듯 우리는 종종 장기간의 흐름과 점진적인 변화 속에서 어느 순간 결정적인 사건을 경험하고 위협에 처하게 된다. 9.11 테러사건은 단순히 미국 국민들뿐만 아니라 인간들의 삶에 있어서 새로운 전환점이 되는 사건이었다. 하지만 9.11 테러사건 이후 일어난 사건들, 그 중에서도 특히 미국의 아프가니스탄과 이라크 침공은 전쟁의 본질이 근본적으로 변화하였다는 주장을 뒷받침하지 않는다.[16] 미국과 영국은 정치적인 목적을 달성하기 위해 무장된 병력을 파병하였다. 상투적 표현을 빌리자면 두 국가의 행동은 말 그대로 클라우제비츠식이였다. 대체로 미국의 침공이 어떤 정치적인 목적에 의한 것이 아니었을지도 모른다는 점증하는 믿음 때문이기도 하지만 이후 등장한 전략 연구들은 이 두 전쟁이 마치 새로운

---

15) Andreas Herberg-Rothe, "Clausewitz and a New Containment: the Limitation of War and Violence," In Hew Strachan and Andreas Herberg-Rothe, eds., *Clausewitz in the Twenty-First Century*, Oxford: Oxford University Press, 2007, p.307

16) Martin van Creveld, *The Transformation of War*, New York: Free Press, 1991; John Keeganm, *A History of Warfare*, New York: Alfred A. Knopf, 1993.

세기의 전형적인 전쟁 형태라도 되는 듯이 이 두 전쟁, 특히 대 이라크 전쟁에 고정되었다. 그러나 여기에서 놀라운 것은 이런 연구들이 동일한 시기에 세계 다른 곳에서 일어나는 전쟁을 간과했을 뿐만 아니라 최근의 사건들을 역사적인 맥락 속에서 살피지 못함으로써 새롭게 보이는 것과 정말 새로운 것을 제대로 구별하지 못하는 조망의 결핍이다.

전쟁사에 대한 클라우제비츠의 연구는 전쟁이 단 한 가지 유형만을 따르지 않음을 잘 보여주었다. 시대에 따라 전쟁의 형태가 달랐고, 제약 조건들이 모두 달랐으며, 그 편견들도 달랐다.[17] 따라서 각 시대는 그 자체만의 전쟁 이론을 갖게 되었을 것이다. 물론 전쟁이라는 것이 국가들과 그들 군사력의 개별적인 특수한 성격에 따라 다른 조건에 처하지만 전쟁이란 모든 이론가들이 가장 많이 관심을 기울이는 보다 일반적이고 보편적인 요소 또한 분명히 내포하고 있다.[18] 바로 그렇기 때문에 클라우제비츠는 자신의 전쟁 연구를 "전쟁"이라는 하나의 일반적인 현상의 연구로 기대되는 저술을 했었다.

클라우제비츠에 의하면 전쟁이란 주어진 조건에 자신의 특성을 약간 적응시키는 실제로 카멜레온보다도 더 변화무쌍한 것이다. 총체적인 현상으로서 전쟁은 그 지배적인 특징들로 인하여 항상 전쟁을 현저한 삼위일체로 만든다. 전쟁의 삼위일체는 맹목적이고 본성에 따른 힘인 원초적 폭력성, 증오심과 적대감 그리고 창조적 정신이 자유롭게 발현될 수 있는 우연과 개연성의 작용 그리고 오직 이성의 지배를 받는 정책의 도구라는 종속적 요소로 구성된다. 이 세 가지 요소들 중에서 그 첫 번째는 주로 국민들[19]에 관한

---

17) Carl von Clausewitz, *op. cit.*, p.593.

18) *Ibid.*

19) 장준보와 야오윤쯔(Zhang Jonbo and Yao Yunzhu)는 중국의 전통과 서양의

것이고, 두 번째는 지휘관과 그의 군대에 관련된 군부의 것이며, 마지막 세 번째 요소는 정부와 관련된다. 전쟁 중에 타오르는 열정은 국민들 속에 이미 내재되어 있고, 우연과 개연성의 영역에서 용기와 재능이 발휘될 수 있는 범위는 지휘관과 군대의 특수한 성격에 의해 좌우된다. 그러나 정치적인 목적은 오직 정부만의 업무이다.[20] 이러한 전쟁의 세 가지 요소들 혹은 성향이 클라우제비츠의 "불가사의한 삼위일체"를 구성하며, 이 삼위일체가 항상 변화하는 카멜레온이라는 하나의 탁월한 종합적 은유의 형태로 그 요소들을 하나로 통합시킨다.

여기서 클라우제비츠가 "정부"라 함은 복종케하고 지도적 영향력을 가지는 모든 통치의 실체를 포함한다. 이와 비슷하게 "군부"라 함은 근대의 숙련된 준 직업적 군대만을 의미하는 것이 아니라 시대를 막론하고 전쟁을 수행하는 모든 실체를 의미한다. 마찬가지로 그가 "국민"이라고 하는 것도 역시 시대를 막론하고 모든 사회나 문화권의 주민을 의미하는 것이다. 물론 특정요소가 다른 요소들보다 두드러지고 영향력이 더 클 수 있지만 이러한 세 가지 요소들이 모든 전쟁에서 작용한다.[21] 요컨대, 클라우제비츠에게

군사적 사고와 철학적 뿌리의 차이를 논하면서 서양은 "무기요인(weapon factor)"을 강조한 반면에 중국의 군사적 전통은 "인적요인(human factor)"을 더 소중하게 여겨 전쟁이 윤리적 및 도덕적 차원을 강조한다고 주장했다. Zhang Junbo and Yao Yunzhu, "Differences Between Traditional Chinese and WesternMilitary Thinking and Their Philosophical Roots," *Journal of Contemporary China*, Vol. 5, No. 12, 1996, pp.209-221. 그러나 중국의 전략적 전통은 민족국가의 국민군대(National Army)가 탄생하기 이전의 것인 반면에, 클라우제비츠의 전쟁철학은 프랑스 혁명 후 새로운 정치에 따른 "국민 군대"간의 전쟁에서 출발하는 것으로 조국에 대한 열정 즉 "인적요인"을 이미 가정하고 있을 뿐만 아니라 그의 전쟁 수행의 삼위일체 즉 3가지 차원 중, 이 "국민의 열정"차원은 "인적요인"을 그가 얼마나 중요시 했는가를 분명하게 입증해주고 있다고 하겠다.

20) *Ibid.*, p.89.

21) Antulio J. Echevarria Ⅱ, "Clausewtiz and the Nature of the War on Terror,"

있어서 전쟁의 양상은 다양하고 가변적인 것이고, 그의 "경이로운 삼위일체"는 사회적, 군사적 그리고 정치적인 서로 다른 차원들로부터 전쟁의 특징을 포착하려는 시도였다. 전쟁에서 우선 전쟁의 목적을 수립하는 것이 최우선이지만 그 목적이 반드시 전쟁의 실제적 수행에 있어 지배적인 영향이 되지는 않을 것이다. 오히려 객관적인 지식의 입장에서 보면, 삼위일체는 다른 차원들을 복종시키는 목적의 영향력이 우연과 적국 군사력의 작용만큼이나 중요하다는 느낌을 갖게 한다.

그렇다면, 테러와의 전쟁과 같이 새로운 세기에 우리가 직면하고 있는 전쟁들의 성격을 분석하는 데 있어서 클라우제비츠의 소위 불가사의한 삼위일체는 얼마나 유용한 것일까? 사실 우리시대의 이렇게 다면적인 전쟁은 기술, 정보 그리고 금융의 확대 및 민주화의 확산과 함께 세계화가 가져온 최초의 갈등일 것이다. 세계화는 사람, 재화 그리고 아이디어의 실질적인 이동을 증가시켰으며, 그 결과 전쟁의 수단을 변화시켰다. 세계화는 또한 정치적 또는 혁명 지도자들로 하여금 그것이 비정규적이든 재래식 군사력이든 간에 그들의 지휘 하에 있는 세력, 자국의 지지자와 상대국의 지지자 그리고 중립적인 군중들에게 자신의 목적과 의도를 전달하는 능력을 향상시켰다. 반대로 좋지 않은 이미지나 평판 역시 다양한 경로를 통해 언제든지 등장해 상대방의 지도자들과 경쟁하거나 그들이 전달하고자 하는 메시지를 훼손시킬 수 있다. 그리하여 세계화는 목적, 적대감 그리고 우연의 세 가지 차원을 더욱 밀접하게 만들고 또 이들 간의 상호작용이 보다 더 즉각적이고 더 예측하기 어렵고 잠재적으로 더 영향력 있게 만들었다. 이것이 한 집단이 그들의 의지를 상대방에게 강요시키고자 하는 기본적인 개념은 변화시킬

---

in Hew Strachan and Andreas Herberg-Rothe, *op. cit.*, p.205.

수 없지만, 사용하려는 전술과 수단에 분명히 영향을 미치고 있다. 클라우제비츠가 발견한 전쟁의 근원적 삼위일체는 과거처럼 오늘날에도 여전히 타당하다.[22] 따라서 전쟁의 본질, 즉 삼위일체의 성격을 이해하는 것이 클라우제비츠의 시대에서 보다도 오늘날에 더 중요해졌다고까지 말할 수 있을 것이다. 왜냐하면 오류가 발생할 여지가 그만큼 줄어든 것으로 보이기 때문이다. 클라우제비츠의 경이로운 삼위일체는 새로운 21세기에 직면한 작금의 테러행위와 그에 따른 대테러전쟁에서도 전쟁의 성격을 이해하는 데 아주 유용하게 적용 될 수 있을 것이다.

우선 첫째로, 전쟁에서 서로 불일치하는 목적들이 관련된 교전자들의 수만큼이나 아주 복잡하게 얽혀있다. 많은 교전자들은 알카에다(Al-Qaeda)의 지하드 전사적(jihadist) 비전과 동일시하거나 적어도 그것에 의해 영감을 받은 반면에 또 다른 교전자들은 정치적 민족자결과 같이 아주 세속적으로 보이거나 혹은 지역적 및 현지적 성격의 목적을 추구한다. 테러에 대한 전쟁에서 미국이 명시한 전쟁의 목적은 테러를 "비조직적이고 현지화 되고 후원받지 못하는 수준으로" 격하시키고, 과거 해적행위와 노예무역 그리고 대량학살 등에서 적용했듯이 모든 관련 국가들과 국제기구들로 하여금 테러에 대해서는 "완전불용(zero-tolerance)정책"을 취하도록 설득하는 데 있다.[23] 테러에 대한 전쟁에서 문제가 되고 있는 목적들은 관련된 교전자들만큼이나 다양하지만 주요 적들의 전쟁 동기는

22) General Rupert Smith, *The Utility of Force: The Art of War in the Modern Times*, New York: Vintage Books, 2007, p.60; Andreas Herberg-Rothe, *Clausewitz's Puzzle: The Political Theory of War*, Oxford: Oxford University Press, 2007, pp.91-118; Hugh Smith, *On Clausewitz: A Study of Military and Political Ideas*, New York: Palgrave, 2005, pp.115-204.

23) US Government, *National Strategy for Combating Terrorism*, Washington D.C.: February 2003, p.13.

비교적 일정하고 또 이데올로기적인 것으로 남아 있다. 다시 말해서, 그들의 동기는 세계와 세계 속 자신의 위치에 대한 가정과 인식체계에 기반을 둔 것이다.[24] 양쪽 모두가 상대의 정치적 파멸을 추구하며, 또 현 시점에서 어느 쪽도 타결 가능성을 열어두고 있지 않다. 그들은 본질적으로 종교적이고 세속적인 만큼 못지않게 정치적인 목적을 달성하기 위해 분명히 무장병력을 사용하거나 혹은 사용하려고 모색하고 있다.[25]

둘째로, 이 전쟁에선 분명히 모두가 매우 높은 적개심을 보여준다. 실제로 이 전쟁의 저변에는 기나긴 원한의 역사가 자리 잡고 있다. 실제적이든 아니면 그렇게 인지된 것이든 오랜 기간 동안의 불의와 억압을 통해 형성된 적대감이 관련 당사자들의 정책적 선택, 전략과 전술들을 형성하고 또 여러 경우에 있어서 평화회담과 협상을 뒤엎었다. 바로 그렇기 때문에 클라우제비츠가 중요성을 강조하는 전쟁의 역사는 갈등과 동시에 그것의 해결에 불가피한 장애를 이해하는 데 있어서 본질적으로 중요한 것이다.

셋째로, 사람은 물리적으로나 심리적으로 그 스스로 무기임과 동시에 목표물이다. 지구적 차원의 비전이 없는 알카에다와 기타의 테러조직 집단들은 강력한 정치적, 사회적, 종교적 유대를 통해 자신의 지지자들을 효과적인 무기로 전환시켰다. 이들 테러 집단들은 주민들의 일상생활의 문제들까지 처리함으로써 이슬람 사회

24) 전쟁을 이끄는 미국의 이데올로기에 대해서는 Anatol Lieven, *America Right or Wrong; An Anatomy of American Nationalism*, Oxford: Oxford University Press, 2004; David Frum and Richard Perle, An End to *Evil: How to Win the War on Terror*, New York; Ballantine Books, 2004 참고

25) 문화적 규범과 기대는 각 국가가 갈등을 헤쳐 나가는 방법과 그리고 그것이 추구하는 목적을 어떻게 정의하는가에 분명히 영향을 미친다. 하지만 이러한 중요한 사실은 문화가 정책이나 정치를 대체하고 따라서 그것이 어떻게든 클라우제비츠의 전쟁론을 부정한다는 일부 학자들의 주장을 위한 근거는 별로 없다. John Keegan, *op. cit.* 참고

에서 사회적 및 정치적 틀의 내적 일부가 되었다. 이들과는 대조적으로 이슬람 공동체에 의해서 일반적으로 부패하고 비효율적으로 인식되는 대부분의 이슬람 국가의 정부기관들은 주민들의 일반적인 문제들을 해결하지 못했다. 주민들은 안전가옥과 상당한 재정적 그리고 병참적 네트워크의 구축과 유지를 촉진하는 수단을 제공함으로써 많은 테러집단들의 병기고의 중요한 무기가 되었다. 이런 지지자들의 역할은 테러 집단의 재건뿐만 아니라 이외에도 여러 가지 지원을 제공하는 것이다.[26] 이런 것이 역사상 전혀 새로운 것은 아니지만 테러행위는 상대방 주민을 물리적이고 심리적인 면에서 공격의 목표물로 삼고 있다. 이라크에서 사용된 노변의 폭탄들과 폭동전술 및 그 밖의 여러 곳에서 자행된 자폭테러행위는 미국과 그 연합 국가들의 군사력보다는 각국의 주민들을 겨냥한 것으로 보인다. 대부분의 전쟁에서처럼, 이런 전쟁의 결과는 궁극적으로 교전자들의 의지나 헌신의 문제이며 또 기본적인 적대감이라고 서술되는 성향을 통해서 가장 효과적으로 이루어진다.

요컨대, 클라우제비츠의 소위 경이로운 삼위일체의 세 가지 성향, 즉 세 가지 차원들은 21세기의 테러와의 전쟁에서도 여전히 생생하게 살아있다. 클라우제비츠의 전쟁분석의 삼위일체적 분석틀의 덕택으로 대테러전은 그것이 없는 경우보다 더 본질적으로 잘 이해될 수 있다. 그렇다면 대테러전에 대한 그런 본질적 이해에 기반을 둔 어떤 전략적 대응 방안이 클라우제비츠에 의해 제안될 수 있을까? 다시 말해, 우리는 "전쟁이 무엇인가"에서 이제는 "어떻게 전쟁을 수행할"지의 문제로 넘어가야 한다.

---

26) Paul K. Smith, "Transnational Terrorism and the Al Qaeda Model: Confronting New Realities," *Parameters*, Vol. 32, No. 2, Summer 2002, pp.33-46.

Ⅲ. 클라우제비츠의 "힘의 중심부"를 통한 직접 접근법

전쟁의 목표는 적을 패배시키는 것이다. 그렇다면, 어떻게 적을 패배시킬 수 있을까? 클라우제비츠는 모든 전략적 작전계획의 기초가 되고 전쟁 수행 시 모든 고려사항들을 지도할 두 개의 기본적 원칙을 밝혔다. 첫째 원칙은 적의 힘의 궁극적인 실체가 가장 적은 수의, 이상적으로는 하나의 힘의 중심부(the center of gravity)로 추적되어야 한다는 것이다. 이와 동시에 이러한 힘의 중심에 대해 타격으로 국한시키고 가능한 한 소수의 주요 공격작전 그리고 한 번의 타격으로 줄이는 것이다. 또한 모든 부차적인 작전은 가능한 한 부차적인 것으로 유지해야 한다. 요컨대, 첫째 원리는 극도의 집중력을 가지고 행동하는 것이다. 둘째 원칙은 정당한 이유 없이는 지연시키거나 우회하지 말고 최대의 속도로 공격하는 것이다.[27] 적을 패배시키고자 하는 군사적 목적은 적의 힘의 중심을 파괴하거나 전멸시킴으로써 얻어질 수 있다. 따라서 우리는 모든 힘을 모아 단 한 차례의 집중적인 타격으로 적의 힘의 중심을 공격하는 것이다. 작은 것은 언제나 큰 것에 의존하기 마련이고, 중요하지 않은 것은 중요한 것에 그리고 우연적인 것은 본질적인 것에 의존한다. 이러한 관계가 우리의 사유를 주도해야 한다. 클라우제비츠는 힘의 중심부를 다음과 같이 지적했다.

"알렉산더(Alexander the Great), 구스타부스 아돌푸스(Gustavus Adolphus), 찰스 12세(Charles XII) 그리고 프리드리히 대왕(Frederick the Great)은 모두가 각자 자신의 군대에 힘의 중심부가 있었다. 만약 그들의 군대가 파괴되었다면, 이 사람들은 모두 역사의 실패자들로 기억되었을 것이

---

27) Carl von Clausewtiz, *op. cit.*, p.617.

> 다. 많은 당파들이 권력을 위해 경쟁하는 국가들에서는 힘의 중심부가 주로 수도에 있다. 보다 강력한 국가들로부터 지원을 받는 약소국들에서는 힘의 중심부가 강대국의 군대에 있고, 동맹체제에서는 공통의 이익으로 형성된 통일성에 힘의 중심부가 있으며, 민중들의 폭동에서는 주요한 지도자들이나 여론에 힘의 중심부가 있다."[28]

타격은 이런 것들에 집중되어야 한다. 그리고 이러한 타격 후에 적이 균형을 잃으면 적에게 다시 균형회복을 절대 허용해서는 안 되고, 지속적으로 적에게 타격을 가해야 한다. 다시 말하면, 승자는 모든 타격을 적의 단지 일부가 아닌 전체에 가하는 방식으로 집중적으로 수행해야만 한다. 클라우제비츠가 지적했듯이 상황에 따라서 핵심적 지도자들 개인, 국가의 수도, 동맹국들의 네트워크와 그들의 이익공동체 또는 군대가 핵심의 구심적 혹은 원심적 기능을 수행할 것이다.

클라우제비츠의 이러한 생각들은 분명히 인민반란의 힘의 중심부가 주요 지도자들 개인과 여론에 있다는 작금의 반란대응이론들(Counterinsurgency Theories)과 맥락을 같이 한다.[29] 힘의 중심부는 치명적 능력 그 이상이다. 힘의 중심부란 그것이 공격당하거나 중립화되면 적의 완전한 붕괴를 초래할 그런 핵심들이다. 오늘날 테러와의 전쟁은 주장되는 전쟁의 목적에 있어서라기보다는 사용되는 전쟁 수행 방법에 의해서만 제약되고 있다. 수백 명의 이슬람 리더들과 성직자들은 무기를 들거나 재정적 기여 혹은 안전한 피난처를 제공함으로써 모든 이슬람교 교도의 참여를 요구하는 "방어적 지하드(성전)"를 공개적으로 선포하였다. 이교도들에 대한 승리가

28) *Ibid.*, p.596.

29) Werner Hahiweg, "Clausewitz and Guerrilla Warfare," in Michael I. Handel, ed., *Clausewitz and Modern Strategy*, London: Frank Cass, 1986, pp.127-133.

그 어떤 논의에도 응하지 않고, 불완전한 해결이나 어떤 흥정도 허용하지 않는 목적이다.[30] 따라서 이것은 정치적 목적이 적의 힘의 중심부를 공격하는 것과 완전히 일치하는 그런 전쟁이며 또한 그런 전쟁들은 어느 한쪽의 정치적 전멸로 반드시 끝나는 것도 아니라는 것을 역사는 다루고 있다. 바로 이러한 이유로 사담 후세인의 죽음 그리고 이라크 군사력이 완전히 전멸된 이후에도 대테러전으로서 이라크 전쟁이 끝나지 않고 있다. 적의 힘의 중심부를 파괴하는 클라우제비츠의 직접 접근법이 중요한 한계점을 드러낸 것이다.

클라우제비츠에 의해 "그것에 모든 것이 달려있는 모든 힘과 기둥의 축"[31]으로 정의된 힘의 중심부라는 용어는 그의 『전쟁론』에서 50차례 이상이나 등장한다.[32] 그는 분명히 이것을 매우 중요하게 여겼으며, 또한 이것은 현대 군사이론들에서도 중요한 자리를 차지하고 있다. 하지만 세계화되고 또 대량 살상무기가 존재하는 오늘의 세계에서 힘의 집중은 더 이상 유효한 전쟁 원칙으로 간주되지 않고 있다. 어쨌든 테러범들, 반란자들 그리고 이외에 다른 비국가 행위자들은 그들을 공격할 수 있는 어떤 물리적인 힘의 중심부를 갖고 있지 않는 것처럼 보인다.

해리 서머즈(Harry Summers)의 『전략론(*On Strategy*)』[33]의 출판으로

---

30) Michael Scheuer, Al-Qaeda's Insurgency Doctrine: Aiming for a "Long War," *Terrorism Focus*, The Jamestown Foundation 3, no. 8, February 28, 2006; http://www.jamestown.org.

31) Carl von Clausewitz, *op. cit.*, pp.595-596.

32) Antulio J. Echevarria Ⅱ, *Clausewitz and Comtemporary War*, Oxford: Oxford University Press, 2007, p.177.

33) Harry G. Summers, Jr., *On Strategy: A Critical Analysis of the Vietnam War*, Novato, GA: Presidio Press, 1982. 1970년대까지는 클라우제비츠가 군사지도자들에게 미친 제한적인 영향에 대해서는 Bernard Brodie, "In Quest of the Unknown Clausewitz," *International Security*, Vol. 1, No. 3, Winter 1977, pp.62-69 참고

시작된 1980년대 클라우제비츠 르네상스는 미국 정부의 "와인버거(Weinberger) 독트린 채택"[34]으로 절정에 이르렀으며, 군사이론가들과 실무자들은 한때 미국의 교리가 모든 작전 계획에 있어 핵심으로 여겼던 힘의 중심부를 정의하는 일에 여념이 없었다. 이러한 과정 속에서 힘의 중심부란 개념이 폭넓은 의미를 가지게 되었다. 서로 다른 이론가들은 힘의 중심부를 서로 다르게 정의했다. 예를 들어, 반란대응 전문가들은 그런 성격의 갈등에서 중심부란 목표가 되고 있는 국가의 주민이라고 주장했다. 2003년 이라크 전쟁을 수행한 도널드 럼스펠드 미국 국방장관은 미국인들이 그들의 자유로운 생활방식의 생존이 걸린 전쟁을 하고 있으며, 이 전쟁의 힘의 중심부는 단순히 해외의 전쟁터에만 있는 것이 아니라 그것은 동시에 의지의 시험이며 따라서 미국 대중들과 함께 그리고 다른 국가의 대중들과 함께 이기거나 패할 것이라고 말했었다.[35] 다른 이론가들은 정치적 목적이 그곳에서 궁극적으로 달성되는 전쟁의 소위 후유증 처리 때문에 정치적 및 경제적 재건과 관련된 활동들인 관리 작전(governance operation) 속에 힘의 중심부가 있을 것이라고 시사했다.[36]

뿐만 아니라 각 군들(예, 육 · 해 · 공)은 핵심적 취약성으로부터 힘의 원천에 이르는 서로 다른 해석을 개발했다.[37] 그 결과, 서로 다른 군부 내의 정의들이 힘의 중심부의 의미를 미국 전쟁계획에 있어서 실질적 효용성을 넘어설 만큼 집단적으로 확장시키고 말았

---

34) Caspar W. Weinberger, "US Defense Strategy," *Foreign Affairs*, Spring 1986, pp.675-697

35) SGT Sara Wood, "Secretary Rumsfeld: U.S. Must Outdo Terrorists in Public Opinion Battle," USA American Forces Press Service, February 18, 2006.

36) Nadia Schadlow, "War and the Art of Governance," *Parameters*, Vol. 33, No. 3, Autumn 2003, pp.95-94.

37) 미국 군사제도(미국 해병대, 공군, 육군, 해군)에 대한 다른 해석에 대해서는 Antulio J. Echevarroa Ⅱ, *op. cit.*, p.188, note No.11 참고.

다. 그리하여 힘의 중심부라는 용어가 공격할 가치가 있는 사실상 거의 모든 것을 의미하기에 이르렀다.[38] 미국 합동군사교리(joint doctrine)가 1990년대 중반에 나왔을 때 그것은 오히려 혼란만 가중시켰다. 그리고 그 교리의 현 구체화는 힘의 중심부를 "본질적으로 행동의 자유, 물리적 힘 그리고 싸울 의지를 제공하는 정신적 · 물리적 힘과 권력 및 저항의 원천"이라고 정의하고 있다.[39] 하지만 클라우제비츠의 힘의 중심부는 힘의 원천이나 혹은 구체적인 장단점보다는 중추부나 중핵부로 가장 잘 이해될 수 있다. 힘의 중심부는 적의 분리된 부분들이 서로 연결되어 하나의 유일한 통일체를 형성하여 핵심지점들을 공격하거나 무력화시키는 곳에 존재한다. 따라서 힘의 중심부에 대한 미국의 정의는 어쩔 수 없이 명확성보다는 혼란을 가져올 수밖에 없으며, 동시에 그 용어의 과용을 가져왔다. 우리는 분명히 전쟁을 이길 열쇠들을 찾을 수 있다. 하지만, 만약 모든 것을 힘의 중심부라고 생각한다면 사실상 어느 것도 힘의 중심부가 아니다. 힘의 중심부를 공격하라는 클라우제비츠의 직접 접근법은 여론을 소외시키고 대테러전을 수행하는 국가에겐 위험부담을 증대시킨다. 따라서 그것은 노골적으로 공격하거나 책임의 소재가 확실하게 결정될 수 있는 비대칭적 강대국가에겐 아주 위험한 전략이다.

현재 미국의 테러에 대한 전쟁은 사용된 수단과 방법에 의해서만 제한될 뿐, 관련된 목적에 의해 제한되지 않는다. 대조적으로 테러리스트들의 물체적 및 심리적 힘은 힘의 중심부가 출연하기에는 충분하지 않았다. 게다가 대량살상무기 확산의 잠재성을 고려할

38) James Schneider and LTC Lawrence Izzo, "Clausewitz's Elusive Center of Gravity," *Parameters*, Vol. 17, No. 3, September 1987, p.49.

39) Department of Defense, *Doctrine of joint operations: Joint Pub 3-0*, Washington, D.C., 2006, chapter Ⅵ, p.10.

때, 테러리스트들의 힘의 중심부를 파괴하는 것이 보복공격을 예방하기에는 충분하지 않을 것이다. 현대의 세계화된 시대 속에서의 대량살상무기의 확산은 클라우제비츠의 힘의 중심부라는 개념을 학술적인 것, 즉 단순히 추상적인 것으로 만들어 버릴 수도 있을 것이다. 보복 공격을 막기 위해서는 전 세계적으로 퍼져있는 다세포적 네트워크를 사실상 동시에 공격해야만 할지도 모른다. 다시 말하면, 적의 많은 부분들이 그런 부분들의 종합을 생각하는 것만큼이나 중요하게 된 것 같다. 소규모집단들이 거의 자율적으로 그러나 아주 강력한 파괴력을 갖고 작전을 펴는 특히 오늘의 세계화된 환경 속에서 힘의 중심부라는 개념을 잘못 적용할 가능성은 실제로 아주 높다.[40] 바로 이런 이유 때문에 전 세계적인 테러가 발생하는 새로운 세기에는 이에 대한 대안적인 길을 안내할 수 있는 전략적 가르침을 찾는 것이 필요하다. 아니, 그것은 하나의 지상명령이다.

Ⅳ. 21세기 손자의 귀환

클라우제비츠의 전쟁에 대한 분석이 외교적 노력이 실패로 끝나고 전쟁이 불가피한 시점을 전제로 시작하는 반면 손자의 분석틀은 클라우제비츠보다 더 광범위하다. 왜냐하면 클라우제비츠의 논저는 전쟁이전과 이후 그리고 전쟁 중의 외교술에 대한 것이 아니라 구체적으로 전쟁 수행의 기술에 관한 것이기 때문이다. 그러나 손자에게 외교와 전쟁은 서로 깊은 연관성이 있을 뿐만 아니라 그것들의 지속적이고 중단 없는 활동을 의미한다.[41] 『손자병법(*The Art*

---

40) Antulio J. Echevarria Ⅱ, *op. cit.*, p.186.

41) Michael I. Handel, *Masters of War: Classical Strategic Thought*, 3rd revised and expanded edition, London: Frank Cass, 2001, p.33.

of War)』은 군사 지도자들 사이에서뿐만 아니라 국가 지도자들 사이에서도 인기가 있었다. 제목과는 다르게, 손자의 생각은 전쟁만을 다루지 않고 통치술까지도 다루고 있다. 전쟁술은 국가가 전쟁상태에 있을 때에 한해 어떻게 군 병력을 적절하게 사용하는지를 다루는 반면, 통치술은 자국의 지위가 향상될 수 있도록 국가들간의 관계를 성공적으로 헤쳐 나가는 것을 다룬다. 이러한 광범위한 분석의 범위는 전쟁과 평화 그리고 외교까지 모두 포함하는 것이다. 통치술과 『손자병법』 모두 국가의 생존 그 자체와 국가의 복지와 번영에 관한 것이다. 때문에 통일된 중국의 최초의 황제인 진시황이 『손자병법』을 연구하고 전국시대를 종식시키는 데 그것을 사용했다는 것은 별로 놀랄 일이 아니다.

손자의 기본적 논제는 적을 단순히 무력으로만이 아닌 지략으로써 극복하려고 시도하는 것이다. 손자는 전쟁을 단순히 군사력의 충돌로 보지 않고, 정치, 경제, 군사력 및 외교를 포함하는 포괄적 갈등이라고 믿었다. 물론, 클라우제비츠가 그의 논의의 범위에서 외교에 대한 언급을 배제했다는 단순한 사실은 그가 외교의 중요성을 무시하거나 과소평가한다는 것을 의미하지 않는다. 실제로 그는 분명히 외교와 정치가 전쟁의 전 과정에서 중요한 역할을 계속한다고 명백히 말했었다. 클라우제비츠에 의하면 전쟁 자체가 정치적 교섭을 중단시키거나 완전히 다른 어떤 것으로 변질시키지 않는다. 주로 양국 간의 정치적 교섭은 문서가 상호간에 더 이상 교환되지 않을 때에도 멈추지 않는다.[42] 클라우제비츠는 전쟁이 다른 모든 수단이 실패했을 때 국가의 목적을 달성하기 위한 많은 수단들 중 하나에 불과하다는 것을 다른 어떤 군사사상가들보다 잘 알고 있었다.[43] 즉, 클라우제비츠에게 전쟁은 단지 수단을 달리

42) Carl von Clausewitz, *op. cit.*, p.605.
43) Bernard Brodie, *War and Politics*, New York: Macmillan, 1973.

한 정치의 연속일 뿐이다.

손자는 전쟁 그 자체와 함께 정치적, 외교적 그리고 병참적인 전쟁 준비 역시 동일한 전쟁행위의 내적 일부로 간주한다.[44] 따라서 손자는 전투행위뿐만 아니라 전쟁이 전개되는 환경에도 상당히 주목했다. 반면에, 전쟁을 전쟁수행 그 자체로 한정시키는 클라우제비츠의 보다 제한적 정의가 왜 그의 추종자들이 "전쟁이란 수단을 달리한 정치의 연속"이라는 그의 가장 중요한 교훈을 쉽게 잊는지를 부분적으로 설명해 준다. 논란을 일으킬 인위적 정의를 내림으로써, 클라우제비츠는 정치적 준비를 희생시키면서 전투의 중심적 지위를 지나치게 강조하는 경향이 있다. 따라서 그가 의도한 것은 아니지만 전쟁의 병참적 혹은 경제적 차원들이 어떻게든 저절로 해결 될 것이라는 그의 가정, 혹은 경제적 문제는 전투장에서의 승리로 선수 칠 수 있다는 클라우제비츠의 함의는 제1차 그리고 제2차 세계대전에서 독일인들이 발견했던 것처럼 참으로 위험한 것이다.[45] 이런 협의의 정의는 기술적 혁신과 과학적 발명 그리고 연료, 식량, 탄약의 생산과 분배가 전투장에서 병사들의 임무수행 못지않게 중요한 오늘날엔 훨씬 더 오도할 수 있다. 바로 이러한 면에서 전쟁과 전략을 분석하는 손자의 포괄적인 분석틀은 오늘날에 있어서 클라우제비츠의 분석틀보다 훨씬 더 적실성 있어 보인다.[46]

손자는 어떤 개념이 개발되는 체계적 설명, 즉 그 개념이 개발되는 논리적 과정의 단계적 재구성을 제시하지 않는다. 『손자병법』은 핵심을 찌르는 중국의 고전적 글쓰기의 전형적인 형식으로 쓰인

---

44) 클라우제비츠에 따르면 전쟁에 있어서 전투 준비 단계와 실행 단계를 구분하는 것은 가능할 뿐 아니라 추천할 만하다. Carl von Clausewitz, *op. cit*, pp.131-132 참고.

45) Michael I. Handel, *op. cit.*, p.38.

46) *Ibid*.

전략에 대한 간결한 천명이다.[47] 그러나 그것은 "군주" 혹은 고위 군사 지휘관들을 위한 집약적 지침서, 격언집 또는 전술모음집과 같은 지침서로 더 많이 읽혀진다.[48] 물론 서양에서 『군주론』과 『전쟁론』이 새로운 정치 혹은 군사 지도자들을 분명히 계몽시킬 수 있음에도 불구하고 정치적 및 군사적 천재는 각 경우에 마키아벨리나 클라우제비츠를 전혀 읽지 않고서도 동일한 결론에 이를 수 있을 것이다. 두 작품 모두 현실에 대한 날카로운 관찰로부터 압축된 상식과 관찰에 근거한 이론들을 제시하고 있기 때문에 이 말은 사실이다. 손자의 경우도 마찬가지다.[49] 그들 간의 차이란 클라우제비츠가 난해한 추리과정을 통해 독자를 이끌어 가는 반면 손자는 대부분의 경우에 독자들에게 자신의 결론들만을 제시한다.

손자 역시 분명 클라우제비츠의 "전쟁의 삼위일체"의 중요성을 잘 이해했을 것이다. 손자에게 있어서 전쟁은 마치 물이 일정한

---

47) 영어 번역본은 40쪽도 채 되지 않는다. 중국 원본은 6,600개의 한자로 구성되어 있다. 이것은 고리타분하고 모호한 클라우제비츠 『전쟁론』의 600쪽과 대조된다. 예를 들어 1편의 1장인 "전쟁은 무엇인가?"를 이해하려면 여러 번 읽을 것이 요구된다. 하지만 마이클 핸델(Michael I. Handel)이 강조한 것처럼 바로 이 제1장이 클라우제비츠의 구조와 방법론을 이해하기에 있어서 가장 기본이다. 하지만 손자의 글은 각 장을 독립적으로 읽을 수 있고 또 그렇게 이해할 수 있다. Michael I. Handel, *op. cit.*, p.23 참고

48) 이러한 뜻에서, 손자는 클라우제비츠보다 당시 더 많은 관심을 끌었던 마키아벨리에 비견될 수 있을 것이다. 그것은 "군주론"의 명확성과 간결성 덕택이며 또한 마키아벨리 본인의 노골적 현실주의 덕이다. 정치의 이해에 대한 마키아벨리의 공헌은 전쟁수행에 대한 클라우제비츠의 통찰력에 버금간다. 마키아벨리가 클라우제비츠에게 미친 영향에 대해서는 Peter Paret, *Clausewitz and The State*, Oxford: Clarendon Press, 1976, pp, 169-207 참고.

49) Ralph D. Sawyer, *The Seven Military Classics of Ancient China*, New York: Basic Books, 1993, pp.149-156; Ralph D. Sawyer, The Tao of Deception: Unorthodox Warfare in Historic and Modern China, New York: Basic Book, 2007, pp.55-56. 첸야 티엔(Chen-Ya Tien)에 따르면 전쟁에 관한 모든 서적들은 전통적 중국 정치 철학을 반영하고 있다. Chen-Ya Tien, *Chinese Military Theory: Ancient and Modern*, Oakville, Ontario, Canada: Mosaic Press, 1992, p.23 참고.

형태를 가지고 있지 않듯이 전쟁도 변치 않는 조건은 없다. 군사적 대형은 물에 비견될 수 있다. 왜냐하면 물이 높은 데를 피하고 저지대를 향해 빠르게 흘러가듯이 군대 역시 강한 곳을 피하고 약한 곳을 공격하기 때문이다. 물의 흐름이 땅에 의해 결정되듯이 군사력의 승리는 적에 의해 결정된다.[50] 달리 말하면, 손자에게 있어서 전쟁이 무형의 물과 같다면, 클라우제비츠가 전쟁이란 마치 언제나 색을 달리하는 카멜레온과 같다는 주장과 유사한 것이다. 전쟁에 대한 그런 개념을 바탕으로 손자는 전쟁의 착수, 합리적 행위 그리고 종결과 관련되는 모든 주요 전략적 결정에서 정치의 우선을 인정했으며 이것이 삼위일체의 첫 번째 차원을 구성한다. 그는 두 번째 차원인 우연성에도 깊은 관심을 기울였다. 그것은 전투에서 계획하고 병력을 이끄는 것과 관련된 모든 기술적 세부사항에서 군부의 역할을 포함한다. 뿐만 아니라 손자는 대중적 지지의 동원을 선공의 선제 조건으로 꼽았으며, 이것이 열정이나 적대감의 세 번째 차원이다. 손자는 치명적인 위험에 대한 두려움 없이 살아서나 죽음까지도 동반할 만큼 인민들로 하여금 지휘관들과 조화를 이룰 수 있게 하는 정신적 영향력을 강조한다.[51] 그는 장기화되는 전쟁에서 인민의 지지를 상실하는 문제에 특히 민감했다. 왜냐하면 장기전에서 이득을 보는 국가는 결코 없었기 때문이다.[52] 따라서, 손자는 전쟁은 최대한 단 시간 내에 종결시켜야 하며, 결정적인 결과 없이 전쟁이 길어지면 길어질수록 인민의 지지를 유지하는 것이 어려워진다고 주장한 것이다.[53] 비록 손자가 정부와 군대

---

50) Sun Tzu, *The Art of War*, trans. by Samuel B. Griffith, London: Oxford University Press, 1963, p.101.

51) *Ibid.*, p.64.

52) *Ibid.*, p.73.

53) 클라우제비츠도 그와 동의하며 명분 없는 전쟁에 대해 시간을 투자하는 것을 비논리적으로 생각했다. Carl von Clausewitz, *op. cit.*, p.82 참고.

그리고 인민들 간의 적절한 균형을 유지할 필요성을 강조하고는 있지만 삼위일체적 요소들에 대한 그의 논의는 명시적이지 못하고 아주 산발적이다. 반면, 클라우제비츠의 분석은 보다 더 집중적이고 체계적이며 명시적이다. 그러나 이들은 차이점보다는 오히려 공통점을 더 많이 가지고 있다고 하겠다.

그럼에도 불구하고 클라우제비츠의 작품은 그것이 제대로 해석되었는지 여부를 떠나 실제로 군사 지휘관들로 하여금 공격을 단행하는 데 있어 적의 힘의 중심부를 공격하는 직접 접근법을 취하도록 하였으며, 그것은 엄청난 사상자와 제한적 성공만을 가져다주었다. 반면에 미국에겐 불행하게도, 뉴욕의 세계무역센터와 워싱턴 D.C.의 국방부에 대한 테러분자들의 공격은 손자의 전쟁 원칙들로부터 많은 영향을 받은 것으로 보인다. 공격의 가해자들, 즉 알카에다 지도부가 실제로 손자병법을 연구했는지 여부가 아직 확실하게 알려지지는 않았지만 전술적 차원에서 그들이 공격에 사용한 방법과 발생한 피해는 손자의 간접 접근법의 개념들과 일치한다.[54] 예를 들어, 손자가 그의 저작 제4편에서 강조했듯이 테러리스트들은 강한 곳을 피하고 약한 곳을 공격하였다. 알카에다는 최전방 기지나 작전부대와 같은 군사적으로 견고화된 목표물을 공격하기보다 노출된 민간 목표물과 군사 본부를 공격하였다. 백악관 역시 펜실베이니아 상공에서 민간인들에 의해 격추된 세 번째 비행기의 잠재적인 목표물이었다. 고층 빌딩들에 수많은 사람들이 밀집되어 있었다는 점, 자살 비행기 공격에 무방비하다는 점 그리고 그들의 상징적 의미가 매우 크다는 점이 테러리스트들의 관점에서는 공격에 취약하면서도 매우 매력적인 공격 목표물이었던 것이다. 간접 접근법의 원칙대로 알카에다 테러리스트들은 민간항공기의 빈약

54) Mark Mcneilly, *Sun Tzu and the Art of Modern Warfare*, Oxford: Oxford University Press, 2001, pp.201-202.

한 보안을 최대한 이용하였다. 그들은 무기를 기내까지 휴대하였고 이것은 비행기를 장악하기에 충분하였다. 무엇보다도 비행기의 선택 그 자체가 이 원칙에 부합한다.[55] 민간 항공기는 매우 취약하여 탈취하기 쉽고 동시에 장거리 이동이 가능하고 고속력이며 고도의 휘발성을 가진 제트 연료로 가득한 폭발력의 잠재력을 가지고 있어 상대적 약자의 심각한 무력의 결핍을 만회시킬 수 있기 때문이다.

전술적으로 공격작전은 성공적이었지만 이는 전술적인 성공이었을 뿐 전략으로는 실수였다는 의미에서 일본의 진주만 공격과 매우 흡사해 보인다. 수많은 무고한 민간인들의 희생, 공격의 기습적인 성격 그리고 미국에 의한 대량 반격이 확실한 미국의 땅에서 발생했다는 사실 등이 그렇다. 이런 식으로 테러리스트는 "싸우지 않고 이긴다."는 손자의 가장 중요한 원칙을 무시했다. 궁극적으로 그들은 지구상에서 가장 막강한 미국인들의 군사력, 자원 그리고 정보가 그들을 향하게 만들었다. 그럼에도 불구하고 더 늦기 전에 예방했어야 했던 테러 공격이 미국인들에게 엄청난 피해를 주었다는 점은 부인할 수 없다. 그러므로 서양의 지도자들 특히 미국 지도자들은 21세기 테러와의 전쟁을 수행하는 데 있어서 클라우제비츠의 가르침만을 따르기보다는 오히려 손자의 가르침을 새롭게 모색해야 할 것이다.

55) *Ibid.*, p.202.

V. 전쟁수행에서 손자의 간접 접근법

적의 가장 치명적인 부분을 찾아서 공격하는 것은 모든 전략가들에게 있어서 가장 중요한 임무 중 하나이다. 이 임무를 달성하기 위한 노력으로 클라우제비츠가 발전시킨 많은 아이디어들 중 하나가 바로 힘의 중심부 이론이었다. 반면에 손자는 이와 같은 개념을 구체적으로 서술하고 있지는 않지만, 그 대신에 보편적이고 한편으로는 신비로운 충고를 공격적 전략에 관해 다룬 장을 통해서 제시하였다. 즉 그는 "가장 중요한 것은 적의 전략을 공격하는 것"이라고 주장하였다.[56] 클라우제비츠에게 있어서 가장 중요한 힘의 중심부는 전형적으로 적의 군사력이다. 경우에 따라서는 전투에서의 승리가 전부였다. 하지만 손자에게 있어서는 적의 군사력을 파괴하는 것은 2차적 혹은 부차적 중요성을 갖는다. 적의 군사력을 공격하는 것은 "적의 전략" 혹은 "계획"을 공격하는 것이며 적의 동맹을 와해시킨 후에 수행하는 것이다.[57] 따라서, 손자의 힘의 중심부는 클라우제비츠의 그것과 다른 곳에, 즉 훨씬 높은 곳에 있다. 그는 필요한 경우 적의 강한 곳이 아니라 적의 약한 곳을 공격하여 간접적으로 적의 힘의 중심부에 접근한다. 하지만 손자에 의하면 실제 공격을 단행하기 전에 적뿐만 아니라 자신에 대해 먼저 알아야 한다. 왜냐하면 적을 알고 자신을 잘 알면 백 번의 전투에서도 절대 위태로움에 처하지 않을 것이기 때문이다.[58]

손자에게 있어서 일반적으로 전쟁에서 최상의 전략은 상대 국가를 조금도 손상시키지 않고 있는 그대로 점령하는 것이다. 적을 포획하는 것이 적을 죽이는 것보다 나은 것이다. 그래서 그에겐

56) Sun Tzu, *op. cit.*, p.77.
57) *Ibid.*, pp.77-78.
58) *Ibid.*, p.84.

싸우지 않고 적을 굴복시키는 것이 전쟁기술의 극치이다.[59] 예를 들어, 실제로든 기만적이든 우월한 군사력 배치의 투사를 통해서 군사적 수단에 의존하기 전에 적의 의도에 영향을 끼칠 수 있다. 이러한 방법으로 적은 자신이 전쟁을 시작하거나 자신을 굴복시킬 만큼 강하지 않다고 확신할 것이다. 소극적인 목적을 가진 방어 쪽에 있을 때 우리는 이와 같은 전략을 통해 적들이 자신의 의도를 포기하도록 확신 시킬 수 있는 반면에, 적극적 목적을 가진 공세 쪽에 있을 때 우리는 무력을 사용하지 않고 우리의 요구에 따르도록 강요할 수 있다. 이 단계와 다음 단계에서 우리는 외교를 통해 적의 동맹을 와해시키거나 그를 고립시킬 수 있다. 반대로, 우리는 우리 자신의 더욱 강력한 동맹 체제를 구축할 수 있을 것이다. 따라서 적의 전략이나 계획을 공격하는 것은 비폭력적 방법을 통해 국가의 목적을 달성하는 것이 우선시 되는 전쟁 전의 단계에 해당하는 것이다. 이러한 의미에서 손자는 군사적 방법과 외교적 방법을 융합시키는 명확한 방향을 제시한다. 클라우제비츠가 전쟁에 대해 집중적으로 책을 집필한 반면, 손자는 전쟁과 외교의 기술을 함께, 즉 통치술에 관해서 썼다. 클라우제비츠가 순수하게 국가들 간의 전쟁에만 초점을 맞추었다면 손자는 전쟁과 평화의 구분이 불명확한 외교와 정치 분야까지 범위를 확대하여 국가 간 갈등을 탐구하였다. 그러나 전투나 유혈 없이 이기는 최고의 전략적 성공의 달성에 대한 손자의 개념을 서양에서는 전쟁 그 자체의 일부로 간주하지 않았다.[60]

『손자병법』의 전체를 통해서 손자는 최대한 경제적으로 가능한 가장 값싸게, 환언하면, 가장 효율적인 방법으로 전쟁을 수행할

59) *Ibid.*
60) 이것은 인위적 구별이며 이것으로 인해 서방 국가들은 한국전쟁이나 베트남 전쟁에서와 같이 아시아 국가들과 직면했을 때 비싼 대가를 치렀다.

필요성을 강조한다. 이는 상당히 지각 있어 보이지만 그러나 만약에 이런 생각을 너무 지나치게 끌고 가는 것은 사실상 역효과를 가져올 수 있다. 역사적 전쟁 그 자체는 결코 경제적이지 못했으며, 또 절대 순전히 경제적 활동일 수 없다. 전쟁이란 19세기 대부분의 자유주의적 국제주의자들이 믿었던 것처럼 단지 이익을 취하고 손해를 피하는 일이 아니고 또한 그것은 주로 자원의 낭비를 막거나 고통을 최소화 하는 일에 관한 것도 아니다. 국가의 중대한 이익이 걸린 전쟁은 종종 그 어떠한 대가를 치르더라도 가능한 한 신속하게 이겨야만 하는 것이다. 따라서 전쟁이란 궁극적으로 효과적인 결과를 성취하는 것이며 그런 성공에 얼마나 많은 비용이 들었는가에 관한 것이 아니다.[61] 클라우제비츠가 전쟁을 이기기 위한 가장 효과적인 방법을 찾고자 한 반면, 손자는 전쟁을 이기기 위한 가장 효율적인 방법을 강조하고 있다.[62]

최선의 간접 접근법을 어떻게 찾아낼 것인가에 대해 손자가 구체적인 용어로 설명하고 있지는 않지만, 그는 정보, 속임수의 광범위한 사용, 기습을 달성할 위장 공격 그리고 적의 사기를 떨어뜨리는 심리적인 수단의 사용에 의존했다.

---

61) 클라우제비츠는 거짓 경제에 대하여 경고한다. 전쟁 시에는 필요하다고 보이는 것보다 더 많은 노력이 요구된다고 믿기 때문에 너무 적게 투자하면 보통 실패로 끝나기 때문이다, 전쟁 시에 경제와 거짓 경제를 구분하기 어렵지만 클라우제비츠의 충고를 들으면 쉽게 피할 수 있을 것이다.

62) 이런 맥락에서 클라우제비츠가 말하는 힘의 경제란 20세기의 미국과 영국의 전투교본 속의 정의와는 정반대이다. 현대의 전투교본은 전략적으로 힘의 경제를 어떤 주어진 목적을 달성하기 위한 최소의 병력사용의 욕구로 정의한다. 미국과 영국의 군사 교리와 손자는 다 같이 국가자원의 보존의 의미에서 효율성과 경제에 관심을 두는 반면에 클라우제비츠는 힘의 경제를 전투에서 가용한 모든 군사력의 동시사용으로 정의한다. 이에 대해서는 Michael L. Handel, *Masters of War: Classical Strategic Thought*, 3rd Revised and Expanded edition, London: Frank Cass, 2001, p.406 참조.

"빈 곳으로 들어가 적이 없는 곳을 타격하고, 적이 수비하는 곳을 피해, 적이 예상하지 못하는 곳을 타격하라. - 따라서, 우회로를 통해 행군하고 미끼로 적을 유혹하여 적의 주의를 딴 곳으로 돌려라. 그렇게 함으로써 적보다 늦게 출발하고도 더 빨리 도착할 수 있다. 이를 이해하고 실행할 수 있는 자는 직접 전략과 간접 전략을 잘 이해하고 있는 것이다. 유리한 고지를 점하고자 하는 자는 멀고 외진 길을 선택해 그것을 가장 짧은 길로 만든다. -직접 접근법과 간접 접근법의 기술을 잘 알고 있는 자가 승리할 것이다."[63]

만약 적이 예상한다면, 간접 접근법은 역설적으로 직접 접근법이 되고 또 그 이후 뒤따르는 모든 것은 간접 접근법이 된다. 이러한 충고는 마치 진부한 문구와 같아서 실용적인 가치를 가지기엔 애매하다고 할 수 있다. 하지만 이러한 진부한 문구조차도 처음엔 자명하지 않거나 실천하기에 쉽지 않은 어떤 태도, 형상, 또는 행동들에 대한 감지를 촉진함으로써 상당히 기여할 수 있다는 것 또한 사실이다. 하지만, 최적의 간접 접근법을 찾아내는 것은 군 지휘관들 중에서 궁극적으로 클라우제비츠가 강조한대로 "창조적인 천재"에 달려있다.[64]

손자에 의하면 지휘술이 뛰어난 군사지휘관은 자신의 병력들이 적과 싸우지 않으면 죽을 수밖에 없는 상황을 창조할 수 있어야만 한다.[65] 뿐만 아니라 손자는 성공적인 지휘관이 어떻게 적을 계략에 빠트려 급습하고 좋은 정보를 모으며 적의 사기를 떨어뜨리는지 끊임없이 강조하고 있다. 그러나 그는 적 또한 정확하게 동일한 충고를 따를 수 있다는 중대한 사실을 언급하는 경우가 별로 없다.

63) Sun Tzu, *op. cit.*, pp.96, 102, 106.
64) Michael I. Handel, *op. cit.*, pp.139-140.
65) Sun Tzu, *op. cit.*, p.134.

이 경우, 그의 일방적 분석은 적이 바보이거나 적어도 수동적이어서 비슷한 전술을 추구하지 않을 것으로 가정하고 있는 것처럼 보인다. 이것은 전쟁에 대한 손자의 일방주의적인 견해와 클라우제비츠에 의해 강조되는 전쟁의 상호적 성격간의 중요한 차이점이다. 즉 클라우제비츠의 전쟁이론은 마땅히 "상호의존론"이라고 볼 수 있다. 그가 자신의 정신적 실험실에서 발견한 전쟁법칙의 본질은 바로 상호성의 아이디어이다. 나에게 진실이고 이성적인 것은 곧 내 적에게도 진실이고 이성적이기 때문에 내가 적에게 규정하는 법칙을 그는 나에게 규정할 것이다. 소위 안보의 딜레마란 이런 형태의 상호의존의 가장 많이 연구된 결과들 가운데 하나이다.[66] 반면에 손자는 동일한 능력을 가진 적들과의 대립과 상호작용을 전제하고 있지 않다. 만약 양쪽 교전자가 전쟁 기술에 능숙하면 한쪽이 다른 쪽의 허를 찌르고 유혈 없이 이기거나 기만술을 통해 보다 적은 비용으로 승리할 것으로 가정하는 것은 결코 쉽지 않을 것이다. 이와 같이 대등하고 무자비한 적을 대면했을 때 클라우제비츠는 솔직한 방법, 즉 직접적인 접근 방법을 권유한다. 뿐만 아니라 탈근대국가적인 북미의 대륙에서 서유럽에 이르는 평화지대와는 달리 아직도, 아니 이제야 강력해진 근대국가간의 전쟁가능성이 오히려 심각한 지대가 중동에서 아시아까지 널리 걸쳐 있다.[67] 바로 이곳에선 클라우제비츠의 전략적 교훈이 여전히 살아서 배회하고 있다. 특히 동아시아는 어쩌면 바로 클라우제비츠적인 근대 민족국가들의 전성시대를 구가하고 있다고 해도 과언이 아닐 것이다.

---

66) Jaap de Wilde, "Friction Rules(States Win): The Power Politics of Institutions Cooperation," in Gert de Nooy, *op. cit.*, p.95.

67) Koen Koch, "State, Security and armed Forces at the Turn of the Millennium," in Gert de Nooy, *op. cit.*, p.85.

"어디에서든 가능하다면 보다 짧은 길을 선택해야만 한다. 적의 특성과 상황이 어떻든 그리고 어떤 다른 환경이 필요하든지 간에 우리는 그것을 좀 더 단순화해야 한다. 만약 우리가 추상적 개념에 대한 막연한 느낌을 지우고 현실을 바라본다면, 우리는 용맹스럽고 활력 있고 결의에 찬 적을 잘 알게 될 것이다. 하지만 바로 이러한 적들에 대항해 우리는 이런 기술들이 아주 필요한 것이다. 이는 단순하고 직접적인 것이 복잡한 것에 우선한다는 사실을 충분히 잘 보여주고 있다. – 정면충돌의 가능성은 적을 더욱 공격적으로 만들기 때문에 그보다 더 단순하고 직접적이어야 한다. – 만약 열린 마음으로 역사를 읽는다면, 모든 전쟁의 미덕들 중에서 활기찬 전쟁의 수행이 언제나 영광과 성공에 가장 많이 기여했다는 결론을 내릴 수밖에 없을 것이다."[68]

클라우제비츠에겐 전투가 전쟁에서 유일하게 효과적인 힘이다. 전투의 목적은 또 다른 목적을 성취하기 위한 수단으로써 적의 군사력을 파괴하는 데 있다. 따라서 궁극적인 무력의 시험이 실제로 발생하면 그 결과가 자신에게 유리할 것이라는 믿음에서 모든 행동이 이루어진다.[69] 모든 가능한 교전들은 그것의 결과 때문에 실제 교전으로 간주되어야 한다.[70]

하지만 만약 단순한 과시가 적으로 하여금 자신의 진지를 포기하게 만들기에 충분하다면 그것으로 목적은 달성된 것이다.[71] 하지만 무혈에 의한 결정이 있을 수 있었다고 해도 최종적 분석에서는 그것은 일어나지 않았고 단지 교전의 제시만으로 결정된 것임을 인정할 수 있을 것이다. 이런 경우에, 전술적인 결정이 아닌 이런

---

68) Carl von Clausewitz, *op. cit.*, p.229.

69) *Ibid.*, p.97.

70) *Ibid.*, p.181.

71) *Ibid.*, p.96.

교전의 전략적인 계획이 군사 작전의 원칙으로 간주되어야 한다고 주장될 것이다.[72] 이 시점에서 클라우제비츠는 싸우지 않고 이기는 새로운 전쟁의 원칙이 가능할 수 있다는 인정에 아주 가깝게 다가선다. 하지만 클라우제비츠는 싸우지 않고 이길 수 있는 가능성이 너무 낮아서 그에겐 주요 관심사가 아니었다. 사실상, 싸우지 않고 이기는 것에 대한 클라우제비츠와 손자의 견해 차이는 상당하다. 클라우제비츠가 그것을 매우 드문 예외적인 것으로 여기는 반면, 손자는 그것을 가장 이상적이고 보편적일 수 있는 것으로 여긴다. 이러한 견해 차이는 손자가 가장 친숙했던 유형의 전쟁들이 19세기와 20세기의 총력적 이데올로기 전쟁이 아니라 제한된 목적을 위해 수행된 고대 중국의 왕조간의 전쟁들에 기인한다. 전쟁은 이와 같이 양 진영 모두 온건한 목적을 가지고 있을 때 비폭력적 방법으로 일어날 수 있는 것이다. 하지만 적대시하는 국가는 누구든 그의 적이 외교, 경제적 봉쇄, 공갈과 위협 그리고 군사력의 과시 같은 다른 방법으로 값싸고 아무 위험부담 없이 손쉽게 승리하는 것을 허용하는 것을 원치 않을 것이다.

따라서 값싸게 그리고 가능하면 싸우지 않고 승리해야 한다는 손자의 규범적인 충고는 실질적으로나 논리적으로 오직 예외일 뿐이지 결코 법칙은 아니다. 만약 클라우제비츠적 지휘관이 손자의 충고를 글자 그대로 해석하는 손자적 지휘관과 대적하게 된다면 클라우제비츠주의자가 모든 다른 것들이 균등하다면, 승리하기에 보다 나은 입장에 서게 될 것이다.[73] 클라우제비츠는 싸우지 않고 적을 복종시킬 수 있다고 하더라도 그러한 승리를 전쟁의 승리로 여기지 않고 억제, 강압적 외교, 공갈 또는 기만으로 간주할 것이다. 손자의 간접 접근법의 약점은 전쟁이 마치 교활함과 정보가 실내

---

72) *Ibid.*, p.386.

73) Michael I. Handel, *op. cit.*, p.152.

게임에서의 경우처럼 치명적이지 않은 지적 운동으로 전환될 수 있을 것 같은 함의에 있다. 반면에, 클라우제비츠의 군사력에 대한 강조와 일반적으로 군사력을 의미하는 힘의 중심부에 대한 잘못된 해석은 비군사적 수단에 대한 신중한 고려 없이 너무 쉽게 무력을 사용하게 만들 수 있다. 이것은 전쟁을 필요이상으로 많은 비용과 희생을 초래하게 할 것이다. 따라서 최상의 선택은 두 접근법, 즉 클라우제비츠의 직접 접근법과 손자의 간접 접근법을 지성적이고 분별력 있게 융합하는 것이며 그리하여 그것이 이들 간의 적절한 균형을 이루는 것이다.

Ⅵ. 대테러전과 손자의 전쟁 원칙

2001년 9월 11일 알카에다 테러단체가 미국에 대하여 기습적인 테러 공격을 가하였을 때, 그들은 군사적으로 약세에 있었기 때문에 이점을 취하기 위해 손자의 간접 접근법을 사용하였다.[74] 그런 도전에 대응하여 조지 W. 부시 미 대통령은 이후에 부시 독트린이라 불리게 되는 다음과 같은 성명서를 통해 테러와의 전쟁을 선포하였다.

> "마피아가 범죄단체인 것처럼, 알카에다는 바로 테러집단이다. 하지만 그들의 목적은 돈벌이가 아니다. 그들의 목적은 세계를 다시 만들어 그들의 급진적인 신앙을 모든 사람들에게 강요하는 것이다. … 우리의 테러에 대한 전쟁은 알카에다와 시작한다. 하지만 그것은 거기에서 끝나지 않는다. 세계의 모든 테러단체들이 중단되고 패배할 때까지

74) 손자에게 기습공격은 기만의 원칙과 함께 전쟁의 중요한 원칙 중의 하나이지만 클라우제비츠는 이것을 가치 있게 생각하지 않았다.

전쟁은 계속될 것이다. … 우리는 우리가 사용할 수 있는 모든 자원을 모든 외교적 수단, 모든 정보수단, 모든 법집행 수단, 모든 재정적 영향력 그리고 전쟁의 모든 필요한 무기를 지구적 테러망의 와해와 패배를 겨냥할 것이다. … 우리의 대응은 즉각적인 보복이나 일시적 공격들보다 훨씬 더 많은 것을 포함할 것이다. 국민들은 한 번의 전투가 아니라 지금까지 우리가 경험 못한 장기적인 작전을 기대해야 할 것이다. TV에서 볼 수 있는 극적인 공격과 성공해도 비밀로 남을 비밀 작전들을 포함할 것이다. 우리는 피난처나 휴식이 없을 때까지 테러리스트들의 자금줄을 끊을 것이고 그들이 서로 반목하게 하고 이곳저곳으로 몰아낼 것이다. 또한 우리는 테러리스트들을 돕고 그들에게 안전한 피난처를 제공하는 국가들을 추격할 것이다. 모든 지역의 모든 국가들은 이제 결정해야한다. 우리와 함께 할 것인지 테러리스트들과 함께 할 것인가를. 오늘을 기점으로 계속해서 테러행위를 수용하거나 지원하는 국가는 누구든 미국에 의해 적대적 국가로 간주될 것이다."[75]

부시 독트린이 명확히 한 것처럼 테러에 대한 미국의 대응의 초점은 반미 테러조직과 그들을 지원하는 국가들을 찾아내고 또 파괴하는 것이다. 더 나아가 미국은 테러의 공격을 예방하기 위해 선제 타격할 특권을 내세웠다. 뿐만 아니라 대테러전을 이용하여

---

75) John W. Dietrich, ed., *The George W. Bush Foreign Policy Reader: Presidential Speeches with Commentary*, Armonk, New York: M. E. Sharpe, 2005, pp.51-53. 부시 독트린의 의미와 함축적 의미에 대해서는 Robert G. Kaufman In Defense of the Bush Doctrine, Lexington, Kentucky: The University Press of Kentucky, 2007; Timothy J. Lynch and Robert S. Singh, *After Bush: The ACase for Continuity in American Foreign Policy*, Cambridge: Cambridge University Press, 2008; Joan Hoff, *A Faustian Foreign Policy from Woodrow Wilson to George W. Bush*, Cambridge: Cambridge University Press, 2008; Melvyn P. Leffler and Jeffrey W. Legro, eds., *To Lead The World: American Strategy After The Bush Doctrine*, Oxford; Oxford University Press, 2008 참고.

비록 이런 국가들과 테러리스트간의 연계가 논쟁의 여지가 있지만 이라크처럼 대량살상무기를 획득하는 국가들로부터의 위협을 제거하려는 것처럼 보인다.

미국은 분명히 전쟁에 어쩔 수 없이 빠져들었고 또 의미 깊은 군사적 성공을 거두었다. 그러나 손자는 우선 첫째로 미국에게 최대한 신속하게 미국의 목표들을 달성하라고 권고할 것이다. 왜냐하면 전쟁을 신속하게 종결지을 이유들은 국가 자원의 한계뿐만 아니라 자신들의 목적을 달성하기 위해 대테러전에 미국이 빠진 것을 잠재적 적들이 이용하는 것을 피하는데 있기 때문이다. 부시 행정부는 미군이 해방자로 환영받길 기대했지만, 독립된 이라크 정부나 국제기구로의 신속한 정권 이양에 대해 어떤 계획도 갖고 있지 않았다.[76] 그리하여 미군사력은 점차로 점령군으로 보이게 되었다. 폭력적인 저항은 똑같이 폭력적 보복을 낳았고 또한 미국인들은 더 점령자들로서의 역할로 만드는 상승나선형을 가동시켰다. 만약 미군이 안정적인 친서방 정권을 남겨 두고 6개월 이내에 군대를 철수했었더라면 미국이 그런 궁지에 빠지진 않았을 것이다.

> "전쟁의 주된 목적은 승리이다. 만약 승리가 장기간 지연된다면, 무기는 무디어지고 사기도 저하된다. 군대가 도시를 공격하면 그들의 전투력은 소진되어 버린다. 군대가 장기화된 작전에 들어가면, 국가의 자원이 불충분해진다. 무기는 무뎌지고 사기는 떨어지고 전투력은 소진되고 자금은 떨어져 곤란한 상황에 빠지게 되면 이웃 국가의 통치자들은 행동하기 어려운 당신의 처지를 이용할 것이다. 그리고 곁에 아무리 지혜로운 참모가 있다고 한들 어느 누구도 미래를 위한 좋은 계획을

76) Richard Ned Lebow, *A Cultural Theory of International Relations*, Cambridge: Cambridge University Press, 2008 pp.475-476.

내놓을 수 없을 것이다."[77]

둘째로, 손자는 미국에게 외교적 노력을 더욱더 기울이라고 권유할 것이다. 미국은 자국의 목표 달성을 지지하고 지원하는 국가들의 연합을 결성하는 데 외교적으로 상당한 성공을 거두었다. 미국은 파키스탄과의 외교적 관계를 재건하였고 서남아시아에서 과거의 소련 제국 하에 있었던 국가들과 새로운 외교관계를 수립하여 대 아프가니스탄 군사작전을 수행하는 데 있어 지원할 수 있는 군사기지를 제공받았다. 러시아조차도 매우 회의적이었다. 북대서양조약기구(NATO)는 군대를 이동시켜 미군 부대를 대체함으로써 미군부대가 탈레반과 알카에다를 패배시키는 데 사용될 수 있었다. 그리고 언제나처럼 영국은 미국의 굳건한 동맹국으로서 군대와 다른 군사력을 파견하여 아프가니스탄에서 미군 부대와 긴밀하게 협조하였다. 군사적 지원에 더해 미국의 동맹국들은 미국에 정보를 제공하고 테러단체에 자금이 흘러 들어가지 않도록 통제하고 자국 내에서 테러리스트들을 추적하는 데 협력했다.

하지만 이라크 전쟁의 경우, 미국은 유엔 내외로부터 지속적인 국제적 지원과 지지를 받을 수 없었다. 미국은 유엔 내에서 더욱 적극적인 외교활동을 수행해야 한다. 뿐만 아니라 아랍 국가들은 또 다른 아랍국가가 공격당할지 모른다고 우려하고 있고 또, 이스라엘과 팔레스타인이 갈등 속에 휘말려 들었다. 결과적으로 그들은 자신들의 지원에 덜 열성적이었다. 따라서 테러와의 전쟁에 있어 이들 국가들의 지원을 받을 수 있도록 그들을 대테러전쟁 계획에 적극적으로 끌어들이는 것이 필요하다.

---

77) Sun Tzu, *op. cit.*, p.73.

"차선책은 적의 동맹을 와해시키는 것이다. 적들이 절대로 한데 뭉치도록 허용해선 안 된다. 적들의 동맹을 유심히 살피고 그들 간에 단절되고 동맹이 와해되도록 해야 한다. 만약 적이 동맹 체제를 갖고 있다면 이 문제는 심각하며 또 적의 입장은 강하다. 만약 적이 동맹 체제를 갖고 있지 못하다면 그 문제는 작은 것이고 적의 입장도 역시 약하다. 그 다음 차선책은 적을 공격하는 것이다."[78]

셋째로, 손자는 알카에다와 탈레반 지지세력들을 아프가니스탄으로부터 추방시키는 데 있어서 미국이 보여준 신속함과 분명한 군사적 승리 그리고 이라크에서 미국이 쟁취한 군사적 승리에 아마도 깊은 인상을 받았을 것이다. 그리고 그는 미국이 그런 문제에서 군사적 승리를 달성하는 데 있어서 자신의 많은 원칙들을 명백하게 이용하였다는 사실에 만족스러워할지도 모른다. 예를 들어, 고도로 훈련된 특수군 부대는 북방동맹(Northern Alliance)과 같은 반 탈레반 세력들과 유대를 형성하도록 투입되었다. 그들은 탈레반 진지에 정밀 공습을 개시하여 탈레반 세력을 크게 약화시켜 북방 동맹의 공격이 개시되기 전에 이미 모두 도피했거나 그 후 공격으로 분산시켰다. 아프가니스탄에서의 승리 후 새로운 정부가 수립되었고 그 결과 미국의 주요 목적이 달성되었다. 아프가니스탄은 이제 더 이상 과거와 같이 공개적으로 테러리스트들을 훈련시킬 수 있는 안식처가 아니다.

"상황이 투명해지기 전에 쟁취하는 승리는 보통 일반 사람이 이해하지 못하는 것이다. 그래서 그 전략의 창안자는 현명함에 대한 명성을 얻지 못한다. 그는 자신의 칼에 피를 묻히기도 전에 적이 굴복해 버릴

78) Sun Tzu, *op. cit.*, p.78.

것이다. 그래서 전쟁에 뛰어난 자는 전투 없이 적의 군대를 복종시킨다. 그들은 적을 공격하지 않고 적의 도시를 점령하며 장기적인 작전없이 적의 국가를 전복시킨다. 당신의 목표는 하늘아래 모든 것을 손상되지 않은 상태 그대로 차지하는 것이다. 따라서 당신의 병력이 기진맥진해지지도 않고 또 당신의 이득은 완전한 것이다. 이것이 공세적 전략의 기술이다."[79]

넷째로, 손자는 분명히 테러 공격 이전의 미국의 정보실패를 지적하고 그의 "통찰력의 원칙"에 따라 정보의 중요한 역할을 강조할 것이다. 테러리스트이든 게릴라이든 모든 비재래식 갈등에서 적의 실제적 파괴는 주요 문제가 아니다. 중요한 것은 적을 찾아내는 일이다. 미국의 인공위성 도청장비 그리고 기타 기술적 능력들이 물론 도움이 되겠지만 무엇보다 중요한 것은 살아있는 사람에 의해 제공되는 정보다.[80] 사람에 의한 정보수집 능력은 스파이와 테러분자들의 계획에 대한 내부 지식을 가진 사람들의 채용을 통해 크게 향상시킬 필요가 있다. 테러리스트들을 패배시키기 위해서 그들의 조직들 속에 잠입해야 하고 또 믿을 만한 정보의 원천을 사용하는데 대해 제한을 두어서는 안 된다.

"비밀요원이 없는 군대는 마치 눈과 귀가 없는 사람과 똑같다. 소위 통찰력이라고 하는 것은 정신으로부터 발현되는 것이 아니며, 과거 사건들과 유추나 계산으로부터 발현되는 것도 아니다. 우리는 영리하고 재능 있고 지혜롭고 적들 가운데에서 주권자와 귀족들과 친밀한 사람들에 접근가능한 사람들을 선발해야 한다. 그리하면 그들은 적의 움직임을 관찰할 수 있고 적이 무엇을 하고 어떤 계획을 가지고 있는지

---

79) Sun Tzu, *op. cit.*, p.79, 87.
80) Mark McNeilly, *op. cit.*, p.214.

를 알 수 있다. 진정한 사태에 대해서 정확하게 알고서 그들은 돌아와 우리에게 말해준다. 그러므로 그들은 '살아있는' 요원이라고 불린다. 그래서 가장 총명한 사람들을 요원으로 사용할 수 있는 계몽된 주권자와 뛰어난 장군만이 결국 위대한 업적을 달성하는 것이다. 비밀 작전은 전쟁에서 본질적이다. 군대가 어떤 이동을 하기 위해서는 군대가 그들에게 의존한다."[81]

테러에 대한 전쟁에서 이제 여기서부터 어디로 어떻게 전개되어 갈지는 추측의 대상이다. 하지만 미국은 그들이 어느 곳에 있든 반드시 그리고 지속적으로 테러리스트들을 찾아내야 하고 또 제거할 것이다. 오늘날 소위 불량국가(rogue states)들로부터 대량살상무기를 제거할 수 있는 기회도 역시 존재한다. 이는 직접공격을 통하거나 간접적으로 대리 세력을 통해서 달성할 수 있을 것이다. 하지만 초강대국 미국과 그보다 약한 불량국가들 간의 비대칭 전쟁 전략이 성공하려면 적의 이해관계가 최소화되도록 하고 여론을 위한 전투에 적극적으로 기여해야 하는 것이다. 간접 접근법이 이러한 목표를 달성할 수 있을 것이다

그러나 분명히 미국에선 여론이 간접 접근법마저도 선택하지 않으려는 것처럼 보인다. 왜냐하면 간접 접근법조차도 분명히 많은 인명의 상실과 관련되기 때문이다. 미국인들은 대량파괴무기의 확산 문제를 어떤 새로운 전쟁을 위해서라면 그것을 아주 간단히 "가치 없는" 명분으로 간주해 버릴지도 모른다. 그러나 적어도 테러공격과 그에 따른 대테러전은 손자의 원칙들이 유용하게 사용될 수 있음을 입증했다. 우리가 미래를 내다볼 때 테러리스트들은 자신들의 군사력의 약세로 인해 손자의 간접 접근법에 입각한 전쟁수

81) Sun Tzu, *op. cit.*, p.145, 146, 149.

행의 원칙들을 지속적으로 사용할 개연성이 높다. 그렇다면 손자의 원칙들이 재래식 전쟁을 이기기 위한 만큼이나 테러행위에 대처하고 또 패배시키는 데 사용될 수 있을 것이다. 손자의 전략적 교훈은 2천년 전 고대 중국 지도자들에게 그랬듯이 오늘과 내일 우리를 위해 중요하다. 이러한 의미에서 손자의 『손자병법』에 담겨진 아이디어들은 미래로 향할 것이다.

Ⅶ. 손자식 간접 접근법의 한계

21세기 포스트모던 즉 탈근대 전쟁에 대한 클라우제비츠의 근대 전략 유용성의 한계를 지적하고 탈근대와 유사한 전근대 전략인 손자의 전략적 유용성을 제안하는 것은 이제 손자가 클라우제비츠를 대치해야 한다고 주장하려는 것이 결코 아니다. 20세기 대표적 전략이론가 중의 한 사람인 리들 하트(Liddell Hart)[82]와 버나드 몽고메리(Bernard Montgomery) 장군[83]에 의한 칭송에도 불구하고 손자도 분명히 한계가 있다. 그렇지 않다면 과거 손자병법에 정통했던 마오쩌둥이 클라우제비츠를 깊이 탐구하고 또 그를 그렇게 높이 찬양하지 않았을 것이다. 과거 헬무트 슈미트(Helmut Schmidt) 서독(독일연방공화국) 수상이 북경을 방문했을 때 그는 마오쩌둥이 독일의 전쟁 철학자에 대해 갖고 있는 깊은 존경심에 대해 들었다고 보도되었다.[84] 또 한 17세기까지만 해도 손자병법에 대해 170여 권의 책이

82) B. H. Liddell Hart, "Foreward" in Sun Tzu, "*The Art of War,*" trans. by Samuel B Griffith, London: Oxford University press, 1963, p.vii.

83) Ye Lang and Zhu Liangzhi, *Insights into Chinese Culture*, trans. by Zhang Siying and Chen Haiyan, Beijing: Foreign Language Teaching and Research Press, 2008, p.25-26에서 확인할 수 있다.

84) Yillhelm von Schramm, "East and West pay homage to father of military

출판되었던 일본에서[85] 손자병법에 아주 친숙했던 메이지유신의 정치 및 군사 지도자들이 막 보불전쟁에서 승리하여 독일통일의 위업을 달성한 당시 독일 몰트케(von Moltke) 참모총장에게 군사전략교관의 추천을 요청하고 그에 따라 일본 육군대학에서 독일의 야콥 멕켈(Jacob Meckel)로부터 클라우제비츠의 전략을 새롭게 수학하지는 않았을 것이다.[86] 뿐만 아니라 제2차 세계대전 후에도 여전히 손자를 클라우제비츠보다 더 높게 평가하는 리들 하트나 몽고메리는 모두가 섬나라이며 해양국가인 영국인들이었다. 섬나라의 특성상 육군보다도 해군력에 전통적으로 의존해온 영국의 입장에서 보면 손자의 간접 접근법이 육군 중심의 대륙 국가적 직접 접근법보다 더 적절한 군사전략일 것이다. 존 미어샤이머(John Mearsheimer)가 주장하는[87] 소위 "바다의 중지력(stopping power of water)"으로 인해 영국에겐 아주 어려운 대규모의 상륙작전을 먼저 성공시키지

---

theorist," *The German Trilbune*, 8 June 1980, pp.4-5

85) Ye Lang and Zhu Liangzhi, op. cit., p.25. 중세 일본에서 손자의 영향에 대해선, Roald Knutsen, *Sun Tzu and the Art of Medieval Japanese Warfare*, Kent, UK: Global Oriental, 2006 참조.

86) 강성학, 『시베리아 횡단열차와 사무라이: 러일전쟁의 외교와 군사전략』, 서울: 고려대학교출판부, 1999, p.354. 청일전쟁(1894)과 러일전쟁(1904~1905)에서 일본의 승리는 클라우제비츠전략에 따른 결과였다. 위의 러일전쟁에 관한 책과 함께, 강성학 편저, 『용과 사무라이의 결투: 중(청)일 전쟁의 국제정치와 군사전략』, 서울: 리북, 2007, 제1장을 특히 참조. 한국전쟁에서 드러난 북한의 군사전략에 관한 필자의 논의를 위해서는, 강성학, 『카멜레온과 시지프스: 변천하는 국제질서와 한국의 안보』, 서울: 나남출판, 1995, 제8장을 참조. 19세기 말부터 중국과 일본의 군사 지도자들에게 버림받게 된 손자병법은 그러나 제2차 세계대전 후 아시아인들의 기업경영과 마케팅 분야에서 널리 응용되었다. 이런 예로서는, Wee chow Hou, Lee Khai Seang, and Bambang Walujo Hidajat, *Sun Tzu: War and Management*, Singapore, and Reading, Massachusetts: Addison-Wesley, 1991; Donald G. Krause, *The Art of War for Executives*, New York: A Perigee Book, 1995; Laurence J. Brahm, *Sun Tzu's Art of Negotiating in China*, Hong Kong: Naga, 1997.

87) John K. Mearsheimer, *The Tragedy of Great Power Politics*, New York: W. W. Norton, 2001.

않고서는 직접 접근법을 시행하기 어려운 지정학적 한계가 분명히 존재하기 때문이다. 한 예로서, 제2차 세계대전 중 1940년 5월 뒹케르크(Dunkirk) 상륙작전의 참담했던 실패가 바로 그런 사실을 분명히 입증해 주었다. 그러나 그 "바다의 중지력"이라는 것도 항상 효력을 갖지는 못했다. 과거 일본제국은 분명히 섬나라였지만 바다의 중지력을 비웃기라도 하듯이 19세기 말부터 아시아 대륙을 과감하게 깊숙이 침략했으며 일본인들의 군사전략은 직접 접근법을 구사한 신속한 군사적 정복과 가혹한 탄압이었다. 또한 제2차 세계대전 후 미국과 소련에겐 전 지구가 전쟁수행전략의 대상이었다. 따라서 이런 전략들은 손자의 간접 접근법을 적용했다기 보다는 오히려 클라우제비츠의 직접 접근법에 가까웠다고 말하는 것이 더 적절할 것이다.

그러나 아직까지도 소위 "과학적 이론"으로서 인정된 군사전략 이론은 없다. 그것은 "과학적 전쟁이론"이 아직도 수립되지 못한 경우와 같다. 그것은 "전쟁"이라는 주제 자체가 그런 과학적 이론화를 허용하지 않기 때문이다. 전쟁의 객관적 성질은 그것을 개연성의 평가문제로 만든다. 인간사회의 그 어떤 분야에서도 전쟁만큼 우연성(chance)에 끊임없이 그리고 보편적으로 얽매여 있는 곳은 거의 없다. 그래서 전쟁은 본질적으로 도박행위이다. 뿐만 아니라 전쟁의 주관적 성질이 그것을 더욱더 도박으로 만든다. 전쟁은 아주 위험한 것이다. 따라서 주관적 용기라는 고도로 정신적인 특성이 요구된다. 분별력 있는 계산과 함께 대담한 용기란 우연성에 달려있다. 요컨대 도박은 본질적으로 과학적 이론화가 불가능한 것이다. 따라서 수많은 사람들의 계속된 노력에도 불구하고 전쟁의 과학적 이론화는 수립되지 못한 채 인간사회는 전쟁을 계속해 왔던 것이다.

"손자병법"은 전쟁에 관한 고대 중국의 고전이다. 그것은 총 13

장에 약 6천여 자의 한자로 구성되었다. 기원전 221년 진나라에 의해 중국이 통일되기 전부터 청 왕조의 시기(1616~1911)까지 전쟁에 관한 3천 권이 넘는 책들 중에서 『손자병법』은 최고의 고전으로 인정받아 왔다. 왜냐하면 그것이 전략수립이나 철학적 토대 그리고 전술적 응용 면에서 다른 어떤 책도 능가하기 때문이다. 그렇기 때문에 수 세기에 걸쳐서 손자병법은 사실상 전쟁에 관한 모든 서적들의 원천으로 존중 받았다. 그러나 19세기 말 중화제국의 몰락은 동시에 중국의 최고군사전략가로 인정받았던 손자의 망각을 초래했었다. 아니 손자뿐만 아니라 클라우제비츠도 잊혀졌었다. 왜냐하면 제2차 세계대전 후 미소간의 양극적 대결구조는 핵무기에 의한 상호억제전략에 근본적인 토대를 두고 있었기 때문이다. 당시의 양극적 냉전체제에선 모든 것이 핵무기로 통하는 시기였다고 해도 과언이 아니다. 그러나 베트남전쟁의 장기화와 베트남 공산주의자들의 게릴라 전술은 핵무기에 의한 침략과 전쟁의 억제력을 무력화 시켜버렸다. 따라서 억제력의 차원문제가 1970년대 초부터 심각하게 제기되었다.[88] 그리하여 핵과 재래식 전쟁 그리고 게릴라전 같은 소위 저강도(low intensity) 전쟁의 상이한 차원들은 거기에 각각 적합한 상이한 대응 억제전략을 필요로 한다는 아주 설득력 있는 주장이 널리 수용되었다. 그러한 지성적 분위기 속에서 군사전략이론이 본격적인 재검토에 들어가게 되었으며 그 결과 클라우제비츠가 먼저 재탄생하게 되었던 것이다.

베트남 전쟁 후 미국에서 클라우제비츠가 상상하지 못했던 부활을 맞았으며 전략사상의 대가로서 확고한 위치를 굳혔다. 여기에는

---

88) Alexander L. George and Richard Smoke, *Deterrence in American Foreign Policy: Theory and Practice*, New York: Columbia University Press, 1974: Richard Smoke, *War: Controlling Escalation*, Cambridge, Massachusetts: Harvard University Press, 1997.

해리 서머스(Harry Summers)의 『전략론: 베트남전의 비판적 분석』[89]이 거의 결정적 역할을 했었다. 특히 걸프전의 빛나는 승리는 곧 클라우제비츠의 승리로 간주되었다. 그러나 그 후 클라우제비츠 접근법은 두 가지의 사태발전으로 한계에 직면하게 되었다. 우선 첫째로, 사하라 남부의 아프리카, 전 유고슬라비아의 분리주의 전쟁들 그리고 과거 유럽제국들의 주변지역에서 끊임없이 계속되는 부족들 간의 폭력에서 특히 볼 수 있는 지속적인 내전과 학살이 자행되는 전쟁과 폭력의 폭발사태였다. 이런 사태의 발전은 클라우제비츠가 계획했던 국가 간의 전쟁과는 아주 다른 것이었다. 내전 및 비국가 행위자들의 전쟁과 사회적 무정부상태의 새로운 도래는 클라우제비츠의 전쟁수행전략만으론 성공적으로 대처하기가 어렵게 되었으며, 이 경우엔 오히려 결코 끝을 모르는 내전의 시대에 살았던 손자가 이런 종류의 전쟁에 대해 보다 나은 이해를 제공하는 것으로 보인다. 둘째로, 군사혁명(Revolution in Military Affairs)과도 관련되는 소위 전략정보전쟁(Strategic Information Warfare)과 제4세대 전쟁의 개념들은 클라우제비츠의 직접 접근법 보다는 손자의 간접 접근법과 더 잘 결합될 수 있는 것으로 보인다. 2003년의 이라크 전에서 사용된 "경악과 공포(shock and awe)" 같은 전쟁수행 방법이 하나의 좋은 본보기가 될 것이다.

그러나 무엇보다도 군사전략의 고전으로서 『손자병법』의 가장 중요한 오늘의 교훈은 역설적이지만 통치자들이 호전적이 되도록 진작시키기 보다는 신중한 고려 없이는 전쟁수행을 자제하도록

---

89) Harry G. Summers, Jr., *On Strategy: A Critical Analysis of the Vietnam War*, Novato, GA: Presidiso Press, 1982. 또한 그는 *Gulf War and on the military policy for America's Future: On Strategy II: A Critical Analysis of the Gulf War*, New York: A Bell Book, 1992와 *The New World Strategy: A Military Policy for America's Future*, New York: A Touch Book, 1995에서도 각각 클라우제비츠식 접근법을 적용하였다.

거듭해서 경고하는 통치술에 있다고 하겠다. 손자는 전쟁 즉 무력의 사용은 병사들 주민 그리고 나라의 삶과 죽음의 문제임을 지적하면서 자신의 병서를 시작했다. 그런 문제가 결코 가볍게 취급되어서는 안 될 것이다. 손자는 병서가 거의 끝나가는 제12장 화공편의 마지막에서 한 번 더 다짐하듯 경고하고 있다.

> "국가의 원수는 순간적 분노에 사로잡혀 전쟁에 착수해서는 안 되며, 사령관과 장군은 일시적인 기분 나쁜 분위기에 휩싸여 전쟁을 수행해선 안 된다. 전쟁을 선언하거나 혹은 전쟁을 단념하기 위해서 그들은 전반적 국가이익을 고려해야만 한다. 분노는 즐거움으로 전환될 수 있고 나쁜 기분도 좋은 기분으로 바뀔 수 있지만 잃어버린 국가는 영원하고 살해된 자들은 영원히 죽는다. 그러므로 슬기로운 통치자는 전쟁문제들을 극단적 신중함으로 다루고, 좋은 사령관과 장군들도 그것들을 최대한의 주의력을 갖고 다루어야만 한다. 이것이 나라와 군대를 안전하게 보유하는 기본 원칙이다."

손자의 이러한 교훈은 국가운영 즉 통치술의 핵심이 된다. 그러나 일단 그럼에도 불구하고 이미 발발한 전쟁의 성공적 마무리를 통한 전쟁의 목적을 달성하는데 있어서 그런 통치철학은 별 의미가 없다. 실제로 현재 미국이 직면하고 있는 이라크와 아프가니스탄의 사태에 대한 전략적 처방에서 손자의 간접 접근법도 군사적으로 성공적이었던 전쟁수행 후의 상황에 관한 정치적 차원의 문제에 대해선 사실상 클라우제비츠의 경우와 동일한 취약점을 갖고 있다고 하겠다.

우선, 손자의 제1차적으로 중대한 전략의 비결인 속임수를 들어 말한다면 오늘날 민주 국가에겐 거의 불가능한 전략이다. 왜냐하면 적을 기만하려는 어떤 국가의 일반적 태도는 자국민도 역시 속여야 하는 모험을 감수해야 하는데 이것이 민주주의 국가에겐 중대한 정치적 문제가 아닐 수 없기 때문이다. 또한 손자의 간접 접근법은 일반적으로 말해서 신속하고 결연하게 행동하는 적에 대한 억제력을 크게 약화시킬 것이다. 손자처럼 적의 의지와 마음에 영향을 주려는 데에 집중하다 보면 적으로 하여금 불리한 때와 장소에서 전투를 피하게 하고 또 그가 무기와 병력을 갖고 있는 한 보다 유리한 기회를 선택하게 할 가능성마저 있는 것이다. 대체로 손자는 주로 약한 적에게 사용할 전략적 원칙들을 일반화시켰다. 따라서 그의 접근법은 약한 병력과 사회적 기반이 빈약한 적들에 대항해선 분명히 성공을 거둘 수도 있을 것이다. 그러나 보다 굳건하게 자리 잡은 적들과의 싸움에선 틀림없이 문제가 될 것이다.[90] 따라서 손자의 전략에만 전적으로 의존하는 것은 결코 바람직스럽지 못하다고 말할 수 있다.

뿐만 아니라 우리 시대 전략이론의 교과서로서 "손자병법"은 보다 중대한 한계를 안고 있다. 무엇보다도 그것은 전쟁의 성격에 관해서 논하지 않고 있다. 역사가들이 수집한 통계에 따르면 손자가 살았던 춘추시대에 130개가 넘는 국가들 사이에 약 4~5백 개의 크고 작은 전쟁들이 있었다. 맹자는 그 시대엔 정당한 전쟁이 없었다고 결론지었었다. 그 시대에 강대국들 간의 전쟁은 분명히 정의롭지 못했다. 그러나 강대국가들의 침략에 대항하여 약소국가들이 수행한 전쟁들은 전혀 별개의 문제였다. 불행하게도 손자는 정의로운 전쟁의 문제를 전혀 고려하지 않았다.[91] 더구나 사령관은 자신의 장교들과 병사들에게 자신의 계획을 모르게 하라고 주장함

---

90) Andreas Herberg-Rothe, *Clausewitz's Puzzle: The Political Theory of War*, Oxford: Oxford University Press, 2007, p.9.

91) 이 점은 클라우제비츠도 마찬가지였다. 클라우제비츠는 전쟁의 정당성 문제는 도덕 철학자에게 위임하겠다고 말했었다. 여기서 필자는 손자가 클라우제비츠를 대치할 수 없음을 말하려는 것이다.

으로써 장교들과 병사들이 아무것도 모른 채 전쟁수행에 무조건 따르도록 강요하는 반계몽주의적 정책은 손자병법의 결함으로[92] 오늘날에는 사실상 실천이 불가능한 것이다.

둘째로, 손자는 장군들의 역할을 지나치게 강조했다. 그는 현지 사령관들에게 주권자의 명령에 복종할 필요가 없는 경우가 있다고 주장함으로써 하극상이나, 우리 시대의 용어로 말한다면, 문민통제의 원칙을 망각하게 할 우려가 있다. 그의 견해에 영향을 받아 손자병법을 최고지도자의 명령에 복종하지 않는 구실로 실제 사용했었던 실제 장군들이 중국의 역사에는 간혹 있었다. 고대에는 통신수단이 빈약했고 어려웠으며 전선의 상황도 급변하였기에 현지 사령관들은 그런 변화에 대처해 나가기 위해서 임의로 행동해야만 했었다. 따라서 손자의 주장이 그럴듯해 보일 수도 있겠지만 오늘날의 상황은 완전히 변했다. 통신위성을 포함하여 고도로 발전된 오늘의 통신수단으로 최고의 사령관은 전투현장의 작은 모든 변화까지도 자신의 통제 하에 두고 있다. 따라서 그는 새로운 상황에 맞게 병력배치나 전술을 전적으로 재조정할 수 있는 입장에 있는 것이다. 따라서 현지 사령관은 그곳 사정 때문에 최고 사령부의 명령에 불복하는 것이 절대 허용될 수 없게 되었다. 이런 관점에서 볼 때 손자의 주장은 오늘날 일반적인 문민통제의 원칙에 어긋날 뿐만 아니라 클라우제비츠가 경고한 것처럼 전쟁이 순전히 전쟁 그 자체를 위한 전쟁으로 변질되고 퇴락할 염려가 있다고 하겠다. 인류가 전쟁을 시작한 이래 전쟁은 언제나 정치에 의해 좌우되어 왔으며 결코 어느 경우에도 정치를 떠난 적이 없었다. 클라우제비츠가 전쟁이란 단지 수단을 달리한 정치의 연속이라고 말했을 때 그것은 하나의 당위적 명제임과 동시에 역사적 현실의 서술이었다.

---

92) General Tao Hanzhang, *Sun Tzu's Art of War*, trans. by Yuan Shibing, New York: Sterling, 2007, p.210.

오늘날 그리고 미래에도 어떤 현지 사령관이 손자의 시대착오적 주장을 실천한다면 최선의 경우에 한국전쟁의 와중에 해임된 맥아더 장군의 운명을 되풀이 하거나 아니면 거의 확실하게 군사법정에 서게 될 것이다.

셋째로, 포위된 적에게 퇴로를 열어주어야 하며 절망적인 적을 너무 몰아붙이지 말라는 그의 주장도 시대착오적이다. 우선 이 주장은 그 자신의 다른 주장과 모순된다. 그는 적의 사기가 높을 때는 적을 피하고 적이 굼뜨고 병사들이 향수병에 시달릴 때 공격하라는 주장도 함께 했기 때문이다. 절망적인 적에게 퇴로를 열어주는 것은 손자마저도 결국은 중국의 대표적이고 가장 영향력이 컸던 유교적 덕목에 따라 전시에서도 인정을 베푸는 윤리적 행동으로 이해할 수는 있지만 그러나 그것은 마치 포위된 호랑이를 산으로 돌아가게 하는 것과 같이 위험스럽고 또 어리석은 짓이다. 바꾸어 말해서 싸우지 않고 이길 수 있다는 손자의 전쟁관의 연장선상에서 이 주장은 이해될 수 있다. 그러나 클라우제비츠가 다음과 같이 말했을 때 그는 마치 손자에게 경고하는 것처럼 보인다.

> "물론 마음이 따뜻한 사람들은 많은 피를 흘리지 않고도 적을 무장해제 시키거나 패배시킬 수 있는 교묘한 방법이 있다고 생각할지도 모르며, 또 이것이 진정한 전쟁기술의 목적이라고 상상할지도 모르겠다. 듣기에는 그럴 듯하지만 그것은 반드시 폭로될 수밖에 없는 환상이다. 왜냐하면 전쟁이란 친절함에 기인하는 실수들이야말로 최악의 것들이 되는 아주 위험스런 일이기 때문이다."[93]

93) 앞의 서론에서 인용했지만 강조하기 위해 일부만 재인용한 것이다. 그리고 여기에선 보다 융통성 있게 번역 해보았다. Carl von Clausewitz, *op. cit.*, p.75.

Ⅷ. 결론: 융합이론을 향해서

인간의 어떤 활동도 전쟁만큼이나 끊임없이 보편적으로 우연이란 요소와 결부되는 것은 없다. 그리고 그렇게 우연이란 요소를 통해서 추측과 행운이 전쟁의 경우에서처럼 그렇게 큰 역할을 하는 곳은 없다. 이러한 의미에서 절대적, 소위 수학적 요소들은 군사적 계산에서 결코 확고한 기반을 차지한 적이 없다. 아주 처음부터 가능성과 확률, 좋은 운 그리고 나쁜 운이 상호작용하여 전쟁이라는 융단의 길이와 폭을 엮어 나가듯이 이루어진다. 인간만사에서 전쟁은 도박을 의미하는 카드놀이와 가장 비슷하다.[94] 마키아벨리의 용어를 빌리면, 전쟁은 궁극적으로 포르투나(fortuna, 운명의 여신)의 세계이며 어떠한 인간적 비르투(virtu)도 "기회의 여신"을 완전히 배제시킬 수 없다. 클라우제비츠의 작품에는 전쟁에서의 운의 역할과 천재의 역할 사이에 아주 예리한 일치가 있다. 두 가지 요소들이 결합하여 전쟁을 완전히 예측 불가능하게 만든다.[95] 군사문제에 있어 가장 위대한 저술가라고 할 수 있는 손자는 "하늘의 뜻"을 성공의 첫 번째 조건으로 꼽았다.[96] 따라서 클라우제비츠와 손자 두 사람에게 있어서 전쟁은 과학이 아니라 술(術, art)의 세계이다. 요컨대, "그의 저서는 단순히 가장 위대한 것이 아니라 전쟁에 관한 한 유일무이의 위대한 책이다"[97]라고 극찬한 버나드 브로디(Bernard

94) Carl von Clausewitz, *op. cit.*, pp.85-86.

95) Philip Windsor, "The Clock, the Context and Clausewitz," in Mats Berdal, ed., *Studies in International Relations: Essays by Philip Windsor*, Brighton: Sussex Academic Press, 2002, pp.137-138.

96) Martin van Creveld, *The Transformation of War*, New York: The Free Press, 1991, p.126.

97) Michael Howard, *Clausewitz*, Oxford: Oxford University Press, 1983, p.1; Originally it came from, Bernard Brodie, "On Clausewitz: A Passion for War," *World Politics*, Vol. 25, No. 2, January 1973, p.291.

Brodie)와 의견을 달리하기가 어렵기는 하지만 재래식이든 비재래식이든 간에 21세기의 전쟁을 수행하는 데 있어서 『전쟁론』에 의한 클라우제비츠의 지도만으로는 충분하지 못하다. 서양문명의 산물인 클라우제비츠는 동양문명의 산물인 손자로 보완되어야 한다. 바꾸어 말하면 근대의 동양에서는 손자가 클라우제비츠에 의해 대치되었지만 탈근대적 21세기의 새로운 전쟁에 직면한 인류에겐 전근대적 전략가인 손자가 마땅히 원래의 지도적 지위로 복귀되어야 한다. 그러나 손자도 클라우제비츠가 필요하다.

클라우제비츠는 피를 흘리지 않고 전쟁을 승리로 이끈다는 것이 바람직하다는 점에서는 손자에 동의하지만 그러나 동시에 클라우제비츠는 그것이 별로 가능하지 않다는 것을 인식하고 더 나아가보다 더 가능성 있는 대안을 찾고자 하였다. 피를 흘리지 않은 승리의 바람직함에 대한 손자의 입장은 클라우제비츠의 입장과 모순되는 것처럼 보인다. 하지만 이 두 전략가들은 동일한 문제에 대해 단순히 서로 다른 조망으로 접근하고 있다. 마찬가지로, 서양의 클라우제비츠와 동양의 손자가 서로 불일치하는 것처럼 보이는 많은 사항들도 종종 서로 본질에서 다르기보다는 강조의 차이에 기인한다. 이들은 서로 배타적인 패러다임을 대표한다기보다는 오히려 서로를 보완하고 보강한다. 이들 두 전쟁의 대가들 간의 명백해 보이는 모순들은 문화적, 역사적 그리고 언어적 대조에서 기인한다기보다는 그들 각자가 선택한 서로 다른 분석 수준에서 그리고 맥락에 맞지 않게 발췌하는 어떤 독자들의 성향과 혼합된 결과이다. 이 말은 문화적, 언어적 그리고 철학적 요소들이 중요하지 않다고 말하려는 것이 아니라 단지 전쟁이라는 보편적인 문제에 대해 그들이 주는 교훈의 보편적 함의에서 시간과 공간의 한계를 초월하여 그들의 작품들은 여전히 전쟁에 관해 쓴 가장 위대하고 가장 창조적인 전쟁 연구로 남는다고 말하려는 것이다. 전쟁들은 모두가 똑같다.[98] 손자는 중국의 전통에 따라 무기요소보다 인간요소를 더 중요시하고 잔혹한 무력보다는 지혜를 통해 얻는 승리를 선호하면서 전쟁의 윤리 및 도덕적 차원을 강조했었다. 당시의 비슷한 무기수준과 보편적 보급 및 소유를 고려할 때, 인간 정신의 강조는 어쩌면 당연한 것이었다고 말해도 좋을 것이다. 서구 사회에서도 전근대의 전쟁에서 그런 성향이 분명히 존재했었다. 따라서 동서양에서 시대에 따라 상이한 강조가 있었던 엄연한 사실을 간과해서는 안 될 것이다.

그러므로 클라우제비츠의 직접 접근법과 손자의 간접 접근법 중 어느 것이 더 우월한가는 중요치 않다. 오늘날 21세기에서는 둘 다 동등하게 적실성이 있다. 다른 분야에서도 마찬가지겠지만, 서양과 동양의 두 전쟁 철학의 종합을 통한 건설적인 조화가 필요할 뿐만 아니라 또한 그것은 가능하다.[99] 이러한 의미에서 손자의

---

98) Philip Windsor, *Strategic Thinking: An Introduction and Farewell*, Boulder and London: Lynne Rienner, 2002, pp.137-148. 최근에 국제정치학분야에서 문화의 차이를 강조하는 견해가 영향력을 얻었다. 이것은 약 50년 전에 아다 보즈만(Adda B. Bozeman)에 의해 시작되었다가 문화적 접근법이 냉전의 지배적인 이념투쟁이 끝난 후 재등장할 때까지 거의 완전히 사라졌었다. Adda B. Bozeman, *Politics and Culture in Inter-national History*, Princeton, New Jersey: Princeton University Press, 1960. This book was republished with a new international by the author, see, *Politics and Culture in International History: From the Ancient Near East to the Opening of the Modern Age*, 2nd. eds., New Brunswick(U.S.A.)and London: Transaction Publishers, 1994; Samuel P. Huntington, *op. cit.*,; Akira Iriye, *Cultural Internationalism and World Order*, Baltimore and London: The Johns Hopkins University Press, 1997; Dominique Jacquin-Berdal, Andrew Oros and Marcos Verweij, eds., *Culture in World Politics*, London: Macmillan Press, 1998; Bhikhu Parekh, *A New Politics of Identity: Political Principles for an Interdependent World*, New York: Palgrave Macmillanm, 2008.

99) 굳이 Samuel B. Griffth's, "Sun Tzu and Mao Tse Thug," in "Introduction VI" of his own translated version, "Sun Tzu, *The Art of War*"를 들지 않아도 손자가 마오쩌둥에게 미친 영향은 그들의 작품을 읽어 본 사람에겐 분명하다(Chen-Ya Tienm "Military Thought of Mao Zedong," in Chen-Ya Tien, *op. cit.*, chapter 6 참고). 반면, 클라우제비츠가 마오쩌둥에게 미친 영향은

뒤늦은 귀환, 아니 손자의 미래로의 귀환은 환영할 일이다. 『손자병법』은 2천 년이 넘는 과거에 쓰인 군사연구다. 그럼에도 손자병법이 담고 있는 많은 교리와 법칙들과 규칙들은 여전히 아주 실용

아론(Raymond Aron)에 의하면 레닌을 통해서다(클라우제비츠가 맑시스트에게 미친 강한 영향에 대해서는 Azar Gat, "Clausewitz and the Marxists: Yet Another Look," *Journal of Contemporary History*, Vol. 27, No. 2, April 1992, pp.363-382; Sigmund Neumann, "Engels and Marx: Military Concepts of Social Revolutionaries," in Edward Mead Earle, ed., *Makers of Modern Strategy: Military Thought from Machiavelli to Hitler*, Princeton, NJ: Princeton University Press, 1943, chap, 7; Edward Mead Earle, "Lenin, Trotsky, Stalin,; Soviet Concepts of War,": in *Ibid.*, chap. 14; John Shy and Thomas W. Collier, "Revolutionary War," in Peter Paret, ed., *Makers of Modern Strategy from Machiavelli to the Nuclear Age*, Oxford: Clarendon Press, 1986, chap. 27 참고). 마오쩌둥은 클라우제비츠의 잘 알려진 방정식(전쟁은 수단을 달리한 정치의 연속이다)을 인용했다. 혁명파가 사회주의와 자국 보안을 비판했던 당시 레닌이 1915년부터 1917년까지 사용하던 팜플렛을 일컬으면서 인용했다. 이를 통해 아론은 마오쩌둥이 클라우제비츠의 영향을 받았다고 덧붙였다(Raymond Aron, *Clausewitz: philosopher of War*, trans. by Christine Booker and Norman Stone, London: Routledge & Kegan Paul, 1983(First Puvlished in French in 1976) pp.294, 171 참고). 알레스테어 존슨에 따르면 마오쩌둥이 가장 반박했던 개념은 손자가 말한 "싸우지 않고 적을 제압하는 것"이었다. 이것에 대해서 1949년 전까지만 해도 그의 입장은 명백했다. 마오쩌둥에게 있어서 전쟁은 "유형의 정치"였고 "자신을 보호하고 적을 무찌르는 것"을 위한 도구였다(Alastair Lain Johnson, *Cultural Realism: Strategic Cultural and Grand Strategy in Chinese History*, Princeton, New Jersey: Princeton University Press, 1995, pp.255-256: Alasteir Lain Johnson, "Cultural Realism and Strategy in Maoist China," in Peter J. Katzenstein, ed., *The Culture of National Security: Norms and Identity in World Politics*, New York: Columbia University Press, 1996, pp.216-268). 이러한 사상은 클라우제비츠에게로부터 영향을 직접 받은 듯하다. 마오쩌둥은 "정치의 힘은 총구에서 시작된다."라는 말을 자주 했을 정도다(Anthony James Joes, *From the Barrel of a Gun: Armies and Revolutions*, New York: Pergamon Press, 1986). 이러한 사실을 보았을 때, 마오쩌둥은 독창적인 전술 이론가라고 일컫기보다 동방과 서방의 독창적인 전술 이론을 적용한 사람이라고 말하는 것이 낫다. 그럼에도 불구하고 칼 슈미트에 의하면 마오쩌둥은 현대 혁명전쟁의 최고 전투수행가였다(Carl Schmitt, *Theory of the Partisan*, New York: Telos Press Publishing, 2007, p.55. This book was originally published in German in 1962). "간접 접근"이라는 말을 일반화시킨 영국 전술 이론가인 리들 하트에게도 비슷한 결론이 내려질 수 있다(Basil H. Liddell Hart, *Strategy*, Rev. eds., New York: Praeger,

적이고 보편적 중요성을 갖는다.[100] 클라우제비츠의 『전쟁론』은 야전의 지휘관을 위한 계산조견표(ready-reckoner)나 혹은 정치가들을 위한 행동지침으로 사용되기 위해서가 아니라 전쟁이 제기하는 문제들에 대해 자신만의 대응책을 마련하도록 독자들을 지적으로 진작시키도록 의도된 것이다.[101] 레이몽 아롱(Raymond Aron)이 클라우제비츠에 대해서 말했듯이 "이 천부적 영혼의 모험을 공유하기 위해서 우리가 독일인이 될 필요는 없으며 프러시아인이 될 필요도 없고 또 장교가 될 필요도 없다."[102] 마찬가지로, 우리가 손자의 천부적 영혼의 모험을 공유하기 위해서 중국인이 될 필요가 없으며, 고대 중국의 전국 시대의 어떤 나라의 신민이나 혹은 군사 지휘관이 될 필요도 없다. 어느 한 쪽도 소홀히 하지 않고 양자를 모두 연구하는 가장 중요한 근거는 국제평화를 유지하고 이제 접어든 21세기 세계의 문화적 조화를 향상시키기 위해 전쟁과 국제정치의 합리적 도구로서 전쟁의 위치에 대한 보다 나은 이해를 배양하는 것이다.

1954, 1967). 그는 손자를 "전쟁학에 있어서 가장 좋은 입문이며 전쟁이라는 주제를 연구할 때에 언제나 참고해도 될 만큼 귀중한 사람"이라고 평가했다. His "Foreword"to Samuel Griffith's translated version of *The Art of War*, p.vii; General Rupert Smith, *The Utility of Force: The Art of War in the Modern World*, New York: Vintage Books, 2008, p.161.).

100) General Tao Hanzhang, *Sun Tzu's Art of War*, trans. by Yuan Shibing, New York and London: Sterling Publishing, 2007, p.213.

101) Hugh Smith, *On Clausewitz: A Study of Military and Political Ideas*, New York: Palgrave Macmillan, 2005, p.xi.

102) Philip Windsor, "The Enigma of a Gifted Soul: Aron and Clausewitz," in Mats Berdal, *op. cit.*, p.133에서 재인용.

제2장

용과 사무라이의 결투*

_ 중(청)일전쟁**의 군사전략적 평가

"큰 전쟁은 역사의 진로를 변경시킨다." _ 윈스턴 처칠

Ⅰ. 서론

"아 슬프도다. 해군과 육군이여! 적군들은 단결했는데 우리군은 분열되었구나. 움츠릴 줄 밖에 모르는 벌레처럼 우리는 힘을 펼치지 못했구나. 싸움닭처럼 우리는 스스로 단결하지 못했구나."[1]

---

* 본 장은 원래 『國際政治論叢』(제45집 4호, 2005)에 게재한 논문을 수정 보충한 것이다.

** 이 전쟁은 중국에서는 "갑오전쟁"이라 부르고, 일본은 "일청전쟁", 한국은 "청일전쟁"이라고 부른다. 본서에서는 국제적으로 지칭되는 "중일전쟁 1894~1895"으로 부를 것이다.

1) Noriko Kamachi, *Reform in China: Huang Tsun-hsien and the Japanese Model*

1895년 1월 일본군에 의해 웨이하이(威海)가 함락되었다는 소식을 듣고 황쭌센(黃遵憲)이 쓴 "웨이하이를 통곡한다"는 시의 마지막 구절이다. 중일전쟁에서의 패전은 중국인들에 경천동지의 대사건이었다. 아편전쟁 이후 서양제국주의에 의해 계속해서 굴욕을 당하면서도 소위 천하사상의 꿈속에 빠져 있던 중국인들이 4천여 년 간의 잠에서 비로소 깨어났다. 중국의 패배는 중국의 역사는 물론 동북아시아의 수 세기 간 계속된 전통적 지역질서를 붕괴시키고 새로운 질서의 형성이 시작되었음을 "규정짓는 순간(defining moment)"이었다. 이 전쟁에서 현상유지를 지향하는 중국이 승리했다면 전통적 질서가 계속되었겠지만, 현상타파를 추구했던 일본의 승리는 새로운 지역적 국제질서의 태동을 의미했다.

인류의 역사에서 언제나 누가 전쟁에서 승전국이었느냐가 전후 질서의 성격에 결정적 영향을 미쳤다. 따라서 전쟁의 원인과 결과는 전쟁수행과 분리할 수 없고 또 분리되어서도 안 될 것이다. 특히 전쟁의 승패는 전쟁수행의 결과이며 승패의 불확실성 속에서 수행되는 것이기 때문에 전쟁수행이야말로 역사창조의 과정이라 할 것이다. 그러나 전쟁연구에서 외교사가들은 전쟁의 원인과 평화회담과 그 후유증에서 노정된 결과들에 초점을 맞추면서 흔히 전쟁수행 그 자체를 배제하는 경향이 있는 반면에, 전쟁사가들은 전쟁의 원인과 결과를 무시한 채 전쟁 수행 과정에만 집중하는 경향이 있다.[2)]

전쟁의 수행 그 자체는 전쟁의 원인과 결과 그리고 전쟁을 피하

(Cambridge, M.A.: Harvard University Press, 1981), p.193.

2) Mark A. Stoler, "War and Diplomacy: Or, Clausewitz for Diplomatic Historians," (SHAFR Presidential Address), *Diplomatic History*, Vol. 29, No. 1 (January 2005), p.3.; 역사학, 정치학 그리고 국제관계학간의 밀접한 관계의 재인식을 위한 일반적 논의에 관해서는 Colin Elman and Miriam Fendius Elman (eds.), *Bridges and Boundaries* (Cambridge, M.A.: The MIT Press, 2001); John Lewis Gaddis, *The Landscape of History* (New York: Oxford University Press, 2002)를 참조.

거나 종식시키려는 노력과 아주 다른 것이다. 그러나 이런 주제들은 모두가 다 밀접히 관련되어 있다. 칼 폰 클라우제비츠가 강조했던 것처럼 전쟁의 수행도 역시 정치적인 것이므로 전쟁의 정치적 원인 및 결과와 분리될 수 없는 것이다.

중일전쟁의 목적이 한반도의 장악이었다면 일본이 전쟁의 수행에서 승리를 거두었지만 정치적 목적달성에는 분명히 실패했다. 왜냐하면 한반도에서 중국의 소위 종주권을 축출했지만 전쟁종결 직후 소위 국제적 3국개입으로 인해 일본이 힘의 한계를 노출하자 당시 조선정부는 오히려 친러시아 정책을 채택했고, 한반도 통제의 정치적 목적은 더 멀어져 버렸기 때문이다. 한반도에서 러시아의 영향력이 급속히 증가했고 오히려 일본은 조선에 대한 통제력을 낮출 수밖에 없게 되었으며, 결국 중일전쟁의 정치적 목적은 조선에서 러시아를 축출하는 보다 더 위험한 전쟁을 치르지 않고서는 달성하기 어렵게 되어 버렸다.

전쟁에 승리한 물질적 소득은 자신의 전쟁비용을 보상하고도 남는 노다지같은 배상금과 수개월 동안 치열하게 대항했던 대만섬이었다. 그러나 이 전쟁은 조선뿐만 아니라 중국도 러시아의 휘하로 몰아넣었으며 그 결과 중국은 러시아에게 동맹에 대한 대가로 북중국에서 특별한 철도부설권을 부여하게 되었다. 일본은 전쟁의 승리로 서양국가들에게 일본의 위력을 과시했지만, 그와 동시에 일본주도의 황화(黃禍, yellow peril)를 일깨우는 유산도 함께 가져왔다. 따라서 중일전쟁은 토쿠모미 소호(Tokumomi Soho)의 말처럼 "전쟁 전에 일본은 자신을 몰랐고 세계도 일본을 몰랐지만 자신의 힘을 시험한 결과, 일본은 자신을 알고 세계가 일본을 아는 계기가 되었을" 것이다.[3] 보다 긴 역사적 과정으로 표현한다면 한반도를

---

3) Stewart Lone, *Japan's First modern War: Army and Society in the Conflict with China, 1894~95* (London: Macmillan Press, 1994), p.180.

자신의 이를 보호하는 입술로 생각하는 중(청)국과 자신의 심장을 겨냥한 비수로 간주하는 일본이 조선을 장악하기 위해 싸운 중일전쟁은 동북아의 전통적 질서를 붕괴시킨 세계사적 의미를 갖게 되었다.

따라서 중일전쟁에서 주목해야 할 주요 주제 가운데 하나는 중국 패배의 비밀, 바꾸어 말하면 일본이 전쟁에 승리한 비결을 조사하는 일이라 하겠다. 본 논문은 바로 그 비밀과 비결을 찾기 위해 전쟁수행전략을 비교 평가하고자 한다. 주로 사건 순으로 나열하는 역사가들에 의해서 이루어진 기존의 중일전쟁에 관한 연구 결과들 즉, 중국의 패배와 일본의 승리의 요인들에 관한 조사결과가 우리에게 거의 상식적 견해가 되어버렸다. 그리하여 일본이 전쟁에서 승리할 수 있었던 것은 단지 군사적 분야에서 뿐만 아니라 경제, 정치 및 심지어 문화적으로도 일본이 중국보다 더 근대화되었기 때문이라고 생각하고 있다. 예를 들어 존 페어뱅크(John Fairbank)는 중국의 정치적 후진성에서 주로 패인을 찾았다.[4] 리우(Liu)와 스미스(Smith)는 국가적 개혁의 실태에다 중국 군부의 문제점 즉, 형편없는 무장, 부적절한 훈련, 빈약한 리더십, 낮은 사기 등등의 요인들이 열거되었다.[5]

그러나 그런 문제들이 중국의 전쟁수행에 실제로 어떻게 작용했었는지에 관한 의문은 해소되지 않은 채 그대로 남아 있다. 따라서 필자는 중일전쟁의 전쟁수행전략의 평가를 시도하는데 있어서 클라우제비츠의 전쟁론 및 고전적 전략원칙을 활용할 것이다. "유일

---

4) John K. Fairbank, *The Great Chinese Revolution* (New York: Harper&Row, 1987), pp.118-19.

5) Kwang-Ching Liu and Richard J. Smith, "The Military Challenge: The Northwest and the Coast," in John K. Fairbank and Kwang-Ching Liu(eds.), *Cambridge History of China*, Vol. 11 (Cambridge: Cambridge University Press, 1980), pp.202-73.

한 명작 『전쟁론(On War)』"[6]의 저자 클라우제비츠가 주장했던 것처럼, 하나의 총체적 현상으로서 전쟁의 지배적 성향은 언제나 그것을 (1) 근원적 폭력과 적대감 (2) 우연과 확률의 작용 및 (3) 전투행위란 수단으로서의 종속성이라는 3가지 요소로 구성되는 현저한 삼위일체를 이룬다.[7] 바꾸어 말하면, 전쟁이란 (1) 국민의 열정과 (2) 지휘관의 우연성과 확률 그리고 (3) 정치적 목적을 제시하는 정부라는 세 가지 요소와 관련된다. 올바른 전쟁수행이란 이 세 가지 성향의 균형을 유지하는데 있다. 따라서 전쟁의 승패란 이 세 가지 요소들의 총체적 상호작용의 결과일 것이기 때문에 본 논문에서도 이 세 가지 측면에서 중일 양국의 전쟁수행을 분석할 것이다.[8]

Ⅱ. 전쟁의 발발과정

1894년 6월 3일 조선의 국왕(고종)은 참으로 역사적인 조치를 취했다. 민왕후 일파와 당시 중국 리훙장이 파견한 청의 외교대표(總理交涉通商事宜) 위안스카이(袁世凱) 총리의 주청에 따라 동학농민혁명군을 진압하기 위해 고종은 중국에 파병을 요청했던 것이다.

---

6) 이 말은 버나드 보르디가 "전쟁론"을 칭송할 때 사용했던 표현이다. Bernard Brodie, "The Continuing Relevance of *On War*," in Carl von Clausewitz, *On War*(eds.) and trans. by Michael Howard and Peter Paret (Princeton, N.J.: Princeton University Press, 1976), p.53.

7) Clausewitz (1976), p.89.

8) 클라우제비츠의 분석틀은 다소 원론적인 것이 사실이나 개별전쟁을 그의 전쟁분석틀로 분석하는 시도가 불가능한 것은 아니며 실제로 그러한 분석이 이루어진 바 있다. 서머즈(Summers)가 베트남전에서 사용된 전쟁 당사자들의 전략을 클라우제비츠의 분석틀로 평가한 것이 대표적이다. Harry G. Summers, On Strategy: A Critical Analysis of the Vietnam War (Novato, CA: presidio Press, 1982).

그러자 일본은 수일 내 군사체제로 들어갔다. 6월 5일 일본은 최초의 대본영(the imperial headquarters)을 설치했다. 다음날 6일 육군성과 해군성은 언론에 "전시같은 작전"에 관해 일절 보도하지 말라는 지침을 내렸다. 1885년에 체결된 톈진조약의 규정에 따라 6월 7일 조선 파병을 일본에 통보한 중국은 서울과 아산 해안에 위치한 남양에 2천명을 파병하였다.[9] 중국의 통보를 받은 지 수 시간 내에 일본은 중국에 통보하고 자국의 병력을 파병했다. 군대파견을 자제해 달라는 조선의 요청에도 불구하고 수일 내 2천여 명의 일본군이 상륙하여 서울로 향했다. 일본 측 대응의 신속성은 일본이 오랫동안 파병을 준비해왔음을 말해 주었다.[10] 일본정부는 자국의 대사관, 영사관 및 자국민의 보호를 위해 병력이 필요하다고 주장했다. 6월 중순에 인천항은 마치 국제해군쇼가 벌어지는 장소처럼 보였다. 6월 13일, 9척의 일본 군함과 수송선, 4척의 중국 군함 그리고 러시아, 영국, 미국 및 프랑스의 선박이 각각 1척씩 정박하고 있었다. 6월 15일에는 추가로 8척의 일본 수송선이 도착하여 완전무장한 6천명의 병력을 상륙시켰다. 6월 중순까지 10척의 일본 군함들이 조선의 바다를 정찰하고 있었으며, 18일 해군성은 해군함대 전투규칙을 발표했다. 이때쯤 중국의 위안스카이는 떠날 때가 왔다고 판단했다. 그는 19일 서울에서 베이징으로 돌아가는 러시아 무관의 중국인 하인으로 위장하고 서울에서 도망쳤다.[11] 6천여 명의 일본

---

9) 1876년 개국 이후 1882년 임오군란시 중국의 파병, 1884년 갑신정변의 후유증을 해결하기 위해 맺어진 1885년 2월의 톈진조약체결 그리고 1893년 후반에 시작된 동학농민혁명의 발생과 중국군 파병에 이르는 사건들에 관한 필자의 개괄적 논의를 위해서는, 강성학, 『시베리아 횡단열차와 사무라이: 러일전쟁의 외교와 군사전략』(서울: 고려대학교 출판부, 1999), pp.119-33을 참조.

10) S. C. M. Paine, *The Sino-Japanese War of 1894~1895* (Cambridge: Cambridge University Press, 2003), p.114.

11) 이 날 서울 주재 오토리(Otori) 일본공사는 조선에서 강압적 수단 및 사용의 허락을 받았다. George Alexander Lensen, *Balance of Intrigue: International Rivalry in Korea & Manchuria, 1884~1899* Vol. 1 (Tallahassee: University

병력은 조선에 있는 일본인들의 안전을 보장하는데 필요한 숫자를 훨씬 능가하는 것이었다. 그것은 오쿠마 시게노부(Okuma Shigenobu) 백작의 설명처럼 일본제국이 조선뿐만 아니라 전 세계로부터 존경받고 두려워하도록 하기 위한 것이었다.[12] 일본을 강하게 만들기 위해 근대화에 착수한 지 약 4반세기간의 국내적 개혁 후[13] 많은 일본인들은 이제 일본이 국제무대에 데뷔할 때가 되었다고 느꼈다.

7월 23일 일본군은 조선왕궁을 습격하고 고종을 감금했다. 그리고 일본이 요구하는 내정 개혁이 만족스럽게 보장될 때까지 조선왕을 인질로 삼겠다고 천명했다.[14] 그러나 조선의 주권자를 유괴한 행위는 중국에게 부인할 수 없는 전쟁의 구실이었다. 중국은 도전을 받아들이든가 아니면 조선에 대한 종주권을 포기해야 할 것이다. 어느 쪽이든 일본정부는 원하는 것을 얻게 된다. 이 날 오후 일본군은 서울에서 조선의 병영을 무장 해제시키고 수도 서울을 장악했다.

일본 측이 적대행위를 일으키려고 최선을 다하고 있을 때 중국의 사실상 총사령관인 리훙장(李鴻章) 직예총독은 전쟁을 피하기 위해 최대한 노력을 계속했다. 그는 일본군과의 충돌가능성을 최소화하기 위해 중국병력을 서울의 외곽에 주둔시켰다. 중국군은 서울의 남쪽 약 8마일 지점인 아산에 진을 쳤다. 그러나 리훙장은 적대행

Press of Florida, 1982), p.140.; 위안스카이가 조선에서 생명의 위협을 느껴 도망치는 과정에 관해서는, 허우이제 지음, 장지용 옮김, 『원세개』(서울: 지호, 2003), pp.104-7을 참조.

12) Lensen (1982), p.119.

13) 메이지유신, 특히 이와쿠라 사절단의 파견과 함께 서구화에 박차를 가했다. Ian Nish (ed.), *The Iwakura Mission in America and Europe: A New Assessment* (Surry: Japan Library, 1998)를 참조.

14) "Corean King is a captive," *The New York Times*, 88 July 1894, p.5.; Paine (2003), p.121에서 재인용.

위의 발생에 대비해야만 했다. 따라서 7월 20일 중국 측은 서울에 대한 협공작전에 대비하여 조선에 병력을 집결시키기 시작했다. 그들은 남쪽으로는 아산에, 북쪽으로는 평양에 병력을 배치했다. 일본군부는 중국의 병력이 육지에 발붙이기 전에 바다에서 더 쉽게 처리할 수 있을 것임을 깨달았다. 따라서 일본해군이 아산에 파병된 중국의 증원군을 추격했다.15) 당시 아산에 파병된 중국의 예치차오(염지초) 장군은 자신의 군대가 고립된 처지라서 리훙장에 지원병력을 요청했었다. 그리하여 7월 22일, 8척의 수송선이 다구(大沽)에서 출항했다. 2척이 아산으로 향해 24일 안전하게 도착했다. 그러나 그 날 아산에서 일본군이 이미 서울의 왕궁을 점령했다는 소식을 접하자 중국의 군함들은 귀환명령을 받았다.

7월 25일 중국으로 귀환명령을 받은 중국 군함 중 2척이 아산으로부터 중국으로 귀환 중 풍도에서 3척의 일본 순양함과 마주쳤다. 일본 측은 선전포고도 없이 중국 군함에 기습공격을 가하여 1척을 항해불능케 만들고, 또 다른 1척에 손상을 입혔다. 손상된 배를 추격하던 중 일본인들은 또 다른 수송선, 즉 중국이 임대했지만 영국소유인 증기선 코우싱(Kowshing)호를 발견했다. 다구에서 1천1백 명의 병력과 장교들을 승선시켰었던 이 배는 7월 25일 아산을 향해 출항했지만 3척의 일본 군함에 저지당했다. 승선하고 있던 중국의 장성들은 자신들을 따르라는 일본 측의 명령을 거부했다. 몇 시간의 성과 없는 협상에서 중국 측은 일본 측의 명령을 거부하고, 유럽인 승무원들의 권고도 무시했을 뿐만 아니라 또 유럽인들이 떠나도록 허락하지도 않았다. 도고 하이하치로 일본 측 사령관은 관련 국제법 규정을 면밀히 조사한 뒤 법조항이 자신의 편에 있다고 판단하자마자 코우싱호를 침몰시켰다. 선박이 가라앉기 시

15) Paine (2003), p.132.

작하자 헤엄칠 줄 아는 많은 유럽인들은 배에서 뛰어내렸지만, 중국인들은 오히려 그들에게 발포했다. 중국은 이 때 제대로 싸워보지도 못한 채 많은 정예병력을 상실했다.[16] 중국과 일본이 풍도의 적대행위 후 전쟁태세에 있었고, 코우싱호가 병력을 수송하고 있었으며 합당한 일본 측의 명령을 거부했기 때문에 영국정부는 일본의 코우싱호의 격침이 정당했다고 간주했다.[17] 일본은 풍도를 기습공격하고 코우싱호를 침몰시킴으로써 전쟁을 시작한다. 그것은 선전포고도 없는 일방적 기습공격이었다.[18]

전쟁선포도 없는 이러한 일본의 기습작전은 지상에서도 감행되었다. 그것은 아산의 동북쪽 약 10마일 지점에 위치한 성환에서 이루어졌다. 오시마 요시마사장군의 지휘 하에 일본군이 서울에서 집결할 당시 아산에 주둔 중인 중국군이 요새를 세우고 참호를 파고 토루를 쌓고 주변 논에 물을 가득 채운 것으로 보아 일본군이 곧 들어 닥칠 것을 인지했던 것처럼 보였다.[19] 일본군은 야간습격을 위해 병력을 나누었다. 소규모의 척후 병력이 전투를 벌이는 동안 주력군은 중국군 측면의 후방으로 진격했다. 중국군은 치열하게 싸웠지만 성환을 지킬 수 없었다. 3천명의 일본군과 4천명의 중국군은 5시간동안 전투를 치렀다.[20] 결국 승리한 일본군은 많은 무기

---

16) Allen Fung, "Testing the Self-Strengthening: The Chinese Army in the Sino-Japanese War of 1894~1895," *Modern Asian Studies*, Vol. 30, No. 4 (1996), p.1015.

17) G. A. Ballard, *The Influence of the Sea on the Political History of Japan* (New York: E. P. Dutton, 1921), p.142.; "The Kowshing Inquiry," *The North-China Herald(Shanghai)*, 31 (August 1894); Paine(2003), p.134에서 재인용.

18) 일본은 사전 선전포고 없이 기습공격으로 전쟁을 시작했는데 일본은 그 후 러일전쟁과 태평양전쟁에서도 동일한 방법을 사용했다. 중일 및 러일전쟁 후 1907년 헤이그 국제평화회의에선 이런 전쟁개시방법을 막기 위해 전투행위 전에 선전포고할 것을 규정했지만, 일본은 진주만기습 때까지 이 국제규정을 무시했었다.

19) Paine (2003), p.158.

20) Lone (1994), p.34.

들을 노획했고 아산으로 도망치는 중국 병사들을 추격했다. 성환 전투의 패배는 중국인들의 사기를 꺾어버린 듯하다. 아산의 중국 병사들 대부분이 일본군이 도착하기도 전에 도망쳤기 때문이다. 일본군은 29일 신속히 중국군을 패퇴시키고 아산을 장악했다.[21] 이로써 서울에 대한 중국의 포위망이 깨졌다. 북쪽의 평양과 남쪽의 아산에 병력을 집중시켜 서울로 협공하려고 준비해 왔던 작전이 무너져 버렸던 것이다.[22]

Ⅲ. 조선에서 중국의 패퇴과정

해전과 육전에서 기습작전으로 기선을 잡게 되자 일본은 8월 1일 중국에 정식으로 선전포고하였고, 같은 날 중국도 일본에 선전포고하였다. 수천 년간 지속된 동북아국제질서를 뒤엎는 중일전쟁이 시작된 것이다. 선전포고 후, 일본군은 조선으로 쏟아져 들어왔다. 북양함대가 그대로 있는 한 일본군부는 이 병력을 수송하는데 매우 신중해야만 했다. 또한 일본정부는 배로 병력을 조선으로 수송할 때 가장 공격에 취약하다는 것을 알고 있었다. 바다에서 일본군을 쳐부수는 것이 일본군사전략을 손상시키는 중국의 가장 효과적인 수단이었을 것이다. 따라서 일본의 최초 상륙은 웨이하이와 뤼순(旅順)에 있는 중국의 해군기지에서 가능한 한 먼 조선의 동해안의 중간 지점에 위치한 원산에서 이루어졌다. 다른 수송군은 일본에서 가장 가까운 부산에 상륙시켰다. 이런 상륙작전은 서울까지 고난의 행군을 요구했다. 따라서 8월 말, 질병, 피로, 행군시간

---

21) F. Warrington Eastlake and Yamada Yoshi-aki, *Heroic Japan: A History of the War between China and Japan* (London: Sampson Low, Marston&co., 1897), p.21.
22) Paine (2003), p.159.

등을 고려한 일본육군은 인천상륙작전의 모험을 감수하기로 결정하였다.

중국의 리훙장 총독은 일본의 병력수송을 공격하지 않음으로써 절호의 기회를 놓쳤다. 그는 중국의 함대에게 압록강과 웨이하이를 잇는 해상선의 동쪽으로 발진하지 말라는 명령을 내림으로써 중대한 전략적 오류를 범했다.[23] 그는 중국의 해안에 대한 적의 공격을 억제하기 위해 2척의 철갑함선을 중국 해안에 남겨 두었다. 또 중국병력의 배치를 보호하는 호휘작전에 함대를 사용하기 위해 일본함대와 교전하는 모험을 최소화하기를 원했다.[24]

비록 성환전투가 조선에서 중국의 첫 번째 군사적 패배였지만 그것의 중요성은 경시되었다. 왜냐하면 조선에 있는 중국군의 대부분은 성환이 아니라 평양 부근에 주둔하고 있었기 때문이다. 전투 전에 아산의 많은 중국병력이 평양으로 집결했었다. 따라서 9월 15~16일 양 일간에 수행된 평양전투의 중요성은 경시될 수 없다. 평양의 중국군은 방어를 준비할 넉넉한 시간이 있었을 뿐만 아니라 일본군이 언제 어느 방향에서 진격해 올지에 대해 많은 정보를 받고 있었다. 따라서 이런 전술적 이점들에도 불구하고 중국이 패배한 것은 중국을 매우 난처하게 만들었다. 중국인들은 거의 두달 동안 평양에 병력과 보급품을 집결시키고 요새를 구축하고 있었다. 전투시 중국인들은 참호와 해자로 둘러싸인 27개의 요새에 약 1만 3천여 명의 병력을 배치했다. 중국은 평양을 조선에서의 작전기지로 삼았기 때문에 평양 자체의 방어는 물론이고 조선의 기타지역을 재탈환하기 위한 병참지원을 했다. 중국은 최신 군사장비를 이곳으로 보냈다. 평양에 주둔한 4명의 사령관들은 각자의 군대를 지휘

23) Paine (2003), p.157.

24) Samuel C. Chu, "The Sino-Japanese War of 1894: A Preliminary Assessment from U.S.A.," 中央研究院集刊 第十四期, Taipei (June 1985), p.366.

했으나 서로 간에 전략을 적절히 조정하지 않았다. 그들은 개별적 계획만을 갖고 있었으며 최악의 상황에 대한 대비책도 없었다.[25)]단지 평양의 방어선이 무너지면 압록강에 방어선이 세워질 것이라는 계획만 있었다.[26)]

반면에 일본인들에게 평양은 16세기 도요토미 히데요시의 진격군이 가장 북쪽까지 전진했던 곳으로 엄청난 상징적 중요성을 갖고 있었다.[27)] 일본군은 평양에 진을 치고 있는 중국군을 공격하기 위해 원산과 서울로부터 진격했다. 일본군 병력 모두가 평양에 집결했다. 평양은 지리상으로 남쪽이나 동쪽에서는 접근하기가 어려웠지만, 공격군이 북쪽에서 대동강의 우측 제방을 공격한다면 접근하기가 비교적 용이했다. 북쪽에서 공격에 치중한다는 전략은 큰 모험이지만 그 대가도 큰 것이었다. 만약 중국군이 적절히 대비한다면 일본 측은 도강시에 군대가 궤멸될 수도 있는 모험이었지만, 일단 도강에 성공하면 평양의 장악을 약속하는 것이다.[28)] 9월 15일에서 16일까지 약 1만 6천명의 일본군이 세 갈래로 평양을 공격했다. 9월 15일 새벽 4시 30분, 일본인들은 중국인들의 주의를 주력공격으로부터 돌리기 위해서 대동강의 서쪽 제방에 있는 요새들에 포병공격을 퍼부으면서 동쪽방향으로부터 공격을 개시했다. 하지만 주력공격은 북쪽과 북서쪽 방향에서 수행되었다.[29)] 또한 일본군은 남쪽으로부터 공격하는 척하면서 노즈 미치스라 장군과 오시마 요시마사 장군이 지휘하는 군대가 북쪽으로부터 대규모 공격을

---

25) Paine (2003), p.166.

26) Chu (1985), pp.362-5.

27) Vladimir (Zenone Volpicelli), *The China-Japan War: Compiled from Japanese, Chinese, and Foreign Sources* (Kansas City, M.O.: Franklin Hudson Publishing, 1905), p.103.; Paine (2003), p.167에서 재인용.

28) Fung (1996), p.1020.

29) Eastlake and Yoshi-aki (1987), pp.28-40.

가하는 측면공격작전을 감행했다.[30] 원래 남서쪽에서 공격하도록 계획되었던 일본의 주력병력은 중국의 주요 요새들을 돌파하는 주공격에 가담하지 않고 중국군이 후퇴할 때 그들을 괴멸시키는데 집중했다. 싸움은 치열했고 중국군은 맹렬히 저항했지만 대동강이 주는 천연장애물이 제공하는 이점을 이용하지 못한 커다란 전략적 실수를 범했다. 그들은 그저 요새 뒤에서 기다리는 수밖에 없었다. 일본군은 빈약한 병참지원에도 불구하고 대동강을 건넜으며 일종의 성동격서 작전으로 중국군의 판단을 교란시켜 승리했다. 일본군의 승리는 중국인들의 사기에 재앙과 같은 충격을 가했던 것처럼 보인다. 왜냐하면 그들은 북으로 약 100마일 너머 압록강에 다다를 때까지 저지할 시도를 전혀 하지 않았기 때문이다.[31]

평양에서 육군의 승전 결과로 일본해군은 다음날 중국의 북양함대에 맞선 강력한 지위에 놓이게 되었다. 해전은 압록강 어구 밖 하이양(Haiyang)도 부근에서 발생했다. 일본 함대는 이미 압록-웨이하이선을 넘지 말라는 명령을 받아 싸울 의사가 없는 중국함대와 교전을 시도했다. 마침내 일본인들은 이 선을 넘어서 압록강 어귀에 정박 중인 중국함대를 발견했다. 리훙장은 방어적 전략을 하달했다. 조선으로의 병력수송을 호위한 후 뤼순항으로 귀항 중이었던 북양함대는 하이양도와 장지도 부근에서 일본함대에 포착되었다. 이 섬들은 압록강과 뤼순 어귀 사이의 중간지점인 요동반도 연안에 위치하고 있다. 9월 17일 바로 이곳에서 해전이 발생했다. 이 해전은 보통 황해해전이라고 일컬어졌다. 이 해전에서 중국의 패배는 일본에게 조선에 대한 완전한 통제권을 부여했다고 할 수 있다.[32]

30) Eastlake and Yoshi-aki (1987), pp.28-40.

31) Fung (1996), p.1020.

32) Bruce A. Elleman, *Modern Chinese Warfare, 1795~1989* (London: Routledge,

당시 교전에 참가한 함정의 수에 대해 최근의 자료들조차 서로 다르지만 양국의 함대가 거의 비슷했다는 데는 이견이 없다. 양측으로부터 각각 약 10척의 주요 함정이 전투에 참가했다. 중국함대는 양 끝에 있는 가장 약한 함선들과 일직선의 대형을 유지하려고 애썼다. 하지만 뒤섞인 신호체계와 상이한 항해속도로 인해 그 형태는 곧 불균등한 쐐기형태로 변형되어 버렸다. 일본함대는 유격함대를 전면에 둔 종열대형을 이루었다. 유격함대는 중국대형 끝의 약한 선박들을 궤멸시키기 위해 중국함대의 우측측면을 공격하라는 명령을 받았다. 이것을 본 중국의 딩루창(丁汝昌) 제독은 자신의 기함을 노출시켰지만 다른 함선들이 일본함대에 발포하기 좋은 위치로 항로를 수정하도록 명령하였다. 그러나 아마도 겁에 질린 딩제독의 부하들은 이 명령을 무시했다. 깃발로 신호하던 19세기 이 시기에 그의 부하들은 일본함대가 사정거리 안에 들어오기도 전에 주포를 발사하여 딩제독이 서있던 임시 갑판을 폭파해 버렸다. 정면으로 발포할 때 이러한 일이 발생하리라는 것은 이미 예상되었던 것이었다. 결국 딩제독은 다리가 뭉개져 전투 중 걷는 것은 물론이고 일어설 수도 없었다. 따라서 그가 적시에 명령을 내리는 것이 불가능해졌다. 이 상처로 그는 전투 상황을 파악하기도 어려웠을 것이다.[33] 중국인들이 항로수정에 실패하자 일본인들은 중국측 진형의 우측 날개를 파괴했고 그 사이에 좌측 날개의 2척이 전투에서 도망쳤다. 일본인들은 중국 측 기함의 앞 돛대를 날려버림으로써 중국 함대간의 통신을 끊어버렸다. 중국인들은 신호 깃발을 앞 돛대에 걸 수 없었고, 이것은 일본 측에게 엄청 유리한 결과를 만들어 주었다. 전투는 잔인했다. 특히 함선의 나무 갑판이 너무 쉽게 불이 붙어 더욱 그랬다. 일본의 전함들은 처음부터 끝까

2001), p.101.

33) Paine (2003), p.180.

지 자신들의 전투대형을 유지했지만 중국은 아무 전술적 명령도 받지 못한 채 싸워야만 했다. 당시 뉴욕타임즈는 이에 대해 "중국의 워터루" 혹은 "일본의 대해전승리"라는 헤드라인을 실었다.[34] 이 전투는 중국 해군병력의 사기를 산산이 부수어버렸다. 이 황해해전 후 일본은 황해를 통제하게 되었다. 즉, 일본이 황해의 제해권을 확보한 것이다.

Ⅳ. 중국 본토에서의 전투과정

지금까지의 전투가 조선에서 중국을 축출하는 게 목적이었다면 이후의 전쟁수행은 베이징 점령이라는 목표를 달성하기 위한 것이다. 당시 일본군부는 분명한 전투계획을 갖고 있었다. 먼저 중국 제1의 해군기지가 있는 뤼순과 제2의 해군기지가 있는 웨이하이를 장악하고 베이징으로 협공작전을 펴는 것이었다. 일본의 병력은 3개의 종대로 진격할 것이다. 제1군의 일부는 남쪽으로 만주를 통해 요동반도로 진격할 것이다. 제2군은 바다를 통해 요동반도에 상륙하여 반도를 따라 남진하여 뤼순을 장악할 것이다. 그리고 제1군의 나머지 병력은 조선에서부터 청왕조의 조상의 고향인 묵덴(선양, 瀋陽)을 향해 진격할 것이다. 뤼순을 장악한 뒤 제1군은 베이징으로 들어가는 길을 열기 위해 만주에서 지상작전을 계속하는 반면에 제2군은 웨이하이에 있는 북양함대의 본부기지를 동시에 칠 것이다. 이것이 성공하면 일본군은 중국해군을 제거하여 베이징을 자신들이 좌지우지할 수 있게 되는 것이다. 청왕조에 최후의 일격을 가하기 위해 일본인들은 베이징으로 들어가는 강 입구에 있는 다구

---

34) *The New York Times*, September 19, 1894, p.5, September 20, 1894, p.5.; Paine (2003), p.181에서 재인용.

에서 펼쳐질 상륙작전을 대비하여 히로시마에서 제3군을 조직하고 있었다.[35] 그러나 중국의 대응작전은 별것이 없었고 또 그것은 일본인들이 압록강을 감히 건널 수 없을 것이라는 가정 위에 서 있었다.[36]

평양전투에서 패퇴 후 중국인들은 북으로 125마일 떨어진 압록강에 저지선을 구축했다. 이 강은 조선과 중국 사이의 국경을 이루고 있었다. 이 강은 깊고 넓어서 진격하는 일본군에게 만만찮은 장애물이었다. 2개의 요새화된 전진기지가 반대편 제방에서 서로 마주보고 있었는데 중국 쪽엔 주롄청(九連城) 그리고 조선 쪽엔 의지(의주)였다. 이 두 곳이 양국 군대의 사령부가 되었다. 중국의 쑹징(宋璟) 장군은 남으로 단둥(안동)까지 7마일의 북방제방을 요새화했고 또 북으로 추산(楚山)까지 10마일을 요새화했다. 74세의 쑹 장군은 30년 전 태평천국의 반란을 진압할 때 명성을 얻었지만, 그의 군사적 경험은 이미 옛날 것이었으며 새로운 업적을 쌓지 못한 것이었다.[37] 한편 야마가타 아리모토 육군원수 지휘 하의 일본 제1군단은 평양을 떠나 10월 23일 압록강에 도달했다. 56세의 야마가타원수는 근대 일본육군의 아버지이자 메이지 시대의 지도급 정치가였다. 그는 1873년 국가적 징집제도를 도입하고, 1878년 프러시아식으로 육군을 재조직하고 독립적 참모제도를 채택하는 일련의 정책을 감독했을 뿐만 아니라 1880년대에는 국립경찰과 지방정부제도를 재조직했었다. 게다가 1889년부터 1891년 사이에는 일본의 수상으로서 천황의 교육칙령을 도입하고 일본의 교육제도를 서구화하는 일을 도왔었다.

---

35) 웨이하이웨이가 함락되자 중국이 항복하고 강화 회담 논의가 시작됨으로써 일본 제3군의 작전이 실제로 전개되지 않았다.

36) Chu (1985), p.365.

37) Fung (1996), p.1021.

야마가타 원수의 전쟁수행계획은 정면의 전선에서 공격하는 척 하면서 주력군은 추산에 있는 측면에서 진격하는 일종의 성동격서 작전이었다. 이를 위해 그의 군대는 우선 압록강을 건너야만 했다. 10월 24일 밤 일본군 주력부대는 의주에서 부교를 설치하여 압록강을 도강했다. 다음날 중국의 측면에 대한 주력부대의 공격과 적을 교란시키는 정면공격이 동시에 시작되었다. 중국인들은 2개의 공격선 사이에 갇히게 되었다. 25일 후산에서 중국군을 패배시킨 후 일본인들은 26일 새벽에 주롄청을 공격할 계획이었다. 그러나 그곳의 중국 주둔군은 산발적 사격을 하면서 밤에 조용히 도주해버렸다. 단둥(안동)에서도 똑같은 일이 벌어졌다. 10월 30일 일본군은 펑황청(鳳皇城)을 손에 넣고 11월 15일 산요우옌(山由嚴)을 장악했다. 겨울이 시작되면서 일본의 만주작전의 속도가 늦춰졌다.[38]

쑹징장군의 군대는 묵덴을 보호하기 위해 랴오양(遼陽)의 방향으로 후퇴했다. 청왕조의 발원지로 묵덴(선양)은 만주족들에겐 엄청난 상징적 중요성을 갖고 있었다. 그것은 만주족이 중국에서 정통성의 어떤 자취라도 유지하길 원한다면 결코 잃을 수 없는 도시였다. 펑황청에서 랴오양까지도 지형이 아주 험난하기 때문에 중국인들이 싸우려고 마음만 먹는다면 일본인들이 이 곳을 통과하기가 거의 불가능할 것이라고 생각되었다. 만주의 청왕조가 왕조의 발원지인 묵덴의 보지가 매우 긴요하다고 간주했던 반면에, 일본인들은 제해권을 안전하게 하기 위해서 뤼순의 장악이 긴요하다고 간주했다.

만주족이 지상전과 왕조적 상징의 유지에 집중하는 전통적 전략을 답습하느라 그들은 일본인들에게 병력상륙을 계속할 해안으로의 접근을 차단해야 할 필요성을 간과했다. 그것은 과거 유목민들

38) Eastlake and Yoshi-aki (1987), p.200.

의 침입 때와는 달리 바다를 통해 침입하는 근대 군대에게는 치명적일 것이었다. 그럼에도 불구하고 중국인들은 자국의 거대한 영토와 인구를 일본인들이 감당하기 어려울 것이라고 생각하고 시간을 끌면 유리하다는 소모전략이 승리를 안겨 줄 것으로 가정하고 있었다. 따라서 일본해군이 증원군을 수송하는 것을 막는 것이 만주족에겐 지상명령이었다. 이것은 해양거부전략(a sea denial strategy)을 수반하는 것이다. 즉 중국은 아시아 본토로 병력을 상륙시킬 수 있는 주요 항구에 대한 일본의 접근을 막아야만 했다.[39] 만주족은 자신의 병력을 만주에 분산시키기 않고 뤼순을 방어하기 위해서 병력을 집중시킬 필요가 있었다. 그러나 그들은 남만주평원에서 일본군과 성공적으로 교전함으로써 일본군을 분산시키려고 했지만 성공하지 못했다. 결과적으로는 일본인들이 묵덴으로 공격하는 척함으로써 중국군을 오히려 분열시켰던 것이다.[40]

일본의 전략은 요동반도의 양쪽 해안에 각각 위치한 진저우(錦州)와 다롄(大連)을 장악하여 해양공격의 방어에만 주력하고 있는 뤼순항에 지상공격을 감행하는 것이었다. 노기 마레스케 장군 지휘 하에 제2군단병력이 10월 24일 요동반도에 도착하기 시작했다. 11월 6일 일본인들은 별다른 저항을 받지 않고 진저우를 점령했다. 다음 날 노기장군의 군대는 요동반도에서 가장 좋은 정박지인 다롄을 총 한 방 쏘지 않고 장악했다. 이미 전날 밤에 중국군은 뤼순으로 도피해버렸던 것이다. 11월 초에 뤼순에 도착했던 북양함대는 웨이하이로 귀환하라는 명령을 받아 요동반도의 방어에 참여하지 않았다. 게다가 중국의 두 척의 대전함 가운데 한 척인 천위안(진원)호는 웨이하이항으로 진입할 때 사고로 파손되었다. 웨이하이에는 선창시설이 없는 상황에서 이 전함은 해안가에 올려 놓여진

39) Paine (2003), p.203.
40) Paine (2003), p.203.

채 전쟁 중 쓸모없게 되었다. 중국의 최대 전함인 천위안호의 상실로 중국은 사실상 바다에서 무력하게 되었다. 다롄의 함락으로 뤼순은 완전히 포위되었다. 서둘러 도피하느라 중국인들은 뤼순의 방어계획뿐만 아니라 달리안 항구에 있는 수뢰계획마저 뒤에 남겨놓았다. 이런 실수는 일본 선박들의 다롄 항구공략을 아주 쉽게 만들어 버렸다. 다롄은 곧 뤼순공격감행을 위한 편리한 기지가 되었다.

전투는 11월 20일 시작했지만 주력군의 공격은 전날 저녁 때 도착한 후 21일에야 시작되었다. 일본인들은 요새들을 향해 돌격을 감행했다. 그러나 중국인들이 이미 신속하게 도망쳐 요새를 포위할 필요도 없었다. 지상전투의 방어에선 요충지를 언덕에서 반원형으로 둘러싸고 있는 요새들 간의 조정이 필요했지만 중국인들은 그러한 조정을 전혀 하지 않았다. 따라서 일본인들은 요새들을 하나씩 공략했으며 병기창과 선창에 있는 포대를 습격했다. 주력공격이 감행된 바로 그 날 11월 21일에 "동양의 지브랄타(Gibraltar of the East)"[41) 뤼순이 모든 요새와 선창이 멀쩡한 상태 그대로 버려진 채 일본인들의 수중에 떨어졌다. 버려진 석탄은 웨이하이에 대한 일본 해양공격의 연료로 쓸 수 있게 되었다. 12월 9일 도쿄에선 뤼순 점령에 대한 대규모 승리축하잔치가 있었다. 그러나 일본인들은 승리에 취해있지 않고 베이징을 향해 계속 만주를 휩쓸었다. 그들은 또 하나의 군사작전, 즉 남동쪽에서 베이징을 향한 협공작전을 준비하기 시작했다. 일본인들에게 다음의 중요한 군사적 목표는 웨이하이에 있는 중국의 해군기지였다.

일본은 계획된 웨이하이 공략작전으로부터 가능한 한 멀리, 가능한 한 많은 중국 병력을 끌어내기 위한 견제책으로 만주에서 매우

---

41) Ralph L. Powell, *The Rise of Chinese Military Power 1895~1912* (Princeton, N.J.: Princeton University Press, 1955), p.48.

힘든 겨울전투작전을 추진했다. 일본 내에선 베이징을 장악하라는 굉장한 국민적 및 군사적 압력도 있었다. 일본군은 혹독한 겨울날씨를 견뎌내고 있었다. 중국인들이 도피하기 전에 파괴하지 못하고 남겨놓은 군수품과 무기가 크게 도움이 되었다. 장비를 파괴해선 안 된다는 중국의 군사법규는 적을 중국 영토 깊숙이 끌어들여 적의 병참선을 늘리고 혹독한 겨울 날씨로 적에게 최후의 일격을 가하는 중국의 소모전 전략을 손상시켰다. 중국인들이 남겨놓은 공급품은 일본군이 겪고 있는 병참문제를 보상해 주었던 것이다.

일본의 다음 목표인 하이쳉은 12월 13일 함락되었다. 12월 19일에 일본은 하이쳉의 남서쪽 마을 강와쟈이(감옥세)를 장악했다. 이것은 가이핑과 랴오양의 중국 연계선을 효과적으로 단절시켰다. 이듬해인 1895년 1월 10일 일본의 제2군단은 성벽으로 둘러싸인 가이핑을 세 갈래로 공격했다. 가이핑 함락 후 3월 초 중국의 3개 군대가 니우장의 북부에 집결했다. 중국인들이 맹렬히 저항했지만 니우장은 3월 4일에 그리고 항구 도시인 잉코우는 3월 7일에 일본군에게 함락되었다. 패배한 중국군이 랴오허(遼河)를 건너 후퇴했을 때 만주에서의 전투는 끝났다. 중국은 요동반도를 완전히 일본에 상실하였다. 이제 중국은 일본인들이 만리장성의 남쪽 방향으로 이동하는 위협에 직면하게 되었다.

웨이하이에 대한 작전은 1월 18~19일에 덩저우(登州) 마을에 견제적 포격으로 시작했다. 덩저우는 옌타이(烟台 혹은 煙臺)의 서쪽에 위치했으며 옌타이는 바로 웨이하이의 서쪽에 있었다. 이 공격의 목적은 중국인들의 주의를 서쪽으로 돌리면서 실제로는 웨이하이의 동쪽 30마일 지점에 일본군을 상륙시키는 것이었다. 일종의 성동격서의 작전이었던 셈이다. 일본군은 1월 19일과 22일 사이에 다롄을 떠나 20일과 23일 사이에 상륙했다. 26일 일본군은 둘로 나뉘어 한 부대는 해안선 도로로 그리고 또 한 부대는 4마일 가량의 곧바른 길을 따라 웨이하이를 향해 서쪽으로 진격을 시작했다. 웨이하이는 3가지의 방비책을 갖고 있었다. 항구 밖 2개 섬에서 방어, 항구의 북서쪽 입구를 향한 본토에서의 방어 및 항구의 남서쪽 입구를 향한 본토에서의 방어가 그것들이었다. 모두가 최선의 포대를 구비하고 있어서 장악하기가 아주 어려웠다. 중국인들은 어떤 불청객도 막기 위해 항구에 방제를 치고 막았다. 반면에 일본인들은 밖으로 빠져나가는 것을 막기 위해 촉발어뢰를 깔고 해상초계를 유지했다. 그 결과 북양함대는 항구에서 봉쇄당했다. 날씨는 혹독하게 추웠고 대지는 눈으로 덮여 있었다. 1895년 1월 30일, 중국인들의 설날에 일본인들은 세 갈래로 공격을 감행했고 곧 웨이하이의 남부와 동부의 주요 요새들을 장악했다. 다음 날 그들은 웨이하이의 외곽에 있는 요새들을 공격했다. 중국인들은 사기를 잃었는지 2월 2일 일본인들이 웨이하이 마을에 진입했을 때 병영은 비어 있었다. 2월 3일 밤 일본인들은 항구의 입구를 막고 있는 방재를 제거하려 했으나 성공하지 못했으며, 다음 날 밤에야 성공할 수 있었다. 어뢰정의 두 함대가 진입하여 중국의 집중발포에 직면했다. 2척의 어뢰정도 견제책으로 발포하여 다른 어뢰정들이 기함을 불구로 만들어버릴 수 있었다. 다음 날 밤 일본 어뢰정의 한 전대가 항구에 정박 중인 중국의 전함들을 계속 공격하여 2척의 전함과 수송선 한 척을 파괴했다. 2월 7일에는 육해군이 웨이하이에 연합공격작전을 감행했다. 그 와중에 2척의 중국 어뢰정이 봉쇄를 뚫고 나가려 했으나 성공하지 못했다. 마침내 2월 12일 중국군은 항복하고 웨이하이는 일본군에 함락되었다. 이 날은 리훙장의 72세 생일 3일 전이었다. 전황에 희망이 없다고 판단하고 항복했던 웨이하이의 총사령과 딩루창 제독은 항복한 12일 늦은 시간에 패배를 사죄하여 스스로 자결함으로써 전쟁의 비극적 영웅이 되었다. 웨이하이의 함락과 함께 동아시아의 힘의 균형은 전환되었다. 중국은 더 이상 지배적 지역강대국이 아니었으며 일본과 일본의 군사적 성취는 세계의 인정을 받았다. 중국은 잠자는 호랑이가 아니라 시대착오적 레바이아탄이었다. 세계를 놀라게 한 일본은 칭송을 받았다. 미국에서 어떤 사람들은 일본인들이 사업적, 실질적 그리고 특이하게 미국식으로 전쟁을 수행한다고 평가하며 일본인들을 "동양의 양키들"이라고 부르기까지 했다.[42] 뤼순과 웨이하이가 함락당하자 중국의 수도로 들어가는 문은 활짝 열렸으며 중국의 어떤 힘도 베이징으로 진격하는 일본인들을 막을 수는 없게 되었다. 일본군이 언제든 베이징으로 밀려올 위험 속에서 중국 정부는 협상을 선택할 수밖에 없었다. 중일전쟁은 사실상 끝났다.[43] 전쟁의 결과는 평화조약에서 보다 분명하게 구현될 것이다.

---

42) Jeffery M. Dorwart, *The Pigtail War: American Involvement in the Sino-Japanese War 1894~1895* (Amherst: University of Massachusetts, 1975), p.119.

43) 3월 15일 일본은 페스카도르 열도를 장악하고 타이완 섬에 일본의 거점을 수립하기 위해 육해연합군을 파병했다. 3월 2일 페스카도르 군도에 도착한 일본군은 마콘(馬公)을 장악하고 유안징 반도와 유왕도에 있는 요새들을 성공적으로 돌격하여 페스카도르 군도를 완전히 통제하였다. 타이완 작전은 중일전쟁 그 자체보다도 더 오래 계속되었다. 중국이 시모노세키 조약에서 타이완을 일본에 양도하자 중국에서 이민 온 한족 중심의 현지 해안주민들이 저항하고 독립을 선언했다. 일본은 대규모 군대를 파견하여 10월 21일 완전히 장악할 수 있었다. 그러나 타이완인들은 그 후 몇 년간 게릴라 전쟁을 계속했고 일본은 중일전쟁에서 보다 더 많은 사상자를 내는 결과를 가져왔다. 1895년 승전 후 일본정부는 센카쿠 열도가 일본영토임을 주장하는 내각의 결의안을 발표했다. 영유권 주장은 일본정부가 1895년 오키나와에서 타이완 부근 8개의 섬과 암초의 집합을 탐험토록 선박 한 척을 파견했고, 그 선박은 그곳의 열도가 무인도들이고 중국에 의해 분명히 영유권이 주장된 적이 없다고 했던 보고서에 근거하고 있다. 1969년 유엔지질학자들이 상당한 양의 석유와 천연가스의 매장가능성을 보고한 뒤, 중국의 선박들이 1534년에 이미 그 열도를 먼저 편입했었다고 주장하면서 중국은 1970년 그 열도(중국어로 댜오위다오)의 영유권을 공식선언했다. 그 후 사태 진전에 관해서는. Michael Jonathan Green, *Japan's Reluctant Realism: Foreign Policy Challenges in an Era of Uncertain Power* (New York: Palgrave, 2001), pp.84-88을 참조.

Ⅴ. 중국 국방전략의 특징

칼 폰 클라우제비츠가 갈파했던 것처럼 전쟁은 궁극적으로 하나의 도박행위다. 안개 속 같은 불확실성 속에서 국가의 운명을 거는 참으로 무서운 도박이다. 그러나 전쟁의 결과와 그 영향은 단순히 교전국가들에게만 국한되지 않는다. 그것은 국제질서, 그것이 범세계적 차원이든 아니면 지역적 차원이든 국제체제에 중대한 영향을 미친다.

중일전쟁은 동북아에서 중국과 일본의 역할 전환을 가져왔다. 역사상 처음으로 일본은 동양에서 부상하는 강대국이 되었고 동아시아에서 전통적으로 지배적 강대국인 중국은 현상유지국이었다. 유교적 국제질서에서 인간성취의 정상에 있는 중국은 기존질서의 타파에 아무런 관심이 없었었다. 중국은 일본의 도전에 대응할 수밖에 없게 되었을 때만 행동에 들어갔다. 이 전쟁 전야에 중국은 세계 강대국들의 존경을 받을 수 있는 유일한 대(大)아시아국으로 인식되었다. 피상적으로 볼 때 전쟁발발전에 무심한 관찰자들에 중국은 막강한 육군 및 해군을 보유한 강대국인 것처럼 보였다.[44] 그러나 중국의 그런 군사력에 대한 환상은 일본군이 조선, 만주 그리고 중국의 본토로 신속하게 진격하고 중국의 함대가 궤멸되자 곧바로 깨져버렸다. 1884~85년 중국과 프랑스의 전쟁과정이 다소 혼미했던 것과는 아주 판이하게[45] 중일전쟁은 처음 시작부터 베이징 장악을 노리는 일본의 체계적 군사작전에 의해 신속하게 지배되었다. 중국의 육군과 해군은 모두가 마치 모래성처럼, 대포를 처음 경험하는 소위 스페인의 성처럼 무너져 내리고 공격다운 공격 한 번 못한 채 방어만 하다 패배했다. 전쟁 전 막강하게 보였던 중국의

44) Liu and Smith (1980), p.268.
45) 중국과 프랑스 전쟁에 관한 간결한 정리를 위해서는, Elleman, *Modern Chinese Warfare, 1795~1989* (2001), chap.6을 참조.

군사력은 그 자체가 하나의 허장성세요 외국의 저널리스트들과 외교관들의 상상력을 진작시키는 일종의 "무대효과"[46]에 불과했던 것인가? 아니면 막강한 군사력의 사용에 문제가 있었던가? 중국의 패배에 분명히 여러 가지 근본적 패인의 비밀이 있었다.

중일전쟁의 전 과정에서 리훙장은 직예총독으로서 사실상 중국의 총사령과 같은 역할을 담당하고 있었다. 그는 태평천국의 반란을 성공적으로 진압하는 과정에서 쩡궈판(曾國藩)의[47] 인정과 총애를 받아 그 지위에 올랐던 유교학자관료요 정치가였다. 반란의 진압과정에서 그는 자신의 스승인 쩡궈판과 동일한 전략적 사고를 발전시켰다. 쩡궈판은 방어적 전쟁의 신봉자였다. 그는 공세적 전투를 반대했으며 자신의 병력이 공세적 작전을 벌일 때조차 공격적 전투를 반대했다.[48] 그는 "방어자가 항상 전투장의 주인이고 공격자는 객이다. 싸움에서 먼저 쏘는 자가 객이고 나중에 쏘는 자가 주인이다. 창을 가지고 결투를 할 때에 먼저 치는 자는 객이고 공격을 막은 뒤 나중에 치는 자가 주인이다"라고까지 말했었다.[49] 쩡궈판의 "주객"이론은 문제가 있다. 만일 먼저 공격하는 것을 두려워한다면 군사작전에서 아주 중요한 기선의 이점을 얻을 수 없다. 그의 조심스런 태도는 적의 진지 앞에서도 적이 나와 자신의 군대로 달려들 때까지 기다리도록 허용하기까지 할 것이다. 이것은 근대전의 전략원칙에 크게 배치되는 것이다.[50] 그러나 쩡궈판은 당

---

46) John O. P. Bland, *Li Hung-Chang* (Freeport, New York: Books for Library Press, 1971(초판 1917)), p.235.

47) 태평천국의 난과 쩡궈판의 역할에 관해서는, 총 샤오롱, 양억관 (역), 『曾國藩』(서울: 이끌리오, 2003) 참조.

48) Chen-Ya Tien, *Chinese Military Theory: Ancient and Modern* (Oakville, Ontario, Canada: Mosaic Press, 1992).

49) Zhao Zenghui (ed.), *The System of Zeng Guofans Words and Deeds* (Taipei: Lanxi, 1975), p.276.; Tien (1992), p.115에서 재인용.

50) 이 문제는 다음 절에서 논할 것임.

시 반란군의 기동전투를 다루기 위해 그런 방어전략을 계획했던 것 같다. 당시 그는 수적으로 몇 배 우세한 적과 대치하는 전투장에서 독자적으로 행동할 유능한 지휘관의 부족을 빈번히 경험했기 때문이다. 당시 지역사령관으로 반란군과의 전투 중에 리훙장은 쩡궈판의 전략 전술과 아무런 차이를 보여주지 않았다. 그는 쩡궈판을 대신해 총사령관이 되었을 때조차 그는 여전히 쩡궈판의 전략을 별다른 수정없이 따랐었다.[51] 그것이 리훙장의 전략적 사고의 한계였다.

그러나 리훙장은 쩡궈판과 달리 근대 서양무기의 위력에 눈을 떴다. 중국인들이 1840년 아편전쟁 후 서양무기의 효율성을 알았지만 서양무기로 무장한 중국군대는 없었다. 리훙장은 1862년 상하이에서 서양화력의 위력을 목격하고 감탄했다. 전투에서 인간적 요소 즉 정신의 우월성을 믿고 또 고집했던 쩡궈판은 서양무기의 효율성에 대해 회의적 입장을 견지했지만 리훙장은 자신의 병력을 서양무기로 무장시켰고 서양군 장교를 교관으로 고용했다.[52] 이것이 당시 그가 군사적으로 승리한 비결 중의 하나였다. 리훙장의 위대한 업적은 서양의 무기를 중국에 도입하고 근대군수산업을 건설하고 근대해군과 기타 관련 군사제도를 창설한 데 있었다. 그러나 그의 군사전략은 여전히 반란군 진압작전 시대에 머물고 있었다.

리훙장의 기본적 국방이론은 "해양인들(ocean people)은 이치가 아니라 힘을 존중한다. 중국이 약하면서 이치로 그들을 설득하려 든다면 성공하지 못할 것이다. 그러므로 중국은 군사력을 강화해야 한다"[53]는 것이었다. 리훙장에 의하면 19세기 중국의 적은 중국의 북서쪽에서 오는 과거 전통적 적과는 달랐다. 만일 중국이 해외침투로부터 자국의 해안선을 보호하지 못하면 중국은 즉각 위험에

---

51) Tien (1992), p.94.
52) 이 시기에 리훙장과 외국교관과의 관계에 대해서는 Bland (1971), 제2장을 참조.
53) Bland (1971), p.97.

처할 것이며 이것은 중국이 과거에 결코 경험한 적이 없는 상황이다. 그러므로 전통적인 사고에서 벗어나 새로운 상황에 대처할 모종의 조치를 취해야만 한다는 것이었고 그것은 바로 강력한 근대해군을 창설하는 것이었다. 그의 해군방어전략은 중국정부에 의해 수용되었다. 그러나 리홍장은 자신의 해양방어체제를 기획하는데 있어서 중국은 대륙국가라서 외국의 해군에 맞설 만큼 그의 방어체제는 적 해군의 상륙을 막기 위해 해군 선박의 도움을 받으면서 해안선과 항구를 육군에 주로 의존하여 방어하는 것이었다. 이런 방어개념에 입각하여 리홍장은 하나의 2중전략을 폈다. 첫째, 항구와 전략요충지는 강력히 요새화된 진지, 포함 및 어뢰설치로 주둔군에 의해서 보호되어야 한다. 둘째, 강력한 기동군 부대와 해양함대가 창설되어 적의 상륙에 대항하여 공격 태세를 갖추는 것이었다.[54] 1894년 청일전쟁의 전야에 리홍장은 북양 및 남양 함대들을 검열하고 그들이 만족스런 상태에 있음을 발견했다.[55] 그러나 바로 그 함대들이 4개월 뒤 바다에서 일본해군과 맞섰을 때 그것들은 수 주 내에 거의 완전히 파괴되어 버렸다. 그것은 무엇보다도 서양 무기체제의 위력에 감명받은 리홍장이 그런 무기로 무장하는 데에만 주력했을 뿐 실제로 그런 무기들을 사용하는 근대적 전쟁수행방법 즉, 서양군사제도의 본질이나 정신에는 무관심했기 때문이다. 근대 서양의 전쟁수행방법과 전략적 원칙의 뒷받침없는 막강한 무장은 결국 중국식 허장성세에 지나지 않았음이 판명되었다.

일본의 선제기습공격을 받아 전쟁에 휘말린 중국 리홍장의 국방전략은 순전히 방어적 전략에 머물렀다. 이것은 일본 측에 전쟁의 주도권을 넘겨주었으며 그 결과 일본인들은 전투의 시간과 장소를 선택할 수 있게 되었다. 그는 시간이 자신의 편에 있다고 믿고 지상

54) Tien (1992), p, 98.

55) Tien (1992), p, 98.

군에 의한 소모전 전략이 승리를 가져다 줄 것으로 믿었을 것이다. 이 때 그는 오랜 중국의 군사전통을 따르고 있었는지도 모른다. 왜냐하면 중국의 강력한 군사전략적 전통 중의 하나는 수적으로 압도하지 않는 한 공격보다 방어가 유리하다는 군사문화가 존재하기 때문이다.[56] 이 전략의 목적은 공격해 오는 적의 병참선을 손상시키기 위해 적대행위를 연장하는 것이다. 즉 전쟁의 비용을 상승시키면서 동시에 일본인들을 협상테이블로 끌어들이는 것이다.[57] 그의 계산이 무엇이든지 간에 결국 리훙장 총독은 일본의 지상군이 가장 집결되어 있고 취약한 곳, 즉 바다에서 일본의 상륙군대를 격멸하는 것이 중국에게 지상명령이었음을 감지하지 못했던 것이다. 중국은 코우싱호의 침몰로 자국의 최정예군을 잃고 일본의 상륙군 공격의 기회를 포착하지 못함으로써 초전부터 밀리는 불길한 징후를 보여주었다.

중국의 순전히 방어적 자세는 해전에서도 변함이 없었다. 그렇다면 왜 사용하지도 않을 전함들을 중국은 사들인 것일까? 최고의 육군이 조선에서 궤멸된 상태에서 해군은 베이징을 방어하는 긴요한 수단이었다. 당시 리훙장은 마치 냉전시대의 핵무기 보유처럼 위신을 세우는 공갈게임을 벌리고 있었던 것일까? 핵무기처럼 사용하는데 주된 가치가 있는 것이 아니라 보유를 통해 도발을 억제하는데 가치가 있다고 생각하는 핵전략가들처럼 최신 전함의 가치를 보유하는데 두었다면 그런 전략적 사고도 일단 개전 이후에는 달라졌어야만 했다. 그러나 압록강 전투 후 리훙장 총독과 딩루창 제독은 함정손실의 회피를 최우선 정책으로 삼았다.[58] 전투 내내

---

56) Alastair Iain Johnston, *Cultural Realism: Strategic Culture and Grand Strategy in Chinese History* (Princeton, N.J.: Princeton University Press, 1995), p.25.

57) Fung (1996), pp, 1019-20.

58) John L. Rawlinson, *China's Struggle for Naval Development 1839~1895* (Cambridge, M.A.: Harvard University Press, 1967), pp.171-3, 187-8.

딩제독의 지시는 웨이하이에서 압록강까지 발해의 해안을 방어하는 것이었다. 다시 말해 베이징과 그곳에 자리 잡고 있는 청왕조를 보호하는 것이었다. 즉 그의 최우선 전략은 일본해군이나 수송병력에 대적하는 어떤 공격적 행동보다는 호위업무여야만 했다. 그에겐 그래야만 베이징조정의 의심을 받지 않고 살아남을 수 있다고 생각되었다. 청조정의 관점에서 보면 제1의 우선정책은 왕조의 보호였기 때문이다. 그러나 이러한 전략은 전투현장으로의 일본병력의 수송을 차단하는 대신에[59] 호위업무로 북양함대를 낭비했다. 그러나 만주족 청 조정은 한족 신하들의 충성을 확신할 수 없기 때문에 병력을 방어적으로만 전개시켜야만 했다. 왕조의 가장 위험한 적은 반드시 일본인들이 아니었다. 오히려 왕조에 가장 절박한 위험은 중국 한족들의 민족주의가 싹트는데 있었다. 바로 여기에 당시 중국이나 특히 리훙장이 전적으로 방어적 전략에 치중할 수밖에 없었던 근본적 이유가 있었던 것이다. 이것은 국가를 당구공 같은 단일적 행위자로 간주하는 국제정치학의 소위 현실주의적 관점만으로는 포착할 수 없는 당시 중국의 내부적 특수상황이었다. 일본을 패배시키기 위해서 중국은 과감해야 했었다. 그러나 청왕조 하의 중국에서 모든 인센티브제도는 궤도이탈자를 징벌했다. 기존의 규범을 깨고 공헌한 전통과 인습적 지혜에 도전하는 것은 그런 시도가 성공하는 경우조차도 많은 정적을 만들었으며, 실패한 경우엔 이 정적들은 이리떼처럼 달려들었다. 과감함엔 상행선이 없었다. 바로 리훙장의 운명이 그 본보기였다.[60]

중국인들은 근대화의 열매를 원했다. 즉 그들은 산업기술이 제

59) 리훙장은 16세기 일본이 조선을 침략했을 때 토요도미 히데요시의 공급선을 효과적으로 차단함으로써 일본의 대대륙전쟁의 취약점을 보여주었던 조선의 이순신 제독의 역사적 승전 사실을 몰랐던 것일까 아니면 무시했던 것일까? Chu (1985), p.367.

60) Paine (2003), p.207.

공하는 힘을 원했을 뿐 그 열매가 성장하는 정원을 원하지 않았다. 일본인들도 근대화의 과실 즉 서양의 무기를 선망했다. 그러나 중국인들과는 달리 일본인들은 서양근대산업사회의 교육적, 법적 그리고 심지어 철학적 토대를 먼저 수용하지 않고서는 그런 무기를 생산할 수 없으리라는 것을 재빠르게 인식했다. 즉 그들은 단순한 무기의 구매란 전시에 쓸모없다는 것을 깨달았다. 그들은 중국인들과는 달리 외국의 도구와 외국문화는 분리할 수 없는 하나의 보따리(a package deal)속에 함께 들어있다는 것을 깨달았던 것이다. 요컨대, 일본이 적극적 목적을 가지고 전쟁을 조선에서 시작했을 때 중국 리훙장의 전략은 일본과의 전쟁을 피하는 것이었다. 그는 조선에서 약간의 병력을 파견하여 중국의 전통적 후견국 역할의 겉모양을 유지하려했지 일본에게 전쟁의 구실을 줄만한 대규모 파병은 피하려했다. 전쟁의 전 과정을 통해서 리훙장의 전략적 주력은 유럽의 개입을 확보하여 일본을 제어하는 것이었다. 그가 비록 유럽강대국들의 중재를 확보하려고 막후에서 무진 애를 썼다고 할지라도 그는 서양 강대국들이 개입할 용의성을 과대평가했으며, 서양강대국들의 중국에 대한 동정심은 전쟁이 자신들에게 미칠 손실에 대한 두려움이었다는 사실을 간과했다.[61] 그는 손자병법에 따라 싸우지 않고 이기려고 했던 것이다. 그러나 그러한 전략은 싸워서 베이징까지 점령하고 말겠다는 결의찬 적에게는 아무런 효과가 없었다.

---

61) 중국이 서양의 강력한 개입을 추구했지만 강대국간의 경쟁이 공동개입을 막았고 일본을 적대시하지 않으려는 영국의 태도가 일방적 군사개입을 막았다. Bonnie Bongwan Oh, "The Background of Chinese Policy Formation in the Sino-Japanese War of 1894~1895," Ph.D Dissertation, University of Chicago (1974), Ann Arbor, Michigan: UMI Dissertation Services(2005), p.410, pp.489-90.

Ⅵ. 전쟁 군사전략의 원칙과 중일의 전쟁수행

클라우제비츠에 의하면 전쟁은 정부가 추구하는 전쟁목적, 국민의 열정적 지원 그리고 사령관 지휘하의 전투행위가 혼연일체(渾然一体)를 이루는 것이다. 전쟁의 승리는 이 세 가지 요소들의 적절한 균형과 시너지효과로 얻어진다. 따라서 클라우제비츠가 제시한 이런 정치적, 사회적 및 군사적 차원의 삼위일체의 틀을 분석방법으로 활용하여 중일전쟁의 전략적 비교평가를 시도하면, 중국패배의 비밀과 일본승리의 비결을 발견할 수 있을 것이다.

우선 전쟁을 시작한 일본정부는 정책적 목적을 분명히 했으며 그것을 성취하기 위해 전쟁을 치를 각오가 되어 있었다. 선전포고문에서 "조선은 독립국이고 일본의 권유와 후원 하에 국제사회에 처음 소개되었는데 중국이 조선을 자신의 속방이라고 규정하고 공개적 또는 비밀리에 조선의 내정에 간섭하는 것이 중국의 습관이었다"고 비난하면서 일본은 "중국이 전쟁을 준비하고 대규모 증원군을 파병하고 일본선박에 발포했다"는 근거에 입각하여 일본의 선전포고를 정당화했다. 일본의 이런 주장은 사실상 개전의 변명에 지나지 않았지만, 일본은 자국의 안전을 위해 조선으로부터 중국의 완전한 축출이라는 분명한 목적과 전쟁을 통해 그것을 달성하려는 적극적 정책을 명백히 했다. 그리고 당시 일본은 영국과 러시아의 개입이 거의 확실하여 감히 조선의 독립과 순결을 침해할 엄두를 아직은 내지 못했다.[62] 따라서 그것은 일본인들의 가슴속에 숨어 있었다.

반면에 중국은 대일선전포고에서 조공관계를 근거로 조선의 개입을 정당화하고 일본 측의 조선정부개혁강요를 비난했다. 게다가

---

62) William L. Langer, *The Diplomacy of Imperialism 1890~1902* (New York: Alfred A. Knopf, 1956), p.178.

중국의 선전포고는 일본인들을 그들에 대한 옛날 아주 경멸적 용어인 "왜인"이라고 지칭함으로써 일본인들의 전의에 불을 지르는 결과를 초래했다. 아무도 그 점을 놓치지 않도록 확실히 하기 위해서 선전포고문을 영어로 번역했던 중국인들은 "왜인"이라는 단어가 "무례하다는 의미"로 사용했다고 설명하는 주석까지 덧붙였다.[63] "체면"이 대단히 중요한 이 지역 세계에서 그렇게 공개적이고 선전포고문에서 그 용어를 여섯 번이나 반복해 사용한 모욕은 서양세계에선 일본의 주권자의 얼굴에 여섯 번이나 침을 뱉는 것에 해당했을 것이다.[64] 그런 모욕적 선전포고는 중국의 목을 쳐 승리하고자 하는 일본인들의 각오를 더욱 다지게 만들었을 뿐이다. 선전포고에서 드러난 중국의 전쟁목적은 조선에 대한 시대착오적 조공관계를 재인식시키고 일본에 대한 중국인들의 오랜 경멸적 태도만을[65] 드러냈을 뿐 전쟁을 감수하면서 달성하려는 정치적 목적이 명백하게 제시되었다고 보기 어렵다. 리훙장을 제외한 중국의 지도자들은 모두가 도쿄의 공사관에서 보내온 보고문서에 전혀 관심을 보이지 않았고 일본에 대한 선입관에서 벗어나지 못했다.[66] 그리하여 조선에서 소극적으로 현상유지만을 바라면서 현상타파에 대한 불만과 부당성을 감정적으로 표출했을 뿐이라 하겠다. 이러한 중국의 전쟁목적은 현상유지에 호의적인 서양 강대국들은 물론 자국민으로부터도 지원과 지지를 받기가 어려웠다. 일본은 "조선의 독립"을 분명히 함으로써 서양 강대국들의 의심을 해소하고 조선에서

---

63) Paine (2003), p.137.

64) Paine (2003), p.137.

65) 무시와 무지로 일관된 중국인들의 일본에 대한 태도의 상세한 분석을 위해서는 Samuel C. Chu, "China's Attitudes Toward Japan at the Time of the Sino-Japanese War," in Akira Iriye (ed.), *The Chinese and the Japanese: Essay in Political Cultural Interactions* (Princeton, N.J.: Princeton University Press, 1980), chap.4를 참조.

66) Chu(1985), p.355.

중국의 축출은 일본의 국가적 생존에 위협을 제거하는 것으로 자국민이 반대하기 어려운 국가안보적 정책목표로 제시했었다.

둘째, 사회적 차원의 요소, 즉 국민적 열정과 의지도 중 · 일양국에서 현저히 다르게 나타났다. 전쟁선포는 일본에서 전국적인 열렬한 환호를 낳았다. 모든 정당들은 정부를 지지하는 입장에 섰고 전쟁 중 변함없이 충실했다. 전쟁기간 내내 군부에 대한 일본 국민들의 지지는 흔들림이 없었다. 전 국민적 총화는 아주 놀라운 것이었다. 그들은 국민적 단합을 이루고 민족적 긍지 및 국가적 사명을 공유했다.[67]

반면에 중국인들의 지방중심적 충성과, 한족과 만주족의 분열이 민족주의적 감정을 훨씬 압도했다. 당시 외국의 관찰자들은 중국에서 애국심의 완전부재에 절망감을 표현했다. 당시 북양함대의 미국인 고문이었던 윌리엄 타일러(William Tyler)는 "어떤 의미에서 전쟁을 수행하는 것은 중국이 아니라 리훙장이었으며, 중국인들의 다수는 전쟁에 관해 전혀 알지 못했을 것이다"라고 기록했다.[68] "중국의 주민들은 결코 국가적 명분에 진실로 봉사하지 않으며 오직 자신의 상관이나 자신의 이익만을 챙긴다"고 그는 덧붙였다.[69] 청조하의 중국은 끊임없는 내부 반란의 역사였다. 중일전쟁 중 공격받은 지역 밖 출신의 중국병사들은 싸우기를 빈번하게 거부했다. 중국은 통일된 국가의 가장 기본적 요소들 즉, 근대 국가의 국민이 열정적으로 성원하고 지지할 "국민군대"가 없었다.[70]

셋째, 군사적 차원은 사령관, 장교집단 및 그들 군대의 성격과

---

67) 당시 일본의 참전을 위한 사회적 압력과 언론매체를 통한 애국심 진작 및 참전자들을 영웅시하는 사회전반적 분위기에 관해서는, Lone(1994), pp.69-77을, 전시동원체제 운영에 관해서는 제4, 5장을 참조.

68) William Tyler, *Pulling Strings in China* (London: Constable, 1929), p.61.

69) Tyler (1929), p.95.

70) Paine (2003), p.136.

전쟁계획과 전투의 세계이다. 이 군사작전의 차원은 우연과 확률의 세계에서 누가 전쟁수행의 원칙에 충실했는가를 묻는다. 전투의 원칙들은 준수했다고 해서 필연적 승리를 가져오는 과학적 법칙이 아니다. 동서양의 거의 모든 군사전략 이론가들이 다 같이 인정하듯 전쟁은 과학의 영역에 속하지 않고 기술의 영역에 속한다. 그러나 전쟁수행의 원칙들은 전쟁에서 줄곧 성공적 전쟁수행을 위한 전투교본의 역할을 했으며 승패의 확률과 깊은 관련성이 인정되어 왔다.[71] 중일전쟁 내내 중국과 일본의 전쟁지도자들, 즉 사령관들은 그런 전쟁수행의 전략적 원칙의 준수여부에 있어서 놀라울 정도로 판이한 차이를 보여주었다. 그것들은 위에서(Ⅱ절~Ⅴ절) 기술한 중일전쟁의 발발과 전투의 진행과정에서 다음과 같은 전략적 평가를 추출할 수 있다.

첫째, 목표(objective)의 원칙에서 중국은 모호했고 일본은 분명했다. 목표의 원칙이란 명백하게 정의된 공동목적을 향해 모든 노력을 경주하는 것이다. 전쟁에서 국가의 전략적 군사목표는 전쟁을 수행하는 정치적 목적을 달성하기 위해 필요한 모든 군사력을 적용하는 것이다. 그리고 전술적 목표는 그런 전략적 목적을 돕는 것이다. 중국은 전쟁을 위한 총동원 체제를 작동시키지 못했다. 군사령관은 각 전투장에서 공격해 오는 일본군을 격퇴시킨다는 막연한

---

71) 동서양 전쟁이론가들이 제시하는 전쟁원칙들에 관해서는, 다음 저작들을 참조.; John I. Alger, *The Quest for Victory: The History of the Principles of War* (Westport, C.T.: Greenwood Press, 1982); Gerard Chaliand, *The Art of War in World History: From Antiquity to the Nuclear Age* (Berkeley, C.A.: University of California Press, 1994); Deter Paret(ed.), *Makers of Modern Strategy: From Machiavelli to the Nuclear age* (Oxford: Clarendon Press, 1986); Williamson Murray, MacGregor Knox and Alvin Bernstein(eds.), *The Making of Strategy: Rulers, States, and War* (Cambridge: Cambridge University Press, 1994); Michael I. Handel, *Masters of War: Classical Strategic Thought* (3rd, re. and exp. ed.), (London: Frank Cass, 2001).

목표만을 갖고 있었지만 일본군부는 분명한 공격목표를 정해 총동원 체제를 수집하고 전술적 연합작전을 수행하면서 궁극적으로 베이징의 함락을 통해 정치적 목표를 달성하고자 했다.

둘째, 공세(offensive)의 원칙에서 중국은 이것을 전적으로 위반했고 일본은 철저히 준수했다. 공세의 원칙이란 공격적 행동 혹은 주도권의 유지가 목표를 추구하는데 가장 효과적으로 결정적인 방법이라는 것이다. 방어적 자세를 취하는 것이 때로는 필요하지만 이것은 공격작전을 재개하는데 필요한 수단이 마련될 때까지 일시적 상태여야만 한다. 공격적 정신은 방어작전의 수행에서도 유지되어야 한다. 즉 그것이 적극적 방어여야지 수동적 방어여선 안 된다. 왜냐하면 어떤 형태든 공세적 행동이 국가나 군사력이 주도권을 장악 유지하고 결과를 달성하며 행동의 자유를 유지시켜 주기 때문이다. 중국은 시종일관 수동적 방어에만 치중하고 공격적 전투를 시도하지 않음으로서 이 공세의 원칙을 거의 완전히 도외시했던 반면에 일본은 시종일관 공세적 자세를 견지하며 이 원칙에 충실했다.

셋째, 집중(mass)의 원칙에서도 중국은 아무런 시도를 하지 않았던 반면에 일본은 일관되게 준수했다고 하겠다. 전략적 차원에서 집중의 원칙이란 치명적 안보위협이 있는 곳에 군사력의 대부분을 투입하는 것으로 가장 위협이 큰 곳을 정확히 그리고 적시에 결정하는 것은 쉽지 않다. 그러나 당시 일본의 공격 목표가 거의 분명한 경우에도 중국은 군사력을 집중시키지 않았다. 전술적 차원에서 이 원칙은 결정적 결과를 달성하기 위해 결정적 장소와 시간에 우수한 전투병력을 집중시키는 것이다. 일본이 증원군을 파병하여 병력을 집중하는데도 중국은 그런 행동을 보이지 않았다. 중국은 자국의 육군이나 해군을 전쟁에 완전히 투입하지 못했다. 따라서 알렌 풍(Allen Fung)이 지적했던 것처럼 비록 중국이 총 80만 병력으로 일본의 총 7만 병력을 수적으로 압도했지만 실제 각 전투현장에서는, 예를 들어 평양전투에서 2만의 중국 군대와 2만3천8백 명의 일본군, 뤼순에선 7천명의 중국병력에 2만 명의 병력의 투입으로 일본 측이 중국 측을 병력의 숫자에서 압도했었다. 특히 이 중요한 사실은 중국군이 일본군보다 수적으로 훨씬 더 많았었다는 가정 때문에 널리 간과되었다.[72)]

넷째, 군사력의 경제(economy force)원칙에서도 중국과 일본은 판이했다. 이 원칙은 전략적 차원에서 만일 국가가 분명히 제1차적 위협에 군사력의 대부분을 집중하여야 할 때는 그런 목표가 낮은 우선순위의 지역에 불필요한 군사력의 유용으로 손상되어서는 안 된다는 것이다. 전술적 차원에서 이 원칙은 지연이나 성동격서같은 기만작전에 사용할 병력을 필요로 한다. 중국은 베이징에 대한 제1차적 위협에 치중하기보다 청조의 발원지 묵덴의 방어에 집중하느라 일본의 기만작전에 농락당했으며, 일본은 웨이하이의 상륙작전 때도 성동격서의 기만작전을 성공시켰다. 중국인들에겐 상징적이고 감상적인 가치가 병력의 경제원칙에 우선함으로써 이 원칙을 위반했으며 일본은 특히 전략은 물론이고 전술적 차원에서 이 원칙을 준수했다.

다섯째, 기동(maneuver)의 원칙에서도 중국과 일본은 매우 달랐다. 이것은 전투력을 융통성있게 이용하여 적을 불리한 입장으로 몰아넣는 것이다. 전략적 차원에서 융통성, 이동성과 기민성으로

---

72) Fung (1996), pp.1026-27.; 전쟁 중 전투병력의 숫자에 관해서는 상당한 차이가 있다.; Stewart Lone에 의하면 당시 리훙장은 거의 1백만의 병력을 그리고 일본은 약 24만 명을 동원했고 그 중 약 17만 4천명이 전투에 참가했다. 평양전투에서도 Bruce Elleman은 10만 8천명의 중국인들과 7만 명의 일본인이 맞선 것으로 주장하고 있다. Lone (1994), p.11, 52, Elleman (2001), p.101을 각각 참조. 여기에서는 집중의 원칙을 준수하지 않았다는 것만을 강조하고자 한다.

예상 못한 상황에 신속히 대처하는 능력과 관계되며, 전술적 차원에서 이 원칙은 적을 불리한 입장으로 몰아넣음으로써 병력과 물자의 커다란 손실을 사전에 막는 것이다. 중국은 일본군이 대동강과 압록강을 아무 제지없이 도강케 방치함으로써 그 후 큰 손실을 초래한 채 패주했던 반면에 일본은 새로운 상황에 언제나 융통있게 대처하는데 성공했다. 중국군에게 기동의 원칙은 찾아볼 수 없었다.

여섯째, 지휘의 통일(unity of command)의 원칙에서도 중국은 이 원칙을 지키지 못했으며 일본은 철저히 준수했다. 이 원칙은 모든 군사적 노력이 공동의 목적에 초점을 맞춰 책임있는 한 사람의 지휘하에 통일되어야 하는 것이다. 즉 이것은 하나의 공동목표를 향해 모든 병력의 행동을 지휘하고 조정하는 것을 의미한다. 각 병력간의 조정은 협력으로 이루어질 수도 있지만 한 사람의 지휘관에 의해서 가장 잘 성취될 수 있다. 중국에겐 군사통신의 어려웠던 시대를 감안한다고 할지라도 지휘통일은 한 사람에 의해서나 부대간의 협력을 통한 조정으로 연합작전같은 것이 거의 전적으로 부재했던[73] 반면에 일본은 히로시마의 본영으로부터 분명한 지휘명령선이 전투장에까지 미치는 지휘통일이 확립되었고 군단간의 연합작전도 육해군간의 상호지원도 신속하고 무리없이 달성되었다.

일곱 번째, 안전(security)의 원칙에서도 중국과 일본은 근본적인 차이를 보였다. 이 원칙은 적이 예기치 못한 이득을 얻도록 결코 허용하지 않는 것이다. 안전은 적대적 행위나 영향 혹은 기습에 대한 취약성을 극소화시켜 행동의 자유를 높여준다. 전략적 차원에서 이것은 첩보, 전복 및 전략적 정보수집으로부터 자국과 자국의 군사력을 보호하기 위해 적극적 및 소극적 조치들을 필요로

73) Chu (1985), pp.362-63.

한다. 이것이 전술적 차원에선 전투병력의 보호와 절약에 긴요하다. 적의 기습, 정찰 탐지, 간섭, 첩보, 사보타지 혹은 교란으로부터 자신을 보호하려는 지휘관의 조치를 요구하게 된다. 당시 중국은 이 원칙에 무관심했고 거듭해서 일본의 기습공격을 받았다. 일본은 조선과 중국에 첩보원들을 파견했었을 뿐만 아니라 전쟁발발 수주일 전에 이미 중국의 비밀전신암호를 해독했었다.[74] 또한 중국인들은 매 전투에서 패배할 때마다 수많은 무기와 물자를 그대로 버려둔 채 도주하여 일본군이 예상 못한 엄청난 이득을 획득하도록 허용했다.

여덟 번째, 기습(surprise)의 원칙에서도 중국과 일본은 너무도 판이한 행동을 보였다. 이 기습의 원칙은 적이 무방비 상태에 있는 때와 장소에서 적을 공격하는 것으로 "안전의 원칙"과 상호적이다. 자신의 능력과 의도를 숨기는 것이 눈치 채지 못하고 준비도 안 된 적을 공격할 기회를 만들어 주기 때문이다. 이것은 전략적 차원에선 성취하기 어렵지만, 전술적 차원에선 전투의 결과에 결정적으로 영향을 끼칠 수 있기 때문에 중요하다. 중국인들은 개전 때부터 거의 전투 때마다 일본인들의 기습공격을 받아 엄청난 피해로 전투의 의욕을 상실한 채 도주를 되풀이했다. 전 전쟁과정을 통해, 중국은 기습공격 한 번 해보지 못한 채 평화협정을 제안했으며 일본은 거듭된 기습공격으로 전세를 계속 유리하게 이끌었다.

아홉 번째, 간결성(simplicity)의 원칙에서 일본이 중국보다 훨씬 앞섰다. 이 간결성의 원칙은 전쟁에서 모든 다른 원칙들의 집약이다.[75] 이것은 분명하고 복잡하지 않은 계획과 철저한 이해를 확립하기 위해 확실하고 간단한 명령들을 준비하는 것이다. 이것의 전

74) Fung (1996), p.1015.; Chu (1985), p.356.

75) Harry G. Summers, Jr., *On Strategy: A Critical Analysis of the Vietnam War* (Novato, C.A.: Presidio Press, 1982), p.159.

략적 중요성은 전술적 차원의 적용을 용이하게 할 뿐만 아니라 국민적 대중의 지원을 향상시키는데도 적용된다. 전쟁의 목적이 간결할 때 폭넓은 전략적 지휘를 진작시켜 전략적 융통성을 높인다. 전술적으로는 직접적이고 단순한 계획과 간단한 명령이 본질적으로 중요한 것이다. 근대 중앙집권적 정부와 유럽식 전투방식으로 준비된 일본은 아직도 반봉건적이고 30여 년 전 태평천국의 내란을 진압하는 데나 적합했던 전근대적 전투방식을 극복하지 못한 중국보다 효율성을 극대화하는 간결성의 원칙을 더 효과적으로 준봉했었다.

이상과 같은 전쟁수행과정에서 승패를 가르는데 중요한 군사전략적 원칙의 준수여부와 정도의 관점에서 평가할 때 어찌하여 중국이 그렇게 쉽게 일방적으로 패전할 수밖에 없었는가의 의문은 어렵지 않게 풀릴 수 있다.

랄프 파월(Ralph Powell)에 의하면, 중국군의 가장 큰 약점은 지휘력의 문제였다. 일반적으로 중국의 지휘관들은 근대전쟁의 기본적 전략, 전술 및 무기의 사용에서 개탄스런 무지를 보여 주었다.[76] 그러나 중국의 패배는 유능한 전투지휘관만의 문제에 그치지 않았다. 클라우제비츠의 삼위일체론에 입각하여 평가할 때 중국은 군사적 차원뿐만 아니라 정치적 및 사회적 차원을 포함하는 3차원 모두에 심각한 결함을 안고 있었다고 하겠다. 정치적으로 중국정부는 군사문제를 경시하고 온 힘을 외교 쪽에만 치중하면서[77] 전쟁에 철저히 대비하지 않았으며 전쟁할 의지도 없이 마지못해 전쟁에 끌려들어간 뒤 전국가적 총력체제로 전쟁에 임하지 못했다. 사

---

76) Powell (1955), pp.49−50.

77) 謝俊美, “청일전쟁시 조선투입 청군의 동원과 조선 내에서의 전투상황,” 金基赫, 朴英宰, 柳永益, 謝俊美, 森山茂德, Ian Nish 공저, 『淸日戰爭의 再照明』(춘천: 한림대학교 아시아문화연구소, 1996), p.155.

회적으로 중국에서 대일전쟁은 리훙장의 전쟁으로 그 의미가 격하되고, 당시 중국의 정체는 봉건왕조체제로서 소위 국민전쟁을 치룰 수 없는 조건 하에서 국민적 지지나 열정을 기대할 수 없었다. 군사적으로 중국의 정치 및 군사령관들은 전쟁계획도 없었고 철저한 준비도 하지 않았다. 손자의 "자신을 알고 적을 알면 승리가 확보된다"는 중국의 가장 오랜 군사전략의 격언을 그들은 완전히 망각했다. 중국인들은 적을 알려고 노력하지 않고 적에 대한 경멸적 자세만 견지했다. 그들은 서양제국들로부터 그렇게 오랫동안 군사적으로 굴욕을 당했음에도 불구하고 서양, 즉 근대전쟁의 수행과 전략적 원칙에 무지 아니 무관심했다. 바로 여기에 중일전쟁에서 중국이 그렇게도 쉽게 패배한 근본적 비밀이 숨겨져 있었다. 이 전쟁에서 중국은 단지 약해서 패한 것이 아니라 일본이 힘으로 승리를 쟁취한 것이다.[78] 그러나 일본의 힘이 서양근대군사력과 전쟁수행방식을 모방하면서 철저히 읽히고 학습한 데에 있었고, 그것이 전쟁 승리의 비결이었던 반면, 즉 거기에 승리의 비결이 있었다면, 중국이 패배한 비밀은 손자의 가르침을 완전히 망각하고 무엇보다도 적을 알려고 노력하지 않은 타성적 편견과 오만에 있었다고 할 수 있을 것이다.

Ⅶ. 결론

전쟁의 특징적 행동들은 전쟁의 단순한 준비와 전쟁 그 자체, 즉 전투행위의, 두 가지 주요 카테고리로 구성된다.[79] 전쟁이 끝난 평화의 시기란 사실 다시 일어날지 모를 전쟁의 준비기간이다. 이

78) Liu and Smith (1980), p.270.
79) Clausewitz (1976), p.131.

렇게 본다면 인류의 역사란 결국 전쟁의 역사라고 해도 과언이 아닐 것이다. 그리고 전쟁의 승패란 평화시에 전쟁준비를 얼마나 잘했으며 실제 전쟁의 수행과정에서 얼마나 전략적 원칙을 잘 준수했느냐에 달려 있다고 하겠다.

중일전쟁시 중국은 근대국가의 국민군대가 아직 수립되지 못한 상태였다. 중국의 군사력이란 중앙정부하의 근대국민군대가 아니라 다양한 지방병력들의 뒤범벅에 지나지 않았다. 그것은 주로 내란을 진압할 목적으로 구성되고 훈련되었지, 외국과의 전쟁을 목적으로 구성되고 훈련된 것이라 보기 어려웠다. 육군의 지휘체계는 조직상 지방중심으로 출신지 및 훈련방식에서 통일되지 못하고 분열상태에 있었다. 해군도 통일된 지휘체계가 없어 크게 약화되었다. 북양, 남양, 푸젠(福建) 및 광둥(廣東)의 4개 함대로 나뉘어졌다. 오직 북양함대만이 근대 함선을 보유했으며 웨이하이에 기지를 두고 리훙장 총독 하에 있었다. 이 북양함대마저도 포와 포탄은 표준화하지 못했다. 포탄은 현지 조달되었으나 수입된 포에 맞지 않았다. 공급체계도 그때그때 편법을 동원하는 결함이 많았다. 요컨대 중국의 육해군 모두가 빈약한 병참능력과 아주 결함이 많은 조직을 갖고 있었다. 병사들의 훈련과 기강의 부족도 심각했다. 모두가 겁먹고 명령불복종이 만연했고 탈영과 부패가 심각했다. 요컨대 분열된 중국의 군대는 전쟁의 준비가 부족했었다.[80] 에이브라함 링컨의 말처럼 "분할된 집은 지탱될 수 없었다."

반면에 일본의 군대는 사실상 근대 유럽의 근대군사력이었다. 일본의 국산 무라타(murata)총은 유럽의 어느 것에도 뒤지지 않았으며 병력의 기강도 철저했다. 그들은 용감하고 절제력과 인내력이 있고 또 활기에 차 있었다. 일본군은 잘 무장되고 조직되어 전투준

80) Paine (2003), pp.170-71.

비가 잘 되어 있었다. 실제로 일본군은 프러시아군대를 모델로 하여 국가적으로 조직되었으며 표준복무기간제로 징집된 군대였다. 1872년 징집제도가 채택된 후 일본병사들은 3년간 현역복무하고 4년간 예비군으로 봉사했다. 모두가 획일적으로 무라타총으로 무장했다. 포와 병사의 장구도 모두 표준화되었다. 군대는 6개 사단으로 구성되고 전쟁 중 지휘관들은 목표달성의 방법에 대한 재량권과 함께 명확한 목표가 하달되었다. 1892년 일본육군은 포괄적인 전쟁게임도 실시했었다.

해군에 관해서 말한다면, 일본해군의 위력도 당시 유럽의 근대적 해군력에 버금갔다. 일본은 요코스카, 쿠레 및 사세보 3곳에 기지를 두고 각 자체 함대를 보유했다. 당시 일본 해군력은 중국에 비해 속도, 즉 기동성에서 우월했으며 전선의 함대들이 동질성을 유지했고 무엇보다도 분명히 화력에서 우월했다. 잘 훈련되고 기강이 잡힌 포대원들에 의한 신속발사포들의 압도적 이점은 굉장했다.[81] 뿐만 아니라 나가사키에 훌륭한 선창들이 있었다. 일본정부는 영국해군의 모델을 채택했고 마한(Mahan)의 교리를 익혔다. 따라서 일본해군전략은 먼저 제해권을 확보하는 것이었다. 전쟁발발 후 그런 목적을 달성한 뒤엔 일본해군은 병사들을 아시아 본토를 수송하는 역할로 축소되었다. 만일 처음부터 일본의 병력을 조선으로 수송할 수 없었다면 전쟁은 없었을 것이다. 당시 중국은 만리장성밖에 철도가 없었다. 만주와 조선의 길은 아주 험준했다. 반면에 일본정부는 신속하게 대규모 병력의 전개를 수행할 능력의 중요성을 오래전부터 알고 있었다. 따라서 일본정부는 자국의 큰 증기선 회사에게 보조금을 제공하고 전시에 그들의 선박을 이용할 수 있게

---

81) David C. Evans and Mark R. Peattie, *Kaigun: Strategy, Tactics, and Technology in the Imperial Japanese Navy, 1887~1941* (Annapolis, Maryland: Naval Institute Press, 1997), p.48.

했었다. 일본은 국력을 최대한 집결시키면서 철저하게 전쟁을 준비하고 있었다.

실제 전투의 과정에서도 중국은 전략적 원칙을 완전히 무시했으며 전투 중에도 적을 알려는 노력을 하기보다 일방적으로 적을 멸시하고 과소평가하는 편견과 오만한 자세만 견지했다. 중국의 군사력은 총체적인 수적 우세에도 불구하고 전쟁의 전 과정에서 주도권을 일본에 넘겨준 채 클라우제비츠의 소위 공격의 정점(the culminating point)을 단 한 번도 형성시키지 못한 체 방어에만 치중하다가 괴멸되었다. 클라우제비츠도 방어적 전쟁의 이점을 주장했었다. 그러나 그것은 공격의 정점에 도달할 때까지 만이다. 중국인들에겐 전쟁수행계획이나 승전전략 그 자체가 없었다고 해도 과언이 아니다.

중국의 정치지도자들은 전쟁수행의 전략적 원칙을 준수하기 보다도 손자의 말처럼 싸우지 않고 이기기를 기대했었다. 손자는 싸우지 않고 외교협상을 통해 이기는 것이 최선이라고 주장했지만 항상 그럴 수 있다고 생각했다면 그의 유명한 병법을 제시하지 않았을 것이다. 근대전쟁의 철학자 클라우제비츠에겐 싸우지 않고 이길 가능성은 전쟁사의 일탈이요 예외이며 그 가능성이 아주 희박하기 때문에 일방적으로 전투행위만이 전쟁의 유일하게 효과적인 승리의 수단이라고 간주했었다. 왜냐하면 어떤 교전국도 자신의 적이 값싸게 승리하도록 허용하지 않을 것이기 때문이다. 따라서 중일전쟁에서 일본의 승리는 어쩌면 손자의 후예들에 대한 클라우제비츠 제자들의 승리였다.[82] 중일전쟁에서 일본인들은 중국인들에게 동양의 군대가 어떻게 잘 조직되고 훈련되고 기강을 갖추어 전쟁을 수행할 수 있는지에 대한 고통스런 교훈을 가르쳐 주었다.

---

82) 클라우제비츠와 일본군사전략과의 밀접한 관계에 관해서는, 강성학 (1999), p.354를 참조.

자만심에 가득 찬 중국인들이 서양강대국들에게 패배하는 것은 굴욕적이었다. 그러나 이제 중국인들은 오랫동안 중국의 문화적 학습자인 동양의 이웃 일본에게 수치스럽게 궤멸적 패배를 당하고 말았다. 이제 중국은 분명히 4천 년간의 잠에서 깨어났다. 그러나 잠에서 깨어난 것이 즉 뼈아프게 자각했다는 사실이 모든 국가적 결함을 하루아침에 일소하고 새로운 통일된 근대강대국으로 환골탈퇴 시켜주지는 못했다. 오히려 중일전쟁에서 예상 못한 일방적이고 신속한 중국의 참패는 아시아의 환자(the sickman of Asia)라는 별명을 얻게 만들고, 서구열강들로 하여금 제국주의적 공세를 노골화하여 중국 영토를 탐하게 만들었다. 중일전쟁의 패배로 잠에서 깬 중국인들은 새로운 통일된 근대 국가로서의 건설을 향한 멀고도 험한 길, 즉 개혁과 혁명의 "역사적 장정"의 출발점에 섰을 뿐이다.

반면에 대중국전쟁을 감행한 일본정부의 정치적 목적이 공식적인 소위 "조선의 독립"이 아니라, "숨겨온 조선의 독점적 지배"였다면 중일전쟁은 분명히 정치적 실패였다.[83] 왜냐하면 일본의 승리에도 불구하고 종전 후 조선은 러시아가 조선에서 더 적극적 역할을 하도록 러시아를 포섭했기 때문이다. 이 숨겨진 목적을 달성하기 위해서는 러시아와의 결전을 감행해야만 했다. 당장은 중국으로부터의 엄청난 배상금(총 2억 3천만 냥), 타이완섬의 장악과 새로운 통상조약에 만족해야 했다. 그러나 중일전쟁은 무엇보다도 제국으로서 일본의 경력이 시작되었음을 의미했다. 역사상 처음으로 일본은 영토적 야심을 표명하고 추구하는 것을 두려워하지 않았다. 이제 일본의 소위 "이익선(line of advantage)"은 더 이상 조선에만 있는 것 같지 않았다. 그것은 요동반도와 대만 그리고 더 멀리 보면,

---

83) 일본은 이 정치적 목적을 달성하기 위해 10년 후 러일전쟁을 치러 승리해야만 했다. 만약 중(청)일전쟁에서 일본이 정치적 승리를 거두었다면 러일전쟁은 존재하지 않았을 것이다.

남으로는 푸젠성과 북으로는 중앙만주 그리고 심지어 베이징까지도 확장될 것이다. 중일전쟁의 승리로 일본도 역사적 장정 그러나 중국과는 달리 "제국주의적 장정"의 문턱에 들어선 것이다.

제3장

러일전쟁 과정과 군사전략

순전한 방어는 전쟁의 개념에 완전히 어긋난 것이다. _ 클라우제비츠

전쟁이란 국가들과 그들의 특수한 세계에 의해서 조건 지어지지만 모든 이론가가 무엇보다도 관심을 가져야 할 어떤 보다 일반적 – 참으로 하나의 보편적 – 요소를 틀림없이 내포하고 있다. _ 클라우제비츠

Ⅰ. 전투의 과정: 바다와 육지에서

막강한 러시아에 대한 전쟁에서 일본이 승산을 가지려면 뤼순, 다롄 및 조선에서 선제 기습공격(pre-emptive strike)을 가해야 한다는 것은 지상명령처럼 보였다. 그러기 위해선 선전포고도 러시아 함대에 대한 동시적 공격 후에 해야 했다. 일본공사 구리노가 러시아 측에 외교단절을 통보하는 바로 그 순간에 일본의 함대는 사세보(佐世保, Sasebo) 해군 기지에서 출항해야 했다. 누구도 선제 기습공격에 대해 문제를 삼거나 도덕적으로 설법하지 않았다. 반면에 1898년 군축회의를 제안하고 1899년 헤이그회의를 주도했던 짜르의

러시아가 극동에서 보여주는 행동은 스스로가 평화적 정책을 추구하는 것 같지 않았다.[1] 짜르는 전쟁을 원치 않았다. 그의 측근들도 일본이 어떤 상황에서도 전쟁을 하지는 않을 것이라고 그를 계속 안심시켰다.

그러나 구리노 공사가 떠나자 짜르정부는 당시 도쿄를 방문 중이던 극동의 러시아 총독 알렉시에프 제독에게 즉각적인 신호를 보냈다. 일본의 외무성을 방문한 뒤 그는 일본의 인내가 소진되었으며, 그들의 공사가 소환되었음을 확인했다. 전쟁의 논의는 없었다. 그는 자신이 생각하기엔 일본이 공갈을 치고 있다고 답신했다. 보다 기민한 사람 같았으면 다른 견해를 가졌을 것이다. 그러나 자신의 아버지가 알렉산더 2세였다는 소문에 의해 그런 지위에 오른 그로서는 한계가 있었다.[2] 러시아는 그 위험한 순간에도 어둠 속에 있었다. 그들은 전쟁의 준비를 하지 않았던 것이다. 1904년 대부분의 러시아인들은 일본을 최근에야 야만상태에서 벗어난 단지 작고도 먼 나라로 알고 있었다.[3] 러시아의 군인들은 중국의 의화단 반란자들을 진압할 때 1명의 러시아 병사가 10명의 동양인에 버금간다고 확신했다. 따라서 그 후 러시아 장교들은 일본군에 대해 거의 두려움을 갖고 있지 않았다. 베이징과 만주에서의 경험만으로 자신들이 군대를 양성했다는 것을 깨닫지 못했다.[4]

전 날 "러시아 함대를 격파하라"는 명령서를 개봉한 도고(東鄕平八郎, Togo Heihachiro) 제독은 자신의 미카사(Mikasa) 기함 위에서 자신

---

1) Barbara Jelavich, *A Century of Russian Foreign Policy*, 1814–1917, Philadelphia: J. B. Lippincott Company, 1964, p.224.

2) R. M. Connaughton, *The War of the Rising Sun and Tumbling Bear*, London: Routledge, 1988, p.11.

3) J. N. Westwood, *Russia Against Japan, 1904–1905*, Albany, New York : State University of New York Press, 1986, p.1.

4) *Ibid.*, p.12.

의 부하 제독들에게 천황의 명령문을 읽어주었다. 약간의 샴페인과 우렁찬 만세를 부른 뒤 그들은 자신의 배로 돌아갔다. 마침내 주사위는 던져졌다. 기다림이 끝났다. 일본인들은 긴장이 풀렸다. 무서운 긴장의 순간들이 끝나고 드디어 전쟁의 순간을 맞이한 것이다.[5] 일본 해군의 주력부대는 뤼순에 정박 중인 러시아 함대에 기습공격을 감행할 것이었고, 순양함대는 서울로 행군할 병력을 제물포(인천)으로 수송하여 상륙시키고 제물포에 기항중인 러시아의 해군 함대를 파괴하도록 되어 있었다. 먼저 시작된 것은 보다 작은 이 제물포 작전이었지만 유럽의 러시아 정부를 경악케 했던 것은 뤼순의 기습공격에 관한 소식이었다. 이 순간을 위해 일본인들은 수 년 동안 준비해 왔었다. 정보망을 광범위하게 구축하였고 장교들은 군사문제를 연구하기 위해 해외에 유학했으며 전쟁에 관한 책과 팜플렛 그리고 아이디어를 가지고 돌아왔다. 모든 일본 장교들은 적어도 하나의 외국어를 말할 수 있어야 했다. 또한 아무르강회(the Amur River Society)가 설립한 도쿄의 외국어 학교들은 중국어와 러시아어를 가르쳐 전사에 필요한 스파이들과 통역자들을 공급할 수 있었다.[6]

이와는 대조적으로 러시아 군대는 뤼순이 포위되었을 때 일본어를 말할 줄 아는 사람이 하나도 없었다. 그러나 일본인들은 1895년

---

5) 본 절은 제2절 전략적 평가의 이해를 돕는데 필요하여 넣은 것으로, The Military Correspondent of The Times, *The War in the Far East*, 1904-1905, London: John Murrat, 1905: 긴코도(Kinkodo) 서적 주식회사와 마루젠(Maruzenz) 주식회사가 공동 출판한 *The Russo-Japanesc War Fully Illustrated*, 3 Vols, Tokyo, 1904-1905; J. N. Westwood, *The Illustrated History of the Russo-Japanese War*, London: Sidgwick & Jackson, 1973; David Walder, *The Short Victorious War*, London: Hutchinson, 1973; J. N. Westwood, *Russia Against Japan, 1904-05*, Albany, New York: State University of New York Press, 1986; Richard Connaughton, *The War of the Rising Sun and Tumbiling Bear*, London: Routledge, 1988 등의 전사(戰史)에 의존했음을 밝혀둔다.

6) J. N. Westwood, *op. cit.*, p. 18.

3국개입의 굴욕 이후 사실상 러시아와의 전쟁을 준비해 왔었다. 따라서 일본인들이 적당한 장교들을 선발하여 만주와 조선에 군대를 앞장서 진입시키는 것은 비교적 간단했다. 비밀리에 그리고 체계적으로 바이칼 호수의 동쪽 전 지역이 사전 조사되었고 지도가 작성되어 있었기 때문에 전쟁이 시작되었을 때 일본인들은 러시아가 장악하고 있는 영토에 대해 러시아인들보다도 더 정확한 지식을 가지고 있었다.[7)] 그들은 보불전쟁에 관한 철저한 공부에서 많은 것을 배웠다. 참모부의 탁월한 전술적 능력은 주로 프러시아의 육군[8)]과 영국의 해군[9)]제도에서 본받았다. 비올 때를 대비해야 한다는 유교적 훈계가 잘 준수되고 실천되었던 것이다.

2월 8일 도고 제독의 연합함대가 뤼순항을 향해 가고 있을 때 개전을 몇 시간 앞둔 일본 영사는 러시아 당국을 찾아가서 마지막 일본인들의 철수를 위해 최종 조정을 하고 있었다. 뤼순항에 거주하는 일본인들은 거의 없었다. 많은 일본인들이 1903년에 이미 귀국했으며 1904년 1월말까지 남아 있던 일본인들도 하나씩 사라지기 시작했다. 일본은 1904년 2월을 공격의 최적시기로 결정했었다. 1905년이면 러시아가 5척의 새로운 전함들을 동방으로 파견할 것이며 2월에는 조선의 서쪽 항구에서 얼음이 녹기 시작할 것이다. 신속한 승리는 해빙과 함께 시작되는 계절을 작전에 최대한 이용하는 데 달려 있었다.[10)] 만일 새로 사들인 두 척의 순양함이 싱가포르

---

7) R. M. Connaughton, *op. cit.*, p.12.

8) 군사문제에 관한 독일의 일본에 대한 지배적 영향에 관해서는, Masaki Miyake, "German Cultural and Political Influence on Japan, 1870-1914," in John A. Moses and Paul M. Kennedy, eds., *Germany in the Pacific and Far East*, 1870-1914, Queensland: University of Queensland Press, 1977, pp.156-184를 참조.

9) Ian Nish, "Japanese Intelligence and the Approach of the Russo-Japanese War," in Christopher Andrew and David Diks, eds., *The Missing Dimensionm*, London: Macmillan, 1984, p.17.

10) 개전과 계절과의 관계에 관한 일반적 논의를 위해서는, Geoffrey Blainey,

를 지날 때까지 기다릴 필요가 없었더라면 전쟁은 수 일 전에 시작되었을 것이다. 일본의 전쟁 계획은 러시아의 예비 병력이 동원되어 시베리아 횡단열차를 통해 대규모로 이송해 오기 전에 만주에 있는 러시아 군대에 결정적 타격을 가하는 것을 상정했다. 그렇게 하기 위해서는 일본과 만주간의 병참선을 확보하는 것이 본질적으로 중요했다. 만일 러시아가 바다의 병참선을 지배한다면 일본은 패배할 것이었다. 따라서 제해권의 확보는 도고가 달성해야 할 지상명령이었다.

일본의 기습공격은 자정쯤에 시작되었다. 이 공격으로 러시아는 물론 전 세계가 깜짝 놀랐다. 기습은 성공적이었던 셈이다. 어떻게 러시아이인들이 그렇게도 완벽하게 기습을 당할 수 있었는가에 관해서는 끝없이 논의되어 왔고 지금도 누구의 책임이었는지를 말하기는 어렵다. 러시아의 현지 사령관이었던 슈타르크(Stark) 제독이 책임을 지고 직위 해제되었지만 알렉시에프 총독이 외교적 위기의 성격을 분명히 깨닫고 그에 적합한 결정을 내리고 명령하지 못한 책임이 더 컸다. 그는 자신의 전 생애를 통해 그가 보유한 것보다 더 큰 재능이 요구되는 직책에 올랐던 인물이었다. 그는 뤼순의 북쪽에 일본군이 상륙하여 뤼순의 고립을 위협하자 뤼순 함대의 지휘를 비트게프트(Witgeft) 제독에게 맡기고 묵덴으로 철수해 버렸다.

일본의 육군은 도고 제독을 흉내 내어 전쟁이 선포되기 전에 기습공격을 단행할 수 없었다. 그러나 도고 제독이 강력한 러시아 함대를 상대로 했던 것과는 달리 일본의 육군은 취약하고 흩어져 있는 적을 상대했다. 전쟁 전야에 제물포(인천)에 일본군 제1진이 상륙했으며 4월초에 구로키(黑木爲楨, Kuroki Tamemoto) 장군이 지휘

The Causes of War, New York: The Free Press, 1973의 제7장, "A Calendar of War"를 참조.

하는 제1군은 압록강에 도달했다. 조선과 만주를 가르는 이 압록강에서 5월 초 최초의 실질적인 지상전투가 벌어졌다. 이곳의 전투에서 러시아는 약 3천여 명 그리고 일본은 1천여 명의 사상자를 냈다. 당시 압록강의 전투는 역사적 대결로 간주되었다. 동양인들이 유럽인들과 동등한 입장에서 싸워 이겼다는 것이었다.

그동안 뤼순은 이미 위협 하에 놓여 있었다. 오쿠(奧保鞏, Oku Yasukata) 장군의 지휘 하에 일본의 제2군이 5월 초 피즈워(貔子窩, Pitzuwo) 근방에 상륙했다. 곧 선발대가 뤼순과 북쪽을 연결하는 철도를 절단하였고 그 결과 뤼순과 바깥 세계와의 접촉은 산발적인 밀항선들로 제한되었다. 북쪽으로부터 뤼순을 방어하기 위해 러시아인들은 난산(南山, Nanshan) 근처에 강력한 방어진을 쳤다. 이 진지의 약점은 일본인들이 제해권을 확보하여 후방에 상륙할지 모른다는 것이었다. 일본의 오쿠 장군은 3,500명의 병사와 215문의 대포를 갖고 있었으며 러시아의 포크(Fock) 장군은 4,000명의 병사와 65문의 대포 그리고 10정의 기관총으로 대처했고 많은 러시아 병력은 예비병력으로 후방에 두었다. 일본군의 전면적 공격을 막아내면서 러시아 지휘관들은 일본의 보병들을 별로 두려워할 것이 없다는 자신감을 느꼈다. 일본의 함포로 일부의 러시아 방어군이 철수할 수밖에 없었지만 포크 장군은 예비병력의 파견요청을 거절했다. 그는 예비병력을 이용한 반격도 거절했다. 그는 그 상황에서 사상자를 발생시킬 생각이 없었다. 포크는 뤼순으로의 철수를 명령했다. 러시아군의 철수는 성공했지만 그것은 일본군이 추격하지 않았기 때문이었다.

러시아인들은 난산 전투가 자신들의 승리였다고 주장했다. 보다 강력한 군대에 직면하여 큰 손실없이 성공적으로 철수했기 때문이었다. 당시 일본군의 4천 3백여 명의 사상자에 비해 러시아는 8백 50명의 사상자를 냈었다. 따라서 사상자의 숫자 면에서 본다면 포크의 전투수행은 크게 성공적이었다. 그러나 그 진지가 수주일 동안 더 지켜질 수 있었음에도 방어가 여전히 불완전한 뤼순으로의 길을 열어주었다는 비판을 받았다. 그러나 쿠로파트킨 사령관은 난산에서의 긴 지연작전을 원하지 않았던 것 같다. 만일 일본인들이 그 지점에서 너무 오랫동안 저항을 받으면 뤼순을 포위한 채 아직 대규모 전투가 준비되어 있지 않은 쿠로파트킨이 있는 북쪽으로 보다 강력한 군대를 파견할 수 있었을 것이기 때문이다.

어쨌든 중요한 난산기지를 장악한 오쿠 장군과 그의 대부분의 군대는 만주에서 쿠로파트킨과 대치하고 있는 군대에 합류하기 위해 북쪽으로 이동했다. 당시 러시아인들은 몰랐었지만 일본인들은 2주일 동안 뤼순항에는 1개 사단만을 남겨 놓았었다. 쿠로파트킨과 대적하기 위해 5월에 노쯔(野津道貫, Nodzu Michitsura) 장군 하의 제4군이 구로키의 제1군 및 오쿠의 제2군과의 합류를 목적으로 다구산(大孤山, Takushan)에 상륙했다. 뤼순 근처의 항구에서는 새로운 2개 사단이 상륙하여 랴오둥 반도에 이미 주둔하고 있던 1개 사단과 합류하여 노기(乃木希典, Nogi Maresuke) 장군 지휘 하의 제3군을 편성했다. 그리고 뤼순 항의 장악은 바로 이 제3군이 맡았다. 이 제3군이 완전히 결집될 때까지 랴오둥 반도의 일본군은 느리게 남진했다. 그러나 러시아인들이 성급하게 소개한 다롄항(Port of Dalny)은 5월 30일에 점령되었다. 5월 말까지 러시아 해군의 작전 부재의 덕택으로 만주에서 일본군의 전개는 잘 진행되었다. 러시아의 지상병력은 뤼순항의 방위병력과 만주의 야전군으로 분할되었다. 만주의 야전군은 랴오양(遼陽)과 묵덴의 러시아 중심부들로부터 일본의 제1 및 제4군을 분리시키는 산맥을 지키는 켈러(Keller) 장군 휘하의 동부분견대(The Eastern Detachment)를 포함했다.

쿠로파트킨의 전략은 랴오양 주변에 자신의 병력을 집중시키고 자신의 병력이 적의 수보다 많아질 때까지 계속 방어하는 것이었다. 따라서 한 동안 자신의 선발대가 예상된 일본 측의 북진을 지연시키기는 하지만 우월한 일본 측 병력과 전면적 전투에 휘말리지 않고 충분한 시간적 여유를 갖고 후퇴하는 것이었다. 그 사이에 러시아의 진지 전투의 특성에 따라 랴오양으로 통하는 길들을 보호하기 위해 강력한 요새가 구축되었다. 반면에 일본 측 전략은 뤼순항을 포위하도록 남겨 두고 그 외의 모든 병력을 가능한 한 신속하게 만주에서 집결하는 러시아군에 대적케 하는 것이었다. 쿠로파트킨의 점진적 후퇴전략은 6월 변경되었다. 왜냐하면 그 때 알렉시에프와 세인트 피터스버그가 쿠로파트킨에게 뤼순항을 구원하기 위해 뭔가를 하도록 촉구했기 때문이었다. 쿠로파트킨은 일본의 주력부대를 패배시킬 만큼 충분히 병력을 집결시킬 때까지 뤼순이 버티도록 내버려 두려고 했던 것 같았다.

그러나 그의 상관들은 뤼순항의 방위가 과거에 소홀했기 때문에 고통당하고 있다고 생각했으며 러시아 해군에서 차지하는 중요성을 인식하고 또한 여론의 관심을 의식하여 쿠로파트킨처럼 조심스런 인내력을 보일 준비가 되어 있지 않았다. 그래서 그들은 쿠로파트킨에게 공세를 준비하도록 명령을 내렸다.

쿠로파트킨은 처음부터 알렉시에프를 만족시킬 정도의 최소한의 병력만을 투입시키는 작전을 세웠던 것으로 보인다. 그는 알렉시에프의 간섭을 달가워하지 않았다. 장군으로서 해군 제독의 감독 하의 전투수행을 좋아했으리라고 기대하기는 어려울 것이다. 그러나 알렉시에프의 지시를 무시할 수 없었다. 그래서 슈타켈버그(Stakelberg) 장군에게 일본군 제2군 진지의 북쪽 25마일 지점에 있는 텔리스(Telissu)라는 마을까지 시베리아 제1군단을 남진시키도록 명령했다. 6월 7일 쿠로파트킨은 슈타켈버그에게 일본인들이 수적으로 우세할 때에는 적과의 전투를 피하고 난산진지의 재탈환이라는 작전목적을 위해 뤼순항으로 전진하라는 명령을 내렸다.

단지 1개 군단 만을 지휘하는 슈타켈버그가 우수한 일본군과의 전투없이 뤼순항으로 진격할 수 있을 것으로 쿠로파트킨이 정말로 믿고 있었다고 말하기는 어렵다. 따라서 그 명령은 알렉시에프를 무마하기 위한 것이었다고 할 수 있으며 어쩌면 슈타켈버그도 러시아의 관료적 전통 속에서 명령서의 행간을 읽을 것이라고 기대하였다. 슈타켈버그는 자신의 군단을 남쪽으로 이동시켜 덜리스의 남쪽에 방어진지를 구축했다. 그리고 그 곳에서 오쿠의 제2군이 진격해 오기를 기다렸다. 러시아 병력이 소규모라고 확신한 오쿠 장군은 총공격을 단행했고 크게 손상을 입은 슈타켈버그는 전면 후퇴를 명령했다.

그리고 7월 말에 가서야 주요 전투가 있었다. 이것은 다시챠오(大石橋, Tashihchiao)에서 였는데 자루바에프(Zarubaev) 장군이 방어의 책임을 맡았다. 7월 24일 여명에 전투가 시작되었다. 러시아군이 일본군에게 큰 손실을 입혔고 오쿠 장군에게는 예비병력도 거의 없었지만 자루바에프 장군은 야간에 후퇴하기로 결정했다. 러시아는 좋은 기회를 놓쳤고 후퇴는 러시아 병사들의 사기에 타격을 가한 결과가 되어 버렸다. 다음날 오쿠 장군의 제2군이 점령한 다시챠오는 잉코우(營口, Yinkou)항으로 연결되는 철도의 교차점이었다. 일본군이 이 철로를 장악하자 러시아인들은 잉코우와 인접 뉴장(Newchang)을 포기했다. 곧 잉코우는 일본에서 직접 선박으로 수송하는 오쿠 장군 군대의 공급항이 되었다. 뿐만 아니라 다시챠오 전투로 북쪽으로의 길이 열리게 되었고, 일본의 제2군은 하이청(海城, Haicheng)에서 교차로를 장악하여 다구산에서 북으로 진격하고 있던 제4군과 합류하게 되었다. 구로키 장군의 제1군도 비슷하게 북쪽으로 진격하고 있었다. 따라서 8월 초까지는 일본의 3군 모두가 랴오양으로부터 약 30마일 이내의 지점에 합류했다.

일본인들은 최초의 대격돌로 기대되는 전투에 임할 준비가 되어 있었다. 돌이켜 보면 그것은 전례없이 파괴적인 무기로 미증유의 긴 전선에서 대규모의 병력이 벌인 20세기의 대전투들 중 최초의 것이었다. 이 대전투의 전 병력을 지휘하기 위해 한 달 전에 오야마(大山巖, Oyama Iwao) 원수가 일본에서 도착해 있었다. 8월 23일까지 러시아 측은 135,000명의 보병, 12,000명의 기마병, 599문의 포를 랴오양에 집중했으며, 일본 측은 115,000명의 보병과 4,000명의 기마병 그리고 470문의 포를 배치했다. 전투 중 러시아 측엔 병력의 보급이 계속되었지만 일본군엔 원병이 별로 없어 쿠로파트킨 만이 매일 강화되는 셈이었다. 따라서 일본의 입장에서는 전투를 빨리 치르는 것이 나았다. 진격의 양 날개 중 한 곳에 병력의 압도적 집중을 이루기 위한 사단들의 재배치는 둘로 나누어진 일본군 병력을 분리시키는 산맥 때문에 분명히 어려웠다. 마찬가지로 측면 포위를 위한 이동도 신속히 이루어지기 어려운 것이었다. 따라서 정면 공격의 보다 단순한 전술이 채택되었다. 그러나 두 공격이 한 지점에서 만나는 이 점은 두 진격로가 만나는 곳에서만 획득될 수 있기 때문에 두 길이 만나는 랴오양까지 러시아 군을 밀어 붙이고 그 지점에서 결정적 단계의 전투를 벌이는 것이 바람직스러웠다.

반면에 8월 24일까지 쿠로파트킨의 작전 계획은 랴오양의 남쪽에서 분견대를 가지고 강력하지만 신속성있는 방어를 수행함과 동시에 강력한 예비병력을 집결시켜 적당한 때에 이 예비병력으로 수적으로 열세인 일본군에 반격을 가하는 것이었다. 따라서 분견대는 러시아의 반격이 준비될 때까지 적을 견디어 낼 잘 준비된 전진진지까지 천천히 후퇴하도록 되어 있었다. 그러나 24일 쿠로파트킨은 신규 시베리아 군단이 전투 시간에 맞추어 도착한다는 것을 알았다. 이 고무적 소식에 그는 자기 계획을 바꾸었다. 즉 이제 그는 분견대가 전진진지로 후퇴하지 않고 자신들의 위치를 고수하게 하고 반격을 원래 의도했던 것보다도 일찍 가하기로 결정했다. 26일 맹렬한 전투가 시작되었다. 일본의 성공적 야간전투로 쿠로파트킨은 다시 한 번 계획을 수정했다. 결국 러시아인들은 전진지로 후퇴하고 말았다. 이 후퇴는 26일과 27일 밤 조용히 어둠 속에서 이루어졌다.

본격적 전투는 8월 30일에 있었다. 일본의 6개 사단병력이 랴오양의 남쪽 전진기지에 정면 공격을 가했으며 구로키 장군은 자신의 제12사단을 파견하여 랴오양 동쪽 15마일 지점 타이즈(Taitzu)강의 북쪽 지류에서 도강하도록 했다. 이 날 일본군의 주 공격은 성공적이지 못했다. 당시 일본인 지휘관은 전투에서 그렇게 많은 수의 병력을 지휘하는 기술을 아직 터득하지 못했던 것 같았다. 그러나 타이즈강을 건너는 구로키의 측면 포위 작전은 성공적이었다. 이 작전은 쿠로파트킨 동쪽 측면을 위협할 뿐만 아니라 묵덴으로 가는 그의 병참선마저 위협했다. 따라서 30~31일 밤에 쿠로파트킨은 전진진지를 방어하는 병력을 강력한 주진지(main position)로 후퇴하도록 명령했다. 이 주진지는 랴오양에 구축된 것이었다. 이 결정은 자신의 전선을 축소시켰다. 그리하여 타이즈강을 건넌 구로키는 교두보를 공격하기 위한 병력을 풀 수 있게 되었다. 이 대규모의 병력 재전개는 8월 31일과 9월 1일 밤에 수행되었다. 마지막 필사적 야간 공격을 준비하고 있던 일본인들에게는 아무런 소리도 들리지 않았다. 이 공격을 단행했을 때 일본의 보병들은 빈 참호를 공격하고 있음을 알게 되었다. 값비싼 실패 후 러시아 진지의 장악은 일본 병사들의 사기를 상당히 높였지만 러시아군을 추격하기엔 너무 지쳐 있었다. 구로키의 병력은 여러 차례 약한 러시아 병력을 맞아 대패시켰다. 쿠로파트킨은 전진진지에서 후퇴한 병사들을 구로키에 맞서도록 배치했다. 그들은 9월 1일 집결하여 다음 날 공격하려는 참이었다.

그러나 일본인들에 의한 만주야마(滿洲山, Manjuyama) 고지의 점령이 쿠로파트킨의 계획을 무산시켰다. 만주야마고지는 9월 1~2일의 상당한 전투 결과 일본군들이 점령했다. 다음 날 만주야마고지의 재탈환 기도는 성공하지 못했다. 자신의 공격을 이미 연기할 수밖에 없었던 쿠로파트킨은 슬루체프스키(Sluchevski) 장군에게 만주야마고지의 재탈환 임무를 부여했지만 슬루체프스키는 지형을 잘 몰랐으며 자신이 책임질 상황에 빠지지 않으려고 항상 조심하는 사람이었다. 전투 초기 예비부대를 맡고 있을 때 동료 지휘관이 러시아의 성공을 기대할 수 있는 지점으로 약간의 예비병력의 파견을 요청하자, 그는 쿠로파트킨의 서면 승인서를 고집하면서 병력을 파견하지 않았던 인물이었다. 9월 3일 자정이 지나 슈타켈버그 장군으로부터 시베리아 제1군단의 후퇴와 만주야마고지의 최후 공격의 실패 그리고 랴오양의 주진지를 방어하는 지휘관으로부터 병력과 탄약이 떨어져간다는 보고에 접한 쿠로파트킨은 9월 3일로 계획된 구로키에 대한 공격을 취소하고 후퇴를 명령했다. 모든 병력은 묵덴으로 후퇴하게 되었다.

랴오양 전투에서 일본인 사상자들은 2만 명 이상으로 2만 명에 미치지 못한 러시아 측보다 많았지만 그것은 의문의 여지없는 일본의 승리였다. 비록 총 병력 수에서는 열세였지만 오야마 장군 휘하의 일본군은 러시아인들이 스스로 택한 전투에서 준비된 진지로부터 러시아인들을 축출했다. 쿠로파트킨의 주된 약점은 명령을 너무 자주 바꾸는 데 있었다. 일본의 병사들은 러시아인들이 후퇴하는 것을 보고 사기가 높아졌지만, 마지막 순간까지 싸울 준비가 되어 있던 러시아의 병사들은 결사적으로 지켜낸 진지들이 갑자기 일본인들에게 넘어 가자 사기를 잃었다. 양측이 거의 필적했기 때문에 러시아 병사들이 점점 사기를 잃은 것이 최종 결과의 결정적 요인이었을 것이다. 쿠로파트킨 자신의 사기도 묵덴으로 후퇴 명령을 내릴 때 최선의 상태는 아니었을 것이다. 분명히 다른 지휘관들도 쿠로파트킨만큼 스트레스를 받고 있었다. 과거의 전투들이 보통 사정권 밖에서 주로 기동하고 한두 시간의 클라이막스로 이루어졌던 반면에 러일전쟁의 전투들은 수일간을 계속해서 병사와 장교들이 포화 속에 있어야 했기 때문이었다. 묵덴으로 후퇴한 러시아인들은 샤강(沙河, Shaho) 북쪽 제방에 진지를 구축하고 기병대는 일본인들을 관측하도록 남쪽 제방에 배치시켰다. 양측은 전투에서 입은 손실을 보완하고 군을 재정비하면서 수 주간을 보냈다. 이 기간 동안에 러시아는 새로운 진지를 요새화하고 병참선을 향상시키는 데 전념했다. 강에 많은 교량들이 세워졌고 묵덴에서 하얼빈에 이르는 넓은 군사도로도 건설되었다. 그리고 러시아 측은 제2군을 창설하여 그리펜버그(Grippenberg) 장군을 사령관으로 임명했지만 제1군을 맡은 쿠로파트킨의 총괄적 지휘 하에 있도록 하였다.

일본 육군이 전투를 벌일 때 도고 제독하의 일본 해군의 주된 관심은 육군 해상 병참선의 보호였다. 랴오둥 반도의 앞바다에서 일본해군은 러시아가 깔아놓은 광범위하고도 집약적인 기뢰들을 소개하는 노력을 벌였다. 다롄(Dalny)의 기뢰제거에는 3주일이 걸렸다. 랴오둥 반도의 반대쪽에선 러시아의 포함 보브르(Bobr)가 난산 전투시에 일본군들에게 심각한 손실을 입혔다. 보브르 함은 3시간 동안 포격을 가한 뒤 포탄이 떨어지자 뤼순항으로 돌아왔다. 만일 다른 포함들이 보브르 함과 함께 했었더라면 일본인들이 격퇴되었을 것이라고 많은 장교들이 믿었다. 그러나 그때까지도 뤼순 함대는 타성에 젖어 있었다. 너무도 많은 장교들이 조용한 생활을 선호했다.[11] 5월 26일 도고 제독은 자신의 임무를 보다 쉽게 하기 위해 뤼순항의 완전봉쇄를 선언했다. 즉 랴오둥의 바다에서 발견되는 중립국 선박들이 차단되고 국제법에 따라 처리될 것이었다. 도고

---

11) J. N. Westwood, *op. cit.*, p.72.

는 이에 앞서 5월에 전쟁 중 최악의 손실을 입었었다. 러시아의 기뢰부설함 아무르(Amur) 호의 함장은 일본 전함들의 빈번한 정찰이 뤼순항을 통과하는 정해진 루트를 따라 이루어지고 있음을 눈치 챘다.

따라서 5월 14일 아침에 이바노프(Ivanov) 대령은 자신의 아무르함을 뤼순항 남동쪽 10마일 지점으로 항진시켜 50~100피트 간격으로 1마일 길이의 기뢰선을 깔았다. 당시 낮게 깔린 안개로 일본인들은 그것을 보지 못했다. 다음 날 나시바(梨羽時起, Nashba Tokio) 제독 지휘 하 일본 파견함대가 정해진 루트를 통과할 때 기뢰를 만났다. 다른 배들은 나시바의 명령으로 즉각 후퇴했지만 하쯔세(初賴, Hatsuse) 기선과 야시마(八島, Yashima) 전함이 침몰되었고 492명의 수병을 잃었다. 그 폭파음은 뤼순항에도 들렸으며 많은 사람들이 그 장관을 보기 위해 언덕으로 올라갔다. 러시아인들의 사기가 올라갔지만 비트게프트(Witgeft) 제독은 이 상황을 이용하기 위한 아무런 조치도 취하지 않았다. 사실상 그는 기뢰 부설이 성공할 경우에 대비한 준비를 하지 않았던 것 같다. 도고 제독은 하루 동안에 자기 전투함의 3분의 1을 잃었다. 뿐만 아니라 바로 그날 그의 순양함 요시노(吉野, Yoshino)가 안개 속에서 가스가(春日, Kasuga)와의 충돌로 침몰하였다.

수 일 동안 뤼순항에 있는 러시아 해군은 인기를 다소 회복했지만 그러나 그것이 바다로 항진할 해군의 의무를 해소시켜 준 것은 아니었다. 지난 4월 알렉시에프 총독은 뤼순에서 묵덴으로 출발할 때 자신의 장교들에게 일본군의 상륙을 저지하기 위해 바다로 나가도록 촉구했었다. 그러나 제독들과 대령들은 회의에서 당시 상황에선 아무 것도 하지 않는 것이 낫다고 결정했다. 5월 말에 총독은 보다 적극적 정책을 재촉구했다. 그러나 그들은 자신들의 병사와 대포로 육지 쪽의 방어를 지원하는 것이 최선의 정책이라고 결정했다. 총독에 전달된 답변은 바다로 나가고 싶지만 우선 일본인들이

놓은 기뢰의 처리 방법부터 찾아야 하기 때문에 출항이 지연된다는 것이었다. 6월 18일 다시 총독은 출항하여 적과 대적하라는 명령을 타전했다. 비트게프트 제독은 곧 출정 준비를 갖추었으나 그 날의 조류가 출정에 적합지 않다는 것을 늦게야 알게 되었다. 기뢰 부설 등으로 지연된 그의 출정은 6월 20일에서 다시 연기되어 23일에야 이루어졌다. 이 날도 비트게프트는 일본 측의 기뢰부설정보를 받았지만 그럼에도 불구하고 자신의 출정 계획을 실행하기로 결정했다. 아마도 그 동안 두 차례나 출정을 연기했던 비트게프트는 또 한 차례의 연기가 불러올 비판과 경멸을 알았던 것 같다.

러시아의 역사에서 전쟁 수행이 전술적 환경보다는 홍보를 위해 시간이 조절된 것은 이번이 처음도 아니었다. 그런 경우엔 늘 비싼 대가를 지불해야만 했다. 이번의 경우도 기습 공격의 요인이 새나가 버렸다. 이미 오래 전에 도고는 자신의 배치를 끝내고 있었다. 비트게프트는 발포했어야 할 바로 그 때 뱃머리를 돌리고 전투를 거절했다. 일본인들과 싸우기 위해 자신의 완비된 함대를 출항시켰던 그가 왜 전투 직전에 도망쳤는지는 여전히 미스테리이다. 비트게프트 자신은 뤼순항에서 너무 가까운 곳에서 도고가 출현함으로써 자기 계획을 망쳤다고 설명했지만 그가 뤼순항으로 회항할 때는 야간의 어뢰 공격을 피하기엔 너무 늦어 버렸다. 이 때 비트게프트도 다른 러시아의 장군과 제독들처럼 패배의 공포가 주된 동기였을 것이다. 그는 승리가 확실한 상황이 아니면 결정적 전투를 시작하고 싶지 않았던 것이다.

그 후 몇 주 동안 러일 간에는 어뢰 공격과 기뢰 폭발로 인한 파손 등이 있었다. 그러나 일본인들을 패배시키지 못한 뤼순 함대의 실패와 당시 텔리스(Telissu)의 쿠로파트킨 군에 의한 기대된 구원 시도의 실패는 러시아의 고위층 내에서 낙담과 상호 비방을 야기했다. 머지않아 비트게프트 제독은 기회가 주어지는 대로 블라디보스톡으로 출항하라는 명령을 받았다. 그가 고위 장교들의 회의를 소집했을 때 다수는 함대가 뤼순항에 그대로 머물러야 한다고 주장했다. 지상 방어에 대한 기여가 크고 발틱함대가 10월에 도착하기로 되어 있었다. 따라서 뤼순항의 함대가 10월까지만 버티어 낸다면 전쟁은 이길 것이었다. 왜냐하면 도고는 마침내 압도적인 러시아 전함의 우위에 봉착할 것이기 때문이었다. 따라서 비트게프트는 블라디보스톡으로의 함대 출항은 적으로 하여금 해로를 이용, 뤼순항을 점령케 할 것이며 어쨌든 뤼순항을 떠날 때 함대는 패배를 피할 수 없을 것이라는 내용의 답신을 알렉시에프 총독에게 보냈다. 발틱함대가 10월에 도착할 수 없다는 것을 아마도 알고 있었을 알렉시에프 총독은 비트게프트의 상황 분석이 자신과 짜르에 명령에 정면 위배된다고 답했다.

그러나 재소집된 고위 장교단회의는 항구에 머물러야 한다는 종전의 결정을 재확인했다. 그들은 죽음보다도 패배를 더 두려워했던 것이다. 8월 7일 총독은 뤼순 함대가 자신의 명령과 짜르의 희망에도 불구하고 출항하지 않고 뤼순에서 파괴된다면 그것은 부끄러운 불명예가 될 것이라며 출항명령을 재확인했다. 총독의 최종 전문이 도착하기 전에 비프게프트 제독은 생각을 바꾸었다. 그는 총독과 짜르의 압력에 따르기로 결정했다. 8월 10일 정오 쯤 비트게프트 제독의 함대와 도고의 함대가 마주쳤다. 러시아인들은 도망치려 하지 않았다. 장갑함 시대 최초의 치열한 해전의 무대가 마련된 셈이었다. 이 날의 해전은 '황해의 전투' 또는 '라운드 아일랜드(Round Island)의 전투'로도 알려졌는데 적지 않은 손실을 입었지만 도고가 승리한 편이었다.

10월 중순 도고 제독은 러시아의 발틱함대가 극동을 향해 막 출항했음을 알았다. 이 함대는 오는 1월이면 동해(일본해)에 도착할 것이었다. 도고의 함선들은 수리가 필요했다. 뤼순 함대의 최종적 궤멸이 급하게 되었다. 따라서 뤼순항 북방 203고지의 점령이 당시 그 주위를 포위하고 있던 일본군의 최우선 과제가 되었다. 이 203고지에서는 뤼순항 전체를 내려다 볼 수 있기 때문에 집결되어 있는 러시아 선박에 정확하게 포의 발사를 지도할 수 있었다. 이 고지 점령을 위한 투쟁은 전 전쟁 중 가장 길고 가장 많은 피를 흘린 전투들 중의 하나가 되었다. 12월 중순에야 최종 10일 간의 피비린내 나는 전투를 통해 일본인들이 이 고지를 점령했다. 일본인들은 즉시 고지 위에 포격 관측소를 설치하고 러시아 함대의 파괴를 시작했다. 그 후 2일 동안 러시아의 전함들과 순양함들은 포격을 받고 침몰하였다. 그리고 뤼순항의 포기가 결정되었을 때 일본인들의 사용을 방지하기 위해 항구에 남아 있던 선박들의 폭발 준비가 급히 이루어졌다. 그러나 모든 폭발물이 다 점화되지는 못했다. 8월 10일부터 계속된 이 해상 작전으로 러시아의 선박들 중에는 상하이, 사이공, 키아초우, 지푸(芝罘, Chefu) 등으로 피신하여 억류된 경우가 있었으며 블라디보스톡항에 도착한 러시아의 배는 한 척도 없었다.

8월 뤼순항의 출정은 블라디보스톡항에 기지를 둔 3척의 러시아 장갑순양함의 마지막 순항과 때를 같이 했다. 이것들은 출동은 개전 첫 달 동안 일본인들에게 큰 걱정거리였다. 왜냐하면 그것들이 일본과 만주를 왕복하는 수송선박들에게 큰 위협이었기 때문이다. 때때로 작은 선박들의 지원을 받는 이 세 장갑순양함들은 훨씬 강력한 뤼순함대보다도 일본의 병참선에 더 큰 손실을 가했지만 그 활용이 충분히 효율적이지는 못했다. 그것들은 190일 간의 전쟁 참가 중 오직 53일만을 바다에서 적극적으로 활동했다. 석탄공급 없이 4천 마일을 항해할 수 있었음에도 불구하고 한 번의 태평양 순항을 제외하면 그것들의 순항은 일주일을 초과하지 않았다. 이 러시아 순양함 활동의 절정은 태평양 순항이었다. 그것들은 일본인들이 지배하는 쯔가루해협(津輕海峽, Tsugaru Strait)을 성공적으로 빠져나가 일본의 동해안까지 내려갔다. 요코하마 앞바다에서 러시아 순양함의 출현은 일본인들로 하여금 수 일 동안 이 곳의 모든 배들의 출항을 중단케 했다. 짙은 안개에도 불구하고 그것들은 피해를 입지 않은 채 쯔가루 해협을 통해 성공적으로 귀항했다. 그러나 8월 뤼순항으로부터 출항 소식이 블라디보스톡에 전해졌을 때 그 순양함들은 신속하게 남쪽으로 순항해 버려 뤼순함대가 후퇴했다는 소식을 전할 수가 없었다. 그 결과 가미무라(上村彦之丞, Kamimura Hikonojo) 제독이 뤼순함대에서 개별적으로 이탈한 러시아의 배들을 찾아 바다에서 헤매고 있을 때 러시아의 블라디보스톡 순양함들도 같은 바다에서 러시아 선박을 발견하고 추적하였다. 울산의 해전에서 한 척을 격침시키고 나머지 두 척에 큰 손실을 입혔지만 일본도 손상을 입었다. 여기서 러시아 측은 310명의 사상자가 났고 일본 측의 사상자는 103명에 달했다. 10월까지 파손된 두 척이 수리되었지만 그것들은 또 다시 바다로 출항하지 않았다. 러일전쟁 기간 중 세계인들의 상상력을 가장 자극한 것은 뤼순의 포위 공격이었다. 실제로 끝 무렵에 가선 뤼순의 감상적 중요성이 전략적 중요성을 분명히 능가했다. 일본인들에게 뤼순은 러시아인들이 훔쳐간 기지였으며 전쟁의 모든 것을 상징했다. 러시아인들에게 뤼순은 크리미아전쟁 시의 세바스토폴(Sevastopol) 방어의 자랑스런 기억을 회상시켰으며 자신들의 군사적 전통을 장식한 새로운 영웅적 행동을 낳을 것으로 자신 있게 기대되었다. 러시아인들은 다렌(Dalny)과 뤼순 사이에 두 개의 외곽방어선을 구축했다. 첫 번째 방어선은 뤼순의 남방 12마일 지점에서 15마일 정도로 랴오둥 반도를 가로질러 길게 펼쳐졌다. 7월 말에 3개 사단과 2개의 예비여단 병력을 지휘하는 노기 장군이 이곳을 공격했다. 수적으로 압도당한 포크(Fock) 장군은 제2방어선으로의 후퇴를 결정했으나 7월 30일 여명에 여기에서도 공격을 받자 오전 중에 뤼순으로의 철수를 명령했다. 따라서 7월 30일은 뤼순의 밀착포위를 시작으로 간주될 수 있을 것이다. 처음엔 난산에서 그리고 제1차 및 제2차 방어선에서의 분명히 성급한 진지의 포기는 러시아의 장교와 병사들에게 사기를 떨어뜨리는 영향을 미쳤다. 포크 장군은 분명히 공격하는 일본군에게 막대한 사상자의 손실을 입히면서 아주 작은 손실로 자신의 병력을 구해냈지만 그러나 그는 시간을 버는 데는 실패했다. 개별적 방위 거점에 대한 일련의 공격들이 성공하지 못하자 8월 중순 노기 장군은 동쪽 지역에 총공격을 감행했다. 러시아 방어군에게 심각한 손실을 입힌 이틀간의 포격 후 일본의 1개 사단이 공격을 시작했다. 일본의 포격은 이 지역의 러시아 포대의 대부분을 파손시켰고 공격하는 보병들은 방어선에 가깝게 접근할 수 있었다. 그러나 일본인들은 러시아의 작은 병기들의 사정권 내에 진입하자마자 막대한 피해를 입음으로써 그들의 공격은 맥을 잃었다. 그럼에도 불구하고 노기 장군은 수 일 동안 이런 엄청난 비용의 공격을 반복했다. 사상자들이 1개 사단에 버금가는 2만 여명에 달해서야 그는 공격을 단념했다.

노기 장군이 왜 그토록 오랫동안 헛된 공격을 계속해야만 했는지는 제법 분명했다. 일본의 국민적 여론에 따라서 일본 정부는 장엄한 승리의 기쁜 순간을 요구하고 있었으며 어떤 승리도 뤼순의 점령만큼 장엄할 수는 없었던 것이다. 뿐만 아니라 일본의 많은 장군들처럼 노기 장군 역시 10년 전 중(청)일전쟁의 뤼순 점령작전에 참전했었기 때문에 그에게 이곳은 친숙한 곳이었다. 중(청)일전쟁 당시 노기 장군은 단 한 번의 공격으로 그 요새를 점령했었으며 오직 16명의 사병을 잃었을 뿐이었다.[12] 따라서 일본 지휘관과

12) 그 후 그는 타이완의 총독을 지냈고 남작의 칭호를 받고 은퇴했다가 개전 후 현직에 복귀했다.

그의 정부가 러시아 하의 뤼순이 중국 하의 뤼순과 같지 않다는 것을 깨닫는 데에는 어느 정도 시간이 걸렸다. 정면 공격에 실패한 일본인들은 포격과 대호파기 그리고 지뢰설치에 의존했다. 대호파기는 러시아의 진지를 향해 지그재그 형태로 참호를 파는 것을 포함했다. 이 접근 참호 이외에도 일본인들은 러시아인들의 방어선을 따라 병행을 이루도록 참호를 팠다. 이 참호들은 공격신호를 기다리는 일본 보병들을 위한 대피소가 될 것이었다. 그렇게 하여 일본인들은 어떤 때엔 말소리가 들릴 만큼 아주 가깝게 러시아인들에게 다가갔다. 지뢰설치는 러시아인들의 요새까지 직선으로 터널 파기를 포함했다. 이에 맞서 러시아인들도 터널을 팠다.

9월 중순에 노기 장군은 다시 공세를 취해 서부와 중앙지역의 요새를 공격했다. 서부 지역에선 203고지가 목표였다. 그러나 러시아 측의 방어가 완강했다. 일본인들의 203고지 점령은 12월 5일에 가서야 가능했다. 11월 28일 시작된 이 203고지에 대한 최후 공격에서만 일본은 8천명의 사상자를 냈다. 다음날 고지 위에 설치된 관측소가 러시아 함대 선박들에 대한 포격을 지도하기 시작했다. 그러나 12월 러시아 함대의 궤멸로 뤼순 점령의 전략적 필요성이 사라졌다. 노기 장군 휘하의 병사들이 북방으로 보내어져 쿠로파트킨 군과의 전투에 합류할 수도 있었을 것이다. 그러나 뤼순은 커다란 상징적 중요성을 갖고 있었다. 일본의 국민적 여론이 점령을 요구했다. 뤼순 점령의 축하행사계획이 이미 오래 전부터 준비되어 있었다. 거의 모든 가정이 기대에 차서 깃발과 등을 사고 있었다. 국제적으로도 뤼순의 점령은 일본의 승전 가능성에 대해 계속 남아 있는 의심을 일소함으로써 일본 정부의 국채모집을 더 쉽게 만들었다.

러시아 측의 병영상태는 나빴다. 신선한 야채의 결핍으로 괴혈병이 광범위하게 발생했다. 고기도 말고기 외에는 사실상 구할 수 없었다. 괴혈병은 9월에 발생했지만 보건문제는 이미 그 이전에 발생하고 있었다. 7월에 사병들의 8%가 그리고 8월엔 10%가 병들었으며 환자의 숫자는 계속 늘어 11월에는 22%에 달했다.

203고지의 점령 후 노기 장군 휘하의 병력이 중앙지역으로 이동했다. 그 때 그는 십만 명의 병사들을 갖고 있었다. 당시 뤼순의 고위 러시아 장교들에겐 그 곳의 방어가 수 주일을 넘기기 어려울 것이라는 점이 거의 분명했다. 쿠로파트킨에 의한 구조의 희망이나 발틱함대의 도착으로 인한 전략적 상황 전환의 희망도 사라져버린 지 오래였다. 식량과 탄약 그리고 사병들이 얼마나 지탱될 수 있느냐의 문제였다. 12월 29일 지역사령관 스퇴셀(Stoessel)이 전쟁위원회를 소집했고, 고위 장성들이 참석한 이 위원회의 다수는 항복을 논하는 것은 아직 시기상조라는 견해를 갖고 있었다. 그러나 스퇴셀과 포크 장군은 분명히 다른 입장을 취하고 있었다. 1월 2일 두 명의 장교가 백기를 든 채 말을 타고 뤼순 밖으로 나가는 것이 보였다. 그들은 항복협상을 제안하는 스퇴셀 장군의 편지를 노기 장군에게 전달했다. 요새의 사령관이었던 스미르노프(Smirnov) 장군이 이 결정을 알지 못했으며 대부분의 장교들도 마찬가지였다. 29일의 전쟁위원회 회의 후 스퇴셀 장군이 짜르에게 보고서를 보냈던 것으로 나중에 알려졌다. 그 보고서에서 스퇴셀 장군은 공급품이 바닥났고 사병들은 지쳤으며 요새의 함락이 임박했음을 알렸다. 스퇴셀의 편지를 받은 노기 장군은 뤼순 밖 한 마을에서 협상을 개시할 것에 동의했다. 그 곳에서 항복문서가 서명되고 뤼순이 그대로 인도되었다. 병사들은 전쟁 포로가 되었고 장교들은 선서 후(on parole) 석방되어 러시아로의 귀국을 선택할 수 있었다. 서명 후 러시아와 일본의 장성들이 함께 앉아 단체 사진을 찍는 것으로 항복을 완료했다. 스퇴셀이 노기에게 흰 말을 제공했지만 노기는 정중히 거절했다. 오래지 않아 독일의 카이저는 스퇴셀과 노기에게 그들의 군사적 용맹을 인정하여 철십자(Iron Cross) 훈장을 수여했다.

뤼순의 점령 작전에서 일본인들은 약 6만 여명의 사상자를 감수했다. 노기 장군의 두 아들도 이 랴오둥 반도에서 전사했다.[13] 러시아의 사상자 수는 일본 측의 약 반인 3만 여명에 달했다. 그들은 밀착포위 공격을 240일간 버티어 냈던 것이다. 뤼순의 함락은 예상된 반응을 가져왔다. 일본의 국제적 신용은 오르고 러시아의 신용은 떨어졌다. 일본의 시민들은 마침내 자신들의 축하등을 들고 나올 수 있었다. 러시아의 혁명가들은 뤼순의 함락을 짜르 전제주의 체제의 관에 또 하나의 못을 박은 것이라고 환영했다. 레닌(Lenin)은 뤼순의 항복이 짜르 체제 항복의 서막이라고 썼다.[14]

다른 한편으로 1904년 9월 말 묵덴에서 쿠로파트킨의 참모진은

13) 노기 장군 자신은 아들들의 죽음에서 자기 휘하 제3군의 수많은 병사들의 죽음에 대한 죄의식의 보상을 찾았다. 그는 그렇게도 많은 부하들을 죽게 한데 대해 폐하와 국민들에게 어떻게 사죄해야 할지를 모르겠다고 말하곤 했었다. 뤼순과 묵덴 전투의 영웅이었던 노기 장군은 후에 도쿄의 거대한 승전 퍼레이드에서 저자세를 취했고 자신의 완전한 겸양을 보이려는 듯 늙은 말을 탔다. 천황에게 자신의 보고를 해야 할 때 뤼순 전투에서 입었던 바로 그 제복을 입은 노기 장군은 천황 앞으로 나왔지만 목이 메고 눈물에 젖어 있었다. 자신의 보고를 마친 그는 죽음을 호소했으나 천황은 자신의 사후까지 기다려야 한다고 답했다. 노기는 도쿄 소재 한 학교의 교장으로 일하면서 자신의 때를 기다렸다. 1912년 천황이 서거했을 때 노기는 자신도 굴레에서 벗어났음을 느끼고 수년 전에 생각했던 예식을 준비했다. 두 아들도 모두 죽고 자신의 지휘 하에 있던 수천의 병사들도 없으니 그는 이제 훨씬 더 자신의 행위가 옳다고 믿었다. 9월 13일 천황의 영구차가 황궁을 떠날 때 노기는 자신의 검으로 할복자살(hara kiri)했다. 그의 처는 그에 앞서 수 분 전에 자결했다. 노기 장군과 그의 처의 죽음은 천황의 장례식과 메이지 시대의 종말을 무색하게 했다. 일본의 봉건시대에는 새로운 세계로 자신의 주인을 따른 것이 사무라이의 전통이었지만 이 전통은 수 년 동안 법으로 금지되어 있었다. 자신의 동포들에 대한 그의 마지막 메시지는 낡은 사무라이 정신으로 복귀하라는 것처럼 보였다. 그는 죽음으로써 일본의 전쟁의 신이 되었다. R. M. Connaughton, *op. cit.*, p.278.

14) J. N. Westwood, *op. cit.*, p.106.

공세계획을 준비하기 시작했다. 쿠로파트킨은 병사들의 사기를 올려주고 사령관으로서 자신의 지위를 강화하기 위해서라도 성공적 공세조치가 필요했다. 그의 생각의 방향은 10월 2일의 일반명령에서 드러났다. 그 명령은 과거의 계속적 철수가 왜 정당했는가를 설명하는 천명서의 형식을 띠면서 이제 러시아인들은 승리의 전진을 기대할 수 있을 것이라고 선언했다. 이 명령서의 발표는 오야마 사령관의 관심을 끌었음이 분명했다. 쿠로파트킨의 작전계획은 빌더링(Bildering) 장군이 묵덴과 랴오양 간의 도로와 병행하여 남방으로 이동, 서쪽 지역에서 일본군을 묶고 슈타켈버그 장군이 동쪽 산악지대에서 보다 강력한 병력으로 작전을 수행하는 것이었다. 이 전투 명령의 두드러진 약점은 일본군이 보다 우세하거나 공세를 취하면 참호를 파고 들어가라는 행군부대에 대한 지시였다. 이런 "진지" 구축의 필요성에 대한 강조는 지속적이고 신속한 전진의 중요성에 대한 쿠로파트킨의 다른 지시와 일치하지 않았다. 일본인들이 해야 할 일은 러시아인들이 공세를 상실하면 자신들의 공세를 준비하는 것이었다. 본질적으로 바로 이것이 샤강(Shaho) 전투에서 실제로 일어난 일이었다. 러시아인들은 10월 4일 행군을 시작했고 3일 동안 일본인들을 밀어붙였다. 10월 7일 일본 측의 상황은 위태롭게 되었다. 그러나 바로 이 중차대한 단계에서 쿠로파트킨은 자신의 병력에게 참호를 파도록 명령했던 것이다. 8일에도 러시아군은 움직이지 않았다. 이것은 동쪽 지역에서 포위된 일본의 여단이 조용히 철수할 시간을 주었으며 더욱 중요한 것은 오야마가 공세를 위해 자신의 병력을 집중시킬 수 있는 시간을 주었다. 쿠로파트킨은 과거처럼 일본의 공격이 두려워 자신의 성공적 진격을 멈추고 일본의 공격에 대비한 반면에 오야마는 자신이 공격받고 있음을 알면서도 주도권을 잡을 생각으로 반격으로 맞섰던 것이다. 그리하여 쿠로파트킨의 공포는 자기실현적(self-fulfilling)인 것이 되었고 러시아인들에게 이것은 처음도 마지막도 아니었지만, 아무튼 방어적 전술의 선호로 주도권을 희생시켜 버렸다.

10월 9일 러시아인들이 다시 전진했지만 이제는 일본인들이 이미 집결하여 멀리 갈 수 없었다. 다음 날 러시아인들은 또 다시 정지했다. 그리하여 일본인들에게 반격을 위한 최종적 준비를 할 기회를 제공했다. 다음 날 일본인들은 반격을 시작했고 일주일간의 치열한 전투 후 러시아인들은 샤강 제방의 북쪽으로 격퇴 당했으며 그 곳에서 겨울을 보냈다. 샤강 전투에서 러시아 측의 사상자는 41,000명, 일본 측은 16,000명이었다. 사상자들의 수와는 별도로 이 전투는 러시아 측의 패배였다. 일본군을 패배시킬 기회를 상실했을 뿐만 아니라 러시아 군의 사기가 다시 한 번 타격을 받았다. 승전의 희망에 고무된 러시아 군인들은 40마일 전선에서 2주 동안 열심히 싸웠지만 결국 자신들의 노력이 또 다시 후퇴로 끝나버렸기 때문이었다. 일본 측은 아직 뤼순을 점령하지 못했고 러시아인들을 항복케 할 만큼 눈부신 승리를 거두지도 못하고 있었다.

러일 양측은 이 때 다 같이 수송의 어려움으로 애를 먹었다. 일본 측으로서는 일본과 만주 간의 해상 병참선에 대한 불안감이 있었고 해안에서 일본군이 북으로 진격할 때까지 공급품을 나르는 어려움이 있었다. 반면에 러시아 측의 기본적 문제는 단선 시베리아 횡단철도로 보강병력과 공급품을 모두 수송해야 하는 점이었다. 전쟁 초기에 시베리아 횡단 수송은 아주 제한되어 있었다. 이 철도 노선은 바이칼 호수에는 부설되지 않았었다. 그러나 1904년 9월 바이칼 호수를 돌아가는 철로가 완성되었다. 쿠로파트킨 사령관의 불행은 철도 수송능력이 자신의 요구에 부응할 수 있게 되었을 때에는 이미 주요 전투들에서 패배한 후 였다는 데 있었다. 쿠로파트킨의 군대는 주로 현지에서 식량공급을 받았기 때문에 대부분의 열차는 병력과 탄약의 수송에 투입되었다. 전형적인 군용열차는 병력 수송을 위해 개조된 28개의 화물칸과 두 개의 기관차로 구성되었다. 1대의 열차로 1,064명의 사병과 36명의 장교들을 수송할 수 있었다. 유럽으로부터의 수송시간이 때로는 50일이나 걸렸기 때문에 장교들과 사병들 사이의 이 긴 별거는 만주로 가는 예비병들 사이에 반전 및 선동적 선전의 확산을 촉진했다고 이야기되었다.

전쟁 중 양 교전국은 다 같이 자신들의 인력 계획이 수정을 필요로 함을 알게 되었다. 일본의 전쟁성(육군성)은 자국의 군이 러시아의 규모에 필적할 수 없음을 항상 잘 알고 있었기 때문에 단기적인 전략에 의존했다. 그러나 장군들이 병사들의 생명을 희생시킨 낭비가 너무 심해 1904년 여름에 일본은 이미 훈련된 병사의 부족에 봉착했다. 제2예비역까지 이미 동원되었다. 1904년 9월 제2예비역의 복무 기간이 5년에서 10년으로 배나 연장되었다. 장교와 하사관들의 전선 투입으로 신병 훈련은 심각한 문제였다. 1905년부터는 훈련기간이 6개월로 단축되었다. 그리고 곧바로 전투에 투입되었다. 러시아는 전쟁 중 1백만의 병력을 극동에 소집시켰다. 유럽에서 동쪽으로 파견된 5개 군단 중 3개 군단은 예비사단으로 구성되었다. 근위사단 같은 정예 병력은 파견되지 않았다. 최선의 병력은 서부, 즉 유럽의 국경지대에 그대로 유지시켰다. 그리고 부분 동원된 예비군들이 주로 극동으로 파견되었다. 쿠로파트킨은 후에 자기에게 보강병력으로 보내진 예비병들이 사기가 낮고, 선동적 선전에 물들기 쉽고, 산악전투에서 심장마비를 일으킬 나이든 병사들이었다고 불평했다.

1905년 초 양국의 군대는 묵덴의 남쪽 샤강 부근에서 대치하고 있었다. 1월 19일 쿠로파트킨이 마침내 공격명령을 내렸다. 그러나 그 공격명령은 너무 길고 복잡하여 한 관찰자는 쿠로파트킨이 전투를 발레처럼 안무했다고 말했다. 오랫동안 방어 자세에 익숙해진 러시아인들이 갑자기 공세로 전환하기는 분명히 쉽지 않았다. 당장의 공격 목표는 산데푸(Sandepu)라는 작은 마을을 포함하여 기반을 확보하는 것이었다. 일본인들은 러시아의 공격에 처음엔 다소 놀랐고 산데푸의 일부는 러시아인들에 의해 점령되었다. 그러나 러시아의 진격은 곧 저지되었다. 많은 전투가 폭설과 강풍 그리고 영하 28도의 강추위 속에서 이루어졌다. 이런 자연조건은 러시아에게 유리한 요건이었다. 일본인들이 불안해하고 취약하고 반쯤 얼어붙었던 이 단계에서 쿠로파트킨이 자신의 예비병력을 투입했더라면 큰 승리를 거두었을 지도 모른다. 그러나 그는 오히려 자신의 병사들에게 철수를 명령했고 그들이 쟁취했던 지방은 점차로 일본의 반격에 의해 상실되었다. 이 작전에서 러시아 측은 14,000명의 병사를 잃었고, 일본 측은 1,000명을 상실했다. 당시 러시아 공격군의 지휘관은 그리펜버그(Grippenberg) 장군이었다. 후일 쿠로파트킨은 그리펜버그가 자신의 명령에 반하여 너무 일찍 공격을 시작했다고 책망했으며 그리펜버그는 승리가 눈앞에 보일 때 후퇴를 명령했다고 쿠로파트킨을 탓했다.

지상전의 마지막 대전투는 초기 10마일 그리고 후에 75마일로 축소된 묵덴의 전선에서 행해졌다. 이때에는 뤼순을 함락시킨 노기 장군의 제3군이 쿠로파트킨과 대치중인 다른 제3군의 병력과 합류했으며 가와무라(川村景明, Kawamura Kageaki) 장군의 제5군[15]이 남동쪽에서 묵덴을 향해 행군하고 있었다. 따라서 묵덴 전투에 투입된 제5군의 일본 병력은 일본의 최대병력이었고 일본의 최대노력을 대변했다. 러시아도 병력보강으로 이제는 훨씬 더 강력해졌다. 2월 19일 쿠로파트킨은 자신의 병력이 더 강하다고 느끼고 공세작전의 명령을 내렸다. 같은 시간에 자신의 군사력이 절정에 달했음을 깨달은 오야마도 너무 늦기 전에 공격하여 거대한 승리,

15) 실제로 가와무라 장군의 병력은 독립 제10사단이었다.

자신의 세당(sedan)을 이룩하기로 결정했다. 그의 작전 계획은 가와무라 군으로 하여금 동쪽 지역에서 측면 포위 공격하여 러시아의 병력을 가와무라 쪽으로 끌어낸 후에 서쪽 날개의 노기 군을 보내 러시아의 측면을 에워싸서 북방으로의 퇴로를 차단하면서 전 전선에서 공격을 가하는 것이었다. 자신의 중앙 지구를 강력히 요새화함으로써 오야마는 자신의 주력을 두 날개로 분할할 수 있다고 느꼈다. 러시아의 작전 계획은 일본 방어선의 서쪽 날개를 공격하고 밀어붙여 일본인들을 측면 포위하는 것이었다. 쿠로파트킨은 2월 25일 공격을 감행할 계획이었으나 일본군의 이동으로 자신의 계획을 수행할 수 없음이 분명해지자 24일 저녁에 공격작전을 취소했다.

같은 날 가와무라는 진격하여 요충지를 점령하고 러시아의 전초부대를 밀어붙였다. 이틀 후 그는 동쪽 지역의 러시아 방어선의 측면을 위협하는 것처럼 보였다. 이 위협에 대처하기 위해 쿠로파트킨은 보강병력으로 1개 군단을 파견했다. 이 군단은 50마일 쯤 행군했다. 그러나 도착하자마자 서쪽 지역의 위협을 막기 위해 소환되었다. 3월 3일 이 군단이 묵덴에 도착하였을 때 병사들은 총 125마일을 행군했으며 너무 지쳐서 전투에 참여할 수 없었다. 그 사이 2월 26일 일본군은 전 전선에 공격을 감행했다. 늘 그랬던 것처럼 정면공격은 비싼 대가를 요구했고 러시아의 진지들을 점령하진 못했다. 그러나 러시아 방어자들의 정신을 빼앗아 측면으로의 파병을 막았다. 2월 27일 일본의 기병대가 서쪽 끝에서 출동하여 그들과 대치한 러시아의 파병기병대를 밀어 붙였다. 그 뒤에 일본의 기병대로 가려져 지금까지 일본의 방위선 뒤에 숨겨진 노기의 제3군이 나왔다. 3월 3일까지 노기는 10마일 내의 묵덴을 향해 이동하고 있었다. 3월 6일까지 쿠로파트킨은 이 위험을 알지 못했다. 일본의 기병대에 가려져 있었기 때문에 그는 노기의 출현을 알지 못했다. 3월 6일 저녁때까지는 러시아의 방어선이 위험하다는 것이 분명해졌다. 쿠로파트킨의 3군 중 서쪽 끝의 군은 전선을 남에서 서쪽으로 바꿀 수밖에 없었고 그것은 어려운 작전이었다. 이 군이 일본의 진격을 막고 강력한 반격을 가할 참이었다. 그러나 초기의 실패로 쿠로파트킨은 이 공격을 취소해 버렸다. 만일 그가 집요했더라면 아마도 이 전투에서 승리했을 것이다. 왜냐하면 당시 노기의 제3군은 어정쩡한 위치에 있었기 때문이었다. 반격의 취소와 함께 철수 명령이 내려졌다.

3월 8일이 되자 쿠로파트킨은 묵덴의 북쪽 철도선에 대한 일본 기병대의 공격으로 더 낙담했고 철수는 총퇴각으로 발전했다. 러시아의 후위들은 퇴각을 안전하게 했다. 그러나 퇴각의 단계에서 간격이 발생하자 일본의 기병대와 포병대가 돌진하여 러시아 병력의 일부를 갈라내어 버렸다. 이 작전에서만 러시아는 약 1만 2천명이 포로가 되는 큰 손실을 입었다. 이 마지막 지상전에서 러시아는 6만 5천여 명의 사상자를 냈으며 2만 여명이 포로가 되었다. 일본측의 사상자는 4만 1천여 명에 달했다. 오야마는 도쿄에 "오늘 오전 10시에 우리는 묵덴을 점령했다"고 승전보를 보냈다. 오야마는 분명히 전투에서는 승리했지만 전쟁에 이긴 것은 아니었다. 묵덴 전투는 그가 염원하던 세당(sedan)은 아니었다.[16] 묵덴은 사령관으로서의 쿠로파트킨의 마지막 전투였다. 그는 짜르의 명령에 따라 리니에비치(Linievich) 장군에게 사령관직을 넘겨주고 이르쿠츠크(Irkutsk)로 돌아갔다. 오야마는 묵덴전투 직후 즉각적인 평화수립의 필요성을 역설했다. 그는 일본 군사력의 한계를 인식했던 것이다.

1904년 10월 15일 러시아의 발틱함대 사령관 로제스트벤스키(Rozhestvensky) 제독은 함대의 이름을 "제2태평양함대"로 바꾸고 극

16) Richard M. Connaughton, *op. cit.*, p.235: J. N. Westwood, op. cit., p.134.

동을 향해 리바우(Libau)에서 출항했다. 그러나 제2함대를 그런 위험한 원정에 파견한다는 것은 커다란 전략적 도박이었다. 로제스트벤스키 제독은 "국가의 명예"를 아주 소중히 생각했다. 그러나 그는 이상한 성품의 소유자였다. 그는 자신의 부하들에게 거칠었고 전투 근성이 그의 인식 능력을 압도했다. 바로 그런 성품 때문에 그는 사령관이 될 수 있었다. 사령관직을 제안받은 다른 보다 저명한 제독들은 재빠르게 거절했었다. 그들은 의심스런 원정에 자신의 명성을 걸고 싶지 않았던 것이다.

제2함대의 항로를 계획할 때 러시아의 해군부는 발트해의 리바우(Libau)에서 극동의 뤼순 사이에 러시아의 기지가 전무하다는 사실에 봉착했다. 더구나 일본의 동맹국인 영국이 사태를 가능한 한 어렵게 만들 것이라는 점을 예상할 수 있었다. 러시아에겐 동맹국 프랑스가 있었지만 프랑스인들은 이 전쟁에 끌려 들어가길 원치 않았다. 따라서 프랑스인들은 중립에 관한 국제법을 살짝 위반할 것으로 기대할 수 있었다. 프랑스는 조용히 몇 개의 식민지에서 러시아의 제2함대가 정박 할 수 있게는 했지만 석탄공급은 거절했다. 중립국가들은 러시아인들에게 석탄을 공급하는 선박이 교전상대로 간주될지 아니면 비교전상대로 간주될지에 대해 확신하지 못했던 것 같다. 영국에서 피셔(Fisher) 제독은 중립 석탄선들이 로제스트벤스키에게로 가는 것이라면 영국의 석탄을 선적해서는 안된다고 선언했다.

그러나 독일 정부 특히 카이저는 러시아의 짜르에게 선심을 쓸 이유가 있었다. 1894년 이후 유럽에서 양면전쟁의 악몽을 꾸고 있던 카이저와 독일인들에게 러시아가 극동에서 전쟁에 휘말리는 것은 독일의 부담을 덜어주는 좋은 기회가 아닐 수 없었다. 카이저는 1903년에 이미 러일 간의 전쟁 시 자신이 러시아의 후방을 커버해 주겠다고 나서면서 짜르를 안심시키려고 했을 뿐만 아니라[17] 발틱함대의 극동파견을 권유했었다. 독일은 러시아가 극동에서의 전쟁을 계속하길 기대했다. 발틱함대가 모든 전함을 이끌고 극동으로 출항한 뒤 다시 돌아오지 않는다면 독일은 슬퍼할 이유가 전혀 없었다. 이런 계산에서 제공되는 독일의 우호에 기대어 로제스트벤스키는 발틱함대의 순항을 위해 주로 독일의 석탄선에 의존하게 되었다. 독일의 회사 함부르크-아메리카 라인(Hamburg-America Line)이 덴마크와 조선 사이의 합의지점에서 34만 톤의 석탄을 공급하기로 동의했다.

수주일 동안 러시아는 스칸디나비아와 서유럽 지역에서 일본인들의 활동의 어떤 징후도 경계해 왔다. 분명히 북해에서의 일본 어뢰정에 의한 공격 가능성은 해군부의 관리들에게는 매우 현실적이었으며 그들은 여전히 뤼순에 대한 일본인들의 기습공격의 충격 속에 있었다. 따라서 베를린에 있던 러시아의 정부국장 헥켈만(Hekkelman)은 코펜하겐으로 옮겨 활발한 첩보활동을 벌였다. 로제스트벤스키 제독이 덴마크를 떠난 직후 다른 배들보다 뒤쳐졌던 수선함 캄차카(Kamchatka)가 갑자기 야간에 지나가는 여러 외국 상선들에게 발포하기 시작했으며 자신이 어뢰정들의 공격을 받고 있다고 타전했다. 이 전문을 받은 로제스트벤스키 제독은 만일 어뢰정들이 자기 배들을 추격하고 있다면 자정 쯤 나타날 것으로 계산했다. 확실히 그 시간대에 정면에 로켓트 병기가 발견된 국적 미상의 군함이 출현하였고 수척의 작은 배들이 다가오는 것이 보였을 것이다. 어뢰공격의 격퇴를 위한 경보 신호가 내려지고 배들은 발포했다. 수 분 동안 어설프게 훈련받은 포수들이 희미한 목표물에 가능한 한 많은 발사를 하려고 하여 소란과 혼란이 있었다. 십분간의 이 전투 결과는 어선 한 척의 침몰, 두 척의 파손 그리고 러시

17) Jonathan Steinberg, "Germany and the Russo-Japanese War," *The American Historical Review*, Vol. 67, No. 7, December 1970, p.1967.

아 자신의 순양함 아브로라(Auroram, 러시아어 표기는 Avrora)의 손상이었다. 실제로 일어났던 것은 러시아인들이 아브로라를 발견하고 그것을 일본의 어뢰정으로 착각했으며 동시에 그들은 영국의 도거뱅크(the Dogger Bank)에서 고기를 잡으며 자신들의 움직임을 로켓트 신호로 조정하고 있는 영국의 어선들을 덮쳤던 것이었다. 어뢰가 두려웠던 러시아배들은 멈추어 생존자들을 구출하지 않았다.

영국의 언론과 많은 국회의원들은 영국 정부가 러시아에 선전포고해야 한다고 법석을 떨었다. 그러나 이 때 영국 정부는 몇 명의 어부들의 죽음에 복수하기 위해서 전쟁을 하기보다는 프랑스 및 러시아와의 동맹 가능성에 더 많은 관심을 두고 있었다. 따라서 러시아 정부가 국제적 중재에 위임하고 보상금을 지급하는 데 동의함에 따라 긴장은 가라앉았다. 제2함대는 탄지에르(Tangier)에서 집결하였고 여기서부터 함대의 큰 배는 아프리카의 희망봉을 돌아 순항하고 다른 배들은 수에즈 운하를 이용하기로 했다. 그들은 마다가스카르(Madagascar)에서 재상봉하고, 주력함대가 출항한 뒤 나중에 발트해를 출발한 파견대도 이곳에서 만나기로 했다. 로제스트벤스키는 마다가스카르에 정박했을 때 뤼순의 함락과 태평양함대의 소멸 등의 소식에 큰 타격을 받았다. 이제 제2함대 임무의 표면적 목적은 더 이상 타당하지 않았다. 전략적으로 이 시점에서 해군부는 함대의 귀환명령을 내리면 더 좋았겠지만, 그러나 그에 따른 위신의 추락이 분명히 용납될 수 없다고 느꼈다. 로제스트벤스키 제독과 세인트 피터스버그 간에 오고간 전문의 최종결정과는 제2함대가 프랑스 식민지 당국의 우호적 중립을 즐기면서 마다가스카르에 2개월 동안 머물러 있는 것이었다.

이 기간 동안 수병들은 심리적으로나 육체적으로 병들었다. 뜨겁고 습기 차고 불온한 기후에서 자신들의 강철 선박 속에 갇혀있게 되자, 그들의 사기는 더욱더 악화되었다. 훈련시간은 단조로움을 별로 완화시키지 못했다. 바다에서 빈번한 어뢰 대처 훈련과 몇 번의 함포사격연습이 있었다. 그러나 적합한 포탄의 부족으로 그런 연습은 무경험의 포병들의 훈련에는 아주 부적절했다. 전투함들의 포격은 목표물을 제대로 맞힌 적이 별로 없었고 빗나간 한 발의 포탄은 수행하는 순양함을 치기도 했다. 함장들도 자신들의 함정을 함께 기동할 줄 몰라서 두 전함끼리 서로 살짝 부딪치기도 했다.

3월이 되어서야 마침내 함대가 인도양 쪽으로 출항했다. 인도양에는 러시아의 배들에 대해 눈 감아 줄 우호적인 식민지 정박지가 없었다. 3주 동안이나 러시아 함대는 시야에서 사라졌다. 공해상에서 석탄공급을 받았고 해상로에서 멀리 벗어나 있었다. 마침내 3주만에 자신들이 내뿜는 검은 연기로 시커멓게 물든 하늘 아래 싱가포르의 앞바다에 나타났다. 그들은 최단 항로를 택했던 것이다. 그들은 4열 종대로 시속 9노트의 속력으로 그곳을 통과했다. 한편 러시아 수도 세인트 피터스버그에선 로제스트벤스키에 보강함대를 보내야 한다고 야단들이었다. 로제스트벤스키는 제3의 함대와 합류하기 위해 기다리는 것을 좋아하지 않았다. 그러나 새로운 함대가 준비되었다. 네보가토프(Nebogatov) 지휘 하의 이 함대는 2월 16일 발트해를 출항하였으며 싱가포르의 주력 함대에 3주일 정도만 뒤져 있었다. 네보가토프의 함대는 인도차이나의 앞바다에서 로제스트벤스키의 제2함대에 합류하도록 되어 있었다. 제2함대는 인도차이나의 캄란만(Camranh Bay)의 이곳저곳에서 편안하게 정박한 채 몇 주일을 보냈다. 5월 9일 네보가토프의 배들이 마침내 합류했을 때 러시아인들의 사기는 올랐으며 로제스트벤스키는 일반함대 명령서에 이제는 자기가 중(重)선박에서 일본인들보다 우세하다고 쓸 수 있었다. 이제 네보가토프의 배들까지 포함시킨 제2태평양함대는 5월 14일 마지막으로 출항했으며 항로는 대한해협을 통해 블라디보스톡으로 정해졌다. 로제스트벤스키는 아주 천천히 북쪽으로 항진했다. 따라서 5월 말이 되어서야 러시아인들은 대한해협에 접근할 수 있었다.

한편 1월 21일 일본의 함대 사령부는 모든 함대들이 대한해협의 지정된 지점에 집결하라는 명령을 발했다. 뤼순전투 중에 피해를 당한 많은 선박들이 수리를 마치자마자 대한 해협에서 수행하는 훈련에 참가했다. 도고 사령관의 지휘하의 7단계 훈련은 거의 완벽에 가까웠다. 모든 훈련과 준비를 마친 일본의 함대는 러시아의 함대를 기다리기 시작했다. 5월 14일 이후 러시아 함대가 블라디보스톡을 향해 순항하고 있을 때 조선의 진해만에서 기다리고 있던 도고 사령관은 로제스트벤스키가 일본 열도의 동해안을 우회하는 더 먼 항로를 택한 것은 아닌가 하고 의아해하고 있었다. 5월 초부터 일본 해군은 정찰을 강화하고 있었다. 5월 26일 러시아의 제2태평양함대는 안개가 자욱한 상황에서 해협에 진입했다. 러시아의 함대는 불빛을 희미하게 하여 일본 순양함들의 정찰을 피했다. 그러나 멀리 뒤에 처진 병원선은 국제 협약에 따라 등불을 밝히고 있었다. 5월 27일 밤 2시 30분 경 짙은 안개에도 불구하고 일본의 보조(상선)순양함 시나노마루(信濃丸, Shinano Maru)가 이 불빛을 포착하고 2시간 동안 항해하여 육안으로 이것을 확인했다. 4시 45분 시나노마루는 "적함의 발견"을 전신으로 보고했다. 보고를 접한 진해만의 도고 사령관은 5시에 바다로 발진했다. 당시 일본의 순양함 이즈미(和泉, Izymi)호는 러시아 함대의 뒤에서 정찰하던 중 시나노마루의 전문을 받고 적함대로부터 9km 떨어진 지점까지 성공적으로 접근하여 정찰을 계속했다. 그리고 이즈미호는 적의 항로, 속도, 위치 및 대형 등에 관한 상세한 보고를 시작했다.

경계 속에서 항해하던 러시아 함대는 27일 6시에 이즈미 순양함을 발견하고 그 일본 선박에서 발신되는 무선신호를 포착했다. 9시

직후 러시아인들은 좌현에서 일본의 순양함들을 포착했고 전투가 임박했음을 깨달았다. 그들은 접전의 준비를 위해 순항형태를 전투대형으로 바꾸었다. 로제스트벤스키 사령관은 일본의 순양함과 구축함들이 좌현 약 7㎞지점에서 자신을 앞지르고 있음을 발견했다. 오후 1시 25분 경 로제스트벤스키 사령관은 4척의 주력함들에게 속력을 높여 앞에서 일렬로 대형을 갖추도록 명령했다. 그러나 대형을 바꾸는 와중에 그 전함들을 따르는 선박들이 조종을 잘못하여 러시아 함대는 2줄로 항진하고 있었다. 1시 45분까지 도고 사령관도 12척의 무장함을 한 줄로 세웠다. 당시 일본의 이 전함들은 쉽게 공동작전을 수행할 수 있는 비교적 최근에 건조된 초현대적 선박들로만 구성되어 있었다. 러시아 함대가 분할되어 혼란에 빠져 원래의 대형을 갖추려고 애쓰던 바로 그 순간에 도고의 주력함대가 나타났다. 도고 제독은 자신의 함대가 좌현으로 향하고 있어 좌현 선두로부터 공격하기로 결정했다. 1시 55분 기선 미카사(Mikasa)에서 도고 사령관은 "제국의 운명이 이 전투에 달려있다. 모든 병사들은 최선을 다하라"는 의미의 "Z"신호기를 게양했다. 2시 2분 도고 제독은 남서쪽으로 자신의 항진을 고정시키고 적을 향해 진격했다. 적 함대까지의 거리가 8㎞에 접근할 때까지 3분간 항진한 뒤 2시 5분 도고 사령관은 자신의 함대에게 항로를 180도로 줄줄이 바꾸도록 명령했다. 소위 "도고의 회전"이 이루어졌던 것이다. 2시 8분 일본함대의 항로변경을 이용하기 위해 러시아의 로제스트벤스키 사령관은 발포를 명령했다. 2시 10분 러시아 함대와의 거리를 6.4㎞까지 좁힌 후 도고 사령관도 발포를 명령했고, 치열한 소위 쯔시마 해전이 시작되었다. 12척의 일본 전함들은 완전히 180도 회전하여 도고의 미카사 기함을 선두로 직선의 전투대형을 갖추었다. 일본의 함대는 우현에서 러시아 함대를 공격했으며 러시아 함대는 선두의 미카사함에 공격을 집중시켰다.

전투 시작 한 시간 뒤인 3시 10분 경 러시아의 전함 오실라비야(Osylabya)가 일본의 집중 공격을 받아 화염에 휩싸였고 로제스트벤스키 사령관의 기함 수보로프(Suvoroff)도 화염에 싸여 대열에서 이탈하였다. 5시간의 전투 후 러시아는 4척의 주력함을 잃었다. 러시아의 로제스트벤스키 사령관은 불굴의 전투 의지와 지휘력을 전혀 보여주지 못한 채 적을 향해 돌진하는 게 고작이었다.[18] 초전에 부상당한 그는 함대의 지휘를 네보가토프 제독에게 이양했다. 네보가토프 제독은 전열을 가다듬어 블라디보스톡을 향해 북진하기로 결정했다. 그러나 약 40척의 일본 구축함과 어뢰정들이 러시아 함대를 포위한 채 밤을 기다렸다. 그리고 8시에 공격을 재개했다. 이 전투에서 러시아는 두 척의 전함과 두 척의 무장 순양함을 잃었으며 다른 선박들은 밤에 흩어져 버렸다. 287여명에 네보가토프 제독의 기선 니콜라이 1세(Nikolai I)를 비롯한 오르욜(Oryol), 아프락신(Aprixin), 세니아빈(Seniavin)과 이줌루드(Izumrud) 순양함이 지난 밤의 공격을 간신히 피해 북쪽으로 항진하고 있었다. 11시까지 네보가토프의 함대는 압도적 우세의 일본 측에 포위되어 중포격에 노출되었다. 그는 더 이상의 전투는 러시아의 젊은이들만 잃게 할 것으로 판단했다. 끝까지 싸우자는 휘하 장교들의 청원에도 불구하고 그는 항복하기로 결정했다. 백기와 일장기가 게양되면서 포격이 멎었다. 일본의 배 한척이 네보가토프 제독을 도고에게 데려오기 위해 보내졌다. 오후 2시경 조선의 울릉도 남서쪽 70㎞ 지점에서 일본의 구축함 2척이 러시아의 구축함 2척을 포착하고 추격했으나 그로즈늬(Grozny)는 놓치고 비에도비(Biedovy)를 따라잡았다. 일본의 구축함 가게로(Kagero)가 접근했을 때 러시아의 구축함 비에도비는 발포하지 않고 항복의 백기를 게양했다. 일본인들은 비에도비

18) David Woodward, *The Russians at Sea: A History of the Russian Navy*, New York: Frederick A. Praeger, 1966, p.154

호에서 심각하게 부상당한 로제스트벤스키 제독을 발견했다. 비에 도비는 배의 고속이 초래하는 진동이 치명적으로 부상당한 로제스트벤스키 제독의 상태를 더욱 악화시킬 것이기 때문에 피하지 않기로 했던 것이었다.

29척의 주력함을 포함하여 38척으로 구성된 러시아의 제2태평양 함대는 사실상 궤멸되었다. 19척이 침몰되고 7척이 나포되었다. 오직 알마즈(Almaz) 순양함 1척과 그로즈늬(Hrozny)와 브라비(Bravy) 등 2척의 구축함만이 블라디보스톡에 도달했다. 심한 파손을 당한 3척의 순양함은 마닐라에 도착하여 미국 당국에 의해 억류되었고, 구축함 1척과 2척의 수송선이 상하이에 도달했다. 다른 선박들은 피신 중 침몰했다. 러시아는 4,830명이 사망하고 약 700명이 포로가 되었으며 1,862명이 중립국에서 억류되었다 12척의 주력함을 포함하여 총 96척으로 구성된 일본의 함대도 손상을 입었지만 3척의 어뢰정을 잃었을 뿐 다른 피해는 수리될 수 있는 것이었다. 일본 측은 사망 116명과 590여명이 부상당했을 뿐이었다. 러시아 측의 집중공격으로 크게 피해를 입은 도고 사령관의 기함 미카사(Mikasa)도 귀환했다.[19)]

쯔시마 해전은 거의 일방적인 일본 측의 승리였다. 로제스트벤스키의 임무에 지나친 기대를 걸었던 러시아의 지도자들에게는 이 완전한 패배의 소식은 엄청난 충격이었고 세인트 피터스버그는

---

19) 전쟁 종결 후 9월 11일 12시 20분 경 사세보 군항에 정박 중이던 제1함대 사령관 도고의 미카사는 화재가 발생하여 침몰했다. 이 화재 사고로 339명이라는 해전에서 잃은 것보다도 더 많은 수의 희생자가 발생했다. 사고 후 거의 1년 만인 1906년 8월 8일에 미카사는 성공적으로 인양되었고 완전하게 수리되어 복귀했다. 1925년 1월 일본정부는 미카사를 기념선으로 보존하려는 계획을 결정했고 1926년 11월 12일 요코스카(Yokosuka)항의 시라하마(Shiramhama)해안에 안치되었다. 제2차 세계대전 후 피폐된 상태에서 1961년 5월 27일 복원되었다. 지금도 이곳의 미사카호는 일본인들에게 도고의 역사적 승리를 상기시켜 주고 있다.

절망감에 휩싸였다. 그 결과 러시아인들의 특히 짜르의 전쟁 의지가 꺾이는 계기가 되었다. 도고의 완벽한 승리에 가장 깊은 인상을 받은 영국의 해군부는 쯔시마(Tsusima)를 트라팔가(Trafalgar)에 비견했다.[20] 그리하여 기존의 영일동맹이 소멸하기도 전에, 아니 심지어 러일전쟁이 채 종식되기도 전에 영국은 영일동맹의 갱신, 즉 새로운 영일동맹의 체결을 서두르게 되었다. 묵덴이 오야마의 "세당"이 되지는 못했지만, 분명 쯔시마는 도고의 "트라팔가"였던 것이다.

Ⅱ. 군사전략의 평가

전쟁철학자 클라우제비츠에 의하면 전쟁이란 카멜레온 같은 것이다.[21] 총체적 현상으로서의 전쟁의 지배적 성향은 전쟁을 언제나 삼위일체로 만든다. 첫째 요소는 원초적 폭력, 증오 그리고 적대감으로서 하나의 맹목적인 자연적 힘이다. 둘째 요소는 창조적 정신이 자유롭게 배회하는 우연과 확률의 역할 그리고 세 번째 요소는 정책의 수단으로서 이성에만 복종케 하는 복종의 요소이다. 이것들은 첫 번째가 국민, 두 번째가 사령관과 그의 군대 및 전쟁계획과 집행 그리고 세 번째가 정부와 각각 관련된다.[22] 이 요소들은 주어진 경우에 자신의 특징을 살짝 적응시킴으로써 모습을 달리한다. 그래서 카멜레온 같다는 것이다. 레이몽 아롱(Raymond Aron)의 해석에 의하면 전쟁은 두 가지 면에서 카멜레온 같은 것이다. 미묘

---

20) James Cable, *The Political Influence of Naval Force in History*, London: Macmillan, 1998, p.89.

21) Carl von Clausewitz, *On War*, eds. and trans. by Michael Howard and Peter Paret, Princeton, N. J.: Princeton University Press, 1976, p.89.

22) *Ibid.*

한 삼위일체 때문에 그것이 스스로 다양하다는 점에서 뿐만 아니라 그것의 표현에 있어서도 다양하다.[23] 즉 1815년의 전투에서 진실이었던 것이 1904년의 전투에서도 반드시 진실이지는 않을 것이다. 전쟁에서 점화되는 열정은 이미 국민들 속에 내재적이다. 우연과 확률의 세계에서 용기와 재능이 수행할 범위는 사령관의 특수한 성격과 그의 군대에 달려 있다. 그러나 정치적 목적은 정부만의 일이다.[24]이러한 클라우제비츠의 전쟁의 특징을 보다 간단히 집약한다면 전쟁은 정부가 추구하는 정책목적과 국민들의 열정적 지원 그리고 사령관과 군대의 전투행위가 혼연일체를 이루는 것이다. 전쟁의 승리는 이 세 가지 요소들의 적절한 균형이 이루어질 때에만 성취될 수 있다. 따라서 이러한 삼위일체의 틀을 분석 방법으로 삼아 러일전쟁의 수행과정을 비교분석하면 이 전쟁에서 일본이 승리한 비결이 무엇이었는가를 발견할 수 있게 된다.

우선 일본 정부는 일본의 정책적 목적을 분명히 했으며, 그 목적의 실현을 위해 어떤 전쟁을 치룰 것인가를 결정하고 준비했다.

> "정치가들과 사령관들의 최우선적이고 최고도의 가장 광범위한 판단 행위는 전쟁을 전쟁본질이 아닌 어떤 것으로 착각하거나 또는 그것을 다른 어떤 것으로 변질시키려고 노력하지 않고 자신들이 지금 착수하려는 전쟁의 성격을 수립하는 것이다."[25]

일본의 지도자들은 러시아와의 전쟁이 아주 어렵고 엄청난 대가를 요구한다는 것을 알고 있었다. 그러나 일본인들의 목적은 현상

---

23) Raymond Aron, *Clausewitz: The Philosopher of War*, trans, by Christine Booker and Norman Stone, London: Rouledge & Kegan Paul, 1976, p.90.
24) Carl von Clausewitz, *op. cit.*, p.89.
25) *Ibid.*, p.88.

유지가 아니라 현상의 변화였기 때문에 적극적인 것이었으며, 그러한 목적을 달성하기 위해서는 또한 적극적 행동을 요구한다는 것도 알고 있었다. 따라서 일본은 처음부터 선제공격의 입장을 피할 수 없었다. 그러나 전쟁의 결정에 앞서 정부가 성취해야 할 가장 중요한 책무는 뚜렷한 정책목표뿐만 아니라 그것의 실현을 위해 전쟁을 택할 때 자국에게 유리한 국내외적인 여건의 조성이다. 특히 국제적 여건, 즉 동맹관계의 문제는 전시에 승패를 가르는 결정적인 요인이 될 수 있을 만큼 중요한 것이다. 따라서 동서문명의 최고 전쟁철학자들인 손자와 클라우제비츠도 전쟁에서 동맹관계의 중요성을 크게 강조했었다. 손자에게는 싸움이나 피의 지불없이 외교를 통해 승리의 이상을 달성하는 것이 전략의 극치이다. 그러나 그것이 어려울 때 적의 동맹체제를 붕괴시키도록 가르쳤다. 외부의 지원이 없어지면 적은 자신의 전쟁계획을 포기하거나 적어도 보다 쉽게 고립 속에서 패배할 것으로 기대된다고 손자는 믿었다.

"너의 적이 함께 있게 하지 마라. 그의 동맹관계를 조사하여 그들의 관계가 단절되거나 해소되게 하라. 만일 적이 동맹국들을 갖고 있다면 문제가 심각하고 적의 지위가 강하다. 만일 적이 동맹을 갖고 있지 않다면 문제는 작고 적의 지위는 약하다."[26)]

클라우제비츠도 보다 적은 유혈로 이길 수 있는 가능성을 인정했었다.

"그러나 다른 방법이 있다. 적의 군대를 패배시키지 않고 성공의

26) Sun Tzu, The Art of War, trans. by Samuel B. Griffith, New York: Oxford University Press, 1971, p.78.

가능성을 높이는 것이 가능하다. 우선 적의 동맹을 분열시키거나 마비시키도록 계획되고, 우리에게 새로운 동맹국을 얻게 하며, 정치적 국면에 유리하게 영향을 미치는 등등의 작전들, 즉 직접적으로 정치적 영향을 미치는 작전들을 말한다. 만일 그런 작전들이 가능하다면 그것들이 우리의 전망을 크게 향상시킬 수 있고 적군의 파괴보다 훨씬 더 짧은 목표로의 길을 마련해줄 것이 확실하다."[27]

일본정부는 1895년 3국개입의 굴욕을 당한 이후 줄곧 러시아와의 궁극적인 전쟁을 의식적으로 준비했다. 그해 말 중(청)일전쟁의 배상금으로 대규모 재무장계획이 채택되었다. 아이러니컬하게도 당시 중(청)국이 지불한 배상금은 러시아가 조달했으며 바로 그 배상금이 대러시아 전쟁의 무력 확충에 사용되었던 것이다. 일본은 분명히 전쟁의 의도를 갖고 있었다. 다만 충분한 수단이 없었을 뿐이다. 뿐만 아니라 일본은 러시아와의 분쟁에서 다른 강대국들이 일본 편에 서거나 아니면 적어도 우호적 중립을 지키지 않는 한 성공의 가능성이 없음을 깨닫고 조심스럽게 국제적 조건을 조성하는 데 주력했다.

영국과 미국은 러시아의 만주독점에 반대했다. 통상의 경쟁에서 자신감을 갖고 있는 두 국가는 무역의 문호개방을 요구했다. 장기적 목적이 만주의 독점이었던 일본은 스스로가 문호개방정책을 찬성하는 인상을 국제사회에 주려고 애썼다. 일본의 가장 중요한 외교적 성공의 영일동맹의 체결이었다. 그것은 일본이 강대국과 맺은 최초의 동맹이었으며 영국에겐 러시아에 대항하는 환영할 만한 부담의 공유이자 유용한 대러시아 타격이었다. 당시 영국은 중국과 광범위한 무역을 발전시켰으며 더욱 더 발전시키길 원했고

27) Clausewitz, *op. cit.*, pp.92-93.

러시아의 야심을 염려했다. 러시아가 중국과 국경을 같이하는 이점은 물론 철도도 있었다. 영국 측에서 본다면 그 동맹체결로 일본은 동방에서 영국의 군인으로 행동한다는 약속을 한 것처럼 보였다. 영일동맹체제가 영국의 이익을 위해 일본을 러시아와의 전쟁으로 밀어 넣을 의도로 체결되었다는 러시아 역사가들의 주장은 지나치게 단순하여 설득력이 없지만 동맹체제가 일본으로 하여금 스스로 선택한 시점에서 개전할 수 있도록 하는데 중요한 역할을 했음은 결코 부인할 수 없다. 아니 그러한 사실은 아무리 강조해도 지나치지 않을 것이다. 미국의 입장도 일본에겐 동등하게 중요했다. 일본정부는 만주문제로 미국이 전쟁에 가담할 나라가 아님을 잘 알고 있었다. 그러나 미국도 자신의 경제적 이익에 중요하다고 간주되는 개방된 문호를 닫으려는 어떤 기도에도 매우 민감했다. 이런 상황을 이용하여 일본은 중국과의 통상조약에 미국이 합류하도록 설득했다. 이 조약의 본질은 만주의 주요도시가 모든 국가들의 통상에 개방된다는 것을 중국이 일본과 미국에게 약속한 것이었다. 그 조약은 1903년 10월 8일에 체결되었는데 바로 그날 까지 러시아는 만주로부터 철수를 완결하겠다고 약속했었다. 일본과 미국은 문호개방정책의 유지라는 공동의 목적을 구체화함으로써 사실상 러시아에 대항하는 정책공유 즉, 준동맹관계를 형성했다. 영국과의 동맹 그리고 미국과의 준동맹, 그것들은 일본이 러시아와의 전쟁시 유리한 국제적 조건의 조성에 성공했음을 의미했다. 즉 일본은 영국과의 동맹체결을 통해 러시아의 동맹국 프랑스의 개입을 무산시키고 러시아를 군사전략적으로 고립시킴으로써 손자의 전략적 가르침을 실천했던 것이다.

둘째, 국민적 열정과 의지는 일본 정부가 나서서 조성할 필요가 없었다. 클라우제비츠가 전쟁을 위해 동원된 국민의 열정의 힘이라고 불렀던 이 요소는 그것이 결여될 때에는 적이 이용할 수 있는 전략적 취약성을 초래한다.

> "모든 전쟁을 한 쪽이 붕괴할 때까지 싸울 필요는 없다. 전쟁의 동기와 긴장이 미약할 때 아주 희미한 패배의 전망만으로도 한쪽이 굴복하도록 하는데 충분할 수 있음을 우리는 상상할 수 있다. 만일 처음부터 상대편이 이러한 가능성을 느낀다면 그는 돌아가는 먼 길을 택해서 적을 완전히 패배시키기보다는 바로 이 가능성의 실현을 야기시키는데 분명히 집중할 것이다."[28)]

러일전쟁 시 일본과 러시아의 국민적 의지는 판이했다. 러시아는 혁명적 분위기에 젖어 있었다. 1904년 2월 뤼순에 대한 일본의 기습공격소식을 접했을 때 러시아인들 사이에 충격과 분노가 있었던 것은 사실이지만, 그러나 그 전쟁은 일반적으로 큰 열정을 불러일으키지는 못했다. 당시 러시아는 위험에 처해 있었으며 만주는 아주 까마득히 먼 곳이었다. 러시아 정부의 극동에 대한 야심을 공유하거나 이해하는 사람들도 별로 없었다. 전쟁이 시작되었을 때 러시아의 거리에서 팔리는 천연색 카툰에서 일본인들은 황색원숭이들(yellow monkeys)로 묘사되었을 뿐이었다. 도시의 경계를 넘어서는 폭넓은 구독층을 갖지 못한 언론이 관심을 유지시키려 했지만 모든 신문들이 전쟁에 찬성하지도 않았다. 전쟁이 진행되어감에 따라 좌익과 우익 모두가 나름대로의 이유로 정부의 전쟁수행을 규탄했다. 일반 국민들은 점차로 전쟁의 경제적 부담과 전쟁을 위한 소집을 원망하게 되었다. 혁명적 선전이 보다 광범위하게 전파되고 1905년 초 소위 "피의 일요일"은 러시아 제국 내에서 폭력적 시위와 파업을 점화했다. 세인트 피터스버그와 다른 여러 곳에서

---

28) *Ibid.*, p.91.

발생한 총파업은 전쟁 수행노력을 방해했고 러시아의 대외 신인도를 추락시켰다. 특히 폴란드에서는 저항이 광범위했고 폭력적이었다. 이런 소요는 주로 삶과 노동의 조건에 대한 항의였기 때문에 전쟁을 반대하기 위한 것만은 아니었다.

그러나 그것이 전쟁수행을 어렵게 만들고 정치적으로 위협적이게 만들었다. 특히 6월에 러시아의 전함 포템킨(Potemkin)의 반란 사건은[29] 러시아가 계속적으로 전쟁을 수행할 수 있는 능력을 더욱 의심스럽게 만들었다. 전쟁의 성공적 수행을 위해서는 전쟁의 목적과 그 목적이 추구되는 수단의 정당성에 관한 도덕적 합의의 동원을 필요로 한다. 러시아에겐 그것이 없었던 것이다. 러시아인들에게 러일전쟁은 정부만의 전쟁이었다. 러시아는 마치 러시아는 마치 18세기의 전쟁을 수행하는 것 같았다 그때에 전쟁은 정부만의 사안이었다. 국민들의 역할은 수단의 역할에 지나지 않았다. 뿐만 아니라 러시아는 바다와 육지에서 일본보다 몇 배 더 강국이었지만 극동 전장에서의 상황은 정반대였다. 1904년 일본의 장점과 러시아의 단점은 광범위했다. 무엇보다도 일본인들은 전면전을 단행했지만 러시아에겐 제한전쟁이었다. 처음부터 러시아는 총동원체제를 정당화시키지 않고 또 필요로 하지도 않는 소규모 전쟁으로 간주했다. 그리하여 전쟁기간동안 총동원체제로 들어간 적이 없었다. 게다가 유럽의 서부전선들을 수호할 필요성과 예상되는 전제주의 러시아제국 내의 혁명과 소요(특히 폴란드에서)에 대비해야 할 필요성 때문에 최고의 정예군대는 서부 국경지대에 계속 주둔시키지 않으면 안 되었다.

반면에 일본의 국민적 의지는 일본국민들 스스로 갖추어 나갔으

---

29) 전함 포템킨은 혁명가들에 의해 장악되어 흑해에서 항해하다가 오뎃사(Odessa)를 포격한 뒤 루마니아의 콘스탄자(Constanza)에 입항하여 망명을 요청했었다.

며 오히려 정부를 앞질렀다. 1895년 러시아가 승전의 전리품인 뤼순을 일본으로부터 박탈하고 바로 그 뤼순을 1898년에 "강탈"해 간 뒤 일본국민들의 반 러시아감정은 "복수" 바로 그것이었다. 뤼순은 일본인들에게 프랑스의 "알사스-로렌"과 같은 것이었다. 일본인들은 러시아와의 사실상의 전쟁을 정부에 계속 요구했다. 대부분의 고급 장교들도 러시아와의 전쟁이 불가피하고 러시아가 아직 극동에서 상대적으로 약할 때 즉각적으로 개전해야 한다고 느꼈다.[30] 여러 애국단체들이 지금이 아니면 기회가 없다고 개전을 촉구했으며 다수의 언론과 함께 그런 압력단체들은 강력하게 호전적인 여론을 조성하는데 성공했다. 메이지유신 후 어쩌면 다른 어떤 나라의 것보다도 더 나은 일본의 국가교육은 새로운 세대들로 하여금 머리를 쓰되 곤란한 질문을 하지 않도록 훈련시켰다. 그 결과 일본의 국민 대중은 애국적 선전에 반응할 만큼 충분한 문자해독력을 갖고 있었다. 일본의 대중은 그런 선전으로부터 외국에 대항해 싸우는 것을 가정하는 일본 특유의 애국심을 흡수하였다. 일본인들은 천황을 숭배했으며 천황과 조국을 위해 희생할 준비가 되어 있었다. 그들은 조선에서 러시아의 승리는 일본의 독립과 번영에 중대한 위협이라고 믿게 되었다. 그리하여 1903년 말까

---

30) 그러나 오야마(Oyama) 육군참모총장은 전쟁에 찬성하지 않았으며 자신의 견해를 바꾸려고 노력하는 사람들에게 러시아는 매우 강력한 국가임을 상기시켰다. 해군장관으로서 지나치게 유화적이라고 비난받던 야마모토(Yamamoto) 제독은 조선이 일본을 겨누고 있는 비수라는 주장에 대해 러시아는 일본에 결코 군대를 상륙시킬 수 없을 것이라고 반박했다. 이 말은 그의 비판자들을 분노케 했었다. 어쩌면 그것은 그가 인기없는 진실을 말했으며 그런 판단을 할 최적인물이었기 때문이었을 것이다. 야마모토 장관은 일본 해군의 아버지로 일반적으로 인정되고 있었다. Ian Nish, "Japan and Sea Power," in N. A. M. Rodger, ed., *Naval Power in the Twentieth Century*, London: Macmillan, 1996, 1978. 그러나 오야마와 야마모토는 의구심을 가졌지만, 일단 전쟁결정이 내려지자 열렬히 반응했으며 승리에 기여했다. 오야마는 오히려 빠른 개전을 주장했었다.

지 일본인들은 거국적으로 전쟁을 요구했다. 승리는 조국의 안전과 영광은 물론 풍성한 배상금과 영토획득도 보장해 줄 것이라는 생각이 그들의 마음속에 자리 잡고 있었다. 이렇게 볼 때 일본 측에게 러일전쟁은 국민적 제국주의 전쟁(the people's imperialist war)이었다.[31]

당시 도쿄의 외국 옵저버들은 만일 일본 정부가 1903년 말 러시아에 양보했었더라면 국민 대중들의 전쟁열정이 폭동으로 폭발하여 내란으로까지 발전했을 것이라고 믿었다. 당시 언론은 물론 당시 의회도 정부에 개전의 압력을 넣었다. 따라서 정부는 의회의 비판을 막기 위해 의회를 해산시키기까지 했다. 이처럼 일본에서는 국민적 여론, 언론, 의회, 군부 등 전쟁에 대한 국민적 총화체제가 형성되었다. 그리하여 개전의 소식, 뤼순에 대한 공격 소식이 전해지자 북과 악기 등을 들고 슬로건을 외치고 애국가를 부르는 행진과 환영시위가 벌어졌다. 국민들의 전쟁에 대한 성원은 전쟁기간 내내 계속되었다. 승리를 위한 일본 국민의 의지는 참으로 놀라운 것이었다.

러시아가 18세기식 제한전쟁을 수행했던 것과는 판이하게 일본은 현대적인 국민전쟁을 수행할 수 있었다. 클라우제비츠가 말한 전쟁의 삼위일체 중에서 국민적 열정의 요소가 러시아에겐 결여되어 있었을 뿐만 아니라 오히려 러시아는 전쟁수행을 어렵게 만드는 국민적 마찰(friction)을 겪고 있었던 것이다. 이것은 국민적 총화체제를 이루어 승리를 위해 모든 것을 희생할 각오와 용의로 충만한 일본의 국민적 의지와는 비교할 수 없을 만큼 판이한 것이었다.

---

31) 이것은 일본의 제국주의가 단순히 국가지도자들의 정책적 선택을 넘어 전체 국민적 의지의 표현이라는 뜻으로 이 개념은 처음에 슘페터(Schumpeter)가 고대인들 사이에 존재했던 것으로 가정한 국민제국주의(Volkimperialismus)와 비슷한 것이라고 생각된다. Paul M. Sweezy, "Editor's Introduction," in Joseph A. Schumpeter, *Imperialism and Social Classes*, trans. by Heinz Norden, New York: Augustus M. Kellet, 1951, p.xviii을 참조.

일본은 이 국민적 의지에서 러시아를 훨씬 앞질렀다.

전쟁의 삼위일체 중에서 세 번째 요소는 사령관, 장교집단 및 그들의 군대의 각 성격과 전쟁계획 그리고 전투수행의 우연과 확률의 세계이다 여기에서도 러일 양국은 현저한 차이를 드러냈다. 그리고 이러한 차이가 전투 수행에 반영되어 전투의 결과에 중대한 영향을 미쳤음은 아주 분명하다. 전쟁의 대부분의 기간 중 러시아 지상군의 사령관은 관료 중의 관료라고 할 수 있는 쿠로파트킨(Kuopatikin) 장군이었다. 군인으로서의 그의 수훈은 1870년대 터어키와의 전쟁에서였다. 그때 그는 러시아의 탁월한 장군 가운데 한 사람으로 간주되는 스코볼레프(Skobolev) 장군의 참모장이었다. 그 직책에서 그는 우수했다. 상세한 계획 정보의 취급과 조직이 그의 강점이었다. 그는 빨리 승진했다. 그러나 정책결정자로서 그는 그다지 적절하지 못했다. 러일전쟁이 시작되었을 때 그는 전쟁부 장관이었지만 곧 만주군대를 지휘하도록 파견되었다. 그의 가장 큰 결함은 패배에 대한 두려움이었다. 묵덴 전투의 패배 후 크로파트킨 사령관은 리니에비치(Linievich) 장군에 의해 대치되었지만 특별히 그가 더 나았을 것 같지도 않았다.

러시아의 장교들은 일본인들과 크게 달랐다. 그들도 용기있는 군인이었지만 이니셔티브는 결여되어 있었다. 일단의 장교들은 군사학교에서 고도의 훈련을 받았지만 다른 장교들은 귀족 계급의 무능한 아들들로써 젊은 시절 명예로운 직업으로 간주되는 군 장교가 된 자들이었다. 전통적으로 러시아의 군 장교들은 귀족계급 출신들이었지만 19세기 후반의 개혁은 상당수의 중산층 출신이 장교가 되는 길을 열어주었다. 전투가 점점 기술적으로 변함에 따라 중산층의 총명한 젊은이들이 수학적 재능이 요구되는 포병과 공병에서는 긴요했다. 따라서 러일전쟁 시 가장 유능한 지휘력을 발휘한 것으로 보이는 것이 러시아의 포병대와 공병대였던 것은 아마도 단순한 우연만은 아니었을 것이다. 보병과 기병대를 주로 지휘했던 귀족출신 장교들은 오랜 타성에 젖어 있었다. 그들은 전투를 자기들이 하고 싶을 때 즐겁게 할 수 있는 사냥과 같은 게임으로 간주하는 것 같았다. 일본인들과는 달리 그들은 전쟁이 지속적이고 최대한의 노력을 요구한다는 것을 깨닫지 못했다. 이런 귀족출신 장교들의 관계도 특이했다. 왜냐하면 하급 장교들은 상급 장교들이 원하는 것을 의문이 제기될 수 없는 것으로 일사불란하게 생각하지 않았기 때문이다. 전투 중에 하급 장교들의 지원을 필요로 하는 장교들은 명령을 내리기보다는 호소하는 경향이 있었다.[32)]

뿐만 아니라 러시아는 중앙집권적이고 관료적인 전제주의 국가였다. 따라서 관료적 기질을 가진 장교들이 최고의 지위까지 승진하게 되는 것이 당연했다. 관료적 방법이란 정열적이고 지성적인 사람들에 의해서 실천될 때에는 그것의 장점을 살릴 수 있지만 평균치에 못 미치는 사람들의 손에서 실천될 때에는 전쟁에서 이길 수 없는 것이다. 어쩌면 전쟁당시 러시아 장군들의 다수가 "관료적"이었다고 할 수 있을 것이다. "관료적"이란 말은 그들이 의식적이든 무의식적이든 상부로부터 책망을 들을 만한 상황을 피하는 데에 전심을 쏟는다는 것이다. 관료제도 내에서 최고직에 오르는 사람은 결코 실수하지 않는 것처럼 보이는 사람이다. 모험을 한다는 것, 즉 이니셔티브를 쥔다는 것은 야심찬 장교에게는 극히 위험했다. 자신이 취한 조치의 실패는 타성에 젖어 아무런 성공이 없는 경우보다도 몇 배나 더 손상을 입었다. 그러므로 전형적인 러시아 장교는 적이 이니셔티브를 쥘 때 보다 더 편안했다. 그는 공격보다는 방어에서 더 만족을 느꼈다. 방어에서의 실패는 적의 행동 탓으로 돌릴 수 있지만 공격에서의 실패는 자기 자신이 취한 결정의

---

32) J. N. Westwood, *Russia Against Japan, 1904-05*, Albany, New York: State University of New York Press, 1986, p.29.

결과처럼 보일 것이기 때문이다. 뿐만 아니라 관료적 중앙집권주의는 변방이 원해도 독자적으로 행동하는 것을 허용하지 않았다. 전투 중에도 지휘 본부는 야전군 장교들에게 긴 명령서를 계속 보냈는데 그것들이 도착했을 땐 이미 완전히 실기한 뒤였다.

일본의 오야마(Oyama) 총사령관은 아주 유능한 고다마(兒玉源太郎, Kodama Gentaro) 참모장을 갖고 있었다. 다른 장교들처럼 오야마 사령관도 공격이 성공의 최대 보장이라는 생각에 물들어 있었다. 대러시아 전투에서 그런 교리는 진실로 밝혀졌다. 예를 들어 샤강(沙河, Shaho) 전투에서 오야마는 쿠로파트킨의 군대 배치나 의도를 알지 못했으면서도 공격을 감행했었다. 오야마는 프러시아 육군과 함께 있으면서 프러시아의 전쟁수행을 직접 관찰한 경험이 있었다. 그는 세당(Sedan)에서 프랑스군을 포위하여 패배시킨 프러시아군의 칭송자였다. 만주작전에서 그는 분명히 자신의 "세당"을 성취하려고 노력했다. 그러나 자신의 거대한 군의 이동을 적절히 조정하는 능력의 결핍과 세당의 전투를 프랑스군 쪽에서 참관했던 쿠로파트킨의 조심성 때문에 야심만큼 성공하지는 못했다. 서방 세계에서는 크게 칭송되었지만 일본인들의 전투 승리는 엄청난 자국 사상자의 피의 대가로 얻어졌다는 면에서 위대한 전략가였다고 평가되기 어렵다. 과대평가된 장군들은 공격에 공격만을 명령함으로써 러일전쟁은 공격 위주의 미래 전쟁을 엿볼 수 있게 해 주었다.

일본군은 1868년 봉건제도를 폐지한 메이지유신에서 출발한 새로운 현대식 군대였다. 과거 사무라이 무사계급들은 충성의 대상을 천황으로 바꾸었다. 1871년 징집제도가 시작되었을 때 그것은 사무라이 무사계급 뿐만 아니라 모든 계급 즉 전 국민을 대상으로 적용했지만 전투의 전통과 특이한 무사도의 행동규범을 갖춘 사무라이들이 직업군인 즉, 장교들의 대부분을 차지했으며 군대의 발전에 크나 큰 영향을 미쳤다. 특히 많은 최고의 군장교들은 갑옷을 입고 말을 탄 채 큰 도끼를 휘두르는 사무라이로서 자신들의 군경력을 시작했었던 사람들이었다. 메이지정부가 현대식 군대를 창설하기로 결정했을 때 사무라이의 무사정신은 소중히 간직할 가치가 있다고 판단했다. 반면에 현대 군사기술은 처음에는 프랑스 그리고 보불전쟁 후에는 독일로부터 배운 것이었다. 또한 일본 정부는 가장 유망한 장교들을 프러시아에 파견하여 훈련시켰다. 그 결과 1904년 개전 시 일본은 아주 유능하고 용감하며 헌신적인 장교들을 확보하고 있었다. 사무라이처럼 이제 그들에게는 조국을 위해 봉사하는 것이 큰 명예이며 조국을 위해 죽는 것은 궁극적인 특권이라는 믿음이 있었다. 일본인들의 지휘 및 통치체제는 융통성이 있었다. 독일어로 아우프트락스탁틱(Auftragstakik)이라고 알려진 임무지향적(Mission-oriented) 명령 속에서 모든 수준의 지휘관들은 상급 지휘관의 작전개념에 의해 수립된 틀 안에서 자신들의 이니셔티브를 사용하도록 기대되었다.[33)]

해군에 있어서 19세기 말의 러시아는 뤼순과 블라디보스톡에 기지를 두고 일본의 해군보다도 더 많은 선박들을 보유함으로써 극동의 바다에서 분명히 더 강력했다. 그러나 일본은 중(청)일전쟁의 배상금을 이용하여 영국에 장갑선박들을 대규모로 주문할 수 있게 되었다. 그리하여 1904년까지 이 새로운 선박들로 일본은 러시아를 따라 잡을 수 있었다. 그 해에 일본은 6척의 현대식 전함과 6척의 현대식 무장순양함을 보유하고 있었는데 2척을 제외하곤 모두가 영국제였다. 그 사이에 러시아 해군은 국내외 조선소로부터 선박을 이양받고 있었지만 국내 조선소로부터의 전달이 특히 느렸으며 이것이 일본에 추월당하기 시작한 이유 중의 하나였다.[34)] 또 다른 이유는 러시아의 해군력 증강이 발트해, 흑해 및

33) R. M. Connaughton, *op. cit.*, p.17.

34) Frederick T. Jane's, *Imperial Japanese Navy*, London, 1904; Imperial Russian

태평양으로 분할되어야 했다는 데 있었다. 발틱함대는 위급시 태평양으로 파견될 수 있었지만 전시에는 중립에 관한 국제법으로 외국항구에서의 석탄공급이 어려울 것이었고, 흑해함대는 해협통과시에 영국의 반대에 부딪칠 것이었다. 뿐만 아니라 러시아의 해군 지휘관들도 육군에서처럼 책임의 회피가 기술적 능력이나 상상력 있는 일의 착수보다도 더 중요한 관료사회의 지배를 받고 있었다. 많은 해군장교들의 임명과 승진은 무엇을 알고 있느냐보다는 누구를 알고 있느냐의 기준에 근거했다.[35] 물론 러시아 해군에도 우수한 장교들이 없지 않았다. 그러나 러시아 장교들은 일본인들만큼 배를 다루는 데 있어서 훈련받지 못했다. 당시의 배는 다루기가 쉽지 않았다. 러시아의 배들은 겨울에 얼음으로 훈련받지 못하고 육지에서 겨울을 보냈으며, 연중 항해는 예산을 이유로 활용되지 못하고 항구에서 정박해서 너무도 많은 시간을 보냈기 때문에 훈련은 상대적으로 부족하지 않을 수 없었다. 또한 태평양에 파견된 장교들은 거의 대부분이 신임장교들이었다. 1904년 명목상 태평양함대에 속하는 많은 배들이 보일러의 교체와 여러 가지 수리를 위해 발트해로 돌아갔었다. 전시에 블라디보스톡항은 전략적으로 전장에서 너무 멀었고 뤼순항은 고립되기 쉬운 결함을 갖고 있었다. 반면에 뤼순항의 보유로 러시아 선박들은 일본에서 조선이나 만주로의 일본군 병력의 어떤 이동도 위협할 수 있었다.

일본의 해군은 당시 세계 최대, 최고의 영국 해군을 모방했고 실제로 다수의 선박은 모두 영국에서 건립되었으며 많은 일본의 해군 제독들은 과거 영국에서 직접 훈련받았다. 뿐만 아니라 일본 해군은 바로 10년 전 중(청)일전쟁 때 중국의 해군을 격멸시킨 생생한 전투 경험을 그대로 간직하고 있었다. 또한 일본에는 러일전

Navy, London, 1904.

35) R. M. Connaughton, *op. cit.*, p.21.

쟁의 가장 "위대한 명사" 도고(Togo) 제독이 있었다. 쯔시마 해전 후 영국 언론은 그를 동양의 넬슨(Nelson of the East)이라고 부르기를 좋아했다. 그는 1871년 23세 때 해군 사관생도로서 영국에 가서 2년간 훈련을 받았었다. 그는 중(청)일전쟁 때 이미 뛰어난 지휘능력을 과시했었다.

러일 군대의 무기는 비슷했다. 비록 러시아의 보병들은 총검을 최고의 무기로 간주하도록 훈련받았지만 지급받은 것은 이보다 성능이 뛰어난 연발총이었다. 러일의 연발총은 최근에 생산된 것이어서 예비군들에게는 낯설었다. 또한 러일 양군은 제한된 규모이기는 했지만 기관총으로 무장했다. 양군은 모두 전쟁이 그 성능을 보여줄 때까지 기관총을 과소평가했었다. 처음에 일본군은 그것을 포병무기로 간주하여 부대로 조직했으나 보병 무기로서의 장점을 곧 깨닫게 되었다. 전쟁이 계속되면서 러시아의 기관총의 성능이 앞선 것임이 분명해졌다. 그러나 산포(mountain guns)에선 일본의 무기가 훨씬 우수했다. 이 전쟁에서 여러 가지 새로운 장비들의 사용이 시작되었는데 야전용 전화가 가장 중요한 것이었다. 이것은 특히 러시아에 의해서 이용되었다. 포병부대 간 그리고 포병부대와 본부 간의 전화통신은 포격의 효율성, 특히 간접포격의 효율성을 높였다. 양측 모두 기구(balloons)를 갖고 있었지만 별로 사용하지 않았다. 랴오양과 묵덴에서 효율적인 기구의 관측이 러시아인들을 기습에서 구원할 수도 있었지만 러시아 장교들은 기구에 어떤 신빙성도 부여하지 않았었다.

일본은 전쟁 전 만주와 중국 및 조선에 설치한 간첩망뿐만 아니라 러시아 전체 및 유럽에서 수집한 정보활동은 높은 수준을 보여주었다.[36] 그런 정보수집 활동은 유럽에 의해서 영향을 받기도

---

36) Ian Nish, "Japanese Intelligence and the Approach of the Russo-Japanese War," in Christopher Andrew and David Diks, eds., *The Missing Dimension*,

했지만 사실상 일본인들의 오랜 전통적 특기였다. 도쿠가와 시대의 쇼군들은 말을 잘 듣지 않는 다이묘와 사무라이들을 통제하기 위해 상당히 세련된 스파이 및 정보수집 작전을 벌였다. 그런 전통적 기교와 작전이 러일전쟁에 대비하여 광범위하게 운영되었던 것이다. 묵덴에 오래 거주했었던 한 영국인 성직자에 따르면 러시아어를 말할 줄 아는 일본인 스파이들이 중국인으로 위장하고 묵덴의 참모본부에서 이발사로 일했으며 다른 자들은 장교들의 재단사 및 시종들로 일했다. 어떤 러시아의 장교는 뤼순의 요새가 함락된 뒤 뤼순으로 진격하는 일본군 장교들 가운데서 전쟁 전에 그곳의 시계수리공으로 알았던 자를 발견하기도 했다. 이런 첩보망에 의해서 일본군이 실제로 어느 정도의 도움을 받았는지는 알 수 없지만 일본이 광범위한 첩보망을 활용했던 것임엔 틀림없다.

확률과 우연의 세계, 즉 도박의 세계인 군사작전에 관해서는 일본인들이 소위 "전쟁의 원칙"에 아주 충실했음을 발견할 수 있다. 전쟁의 원칙들은 그것들의 적용이 필연적 결과를 가져오는 과학적 법칙은 아니다. 동서양의 군사 전략가들이 다 같이 인정하듯이 전쟁은 과학(science)의 세계가 아니라 기술(art)의 세계이기 때문이다. 그러나 그런 원칙들은 과거 전쟁에서 줄곧 성공적 전쟁수행을 위한 지침의 역할을 했으며, 그 원칙들의 위반이나 무시는 패배를 가져오기 쉽다는 경고의 역할을 해왔다. 러일전쟁의 전기간을 통해서 일본은 놀라울 정도로 클라우제비츠의 전쟁수행의 원칙들과 가르침을 실천했다. 일본인들에게 클라우제비츠는 하나의 계시(revelation)였음에 틀림없었다.[37]

압록강 전투 후 노년의 폰 멕켈(von Meckel) 장군은 과거의 일본인

London: Macmillan, 1984, pp.17-32.

37) The Military Correspondent of The Times, *The War in the Far East*, 1904-1905, London: John Murray, 1905, p.549.

제자들로부터 감사의 전문을 받았다. 그는 당시 러일전쟁에서 일본의 승리를 예측한 거의 유일한 독일의 전문가였다.[38] 보불전쟁에서 폰 몰트케(von Moltke) 참모총장의 추천으로 야콥 멕켈(Jacob Meckel, 1842~1906)이 1885년 3월 18일 일본에 도착했었다. 그는 1888년 3월까지 일본에 머물면서 육군 참모대학(the Army Staff College)에서 독일의 군사전략을 가르쳤으며 눈부신 일을 했다. 그 당시 멕켈은 오야마 이와오(Oyama Iwao) 전쟁부 장관 하에 전쟁부 차관으로 임명된 가쯔라의 가장 중요한 고문이었다. 가쯔라는 차관에 임명되자마자 프러시아-독일의 모델에 토대를 두고 일본군부의 개혁을 단행하기 시작했다.[39] 멕켈이 일본장교들을 가르치기 위해 일본행 배에 올랐을 때 클라우제비츠의 빛나는 작품들이 그의 짐 속에 당연히 있었을 것으로 가정할 수 있다.[40] 러시아 인들도 클라우제비츠를 알고 있었다. 수년 전에 이미 러시아의 드라고미로프(Dragomiroff) 장군이 짜르의 군대를 위해 클라우제비츠를 번역하고 해제까지 작성했었다. 그 속에 클라우제비츠의 정신과 가르침이 들어 있었다. 따라서 만주에서 대치한 러시아와 일본의 지휘관들과 장교들은 모두 클라우제비츠의 전략을 습득할 기회를 가졌었다고 할 수 있을 것이다.

그러나 모든 학생에 교육효과가 동일한 것은 아니다. 만주의 전투에서 일본인들은 클라우제비츠 전략론의 정신을 따르고 거의 글자 그대로 그의 가르침에 따라 전투를 수행했던 반면에 동일한 전투에서 러시아인들은 클라우제비츠의 가르침을 올바로 적용시

38) J. N, Westwood, *Russia Against Japan*, Albany, N. Y.: State University of New York Press, 1986, pp.62-63.

39) Masaki Miyake, "German Cultural and Political Influence in Japan, 1870-1914," in John A. Moses and Paul Kennedy, eds., *Germany in the Pacific and Far East*, 1870-1914, Queensland: University of Queensland Press, 1977, p.162.

40) The Millitary Correspondent of The Times, *op. cit.*, p.548.

키지 못했다. 아니 어쩌면 거의 무시해 버렸거나 망각한 채 싸웠다. 승패의 비결은 바로 거기에 있었던 것이다. 어느 누구도 처음부터 끝까지 러시아의 쿠로파트킨 총사령관이 봉착했던 엄청난 난제들을 부인할 수 없을 것이다. 장성들 간의 불협화음, 저급한 장교와 사병, 수송과 이동의 어려움, 정보부족, 공급부정, 러시아 국민들의 열정의 부재 등 이 모든 것은 정상참작의 여지가 있었다. 그러나 군사전략 원칙의 무시와 무지가 가장 결정적인 패전의 원인이었음이 거의 확실하다. 일본의 모든 군인들은 각자가 이 거대한 국가적 드라마에서 자기가 해야 할 특수한 역할을 정확히 인식하고 자신의 불행한 운명과는 관계없이 최선을 다했던 것처럼 보였다. 모든 일본인들이 국가적 목표를 달성하기 위해 단결했고 어떠한 희생도 마다하지 않았다. 일본의 군지도자들은 모든 군사적 힘을 공동의 목표를 향해 집결시킬 수 있었다. 무엇보다도 오야마 원수와 도고 제독은 바로 10년 전 중(청)일전쟁의 생생한 경험과 교훈 및 적의 전략적 문화에 대한 정확한 이해를 최대한 활용하여 치밀한 전투 계획을 세우고 전쟁의 원칙을 충실하게 준수하면서 모든 작전 계획을 실천하였음이 입증되었다.

첫째, 일본은 전략적 기습공격의 원칙을 성공적으로 실천했다. 전략적 기습은 피해자가 적이 공격을 할지 그리고 공격을 한다면 언제, 어디서, 어떻게 공격할지를 모르는 상황에서 발생하는 것이다.[41] 전략적 기습은 적의 적대적 의도를 알고 있는 경우에도 발생할 수 있지만, 특히 정보의 처리를 방해하는 내부적 방해요인들이 있을 경우에 적의 의도를 정확히 예상할 수 없기 때문에 발생한다.[42] 일본인들에 대한 러시아인들의 오만한 자세는 진정한 일본

---

41) Richard K. Betts, *Strategic Surprise*, Washington D.C.: The Brookings Institution, 1982, p.4.

42) Ales Roberto Hybel, *The Logic of Surprise in International Conflict*, Lexington,

을 간파하지 못하게 하는 내적 방해요인이었다. 아시아인들에 대한 인종적 우월감과 1891년 일본을 방문하여 암살의 위험을 겪은 황태자를 따라 일본인들을 "원숭이들"이라고 비하해 왔던 러시아인들은 일본인들이 결코 원숭이가 아니라 무서운 사무라이들이라는 것을 자각할 수 없었을 것이다. 따라서 러시아인들은 오만과 근거 없는 과잉 자신감에 눈이 먼 채 일본의 기습공격에 대비할 적절한 조치들을 취할 긴급한 필요성을 인식하지 못했다. 1904년 2월 8일 뤼순에서 일본이 기습 공격을 단행했을 때 러시아는 그런 기습에 전혀 대비하지 않고 있었음이 분명히 드러났다. 뿐만 아니라 러시아는 이때 기습 공격을 받은 후 그 영향에서 결코 벗어나지 못했다. 러시아는 일본에 대해 전쟁기간 중 단 한 차례의 기습공격도 가해 보지 못했다. 일본의 기습 선제공격의 성공은 일본인들의 사기를 높이고 러시아인들의 사기를 떨어뜨리는 데 크게 기여했다고 하겠다.

둘째, 일본인들은 공세의 원칙을 준수했다. 이 원칙의 본질은 적 앞에서 공격할 때나 방어할 때 기선과 행동의 자유를 유지하는 것이다. 이 원칙은 전략적 공격시 실천하기가 더 쉽다. 왜냐하면 공격을 감행하는 군대는 계획을 수립하고 그것들을 실행하면 되지만 방어하는 측은 만성적 불안 상태에 있으며 적의 병력 이동에 따라야 하기 때문이다. 그러므로 전략적으로 방어적 전쟁 수행의 경우엔 전술적 차원의 공세가 행해질 수 있다.[43] 전쟁 기간 내내 일본이 육지와 바다에서 공세의 원칙을 지켜 나간 반면에 러시아는 공세의 원칙을 한 번도 제대로 지켜보지 못했다.[44] 러시아의 쿠로파트킨 총사령관의 전략 개념은 아주 단순했다. 그의 전쟁수

Mass.: Lexington Books, 1986, pp.1-2.

43) Harry G. Summers, Jr., *On Strategy: The Vietnam War in Context*, Carlishe Barracks, PA.: US Army War College, 1981. p.117.

44) General De Negrier, *Lessons of the Russo-Japanese War*, trans. by E Louis Spiers, London: Hugh Press, 1906, p.56.

행전략은 방어적 전쟁이었다. 그러한 방어적 전략은 나폴레옹과의 전쟁에서 최종적 승리를 안겨 주었다. 따라서 점진적 후퇴 후 적의 진격이 한계점에 도달했을 때 그 동안 증강된 군사력으로 총반격을 단행한다는 전략은 러시아의 전략적 전통과 문화가 되어 버렸다.[45] 당시 일본 병력의 수적 우세를 인정한 쿠로파트킨의 생각은 러시아의 유럽 쪽에서 수천 명의 추가 병력을 이동시켜 오는데 필요한 시간을 벌기 위해서 완강한 지연 작전과 전략적 후퇴를 번갈아 함으로써 일본에게 이른 승리를 거부하는 것이었다.[46]

그러나 처음부터 모든 것이 빗나가 버렸다. 그는 적을 과소평가하는 치명적 실수를 범했다. 고도로 훈련받고 사명의식에 불타며 유능한 지휘관들에 의해 통솔된 일본 군대는 러시아 극동 군대의 벅찬 상대였다. 일본인들의 공세는 신속했으며 과감했다. 쿠로파트킨의 시간 계산은 완전히 틀렸던 것이다. 그러나 그는 병력의 열세를 극복한 후에도 전략적 공세로 전환시킬 공격의 정점을 정확히 포착하지 못했다. 방어적 전쟁이 보다 강력한 형태의 전쟁이라고 규정한 클라우제비츠도 방어란 공격을 위한 정점(culminating point)을 기다리는 것이며, 정점의 순간에 도달하면 공세로 전환해야 한다고 가르쳤다.[47] 방어란 공격을 위한 수단에 지나지 않으며 공격없이 전쟁에서 승리란 없다. 왜냐하면 공세없이 적군의 파괴와 적의 영토의 점령 그리고 적의 저항의지의 분쇄라는 군사적 목적을[48] 달성할 수는 없기 때문이다. 적에게 계속 이니셔티브를

45) 나폴레옹과 전쟁 때에도 반격으로의 전환은 러시아인들이 결정했다기 보다는 나폴레옹의 모스크바 철수 결정으로 주어진 것이었다.

46) William C. Fuller, Jr. *Strategy and Power in Russia, 1600-1914*, New York: The Free Press, 1992, pp.398-400.

47) Clausewitz, *op. cit.*, p.528.

48) *Ibid.*, pp.92-93.

맡긴다면 적이 승리할 가능성은 그만큼 커지는 것이다.[49] 그 모든 긴 전투들 속에서 단 한 번도 러시아의 사령관은 상황을 통제하고 지배할 어떤 적시의 노력을 한 적이 없었다.[50] 쿠로파트킨은 클라우제비츠가 말하는 전쟁의 안개(the fog of war) 속에서 끝내 벗어나지 못했던 것이다. 임무가 그에게는 너무 무거웠다. 그는 자신의 계획을 완수하고 적의 의지를 지배할 만한 성품을 갖고 있지 못했다.[51]

반면에 일본인들은 많은 희생을 무릅쓰면서 대담한 공세를 유지했다. 집중된 병력으로 최대한 신속하게 적을 궤멸시키라는 클라우제비츠의 전략적 가르침은[52] 일본인들의 사무라이 기질과 잘 융합되는 것이었다. 사무라이들은 죽음에 거의 무관심한 채 승리 아니면 영광된 죽음으로 끝나는 한판 승부로 결말을 짓는다는 관점에서 싸움을 생각했다.[53] 무의식적이고 저항할 수 없는 힘인 이 부시도(武士道)는 메이지 혁명의 허리케인과 국가적 유신의 소용돌이를 뚫고 국가를 이끈 일본의 지도자들은 물론이고 일본의 국가와 국민 각자를 움직이고 있었다.[54] 따라서 일본의 지휘관들과 병사들에게서 애국적 용맹, 대담성, 불굴의 정신은 이미 체질화되어 있었다. 부시도에서 무엇보다도 용기가 핵심적 덕목이었음은 너무도 당연했다.[55] 플라톤은 용기란 두려워할 것과 두려워해서는 안 될 것을 아는 것이라고 정의했다. 그러나 군인에겐 정신적 용기와 신체적 용기 등으로 구분할 수 있다. 클라우제비츠는 용기를 위험

---

49) Brevent-Major W. D. Bird, *Lectures on the Strategy of the Russo-Japanese War*, London: Hugh Press, 1909, p.66.

50) The Military Correspondent of The Times, *op. cit.*, p.34.

51) Brevent-Major W. D. Bird, *Lectures on the Strategy of the Russo-Japanese War*, London: Hugh Press, 1909, p.66.

52) Clausewitz, *op. cit.*, pp.617-628.

53) David Walder, *The Short Victorious War*, London: Hutchinson, 1973, p.160.

54) *Ibid.*, pp.171-172.

55) *Ibid.*, p.30.

에 대한 무관심과 야심, 애국심 그리고 열정 같은 적극적 동기로 구별했다.[56] 따라서 일본인들에게 클라우제비츠의 공세 원칙은 결코 새로운 것이 아니었으며 어쩌면 이미 가장 일본적인 원칙이었다고 말할 수 있을 것이다.

셋째, 일본인들은 러시아인들과는 달리 집중의 원칙(the principle of concentration)을 준수했다. 병력의 집중 원칙은 그것의 분산이 절대로 있어서는 안 된다는 것을 의미하지 않는다. 그것은 적절한 곳에서 적절한 시간에 즉, 결정적인 전투를 위해서는 군사력의 집중적 투입이 필요하다는 것을 의미한다.

> "최선의 전략은 처음에는 총체적으로 그리고 나서는 결정적인 지점에서 항상 아주 강해야 한다. …… 자신의 군사력을 집중시키는 것보다는 더 높고 더 간단한 전략의 법칙은 없다. 그 필요성이 명백하고 덜 위급하지 않는 한 어떤 병력도 본체(main body)에서 분리되어선 안 된다."[57]

클라우제비츠는 모든 것이 달려 있는 힘과 이동의 중추이며 모든 에너지를 집결하여 공격해야 할 대상을 적의 힘의 중심부(the center of gravity)라고 불렀다. 그리고 이것의 파괴를 보다 가까운 군사적 목적이라고 정의했다.[58] 따라서 적의 힘의 중심부를 정확하게 파악하는 것이 우선 중요하다. 그것은 작은 것과 큰 것, 중요한 것과 중요하지 않은 것, 본질적인 것과 우연적인 것을 구별하는 안목을 의미한다.

---

56) Clausewitz, *op. cit.*, p.101을 참조.

57) *Ibid.*, p.204.

58) *Ibid.*, p.595.

"알렉산더, 구스타브스 아돌프스, 찰스 12세 그리고 프레데릭 대왕에겐 힘의 중심부가 그들의 군대였다. 만일 군대가 파괴되었더라면 그들은 모두 역사에서 실패자들로 전락해 버렸었을 것이다. 국내적 투쟁에 빠져든 나라에서 힘의 중심부는 일반적으로 수도이다. 큰 나라에 의존하는 작은 나라들에서 그것은 보통 보호국가의 군대이다. 동맹국들 간에 그것은 이익의 공동체에 있으며 대중의 반란에서 그것은 지도자들 자신과 여론이다. 우리의 에너지가 집중되어야 하는 곳은 바로 이런 것들이다. 만일 적의 균형이 흔들리면 회복할 시간을 주어서는 안 된다. 같은 방향으로 가격에 가격이 가해져야 한다. …… 일을 쉽게 처리하지 말고 …… 끊임없이 적의 힘의 중심부를 찾아 승리를 위해 모든 것을 걸어야 진정으로 적을 패배시킬 것이다. 적의 힘의 중심적 특성이 무엇이든 간에 …… 적의 전투 병력의 패배와 파괴가 시작하는 최선의 방법이며 어느 경우에든 전투 작전의 아주 중대한 핵심이 될 것이다."[59]

나폴레옹은 적에 의해 점령당한 수도는 정조를 상실한 소녀와 같다고 말했었다. 그러나 러시아의 힘의 중심부는 그가 점령한 모스크바가 아니라 숨어버린 러시아의 군대였다. 클라우제비츠가 전쟁의 신(神)이라 불렀던 나폴레옹[60]도 러시아의 힘의 중심부를 오판함으로써 결국 패배했었다. 일본은 러시아 측 힘의 중심부를 극동에 파병되는 육군과 해군으로 파악했고 군사력을 집중시켜 그것들을 파괴했다. 일본은 전면 전쟁을 수행하고 있었지만 그 목적은 제한적이었다. 일본인들은 모스크바를 점령하거나 러시아의 무조건 항복 같은 무제한적 목적을 추구하지 않았다. 그것은 일본인들에겐 불가능한 목표였다. 따라서 처음부터 그들은 평화협상의 유

59) *Ibid.*, p.596.
60) *Ibid.*, p.583.

리한 입장을 확보하려 했다. 그러기 위해서 그들은 러시아의 군대를 파괴하여 짜르의 전쟁을 계속할 의지만 꺾으면 되었다. 러시아인들도 처음부터 제한전쟁을 수행했다. 그들도 도쿄의 점령이나 일본의 무조건 항복을 추구하지 않았다. 그들은 방어적 전쟁을 수행하면서 일본군을 소모시키고 지치게 하여 일본의 승리를 막으면 그것이 승리이며 그 후 평화협상을 자신들이 주도할 수 있을 것으로 생각했다. 그러나 러시아의 군대는 만주에 흩어져 있었으며 해군도 뤼순과 블라디보스톡에 분산되어 있었다. 러시아인들은 육해군을 각각 집중시키려고 시도했지만 수송과 이동의 어려움으로 결국 성공하지 못했다. 일본인들이 그런 러시아의 군사력 집중을 막기 위해 끊임없이 공세를 가했기 때문이다. 따라서 일본인들만이 전략적 집중의 원칙을 실천할 수 있었다.

넷째, 지휘통일(unity of command)의 원칙에 있어서도 러시아와 일본은 차이를 보였다. 러시아의 쿠로파트킨 사령관은 세인트 피터스버그의 짜르와 뤼순의 알렉시에프 총독이 그의 작전 수행에 비번히 개입함으로써 작전을 변경해야 했다. 지휘의 통일은 공동목표를 위해 모든 병력을 조정하고 결정적 작전 수행을 위해 꼭 필요한 것이다. 그러기 위해선 한 사람의 사령관에게 작전 지휘권이 주어져야 한다. 그러나 짜르와 총독과 만주군의 사령관 사이에 오고 가는 수 많은 전문들은 신속한 작전수행을 크게 방해하는 많은 마찰을 일으켰다. 관료주의적 마찰에 쿠로파트킨은 휩싸여 있었다. 어떤 의미에서 쿠로파트킨은 만주에서 실질적인 총사령관이 아니었다. 그는 일관성 있는 군사전략을 유지하지 못했다. 제2태평양 함대의 로제스트벤스키 사령관도 짜르의 최종적 명령의 부재로 일관된 작전 지휘를 유지하지 못했었다. 군사문제에 무지한 짜르의 직접적인 개입은 러시아의 사령관들이 그의 명령을 무작정 기다리게 만들었다. 클라우제비츠는 분명하게 경고했다.

"만약 정치가들이 어떤 군사적 조치와 행동들이 그것의 본질에 낯선 결과를 가져오기를 기대한다면 정치적 결정은 작전을 더욱 어렵게 만들 것이다. 외국어를 충분히 정복하지 않은 사람이 종종 자신을 정확하게 표현하지 못하는 것과 꼭 마찬가지로 정치가들은 종종 그들이 추구하는 목적을 패배시키는 명령을 내린다. 거듭해서 그런 일이 일어났다. 그런 사실은 군사문제에 관한 어느 정도의 이해력이 전반적 정책을 책임지고 있는 사람들에겐 절대적으로 중요하다는 것을 보여준다."[61]

반면에 일본의 오야마 사령관과 도고 사령관은 적군을 파괴하라는 임무와 함께 전투 수행의 전권을 부여받음으로써 지휘의 통일성을 이룩했으며 전쟁 중 그런 지휘 통일성의 정치적 손상이 전혀 없었다. 그러나 일본 측에서도 랴오양 전투에서는 대규모의 병력을 가지고 작전해 본 지휘관들의 경험 부재로 지휘, 통제, 커뮤니케이션의 문제에서 마찰이 심각하게 노출되었다.

다섯째, 일본은 무력의 경제원칙(principle of economy)도 준수했던 반면에 러시아는 위반했었다. 이 원칙은 전체 군사력의 어느 부분도 놀고 있으면 안 된다는 전략적 원칙이다. 즉 모든 부분들이 동시에 행동해야만 한다.[62] 전략적 예비병력은 두 가지 목적을 갖고 있다. 하나는 전투수행을 연장하고 쇄신하기 위한 것이고 또 하나는 예상 못한 위협에 대처하기 위한 것이다.[63] 그러나 결정적인 단계에선 모든 군사력이 사용되어야 한다. 그러한 총체적 결정에 기여하지 않는 전략적 예비병력을 유지한다는 것은 어리석은 짓이다.[64] 전쟁이란 대결하는 군사력의 충격이다. 따라서 강한 군사력

---

61) *Ibid.*, p.608.
62) Clausewitz, *op. cit.*, p.213.
63) *Ibid.*, p.210.
64) *Ibid.*, p.211.

이 약한 군사력을 파괴하고 전진하면서 적군을 쓸어버린다. 이것은 원칙적으로 점진적이고 단계적인 작전 활동을 배제한다. 최대한의 충격을 가하기 위해서 모든 군사력의 동적 적용이 전쟁의 원초적 법칙인 것처럼 보이기 때문이다.[65] 군사력은 적시에 통일되어야 하며 그것이 바로 군사력을 경제적으로 사용하는 방법이다.

러일전쟁의 전 전투현장에서 러시아의 쿠로파트킨 사령관은 러시아의 군사력을 모두 동시에 사용한 적이 없었다. 그는 언제나 상당한 예비병력을 전투에 참가시키지 않고 기다리는 상태에 묶어두었다. 그는 반격의 전환점을 기다렸다고 할 수도 있겠지만, 전쟁 중 그 반격의 정점을 한 번도 포착하지 못했던 사실에 비추어 본다면 그가 예비병력을 전투에 투입시키지 않았던 것은 결국 병력을 낭비해 버린 결과로 귀착되었다. 특히 랴오양 전투에서 예비병력을 투입하여 당시 지치고 고갈된 일본의 제1군을 공격했어야 했다. 그러나 그는 후퇴를 결정했다. 후퇴는 그에게 패배로 생각되지 않았다. 랴오양 전투는 결정적 전투는 아니었다. 러시아의 20만 병력이 다음의 전투를 위해 빠져 나갔다. 사상자의 수도 일본의 약 반절에 지나지 않았다. 그러나 쿠로파트킨은 승리의 문턱에서 물러서 버렸다. 사용되지 않은 예비병력에 대해서 나폴레옹은 "1만 2천명의 예비병력을 갖고도 총 한 방 쏘지 않고 격퇴당한 것은 모욕을 당할 만하다"고 말했었다.[66]

여섯째, 일본의 정치 및 군부 지도자들은 공격의 정점(the culminating point of the attack)을 간파하고 그 때부터 방어로 전환했다. 즉 일본인들은 묵덴전투에서 승리한 뒤에 더 이상 러시아인들을 추격하지 않았다. 그들은 계속되는 공격이 가져올 위험성을 깨닫고 있었던 것이다. 클라우제비츠는 공격에는 여러 가지 형태의 방어에 비견

---

65) *Ibid.*, p.205.

66) Richard Connaughton, *op. cit.*, p.166.에서 재인용.

될 강화의 증대가 없다고 말하면서[67] 공격의 감소하는 힘에 대해 경고했었다. 즉 공격을 계속할 경우에 공격자 자신의 공급기지로부터 점점 더 멀어져 보다 긴 병참선을 보호해야만 하고 대체병력이 그만큼 어려워지며 자신의 측면이 그만큼 더 노출되며 전투와 질병으로 손실이 발생할 것이며 전투력의 이완으로 공격력이 감소한다는 것이다.[68] 요컨대 다른 조건이 같다면 시간의 흐름은 방어 측에 유리하게 되고 공격 측의 기력을 감소시킨다는 것이다. 따라서 공격의 정점에 달하면 방어 자세를 취하고 평화를 기다려야 한다는 것이다.

> "공격자는 협상테이블에서 가치가 있을 만한 진격을 구입하고 있지만 그것을 위해선 현장에서 자신의 전투 병력으로 지불해야만 한다. 공격의 우월한 힘은 - 매일 매일 감소하고 - 평화를 가져오면 목적이 달성된 것이다. 자신의 남아 있는 힘이 겨우 방어를 유지할 정도여서 평화를 기다리는 지점까지만 계속하는 전략적 공격이 있다. 그 지점을 넘어서면 국면이 바뀌어 원래 공격의 힘 보다는 더 강력한 힘에 의한 반작용이 따른다. 그 곳이 바로 공격의 정점이다."[69]

따라서 예리한 판단력으로 공격의 정점을 간파하는 것이 무엇보다도 중요한 것인데 일본의 지도자들은 묵덴전투에서의 승리를 지상전의 공격 정점으로 판단하고 그 이상의 공격을 중단하고 방어로 전환함으로써 그 동안 전투를 통해 확보한 것을 고스란히 평화협상 테이블에서 인정받을 수 있었던 것이다.

일곱째, 간결성(simplicity)의 원칙의 준수에서 일본이 훨씬 앞섰다.

---

67) Clausewitz, *op. cit.*, p.525.
68) *Ibid.*, p.527.
69) *Ibid.*, p.528.

이 원칙은 상당한 정도로 다른 모든 원칙들의 총합이다.[70)]

"전쟁에서 모든 것은 아주 간단하다. 그러나 가장 간단한 것도 어렵다. 여러 어려움들에 싸여서 전쟁을 직접 경험하지 않고서는 생각할 수 없는 종류의 마찰을 가져오고야 만다. …… 수많은 사소한 사건들이 결합하여 …… 전투 수행의 전반적 수준을 떨어드려서 언제나 의도한 목적이 미치지 못한다. 강철같은 의지가 이 마찰을 극복할 수 있다. 그것은 모든 장애물들을 분쇄한다. 그러나 물론 그것은 기계도 역시 소모시킨다. …… 마찰은 실제전쟁과 이론상의 전쟁을 구별짓는 요인들에 대체로 부합하는 유일한 개념이다. 군사적 기계(military machine)는 - 군대에 그것에 관련된 모든 것 - 기본적으로 아주 간단하고 그래서 다루기 쉬운 것처럼 보인다. 그러나 그것의 부분들 중 어느 것도 한 조각이 아니다. 즉 각 부분은 개인들로 구성되어 있으며 그들 모두 각자는 스스로 마찰의 잠재력을 보유한다."[71)]

훌륭한 지휘관은 가능하면 그것을 극복하기 위해서 그리고 자신의 작전에서 바로 이 마찰이 불가능하게 만드는 성취의 기준을 기대하지 않기 위해서 마찰을 이해해야만 한다.[72)] 이 마찰을 극복하는 최선의 방법은 무엇보다도 훈련과 전투의 경험이다.[73)] 러일전쟁 당시 만주와 황해에서 일본군의 지휘관들은 러시아인들에 비해 마찰에 의해 크게 고통받지 않았다. 장교들과 병사들의 강철

70) Harry G. Summers, Jr., *op. cit.*, p.97.

71) Clausewitz, *op. cit.*, p.119.

72) *Ibid.*, p.120.

73) 클라우제비츠가 말하는 마찰의 8가지 주요 원천들과 극복 방법에 관해서는, Peter Paret, Clausewitz and the State: The Man, His Theories and His Times, Princeton, N. J.: Princeton University Press, 1985, pp.197-198, 201-202를 참조.

같은 의지는 넘쳤으며 그들은 바로 10년 전 이곳에서 전쟁을 수행한 경험이 있었다. 일본군 전투작전의 현저한 특징은 중(청)일전쟁 때와 놀라울 정도로 비슷했다. 그러나 더욱 더 놀라운 사실은 그런 일본의 전투작전에 대응하는 러시아인들이 10년 전 중국인들과 비슷했다는 것이다. 즉 러시아의 함대는 무력화되었고 압록강 전투에서도 러시아인들은 비슷한 방식으로 공격받았다. 일본의 피즈워(Pitzuwo) 상륙작전도 10년 전과 비슷했으며 제2군의 난산 진격과 다렌(Dalny)의 점령도 비슷했다. 그 곳에서부터 일본군들은 뤼순을 장악하고 압록강 너머에서 기다리는 제1군과 함께 묵덴을 향햐 북진하는 합동작전을 폈다. 반면에 러시아인들은 중(청)일전쟁의 역사적 교훈을 배우지 못했다.[74] 러시아군은 지리적 무지와 관료주의적 전투방식으로 엄청난 마찰을 겪었던 것이다.

> "모든 군사적 활동은 직접적이든 간접적이든 전투작전에 관련되어야 한다. 군인을 소집하여 입히고 무장시키고 훈련시키는 목적은, 즉 잠자고 먹고 마시고 행군하는 모든 목표는 간단하다. 적절한 시간(right time)에 적절한 곳(right place)에서 싸워야 한다는 것이다."[75]

이러한 전쟁의 본질적 목적과 수단의 관점에서 볼 때 당시 만주와 극동에 파견된 러시아의 육군과 해군은 "잘못된 곳"에서 "잘못된 시간"에 "잘못된 전쟁"에 투입되어 엄청난 마찰에 시달림으로써 효과적인 전투를 수행하지 못했다고 할 수 있을 것이다.

지금까지의 러일전쟁 수행의 전략적 평가는 이미 승패가 분명히 판가름이 나버린 역사적 사건에 관한 것이기 때문에 비교적 용이한 것이었다. 그러나 승패의 결과를 설명하려면 모든 역사적 사건의

74) Richard Connaughton, *op. cit.*, p.87.

75) Clausewitz, *op. cit.*, p.95.

분석에서 그러하듯 소위 "사후의 통찰력(hindsight)"의 덕을 볼 수밖에 없다. 분명히 러시아는 패배할 수밖에 없는 이유가 있었고 일본은 승리할 만한 근거가 있었다. 러시아는 전쟁의 삼위일체를 잘 이루지 못했던 반면에 일본은 거의 완벽한 삼위일체를 이루고 있었음이 판명되었다. 러시아의 정부는 국내외적으로 호소력있는 전쟁의 목적을 명백하게 제시하지 못했고 국내적으로 혁명적 상황을 겪으면서 국민적 지지를 거의 받지 못했으며, 전투현장의 사령관과 지휘관들은 방어적 전쟁 속에서 관료주의에 빠져 있었고 병사들과 수병들은 무엇을 위한 전쟁인지도 모른 채 갑자기 동원되어 전투에 투입되었다. 그들은 지리적으로 수천 마일이나 떨어진 곳에서 시베리아 횡단 열차를 통해 밤낮으로 수송되어야만 했다. 러시아에게 만주에서의 전쟁은 스스로 자초한 재앙이었다. 마치 1980년대 소비에트 러시아의 아프가니스탄 전쟁처럼 그리고 1960년대 미국의 베트남전처럼, 아니 그보다도 더 전설적인 아테네의 시칠리 원정처럼 그것은 대제국의 오만(hubris)이 초래한 소위 과잉산개(overstretch)의 산물이었다. 그러나 러시아의 패전은 결코 필연적인 것은 아니었다. 왜냐하면 러시아 패배의 실제적인 원인은 전쟁수행전략의 실수에 있었기 때문이다. 일본 측 승리의 비결은 앞의 분석에서 암시된 것처럼 무사도로 정신 무장을 한 일본군의 클라우제비츠식 전쟁관과 전력 원칙들의 치밀하고 철저한 응용이었다.

일본의 정치 지도자들은 손자의 말처럼 싸우지 않고 이기는 것, 즉 외교협상을 통해 이기는 것이 최선이지만 그렇지 못할 경우에는 처음부터 전쟁을 통해 확실하게 정책적 목적을 성취하려 결심했다. 클라우제비츠가 말했던 것처럼 무력에 의한 결정은 마치 상거래에서의 현금지불과 같은 것이기 때문이다.[76] 동시에 그들은 결코

76) *Ibid.*, p.97.

값싼 전쟁을 기대하지 않았다. 오히려 그들은 값비싼 희생을 무릅쓸 각오가 되어 있었다. 손자의 전략적 가르침은 적도 자신과 동일한 전략을 구사할지도 모른다는 사실을 소홀히 했다. 그의 일방적 즉 일차원적 전략은 적이 수동적이고 비슷한 전략을 추구하지 않을 것으로 가정하는 것 같다.[77] 그러나 클라우제비츠는 전쟁의 상호적(reciprocal) 성격, 즉 평등하게 유능한 적들 간의 작용과 반작용을 강조한다.

> "적극적이고 용기에 차 있으며 결의에 불타는 적은 우리의 장기적이고 복잡한 계획에 시간을 허용하지 않을 것이다."[78]

따라서 두 교전 당사자들이 전쟁기술에 능하다면 어느 한 쪽이 상대방의 허를 찌르면서 유혈없이 이기거나 속임수를 통해 값싼 승리를 성취할 수 없다. 클라우제비츠는 적을 과소평가하는 성향이 있는 정교한 책략을 경계했다. 전투를 배제한다면 그것은 전쟁이 아니다.

> "적군의 파괴가 전쟁의 최우선적 원칙이다. 그리고 적극적 행동에 관한 한 우리의 목적을 성취할 주된 방법이다. 그런 적의 파괴는 보통 전투에 의해서만 성취될 수 있다. 오직 모든 군사력을 포함하는 주요 전투수행만이 큰 성공을 가져온다."[79]

손자는 싸우지 않고 이기는 것을 이상으로 부각시켰지만 클라우제비츠는 그런 가능성은 전쟁사의 일탈이며 그 가능성이 너무 희박

---

77) Michael I. Handel, *Masters of War*, London: Frank Cass, 1992, p.82.
78) Clausewitz, *op. cit.*, p.229.
79) *Ibid.*, p.285.

하기 때문에 전쟁연구에서 배제시켰다. 전쟁에서는 전투만이 유일하게 효과적인 힘이며 전투의 목적은 다른 목적을 위한 수단으로서 적군을 파괴하는 것이다.

> "적군에게 작은 직접적 손실을 가해 큰 간접적 파괴를 가져올 특별히 천재적 방법이 가능하다고 가정하거나, 제한적이지만 기술적으로 가한 타격들을 이용하여 적군을 마비시키고 적의 의지력을 지배하여 승리로 가는 중요한 지름길이 있다고 주장하는 아주 고도로 세련된 이론을 어떻게 반박할 것인가? 물론 어떤 지점에서의 전투가 다른 지점에서보다도 더 값질 수 있다. 물론 전략에는 전투 기술상의 우선순위를 정할 수 있다. 실제로 바로 그것이 전략의 모든 것이며 우리는 그것을 부인하려는 게 아니다. 그러나 우리는 적군의 직접적 궤멸을 항상 지배적으로 고려해야만 한다."[80]

그렇다고 클라우제비츠가 다른 값싼 방법이 가능한데도 불구하고 맹목적으로 유혈의 방법을 선호하지는 않았다. 그의 입장은 분명하다.

> "이런 주장으로부터 무모한 돌격이 능숙한 조심성을 항상 극복해야 한다고 추론하는 것은 큰 실수가 될 것이다. 맹목적 저돌성은 공격 그 자체를 망칠 것이다. …… 보다 큰 효율성은 수단이 아니라 목적과 관련된다. 따라서 우리는 단지 상이한 결과의 효과를 비교하고 있는 것이다."[81]

---

80) *Ibid.*, p.228.
81) *Ibid.*, p.97.

뿐만 아니라 전투는 자발적 선택만도 아니다. 비용의 문제도 적과의 상호적 관계 속에서 이해되어야만 한다.

> "적군의 파괴가 모든 다른 수단에 비해 갖는 이점은 그 비용과 위험에 의해 균형을 이룬다. 파괴의 방법이 값비쌀 수밖에 없다는 것은 이해할 만하다. 다른 조건이 같다면 적군을 파괴하려는 우리가 더 많이 의도하면 할수록 우리의 노력도 더욱 더 커야만 한다. 이 방법의 위험은 더 큰 성공을 추구하면 할수록 우리가 실패했을 땐 피해가 그만큼 더 클 것이라는 점이다. 그러므로 다른 방법들은 성공하면 비용이 더 적게 들고 실패하면 피해도 보다 적을 것이다. 그러나 이것은 양측이 동일하게 행동할 때 즉 적이 우리와 동일한 노선을 추구할 때에만 적용된다. 만일 적이 대규모 전투를 통해서 결정하려고 한다면 그의 선택은 우리의 의지에 반하지만 우리도 마찬가지로 할 수밖에 없게 만들 것이다."[82]

어떤 교전국도 자신의 적이 값싸게 승리하도록 허용하지 않을 것이다. 다른 방법으로, 즉 외교나 군사적 과시, 경제적 제재나 봉쇄, 공갈이나 위협으로 이길 수 있다는 입장을 취하는 국가는 적에게 그가 장기적이고 유혈의 전투를 하지 않고서는 승리할 수 없다는 것을 보통 확신시켜야만 한다. 즉 그런 국가는 전투를 확대하고 전투조건을 결정할 준비가 되어 있어야만 한다. 만약 상대적으로 약하다면 그런 국가의 유일한 기회는 적에게 전쟁이 치를 만한 가치가 없다는 것을 확신시키는 것이다. 즉 적을 억제하는 것이다. 바꾸어 말하면 국가 간의 상호적 관계와 전쟁의 역동성이란 그런 것이라서 우리가 노력을 보다 덜 비싼 방법에 제한할 것이라고

---

82) *Ibid.*, pp.97-98.

적이 확신하게 되면 적은 전쟁의 비용이 더 감당할 수 없게 보이도록 만들 더 많은 동기를 갖게 된다. 따라서 우리가 적의 공격목표를 낮게 잡고 적이 높게 잡으면 우리는 최악의 피해를 당하게 될 것이다. 전쟁이란 유혈로 해결되는 중대한 이익의 충돌이다. 바로 그 점에서 전쟁은 다른 갈등과 다르다.[83] 따라서 전투없이 즉 유혈없이 다른 수단에 의한 성공은 최대의 승리를 가져올 수 있지만 그러나 그것은 전쟁이 아니다.

러일전쟁의 전 기간을 통해 러시아와 일본의 전략의 가장 현저한 차이는 러시아가 일관되게 방어전쟁을 수행한 반면에 일본은 집중적인 공세전략을 대담하게 실행했다는 점이다. 클라우제비츠는 전쟁에서의 대담성은 그 자체의 특전을 갖는 진실로 창조적인 힘이라고 평가했다.[84] 전통적 무사도로 훈육된 일본의 지휘관들은 무모할 만큼 대담했다. 반면 쿠로파트킨을 위시한 러시아의 지휘관들은 지나치게 조심했고 책임을 수행할 능력이 부족했으며 자신의 계획을 집행할 결의가 결핍되어 자신감을 점점 상실해 버렸다. 그들은 겁먹고 소심했다. 대담성이 소심함과 마주칠 때에는 대담성이 이긴다. 왜냐하면 소심함은 스스로 균형의 상실을 의미하기 때문이다. 대담성 즉, 대담한 모험의 감행은 합리적 분석을 거부하고 어떤 법칙도 초월함으로 예측할 수 없고 따라서 대처하기 어렵게 만든다. 그러므로 양측이 위험하다고 알고 있는 행동노선을 한 쪽에서만 포기하면 패러독시컬하게도 보다 나은 성공의 가능성을 갖는다.[85]

이것은 물론 모험의 감행이 항상 보답을 받는다거나 보다 나은 선택이라는 것을 보장하지 않는다. 나름대로 대담하고 자기만큼

83) *Ibid.*, p.149.
84) *Ibid.*, p.190.
85) Michael I. Handel, *op. cit.*, p.9.

강하고 효과적인 "의도적 조심성"에 직면할 때 대담성은 불리해진다. 그러나 그런 경우는 드물다는 것이다.[86] 비록 조심성과 용기의 합리적 균형을 추구했지만 손자는 큰 모험을 감행하는 성향을 가진 지휘관보다는 신중하고 계산적인 지휘관을 선호했다. 게임이론의 용어로 표현한다면 손자는 최대모험과 최대이익의 맥시-맥스(maxi-max)전략의 롬멜(Rommel)형보다는 최소모험과 최대이익의 미니-맥스(mini-max)전략의 몽고메리(Montgomery)형을 더 선호했다고 말할 수 있을 것이다.[87] 지혜와 합리성에 의해 단련되지 않고 무모한 충동에 휘말릴 때 용기는 자멸로 끝날 것이다. 손자 못지않게 클라우제비츠도 심각한 긴장 속에서도 평정을 유지하는 자질인 자제의 능력을 높게 평가했다.[88] 그러나 그에게 대담성이 없는 뛰어난 사령관은 생각할 수 없었다. 그는 대담성을 위대한 군사령관의 제1차적 자격 조건으로 간주했다.[89]

전략은 군사령관과 지휘관들의 배타적 영역이지만 대담성은 모든 장교와 사병들에게도 동일하게 중요한 덕목이다. 왜냐하면 대담성으로 유명한 사람들로부터 소집된 군대로는, 즉 대담한 정신이 항상 훈육된 군대로는 그런 자질이 결핍된 군대들보다는 훨씬 더 많은 것을 더 용이하게 성취할 수 있을 것이기 때문이다.[90] 이 점에 있어서는 당시 세계 어느 국가의 군대도 굴복시킬 수 없는 자주정신, 헌신적 애국심 그리고 죽음을 두려워하지 않았던[91] 사무라이 후예들을 능가할 수 없었을 것이다. 전쟁 후 쿠로파트킨도

86) Clausewitz, *op. cit.*, p.190.
87) Michael I. Handel, *op. cit.*, p.152.
88) Clausewitz, *op. cit.*, p.106.
89) *Ibid.*, p.192.
90) *Ibid.*, p.191.
91) General De Negrier, *Lessons of the Russo-Japanese War*, London: Hugh Press, 1906, p.83.

러시아의 패배는 지도력의 실수보다는 전투정신 부족의 결과였다고 스스로 평가했으며[92] 일본인들의 무사도에 대한 찬양은 군사관련 문헌에서 광범위하게 발견할 수 있다.[93] 군사적 지도력에 관해 클라우제비츠가 가장 염려했던 것은 지휘관들이 계급이 오르면서 대담성이 쇠퇴한다는 사실이었다.

> "군의 계급이 높아질수록 정신과 지성 그리고 통찰력에 의해서 지배되는 활동의 정도가 더 커진다. 그 결과 기질의 특성인 대담성이 억제되는 경향이 있다. 이것은 보다 높은 계급에서 대담성이 왜 그렇게 드물고, 또 왜 그것이 발견될 때 더욱 더 칭송할 만한 것인가를 설명해 준다. 우수한 지성에 의해 통제되는 대담성은 영웅의 징표이다."[94]

이러한 클라우제비츠의 평가기준을 적용한다면 오야마 원수와 노기 장군, 도고 제독 등 일본의 모든 지휘관들은 러일전쟁의 영웅들이었다고 해도 과언이 아니다. 그들은 두려움 없는 지휘관들이었다. 그들은 모두 대담하게 공세 전략을 계속 유지해 나갔다. 클라우제비츠는 방어가 적의 패배를 확실하게 만드는 보다 강력한 형태의 전쟁이라고 주장하면서도[95] 승리는 공격으로만 가능하다고 가르쳤다.

> "방어가 보다 강력한 형태의 전쟁이고 설사 소극적 목적을 가지고 있다고 할지라도 그것은 약세가 강요하는 동안까지만 사용되고 적극적 목적을 가질 만큼 충분히 강해지는 순간 포기되어야만 한다. 방어적

---

92) General A. N. Kuropatkin, *The Russian Army and the Japanese War*, New York: E.P. Dutton, 1909, Vol. 2, p.80.

93) Michael Howard, *The Lessons of History*, Oxford: Clarandon Press, 1991, p. 110.

94) *Ibid.*, pp.191-192.

95) *Ibid.*, p.84.

조치들을 성공적으로 사용한다면 보다 유리한 힘의 균형이 창조되기 마련이다. 따라서 전쟁의 자연적인 과정은 방어적으로 시작해서 공격으로 끝나는 것이다."[96]

"일단 방어자가 중요한 이점을 획득하면 방어의 역할은 끝난 것이다. …… 철은 뜨거울 때 가격해야만 한다."[97]

이러한 클라우제비츠의 가르침은 러시아인들이 따랐어야 했을 것으로 보인다. 그러나 러시아는 공격으로의 갑작스럽고 강력한 전환의 정점을 살리지 못했다. 그리하여 일본인들의 대담성은 지휘관들의 지성과 직감력에 날개를 달아 주었고 승리를 향한 공세의 전략을 계속 유지하게 했다. 그들은 대담한 공격만이 승리의 지름길이라고 확신하고 있었다. 러시아는 만주에서 현상유지라는 소극적 목적을 추구했지만 일본은 현상의 변화를 추구하는 적극적 목적을 추구하고 있었기 때문에 공세적 전쟁을 수행할 수밖에 없었다. 왜냐하면 힘의 균형이 존재할 때 이니셔티브를 적극적 목적을 가진 쪽에서 쥘 수밖에 없기 때문이다.[98]

러일전쟁에서의 일본의 승리는 클라우제비츠의 승리였다. 손자와 클라우제비츠는 다 같이 지휘관의 대담성과 용기가 지성과 결합되어야 한다고 믿었지만, 두 전쟁 사상가는 강조점에서 다르다. 손자가 계산된 모험, 즉 분별력을 선호했던 반면에 클라우제비츠는 계산보다는 대담성을 선호했다. 일본인들은 손자의 조심스럽고 사려깊은 미니-맥스(mini-max)전략보다는 클라우제비츠의 맥시-맥스(maxi-max)전략을 실천하면서 무모할 정도로 공세를 거듭해 승리

96) *Ibid.*, p.385.
97) *Ibid.*, p.370.
98) *Ibid.*, p.82.

를 쟁취함으로써 러일전쟁에선 손자병법 혹은 간접방법(indirect Approach)에 대한 클라우제비츠의 정공법이 승리한 셈이었다.[99] 클라우제비츠는 모든 어중간한 조치들(half-measures)의 위험을 경고했으며 전쟁계획은 적의 힘의 중심부, 즉 심장부를 공격하여 적군의 완전한 궤멸을 도모하는 것이었다. 일본인들은 지상과 해상에서 바로 그런 자세로, 즉 클라우제비츠의 정신으로 일관했었다.

일본의 군사지도자들은 클라우제비츠로부터 효과적인 전투수행방법을 배웠을 뿐만 아니라 그들은 동시에 그로부터 전투를 언제 멈춰야 할지도 배웠던 것 같다. 묵덴 전투는 병력과 물자의 면에서 일본의 최대의 노력을 대변했다. 묵덴 전투 승리의 인적 물적 비용은 일본 군대를 패주한 러시아인들에 비해 상대적으로 크게 약화된 상황으로 몰아넣었다. 아이러니컬하게도 새로운 전투의 승리들이 일본을 오히려 패배에 더 가깝게 접근시킬 것처럼 보였다. 클라우제비츠는 공격의 감소하는 힘을 경고했었다. 거기에는 중요한 요인들이 있었다. 우선 공격자가 적의 영토를 점령할 경우에 병참선의 확보를 위해 군대의 분산이 이루어지게 되고 병력 본체와 보충의 거리가 멀어지며 또 전투 중 입은 손실에 의해서 공격의 전반적 힘이 약화된다.[100] 일본이 바로 그런 경우에 해당되었으며 따라서 묵덴 전투 직후 오야마 사령관과 육군성(전쟁성)은 즉각적인 평화수립의 필요성을 역설했다.[101] 따라서 일본 정부는 평화협상을 모색하기 시작했다. 지금까지의 전투 승리를 정치적 목적의 달성으

---

99) 여기서 간접방법(indirect Approach)이란 손자의 영향을 수용한 리들 하트(Liddell Hart)가 사용한 용어이다. 클라우제비츠보다도 손자를 선호하는 리들 하트의 전략적 입장에 관해서는 Sun Tsu, *The Art of War*, trans. By Samuel B. Griffith, New York: Oxford University Press, 1971의 권두사와 B. H. Liddell Hart, *Strategy*, New York: New American Libary, 1974, p.327ff를 참조.

100) Clausewitz, *op. cit.*, p.527.

101) J. N. Westwood, *op. cit.*, p.155.

로 연결시키려는 클라우제비츠의 정신을 실천하려는 것이었다. 일본의 군지도자들은 자국의 힘과 한계를 인식할 수 있었으며, 따라서 어느 때에 멈추어야 할지를 알고 있었던 것이다. 전투의 궁극적인 목적은 평화를 가져오는 것이라고 클라우제비츠는 분명히 주장했었다.[102] 반면에 러시아는 오히려 평화협정 직후, 즉 1905년 10월에 1백만이 넘는 군대를 만주에 집결시켰다. 시베리아 횡단 철도는 이 많은 병사들을 10개월 내에 유럽 쪽의 러시아로 귀환시킬 능력이 없었다. 러시아는 최소한 한 번 더 전투를 감행했어야 했다. 역사에서 가정이란 부질없는 일이지만 짜르는 제2태평양함대, 즉 발틱함대를 극동으로 파견하지 않았어야 했다. 그랬더라면 쯔시마의 재앙적 충격은 없었을 것이다.[103] 그러나 그 쯔시마의 충격 후에도 러시아의 강화된 병력과 일본 자원의 고갈을 고려할 때 전투에서 한 번의 승리는 충분히 가능했었다.[104] 그랬더라면 러시아의 역사는 물론 동북아, 나아가 세계사는 크게 다르게 진행되었을 것이다.

러일전쟁은 양국에 국한된 전쟁이었지만 1905년까지 만주에 2백만 이상의 병력이 집결된 대전쟁이었다. 이 전쟁은 뤼순의 포위, 인상적인 합동작전, 나폴레옹의 전쟁보다도 더 멀고 큰 규모의 기동작전을 보여 주었고 묵덴에서 고정된 진지의 지구전에서 절정을 이루었다. 두 교전 강대국들은 최신 현대무기 즉 연발총, 기관총, 신속발사포대로 무장했었다. 뤼순과 묵덴에서 러시아의 참호전은 철조망과 지로의 보호를 받았다. 양국 군대는 전장의 전신과 전화장비를 갖추었다. 일본의 육군은 독일인들에 의해 그리고 해군은

102) Clausewitz, *op. cit.*, p.159.

103) David Woodward, *The Russian at Sea: A History of the Russian Navy*, New York: Frederick A. Praeger, 1966, p.154.

104) J. N. Westwood, *op. cit.*, p.163.

영국인들에 의해서 훈련받았다. 이것은 이반 블로흐(Ivan Bloch)가 불가능할 것이라고 아니 적어도 자살행위라고 내다보았던 바로 그러한 전쟁이었다.[105] 이 전쟁의 비용은 엄청났다. 예를 들어 일본은 뤼순의 공격에서만 약 5만 명을 잃었고 묵덴에서 10일간의 전투에 7만 3천명을 잃었다. 그러나 일본의 최종적 승리가 가져다 준 주요 교훈은 방어전의 강력한 이점에도 불구하고 활기차고 모든 희생을 각오한 공세적 전쟁을 수행하는 쪽이 승리한다는 점이었다. 그리하여 1904~5년 지상전과 해전에서 러시아에 대한 일본의 거의 일방적 승리는 공세적 정신이 수적으로는 우세했지만 장교와 병사들의 이기겠다는 광신적 의지가 보다 덜했던 러시아를 어떻게 압도할 수 있는가에 대한 시의적절하고 인상적인 본보기를 제공했다.[106] "공세전략의 숭배(the Cult of Offensive)"가 탄생한 것이다.[107]

클라우제비츠에게 전쟁은 국가정책의 효과적인 수단이었다. 그것은 제한적 목적을 위한 전쟁이었기에 그럴 수 있었다. 그러나 기존의 모든 국제적 관습을 무시하고 기존의 국제체제를 완전히 파괴하려는 절대적 목적은 나폴레옹식의 절대 전쟁의 수단을 필요로 한다. 여기에 클라우제비츠와 나폴레옹의 본질적 차이가 있다.

---

105) Brian Bond, *The Pursuit of Victory: From Napoleon to Saddam Hussein, Oxford*: Oxford University Press, 1996, p.99: I. S. Bloch, IS War Now Impossible? London: Grant Richards, 1899을 참조.

106) *Ibid.*, p.6.

107) 이 용어는 Stephan Van Evera, "The Cult of the Offensive and the Origins of the First World War," *International Security*, Vol. 9, No. 1, Summer 1984, pp.58-107에서 빌린 것이지만, 스테판 밴 에버러 자신은 공세전략에 대한 러일전쟁의 영향을 논하지는 않았다. 러일전쟁의 중요한 영향을 직접 논의한 것으로는 이 논문 바로 앞의 Michael Howard, "Men Against Fire: Expectations of War in 1914," (특히 pp.53-57. 이 논문은 Michael Howard, *The Lessons of History*, Oxford: Clarendon Press, 1991의 제6장에 재수록되었다)와 Jack Snyder, *The Ideology of the Offensive*, Ithaca: Cornell University Press, 1984, pp.79-81을 참조.

잔인한 침략적 전쟁은 정책의 수단으로서의 전쟁에 대한 클라우제비츠의 전쟁 개념과 양립할 수 없었다.108) 정복 전쟁은 정책수단으로서의 전쟁 개념을 구현하는 것처럼 보일지도 모르지만 그러나 전쟁의 승리가 패자에게 수용될 만한 정치적 관용과 온건성이 현저하게 결핍된 것이다. 이것이 러일전쟁 때와 그 이후 계속된 여러 침략전쟁에서 일본이 보여 준 전쟁에 대한 개념과 태도의 근본적 차이였다. 무사도로 훈육되고 클라우제비츠의 전략으로 무장한 근대의 사무라이들은 그 후 러일전쟁시 보여 준 절제력을 상실하고 거의 맹목적 대담성을 과시하는 전쟁의 신(神, Mars)으로 전락했다. 저돌적인 국수주의적(Chauvinistic) 제국주의 국가로 전락하였던 것이다. 러일전쟁 때 일본을 떠받치던 아틀라스(Atlas)가 네메시스(Nemesis)로 변해 버린 셈이다. 무사도의 미덕인 "사나이다움" 즉 대담성의 구현이 맹목적 추구라는 정신질환으로 발전한 것이다. 셰익스피어의 맥베스(Macbeth)가 바로 그런 경우였다. 맥베스는 최고의 사나이가 되고자 했었다.

> "사나이가 되기 위해 나는 무엇이든 하노라. 감히 그 이상을 할 자는 아무도 없으리라."109)

그러나 멕베스에겐 미덕이라곤 사나이다움, 즉 용맹성 뿐이었다. 그는 전쟁의 여신 마르스(Mars)의 신랑이었다. 그가 뱅코(Banquo)를 죽인 후, 비로소 폭군이 된 것처럼 일본은 러시아를 패배시킨 후 비로소 명실상부한 강대국의 지위에 올랐다. 그러나 정말로 중요한 사실은 훌륭한 지도자가 되기 위해서는 용맹성만으로는 불충분하다는 사실이었다. 지혜, 정의 그리고 온건성과 같은 다른 미덕이

---

108) Brian Bond, *op. cit.*, p.203.
109) 『맥베스』, 제1막, 제6장.

없었던 맥베스는 플라톤이나 셰익스피어가 폭정을 정신적 질병으로 보았던 의미에서 정신질환자가 되었다. 그에게 삶은 내일의 기약이 없는, 아니 내일이 불필요한 허무한 것이 되어버렸다.

> 다 타버린 촛불 아래
> 삶이란 걸어 다니는 그림자에 지나지 않는 것을.
> 무대 위에서 자기의 시간 동안 배회하고 안달하는
> 불쌍한 기도.
> 그리고 나선 아무 소리도 들리지 않네
> 그것은 멍청이가 말해 주는 이야기
> 아비규환일 뿐
> 아무런 의미가 없는 것.[110)]

맥베스의 독백과 비슷하게 일본인들에게는 천황으로 상징되는 일본 민족의 영광을 위한 헌신과 희생 외엔 자신의 삶이 없었다. 그러나 셰익스피어의 맥더프(Macduff)가 폭군들도 비이성적인 분노의 역정에 의해서가 아니라 정치적 고려에 의해서 여전히 좌우된다고 가정하는 실수를 범했던 것처럼, 일본을 보는 세계의 정치가들도 일본의 폭군적 열정을 오랫동안 깨닫지 못했다. 가족이 살해당한 뒤에야 맥더프가 맥베스에 맞서서 그를 응징했던 것처럼 제2의 뤄순 기습공격이라고 할 수 있는 진주만의 기습 공격 이후에야 미국은 맥더프처럼 일본의 극단적 민족주의를 원자불로 태워버릴 수 있었다.

20세기의 황혼에 일본은 불사조처럼 다시 일어섰다. 일본은 스스로 주장하고 적지 않은 사람들이 대변하듯 완전히 다른 나라가

---

110) 『맥베스』, 제5막, 제5장.

되었을까? 일본인들 모두 퀘이커(Quaker)같은 절대적 평화주의자들로 새롭게 태어난 것일까? 개인은 참회하고 중이 될 수도 있다. 그러나 그것이 국가에겐 불가능하다. 아니 일본은 소위 "정상국가"를 모색하고 있지 않은가? 『무사도』의 저자 니토베(Inozo Nitobe)가 거의 1세기 전에 주장했듯이 피닉스(Phoenix)는 오직 자신의 잿속에서만 일어선다. 무사도도 바로 그런 것이다. 결코 완전히 소멸하지 않을 것이다.[111)]

제2차 세계대전 후 클라우제비츠도 가공할 핵무기의 등장으로 잊혀진 듯했다. 핵전쟁이 국가정책의 단순한 연장이라고 할 사람은 거의 없었기 때문이다.[112)] 그러나 베트남전에서 패배한 미국은 클라우제비츠를 재발견했다. 그리고 그것은 1984년에 소위 와인버거 독트린(Weinberger Doctrine)의 복장을 하고 새롭게 전면에 등장했다.[113)] 그리고 1991년 걸프전쟁에서 그 진가를 발휘했다.[114)] 클라우제비츠는 불사조처럼 다시 하늘을 훨훨 날고 있다. 현대 전쟁의 잠재적 파괴력이 과거 전쟁의 교훈들, 즉 정치와 전쟁의 본질적 관계와 군사전략적 원칙들을 모두 쓸모없는 것으로 만들지 못했기 때문이다. 그러나 피터 패럿(Peter Paret) 교수가 클라우제비츠의 새로운 번역본에서 지적했던 것처럼 전쟁의 원칙들이란 불변의 법칙으로 이용하기 위해서가 아니라 참고의 관점과 평가의 기준을 제공하도록 마련된 것이다.[115)] 따라서 전쟁의 원칙들에 대한 관심은 전사(戰史)의 연구를 요구한다. 전사는 바로 전쟁의 기술과 과학의

---

111) Inozo, Nitobe, *op. cit.*, pp.189-193.

112) 핵시대의 조건 하에서 클라우제비츠의 적절한 해석을 위해서는 Raymond Aron, *op. cit.*를 참조.

113) "On the Use of Military Power," *Pentagon News Release*, 28 October, 1984.

114) Michael I. Handel, *op. cit.*, pp.9-15.

115) Peter Paret, "The Genesis of *On War*," in Carl von Clausewitz, *On War*, eds. and trans. by Michael Howard and Peter Paret, Princeton: Princeton University Press, 1976, p.15.

원천이기 때문이다. 그러나 현대의 역사가들은 종종 전사를 정치사나 외교사(혹은 최근처럼 경제사나 사회사, 심지어 민중사)에 종속시켰다. 그러나 아무리 현대 역사가들이 이 뻔한 사실에 저항한다고 할지라도 대규모의 전투는 윈스턴 처칠의 말처럼 역사의 진로를 변경시키고 모두가 준봉해야 할 새로운 가치기준, 새로운 기분 그리고 새로운 분위기를 창조하기 때문이다.[116]

---

116) Winston S. Churchill, *Marlborough: His Life and Times*, 4 Vols., London: George G. Harrap and Co., 1933-1938, Vol. 2, p.381.

제4장

북한의 안보정책 및 군사전략

비단장갑을 낀 채로 혁명을 할 수는 없다. _ 스탈린

국가안보란 본질적으로 모호한 상징이다.[1] 따라서 국가안보란 궁극적으로 카멜레온처럼 주어진 시간적 공간적 조건에 따라 최고 정치지도자에 의해 다르게 결정된다. 그럼에도 불구하고 국가안보란 전통적으로 외부의 물리적 공격으로부터 국민의 생명과 재산 그리고 국토를 보전하는 것으로 이해되었다. 바꾸어 말하면 국가안보란 외부로부터의 군사적 위협에 대한 군사적 방어를 의미했다. 그러나 제2차 세계대전 후엔 그 의미가 확대되어 단순히 물리적 피해를 넘어 국가의 근본적 제 가치를 보호하는 것까지 국가안보의

---

1) Arnold Wolfers, "National Security as an Ambiguous Symbol," in *Discord and Collaboration*, Baltimore: The Johns Hopkins University Press, 1962, 제10장.

개념에 포함되었다. 따라서 오늘날 국가안보정책이란, "현존하고 있고 또 잠재적인 적에 대항하여 중요한 국가적 제 가치의 보호와 그것들의 확장에 유리한 국내외적인 정치적 조건들의 창조를 도모하는 정부정책"[2]이라고 폭넓게 정의할 수 있다. 이때 정부의 정책은 국가 내 기존 가치의 보존 즉 현상유지가 제1차적인 목표가 되며 그것을 위해 모든 정치적, 외교적, 경제적, 문화적 및 군사적 방법들이 사용되게 된다. 그런 방법들 중에서 특히 군사적인 방법을 우리는 전략, 특히 군사전략이라고 부른다. 군사전략이란 간결하게 정의하면 '조직된 강제력'[3]으로서 '기능적이고 목적 있는 폭력'을 포함한다.[4] 대부분 국가들의 군사전략은 제1차적 안보정책의 목적인 현상의 보전을 위해 방어적 군사전략, 즉 억제정책을 채택하였다. 현상타파적이고 팽창주의적인 국가목표를 가진 국가들만이 그 목적의 실현을 위해 공격적 군사전략을 채택했다. 그런 국가들은 역사적으로 많았지만 특정한 시대를 단위로 해서 본다면 비교적 드물게 발견될 수 있는데 북한이 바로 그런 국가이다. 따라서 이 장은 북한정권이 수립된 이후 추구해 온 안보정책과 군사전략을 분석함에 있어서 구체적 행동으로 나타난 사건들을 중심으로 조사하려 한다. 특히 북한이 도발한 한국전쟁에서 보여준 국가적 목표와 함께 사용되었던 군사전략을 평가하고 그것이 그 이후 어떻

---

2) Frank N. Trager and F. N. Simonie, "An Introduction to the Study of National Security," in F. N. Trager and P. S. Kronenberg, eds., *National Security and American Society*, Lawrence: University of Kansas, 1973, p.36.

3) Michael Howard, "The Relevance of Traditional Stategy," in *The Causes of Wars*, London: Temple Smith, 1983, p.85 이것은 원래 *Foreign Affairs* (1973년 1월)에 처음 발표된 것임.

4) 이 폭력의 사용이라는 점에서 군사전략은 다른 형태의 계획과 구별된다. Lawrence Freedman, "Strategic Studies and the Problems of Power," in Lawrence Freedman, Paul Hayes and Robert O'Neill, eds., *War, Strategy and International Politics*, Oxford: Clarendon Press, 1992, p.282.

게 북한의 전략에 영향을 미쳐 현재에 이르게 되었는가를 살펴보게 될 것이다.

Ⅰ. 북한의 안보정책

제2차 세계대전 종전과정 중 소련군의 점령하에서 탄생한 북한의 김일성 정권은 처음부터 소련의 대한반도 정책을 위한 수단에 불과했다. 즉 소련의 정책적 목적이 곧 김일성의 정책적 목표였다. 그것은 전한반도의 공산화였다. 따라서 북한 김일성 정권의 안보정책은 현상유지라는 소극적 목적이 아니라 남한의 공산화라는 적극적 목적을 거의 필연적으로 갖게 되었던 것이다. 북한은 대부분의 국가들과는 다르게 아예 처음부터 한반도의 현상타파를 통한 김일성 정권의 지배확대라는 팽창주의적 정책을 추구하는 기이한 국가였던 것이다. 즉, 북한의 안보정책이란 전한반도의 공산정권의 수립이라는 공격적이고 혁명적인 것이었다.

그런 정치적 목적을 달성하기 위해 김일성 정권이 처음 채택했던 방법은 혁명전쟁(revolutionary war)이었다. 혁명전쟁이란 무장 세력을 이용한 정치권력의 장악을 의미한다.[5] 북한의 혁명전쟁은 본질적

5) John Shy and Thomas W. Collier, "Revolutionary War," in Peter Paret, ed., *Makers of Modern Strategy: From Machiavelli to the Nuclear age*, Oxford: Clarendon Press, 1986, p.817. 우리는 혁명전쟁과 게릴라 전투가 흔히 혼동되는 경우를 발견한다. 혁명전쟁이 게릴라전을 포함하기 때문에 그런 혼동은 이해할 만하다. 희생이 큰 치열한 전투를 피하고 산이나 숲 혹은 주민들 속에 숨어 적의 추적을 피하고 공격하면서 도망치는 게릴라 전술은 혁명전쟁을 수행하는 수단 가운데 하나이다. 반면에 인민들의 비폭력적인 정치동원이나 합법적 정치행위, 파업, 선동, 테러, 대규모의 전투나 재래식 군사작전들이 혁명전쟁의 다른 수단들이다. 혁명적인 정치적 잠재력이 결코 부재하지는 않는다고 할지라도 게릴라 작전은 혁명적 목적을 갖지 않을 수도 있다. 그러나 혁명전쟁의 어떤 정의에도 혁명적 목적의 존재가 절대적으로 중요하며

으로 클라우제비츠와 마르크스를 결합한 레닌에 의해[6] 계급투쟁을 통한 정권장악의 수단으로 변질되었다. 그 후 레닌의 빨치산 전쟁(the Partisan War)[7] 이론과 클라우제비츠의 전략이 종합되어 마오쩌둥의 혁명전쟁전략으로 발전했으며[8] 마르크스 레닌주의자들은 이른바 제국주의자들과의 투쟁에서 혁명을 목적으로 추구할 빨치산과 군대의 공동투쟁을 민족해방전쟁이라고 명명했던 것이다. 그러나 마르크스 레닌주의자들이 자신들의 전쟁을 뭐라고 부르든 제2차 세계대전 후의 국제적인 이념대결에서 그들의 투쟁과 전쟁은 국제적 맥락에서 완전히 분리될 수 없는 것이었다. 즉, 그들은 모든 면에서 정도의 차이는 있지만 공산주의의 메카인 소련의 영향권 하에 있었다.

김일성이 처음 남한에 대한 혁명전략을 채택했을 때 그는 우선 자신이 다소 경험을 가지고 있는 빨치산 운동, 즉 '인민폭력혁명'을 시도했다. 이것은 6 · 25 전면 기습남침 때까지 남한에서 발생한 여러 차례의 무장폭력사건들로 표출되었다. 대표적인 것으로 1948년 10월 19일 여순반란사건, 1948년 11월 12일 대구반란사건 등을 들 수 있다. 그러나 이런 무장폭력혁명전쟁이 모두 실패로 끝나자

사용되는 구체적 방법들은 2차적인 문제이다. 혁명전쟁은 일반적으로 이해되는 의미에서 국제전이나 민족 간의 전쟁은 아니다. 그것은 보통 전투가 교전국들 사이에 어떤 협상타결을 가져올 것이라는 기대를 낳기 때문이다. 그러나 혁명전쟁은 민족내부에서 발생하면서 국가권력의 장악을 목적으로 한다. 혁명전쟁은 20세기에 와서야 이론화 작업을 경험하게 된다. 혁명전쟁의 사례연구에 대해서는 Anthony James Joes, *From the Barrel of a Gun: Armies and Revolutions*, London: Pergamon-Brassey's, 1986을 참조.

6) Raymond Aron, *Clausewitz: Philosopher of War*, London: Routledge and Kegan Paul, 1976, p.307. 배트남전의 경우에 관해서는 Harry G. Summers, Jr., *On Strategy: The Vietnam War in Context*, Stategic Studies Institute, U. S. Army War College, 1981, p.48.

7) 이것은 1906년 9월 3일 Proletarian지에 게재되었다.

8) Raymond Aron, *op.cit.*, p.366.

김일성은 정규군을 사용한 전면남침으로 남한을 적화통일할 수밖에 없다고 판단한 것 같다. 그리하여 김일성은 1949년 3월 모스크바를 방문하여 스탈린에게 무력침공에 의한 조선통일의 필요성을 간청하고 스탈린의 지원을 요청하였다.[9] 이때 스탈린은 김일성의 남침제안에 즉각 동의하지는 않았으나 앞으로의 전쟁에 대비한 군사원조를 함으로써 북한의 군사력을 강화시켜 나갔다. 당시는 아직 주한미군이 완전히 철수하지 않았으며 중국이 공산화되기 이전이었기 때문에 스탈린은 남침 승인을 주저했던 것이다.

그러나 1949년 6월 말까지 주한미군이 완전히 철수했을 뿐만 아니라 동년 7월 14일 소련이 최초의 핵실험에 성공함으로써 미국의 핵독점시대에 종지부를 찍게 되고, 또한 동년 10월 1일 마오쩌둥 주도하의 중국이 공산화에 성공하여 중화인민공화국이 탄생하게 되자 스탈린은 이에 크게 고무되었다. 이런 국제관계의 변화가 북한의 무력통일에 대한 스탈린의 생각에 크게 영향을 미쳤던 것이다. 그리하여 스탈린은 1950년 2월 9일에 김일성의 '무력에 의한 적화통일'을 지지한다는 최종결정을 허락하고 그날로부터 소련에서 북한의 계획에 따른 한반도 통일을 목표로 한 전쟁준비가 개시되었다.[10] 동년 4월 김일성이 소련을 다시 비밀리에 방문하여 스탈린과 회담했을 때, 스탈린은 중국과 북한에 의해 공동으로 이루어져야 한다는 단서를 달았다. 1950년 5월 13일 김일성과 박헌영이 북경에 도착하여 마오쩌둥과 면담했을 때 마오쩌둥은 김일성의 남침계획에 찬성했을 뿐만 아니라[11] 북한군이 신속히 이동해야 하고 주요

---

9) 드미트리 볼코고노프, 한국 전략문제연구소 역, 『스탈린』, 세경사, 1993년, p.365; 김철범, "러시아 외무성의 한국전쟁 문서공개의 의미", 『국책연구』, 통권 제32호, 1994년 가을호, p.62.

10) 드미트리 볼코고노프, 앞의 책, 한국어판 서문, p.6.

11) 그 계획은 3단계로 구성되어 있는데 제1단계에서는 군사력을 준비 증강하고, 제2단계에서는 남한에 평화적 통일에 관해서 제의하고, 제3단계에 남측

도시를 포위하되 이를 점령하기 위해 지체해서는 안 되며 적군의 병력을 섬멸하기 위해 군사력을 집중해야 한다는 군사전략적 충고까지 해주었다.[12)]

1950년 김일성은 평양주재 쉬티코프 소련대사에게 6월 말 남침 계획을 알려 주고 그의 지시에 따라 북한은 바실리예프 소련장군과 함께 군사작전을 수립하였다. 당시 김일성이 6월 말 전투개시를 결정하게 된 것은 6월 이후에 전쟁이 개시된다면 북한의 전투준비에 관한 비밀유지가 어렵고, 7월에는 장마가 시작되기 때문에 늦어도 6월말에는 개시되어야 한다는 이유에 근거한 것이었고 소련의 바실리예프 장군 및 포스트니코프 장군도 이에 동의함으로써[13)] 6월 말 남침계획이 결정되었다. 즉 김일성은 그의 혁명적 정치목적을 달성하기 위해 전면전이라는 수단을 채택한 것이다. 그에게 전쟁이란 수단을 달리한 정책의 연속에 지나지 않았다.

Ⅱ. 한국전쟁시 북한의 군사전략

1. 기습

클라우제비츠의 지적처럼, 전쟁에서 기습(suprise)은 모든 최고사령관의 일반적 욕망이다. 이 욕망은 모든 작전에서 기본적이다. 왜냐하면 기습 없이 결정적 지점(decisive point)에서의 우월성은 거의

이 평화통일제의 거부할 때 전쟁행위를 개시하는 것이었다.

12) 김철범, 앞 논문, pp.62-63. 마오쩌둥은 이미 1950년 1월 8일 중공군 산하에 16,000명이상의 조선인이 있음을 스탈린에게 알려주고 귀국하기를 원하는 조선병사들의 요청을 들어줄 것이라고 말했다. 그 후 이들은 북한 인민군으로 편입되었다.

13) *Ibid.*, p.64.

생각할 수 없기 때문이다.[14] 김일성도 이런 일반적 욕망에서 예외는 아니었다. 동양의 최고 전술가 손자도 전투에서의 승리는 기습에 의해 얻어진다고 주장했었다.[15] 기습이 성공하기 위해서는 무엇보다도 군사력의 압도적 우월성이 요구되며 계획의 비밀유지와 이른바 마찰(friction)을 극소화하는 것이 필요하다. 김일성은 북한에 조선민주주의인민공화국을 선포하기 이전부터 소련주도하에 군대부터 양성했으며 1949년 3월 스탈린과의 회담 후 전쟁에 대비해서 소련의 대규모 군사원조를 통해 군사력을 증강시켜 옴으로써 남침 전 북한의 군사력은 남한에 비해 압도적이었다.[16] 뿐만 아니라, 1950년에 접어들면서 서울을 중심으로 하는 남한 일대의 지형을 연구하여 이를 토대로 남침을 위한 예행연습으로 대부대 합동훈련까지 완료했던 북한군의 훈련수준[17]은 기습작전의 성패에 거의 결정적인 마찰을 극소화하려 하였다는 점에서 김일성이 기습작전을 아주 치밀하게 준비했다는 것을 증명해 준다고 하겠다.

동시에 김일성은 기습작전을 수행하기 위해 남한 측의 주의를 다른 곳으로 돌리려고 시도했다. 그리하여 스탈린과의 1949년 3월 회담 후 9월부터 1950년 3월까지 남한에서 공산주의 게릴라 활동을 격화시키기 위해 3,000명 이상의 빨치산(인민유격대)을 남한으로 파견하였다.[18]

---

14) Carl von Clausewitz, *On War*, ed. and trans. by Michael Howard and Peter Paret, Princeton: Princeton University Press, 1976, p.198.

15) Sun Tzu, *The Art of War*, trans. by Thomas Cleary, Boston: Shambhala Publication, 1991, p.33. Samuel B. Griffth는 이것을 정규군에 의한 공격으로 해석했다. 그의 Sun Tzu, *The Art of War*, London: Oxford University Press, 1963, p.91을 참조.

16) 개전당시 남북한 전력비교에 관해서는 육군사관학교, 『한국전쟁사』, 일신사, 1987, pp.211-213.

17) 앞의 책, pp.213-214.

18) 서대숙, 『북한의 지도자:김일성』, 청계연구소, 1989, p.105. 1950년 3월 27일 김상룡과 이주하가 체포되었을 때 남한에서 게릴라에 의한 봉기를 일으킨

또한 김일성은 38선 부근에서 크고 작은 국경선 분쟁과 충돌을 일으킴으로써 한국군의 경계상황과 대응태세 및 전투력을 탐색함과 동시에, 제한된 규모의 무력충돌을[19] 일상화함으로써 무력행사에 대한 경계심을 약화시키기 위해 북한은 6월 25일 실제로 침공하기 이전 한 달 동안 거의 매주 일요일마다 38선을 넘었다. 그리고 그것은 기동훈련 때문이었다고 자신들의 불법위반행위를 변명하곤 했었다.[20] 또한 6월에 접어들면서 북한은 '조국의 평화적 통일'이라는 슬로건을 앞세우면서 일련의 평화공세를 적극적으로 전개하여 기습남침준비를 숨기고 동시에 남한의 경계태세를 이완시키려고 시도했다.[21] 이것도 남한을 속이려는 속임수 작전이었다. 따라서 북한의 전면 남침계획과 기습작전은 장기간에 걸쳐 치밀하게 계획되고 준비된 것이었다. 게다가 김일성은 기습의 효과를 극대화하기 위해서 자신의 개전계획을 개전하기 단 한 시간 전에 각료회의에서 발의하고 통과시켰다.[22] 6월 25일은 김일성이 유일하게 상의한 소련고문단들이 제안했던 날짜이다. 그날은 일요일이었다.

다는 희망은 사라져 버렸으나, 박헌영은 조선인민군이 남한을 해방시키기 위하여 군사행동을 시작하면 자기의 조직에 충성을 바치는 약 20만 명에 달하는 추종자들이 봉기하여 남한정권을 전복시킬 것이라고 김일성에게 말한 것으로 알려지고 있다.

19) 남침 전 무장봉기에 관해서는 John Merrill, *Korea: The Peninsula Origins of the War*, New York: University Press, 1990, Bruce Cumings, *The Origins of the Korean War*, Vol. Ⅱ, Princeton University Press, 1990., 제8장; Peter Lowe, *The Origins of the Korean War*, London: Longman, 1986을 참조, 이들이 한국전쟁의 원인을 국내적 요인으로 보는 반면에 그 원인의 국제적 차원을 강조하는 것으로는 William Stueck, "The Korean War as International History," *Diplomatic History*, Fall 1986, pp.293-294를 참조.

20) H. A Deweerd, "Strategic Suprise in the Korean War," *ORBIS* Vol. 6, No. 3, Fall 1962, p.439.

21) 북한의 국제적 평화공세에 관해서는, 육군사관학교, 앞의 책, pp.209-211.

22) 이것은 당시 당각료회의에 참가했던 북한 강상호 장군의 증언이다. Sergei N. Goncharov, John Lewis and Xue Litai, *Uncertain Partners: Stalin, Mao, and the Korean War*, Stanford: Stanford University Press, 1993, p.154.

그들은 독일과의 전쟁경험을 이용했을 것이다. 히틀러가 러시아를 침공한 1941년 6월 22일도 일요일이었기 때문이다.[23)]

2. 군사적 목표

김일성의 전략적 공격(the offensive)의 대상은 무엇이었는가? 전 남한의 영토였는가? 클라우제비츠에 의하면 적을 패배시킨다는 것은 상대방의 모든 에너지가 집중되어 있는 이른바 힘의 중심부(the center of gravity)를 섬멸하거나 장악하는 것이다.[24)] 김일성은 전면남침을 강행하면서 남한 힘의 중심부를 수도 서울로 결정했었다. 그것은 김일성이 한국전쟁을 본질적으로 혁명전쟁으로 인식하여 내전으로 간주했기 때문이다. 클라우제비츠도 내전에서는 일반적으로 힘의 중심부가 수도라고 주장했었다.[25)] 김일성은 수도 서울만 장악한다면 이승만이 항복하고 따라서 미국은 개입하지 않을 것이라고 생각했었다.[26)] 그리하여 김일성은 서울 점령 후에 취할 군사계획을 가지고 있지 않았다. 김일성은 혁명전쟁에 대한 믿음으로 인해 6월 28일 서울을 점령한 뒤 공세를 3일간이나 중단했었다. 당시 김일성은 남한 전역에서 빨치산들이 주도하는 민중봉기를 기다렸던 것이다. 그는 개전 전 박헌영의 장담을 믿고 있었던 것이다.[27)]

---

23) *Ibid.*

24) Carl von Clausewitz, *op. cit.*, pp.595-600.

25) *Ibid.*, p.155.

26) 이것은 당시 북한의 정상진 장군의 증언이다. Sergei N. Goncharov, et. al., *op. cit.*, p.155.

27) 서대숙에 의하면 전쟁이 끝나고 오랜 뒤에 김일성은 자신의 고지식함을 한탄했다고 한다. 1963년 2월 8일 인민군 창군 15주년 기념식에서 박헌영은 '거짓말쟁이'였으며 20만 명은 고사하고 단 1천 명의 봉기자도 없었다고 말했다. 서대숙, 앞의 책, p.107.

따라서 서울점령 후 3일간의 공세 중단이 남한과 미국에게는 대응할 시간을 주게 되었는데, 이 같은 3일간의 공세 중단은 전력상의 한계 때문이 아니라 김일성의 전쟁계획의 결과였던 것이다. 서울이 남한의 힘의 중심부라는 인식과 남한의 민중봉기에 대한 김일성의 낙관적 기대는 당시 남한의 이승만 정권에 대한 그의 이해를 왜곡시켰다. 아니 처음부터 이승만 정권에 대한 그의 왜곡된 인식이 힘의 중심부를 오판하고 민중봉기를 기대케 했다고 보는 것이 더 정확할 것이다. 당시 남한주민들에게 이승만 대통령은 김일성이 주장하는 것처럼 미국의 괴뢰가 아니라 한국민족주의의 대변자였으며 그의 정부는 굳건한 정통성 위에 서 있었다. 그러나 김일성의 혁명전쟁전략은 수도 서울만 장악하면 남한의 이승만 정부가 민중봉기에 의해 곧바로 무너지고 혁명전쟁이 성공할 것이라는 오산을 낳았다. 그가 파악한 남한의 수도는 남침 직후부터 힘의 중심부가 아니었다. 남한의 힘의 중심부는 다른 곳에 있었다.[28]

3. 경계

한국전에서 북한에 중요한 영향을 미친 또 다른 전쟁원칙은 경계(security)였다. 경계는 전투력을 보존하는 데 본질적이다. 이것은 적의 기습공격을 방지하고 행동의 자유를 유지하며 적에게 자신의 정보가 누출되는 것을 거부하는 것이다. 따라서 클라우제비츠도 경계를 기습의 한 요소로 간주했었다. 1950년 9월 15일 승승장구하며 부산을 향해 진격하던 북한 공산군들은 맥아더 장군의 인천상륙작전으로 사실상 전세를 뒤집는 기습공격을 받았다. 그것은 완벽하게 성공한 기습상륙작전이었다. 맥아더 장군에 의한 인천 기습

28) 다음 절에서 이 점을 자세히 취급할 것이다.

상륙작전을 중국이 사전에 눈치 채고 김일성에게 경고했다는 주장도 있지만,[29] 그 작전의 완벽한 성공은 김일성이 전혀 경계하지 못했음을 증명해 주었다고 하겠다. 인천 상륙작전의 성공 가능성은 미국 군부자체 내에서 조차도 회의적이었던 상상을 뛰어넘는 것이었다. 당시 미국의 오마 브레들리(Omar Bradley) 합참의장도 대규모 상륙작전의 시대는 지나갔다고 생각하고 있었다.[30] 뿐만 아니라 인천항은 간만의 격차가 심하고 작은 섬들로 둘러싸여 있으며 외항과 내항으로 구분되어 있기 때문에 이것들을 장악하기 위해서 먼저 포격하면 상륙작전은 다음 만조 때에 가서야 수행되어야 한다는 점에서 적합하지 않은 것으로 판단되었다.[31] 바로 이러한 상륙작전의 지리적 부적합성 때문에 김일성이 미국의 기습에 경계를 했다 할지라도 그곳이 인천이 될 것이라 예측하기는 어려웠을 것이라고 말할 수 있다. 특히 그의 혁명전쟁 속에 상륙작전 같은 전략은 존재하지도 않았을 것이다. 왜냐하면 그의 스승인 레닌이나 스탈린 그리고 마오쩌둥의 혁명전쟁 전략에는 상륙작전이 없었기 때문이다. 상륙작전은 해양국가의 특징이다. 반면에 러시아나 중국은 본질적으로 대륙 국가이기 때문에 이러한 작전에 대한 전략적 사고가 없었다. 이것은 프러시아의 장군이었던 클라우제비츠에게도 마찬가지였다. 따라서 김일성이 인천상륙작전이라는 기습공격을 당한 데에는 혁명전쟁의 두 종주국인 소련과 중국의 지정학적 조건이 김일성에게 기습적 상륙작전에 대한 경계의 전략원칙을 소홀히 하게 했다는데 기인한다 하겠다.

---

29) 이것은 영화이야기 형태로 소개되었다고 한다. 饗庭孝典, NHK 취재반, 오정환 역, 『한국전쟁: 휴전선의 진실을 추적한다』, 동아출판사, 1991, pp.12-13.

30) James L. Stokesbury, *A Short History of the Korean War*, New York: William Morrow, 1988, p.67.

31) *Ibid.*, p.69.

4. 지휘통일

6월 28일 서울을 점령한 북한군은 그 이후의 전쟁계획을 갖고 있지 않았다. 남한에서 인민봉기에 의한 혁명의 성공이 실현되지 않자 그때서야 소련인들은 새로운 전투계획을 수립했다.[32] 군부대에게 새로운 명령을 하달했으나 커뮤니케이션이 어려웠고 또한 사단간의 그리고 군 간의 커뮤니케이션이 단절되어 각 부대는 각자 자기 나름대로의 계획을 실행했다.[33] 이러한 상황은 서울점령 후 북한군의 지휘통일성이 붕괴되었음을 말해준다. 또한 비록 빨치산 전투도 있었지만 김일성의 비밀유지 고집으로 남한에서 전국적 반정부 봉기를 남침에 맞추어 사전에 조직하는 것도 불가능했다.[34]

뿐만 아니라 북한의 남침은 적어도 스탈린, 마오쩌둥 그리고 김일성의 3자간 사전 논의를 거쳐 취해진 행동이었다. 특히 마오쩌둥은 김일성이 군사적 행동을 준비하고 있음을 잘 알고 있었다. 마오쩌둥은 1950년 1월에 중국인민군 내의 조선인 군대와 무기를 북한인민군에 보냈으며 2월에는 스탈린과 협의했고 5월엔 김일성과도 대화를 가졌다. 그럼에도 불구하고 마오쩌둥은 구체적인 전쟁계획이나 공격의 시점에 관하여 듣지 못했다.[35] 개전 바로 직전에 마오쩌둥이 별다른 군사적 준비를 하지 않았던 사실은 이러한 결론의 정당성을 최대로 입증해 준다는 것이다.[36] 김일성은 의도적으로 마오쩌둥에게 충분히 알리지 않았으며 소련으로부터의 무기 공급

---

32) Sergei N. Goncharov, *op.cit.*, p.155.

33) *Ibid.*

34) *Ibid.*

35) Hao Yufan and Zhai Zhihai, "China's Decision to Enter the Korean War: History Revisited," *China Quarterly*, No. 121(March 1990), p.100; Lim Un, *The Founding of a Dynasty in North Korea: An Authentic Biography of Kim Il Sung*, Tokyo, 1982, p.186.

36) Sergei N. Goncharov, *op. cit.*, p.153.

도 중국을 통과하는 철도가 아니라 배를 이용했는데 이것은 북한의 전쟁준비에 대한 사실적 정보가 중국에 유출되는 것을 방지하기 위해서였다는 것이다. 따라서 중국인민군 장교들은 공격이 있겠지만 언제 어떻게 발생할지는 알지 못함으로써 어려운 상황에 있었다.[37]

이런 우방국과의 마찰은 중공군이 개입하여 연합전선이 수립된 이후에도 마찬가지였다. 중공군의 군사행동은 거의 자율적이었다. 중국은 유엔군이 전세를 뒤집기 이전에 이미 압록강 근처에 군사력을 집중시켰으며 한 달 내에 18만 명이 북한의 전투현장에 도달할 수 있도록 준비시켰다.[38] 그리고 미군이 38선 넘어 북한으로 진격하면 확전될 것이라는 경고를 발했다. 가장 명시적인 경고는 당시 북경 주재 파니카르(K. M. Panikkar)대사를 통해 9월 25일과 10월 2일에 전달되었다. 그것은 미국이 38선을 넘으면 중국이 개입할 것이라는 주은래의 경고였다.[39] 당시 트루먼 대통령은 파니카르를 공산중국의 공범자로 간주했기 때문에 그런 보고를 믿지 않았다. 당시 미국의 정보세계에서는 중국이 공갈(bluffing)치고 있다는 데 합의가 이루어졌다.[40] 그러나 중공군은 이미 10월 15일 압록강을 건너 10월 25일 한국 제2사단을 공격하기 시작함으로써 본격적인 전투에 참가했지만 맥아더는 11월 28일에 가서야 유엔군이 새로운 전쟁에 직면하고 있다고 무선을 통해 합참에게 말했다.[41] 따라서 중공군의 한국전 개입도 하나의 성공적인 기습작전으로 간주될

---

37) *Ibid.*

38) Allen S. Whiting, *China Crosses the Yalu: The Decision to Enter the Korean War*, Standford University Press, 1968, p.64.

39) K. M. Panikkar, *In Two Chinas: Memoirs of a Diplomat*, London: Allen and Unwin, 1955, pp.108-111.

40) J. Lawton Collins, *War in Peacetime: The History and Lessons of Korea*, Boston: Houghton. Mifflin, 1969, p.173.

41) *Ibid.*, p.451.

수 있다.[42] 그러나 이러한 중국의 점진적이고 누진적인 참전의 과정이 북한군의 지휘체계와는 거의 무관하게 중국의 일방적 군사 행동이었다는 사실에서 알 수 있듯이 북한은 사실상 동맹국과의 지휘통일도 유지되지 못했다고 할 수 있다.

Ⅲ. 북한 혁명전쟁의 전략적 반성

첫째. 목표의 원칙은 효과적이었다. 1950년 6월 25일 새벽 38선 전역에 기습 남침한 김일성은 다음날 '전체 조선인민'에게 한 방송 연설에서 '통일 조국의 자유와 독립을 위한 투쟁'으로 그 목적을 제시하고 7월 8일에는 "미제국주의자들의 무력침공을 단호히 물리치자"고 연설함으로써 전쟁의 성격을 민족해방전쟁으로 규정하였다.[43] 따라서 김일성은 북한주민과 군대의 의지를 집결시키고자 하는 전쟁목적을 구체적이고 당위적인 목표로 제시했으며 침공행위를 처음부터 반격으로 정의했다. 당시 북한인민군의 작전본부(operational directorate)를 이끌었던 유성철은 "김일성이 죽은 후에도 공격에 관한 어떤 서류도 발견하지 못할 것이다. 그것은 모두 반격으로 표기되었기 때문이다. 그것은 허위의 역정보였다"고 증언했다.[44] 김일성도 다른 공산주의자들처럼 제국주의의 세계에서 공산주의자들의 무력행위는 모두 '반격'이라고 믿고 있었는지도 모른다. 그러나 어쨌든 한국전쟁시 김일성의 목표설정은 적어도 초기에는 북한주민들을 동원하는 데 성공적이었다. 이른바 목표의 단

---

42) Ricgard K. Betts, *Suprise Attack*, Washington D.C.: The Brookings Institution, 1982, pp.56-62.

43) 두 연설문에 대해서는 중앙정보부, 『金日成 軍事論選』, 1979년 10월, pp.113-129를 참조.

44) Sergei N. Goncharov, et. al., *op. cit.*, p.150.

순성과 일관성의 관점에서 본다면 김일성의 전략적 목표의 원칙은 효과적이었다. 따라서 북한은 이른바 민족해방의 목표를 견지할 수 있었다.

둘째, 기습과 공세의 원칙은 한국전쟁 직후 적어도 초기엔 분명히 성공적이었다. 그것은 히틀러의 전격전(blitzkrieg)같은 것이었다. 특히 전선에서 가까운 남한의 수도 서울은 북한의 기습공격에 지리적 취약성을 안고 있었다. 따라서 김일성은 계속해서 서울을 기습공격의 목표로 삼고 있었을 것이다. 1970년대에 발견된 북한의 땅굴들은 서울을 기습하기 위한 수단으로 계획된 것임에 틀림이 없을 것이다.

셋째, 북한은 공세의 대상으로 수도 서울을 결정했다. 김일성도 나폴레옹처럼 적에 의해서 점령된 수도란 순결을 상실한 소녀와도 같다고 믿었던 것 같다.[45] 즉 그는 서울을 유일한 힘의 중심부로 믿었다. 그러나 미국이 개입하는 순간 그 힘의 중심부는 이동해 버렸다. 클라우제비츠가 강조했던 것처럼 약소국에게 보호국이 있다면 그 보호국이 바로 힘의 중심부가 되는 것이다.[46] 한국전쟁시 북한의 침략적 행위로 미국이 참전결정을 했던 순간부터 서울은 더 이상 남한에서 힘의 중심부가 아니었다. 그러나 새로운 중심부, 즉 미국은 북한의 사정권 밖에 있었다. 따라서 북한 측의 군사적 승리의 가능성은 사라져버렸던 것이다. 따라서 성공적인 서울의 기습점령은 미국이 한국으로부터 완전히 철수하고 한미동맹체계가 사라져야만 기대할 수 있게 되었다. 그렇지 않는 한 남한에서의 군사적 승리는 불가능하게 된다. 따라서 김일성의 제1차적 목표는 주한미군의 완전철수와 한미동맹의 균열이다. 이제 북한의 모든 행동은 이 목적의 달성을 위한 노력의 일환이 될 것이다.[47]

---

45) Bernard Brodie, *War and Politics*, New York: Macmillan, 1973, p.443.
46) Clausewitz, *op. cit.*, p.596.
47) 구체적 행동에 관해서는 다음절에서 논할 것이다.

네 번째의 교훈은 공군과 해군의 중요성이다. 한국전쟁 남침시 북한은 70대의 야크(Yak) 전투기와 60대의 폭격기를 갖고 있었다. 북한의 공군은 저돌적이고 자신에 차 있었다. 왜냐하면 당시 남한은 10여 대의 훈련용 비행기와 정찰기만을 보유하고 있었기 때문이다. 그러나 미군과 유엔군이 참전하자 미국과 영국의 항공모함으로부터 출격이 시작되고 북한공군은 7월 말까지 사실상 괴멸되었다. 10월 중국이 사실상 참전하자 중국의 요격기들(MIG-15)이 미국의 폭격기들을 공격했다. 중국의 참전 중 가장 중요한 영향 가운데 하나는 공산 측 공군력의 부활이었다. 그러나 미 공군의 출격은 북한군의 부산 진격을 막는 데 중요한 요소였다.[48] 미국의 세이버(Sabre)가 영공을 장악함으로써 유엔군 및 남한의 지상군은 공습을 받는 일이 거의 없을 정도였다. 반면에 북한 측은 밤낮으로 공습을 받았다.

해전은 항공전처럼 극적이지는 못했지만 한국전에 참전한 유엔군의 7명 중 6명은 배로 수송되었으며 미 해군력 없이 전쟁수행은 불가능했을 것이다. 무엇보다도 전세를 뒤집은 인천상륙작전은 해군력 없이는 계획할 수 없는 것이었다. 미 해군은 한반도에서 소련 및 중국의 국경선까지 바다를 통제했다. 상륙작전, 해안포격, 봉쇄 그리고 항공모함으로부터의 출격은 유엔군에 많은 이점을 제공했다. 이러한 해군의 기여는 일반적인 맥락에서 공산군들의 병력 수의 이점을 상쇄하는 데 중요한 역할을 수행했던 것이다.

해 · 공군에 대한 북한의 압도적 열세는 미국이 참전하지 않거나 참전하기 전에 남한의 정복을 끝낼 수 있다는 잘못된 확신에 기여한 것이기도 하지만 그것은 무엇보다도 김일성의 혁명전쟁이라는 군사적 독트린에 기인했다. 따라서 혁명전쟁이 아니라 재래식 전

---

48) David Rees ed., *The Korean War: History and Tactics*, London: ORBIS Publishing, 1984, p.109.

쟁으로 전쟁준비를 했어야 하며 재래식 전쟁에서 해 · 공군의 중요성은 자명하게 되었다.

다섯 번째의 교훈은 유격대라는 이름의 민중봉기, 즉 빨치산 운동의 중요성과 기여에 대한 기대감의 상실이다. 빨치산 운동, 즉 인민봉기에 대한 기대는 주로 박헌영의 주장에 영향을 받은 것이다. 박헌영의 조직단위 및 세력기반의 대부분은 남한에 있었다. 따라서 남한이 '해방'되고 당과 정부가 평양에서 서울로 이동하여야 자신의 입지가 강화되어 정권의 경쟁자들을 누를 수 있었던 것이다.[49] 그러나 남한 안의 20만에 달하는 공산주의자들이 봉기하여 남한정권을 전복시킬 것이라는 박헌영의 주장은 혁명전쟁을 준비하는 김일성에게는 일종의 복음과도 같은 희망을 주었으며, 중국공산주의자들이 중국대륙에서 혁명전쟁에 승리했던 것처럼 자신도 그렇게 한반도를 통일할 수 있다고 스스로 믿었을 것이다.

그러나 그러한 기대는 좌절되었다. 김일성 자신이 1963년 2월 8일 인민군창설 15주년 기념식에서 고백했던 것처럼 그 당시 남한에서는 박헌영이 말한 20만 명은 고사하고 단 1천명의 봉기자도 없었다.[50]

김일성의 혁명전쟁은 마오쩌둥의 혁명전쟁과 같을 수 없었다. 그것은 무엇보다도 인민봉기에 의한 성공적 무장투쟁의 조건이 달랐기 때문이다. 마오쩌둥의 인민무장투쟁은 클라우제비츠가 제시한 민중봉기가 효과적일 수 있는 조건들을 만족시켰다.[51] 그러나 한반도는 그런 조건들을 만족시키지 못했다. 무엇보다도 지리

49) 서대숙, 앞의 책, p.106.

50) *Ibid.*, p.107.

51) 이것들은 ① 전쟁이 국내에서 수행될 것. ② 전쟁이 일격에 결정되지 않을 것. ③ 작전지가 아주 넓을 것. ④ 민족성이 이런 형태의 전쟁에 적합할 것. ⑤ 산맥, 숲, 습지 혹은 현지 농민의 경작방법으로 인해 그 국가의 영토가 접근하기 어려울 것 등이다. Clausewitz, *op. cit.*, p.480 참조.

적으로 광활하지도 않고 접근이 불가능할 만큼 험한 은신처가 남한에는 없었던 것이다. 따라서 김일성의 혁명전쟁은 객관적 조건에서 불리했던 것이며, 결국 남한의 병력이 그 수에서 보잘 것 없던 시기에서조차 좌절되었다. 그러므로 6 · 25 남침으로 병력이 크게 증강된 남한에서 민중봉기에 의한 혁명전쟁의 기대는 사실상 연목구어(緣木求魚)라고 해도 과언이 아니다. 따라서 김일성은 민중봉기 즉 빨치산 작전에 입각한 전쟁계획에 의존하는 작전을 포기할 수밖에 없었을 것이다. 즉 김일성의 전쟁계획은 일대 수정이 불가피했을 것이다.

Ⅳ. 북한의 혁명전쟁 평가

북한에 의한 한국전쟁의 궁극적인 실패는 김일성의 국제정치에 대한 무지에 입각한 판단착오 때문이었다. 당시 유럽에서부터 형성된 이른바 제로섬 심리상태 때문에 유엔은 호의적이든 아니든 남한의 침략에 대해 결코 무관심할 수는 없는 것이었다. 따라서 초기 기습남침의 성공은 북한 김일성의 전략적 성공이었다기 보다는 오히려 미국의 불확실한 남한정책, 특히 선언적 정책의 오류에 기인했다고 보아야 할 것이다. 1950년 6월 이전에 북한이 남한에 비해 강력한 군사력을 가지고 있었으며 한반도에서 전쟁이 발생할 수 있다는 것을 당시 미국 관리들은 알고 있었다. 그럼에도 불구하고 미국은 1949년 주한미군을 철수시켰으며 남한 군사력의 강화를 억제했다.

여기에는 3가지 잘못된 가정이 있었다.[52] 첫째로 미국의 전략적

---

52) Richard K. Betts, *Suprise Attack*, Washington, D.C.: The Brookings Institution, 1982, pp.51-52.

가정은 결국 발생한 한국전쟁의 돌발 상황을 배제했으며, 그러한 당시의 지배적인 가정은 한반도에서의 전쟁은 오직 소련과 수행하는 전면전쟁의 부수적인 형태가 될 것이라는 것이었다. 이 경우에 한반도의 전략적인 중요성은 하찮은 것이며 유럽 같은 다른 전투장에서 미국의 자원을 전환시키면서까지 싸울 곳으로 간주되지 않았다. 둘째로 미국의 관리들은 남한정부가 공산북한을 점령할지 모른다고 염려했으며, 셋째로 1950년 6월 이전 수년 동안 남북한 간에는 고도의 긴장과 수많은 제한적 전투의 사건들이 있었다. 즉 북한의 도발행위가 꾸준히 계속되었던 것이다. 따라서 북한의 군사적 이동과 이따금씩의 발포에 친숙해져 실제남침 이전의 여러 조짐들이 결정적으로 이상한 것으로는 보이지 않았던 것이다.

한국전 발발 당시 미군부 사이의 지배적인 격언은 제1차 대전 후 존재했으며 제2차 세계대전에 의해서 재강화된 것으로 "현대전은 전면전이다(Modern war is total war)"라는 것이었다.[53] 이른바 제한전에 관한 생각은 당시엔 존재하지 않았으며, 있었다 하더라도 양차대전의 영향으로 이해되지 않았을 것이다. 따라서 당시 워싱턴의 합참본부는 유럽에서 전면전을 준비하면서 한국을 동성격서(東聲擊西)의 양동작전(feint)으로 사용하고 있다고 굳게 믿었다.[54] 매튜 리지웨이(Matthew B. Ridgway) 장군도 후에 회고하면서 "제한전쟁의 이론은 우리 위원회에 존재하지도 않았다. 원자탄이 우리에겐 하나의 심리적 마지노선을 창조했었다"고 기록했다.[55] 뿐만 아니라 한반도에서 공격 가능성이 인정되었다 할지라도, 그것은 당시 미국에 특별한 관심을 갖게 할 만큼 비상사태로 인정되지는 않았다. 트루먼 대통령은 당시를 이렇게 회고했다.

---

53) Bernard Brodie, *War and Politics*, new York: Macmillan, 1973, p.63.

54) *Ibid.*

55) Matthew B. Ridgway, *The Korean War*, New York: Doubleday, 1976, p.11.

"봄 내내 정보국 관리들은 북한이 언제든 개별(isolated)공격을 전면 공격으로 전환할지 모른다고 말했다. 그러나 공격이 확실한지 아니면 언제 공격해 올지에 관해 어떤 실마리를 제공해주는 정보는 없었다. 그러나 이것은 한국에만 적용되는 것은 아니었다. 바로 그 보고서들은 러시아인들이 공격할 능력을 소유하고 있는 세계에서 그런 곳들이 수 없이 많다고 나에게 말했었다."[56)]

조지 케난은 "남침 전달(즉 5월)에 미국 국무성의 러시아 감시자들이 공산주의자들의 군사적 행동이 세계 어느 곳에선가 곧 있을 것이라는 점을 가리키는 자료를 입수하였으나, 그 장소를 알아낼 수는 없었다. 미군부는 한국에서 위험이 있다고 생각하지 않고 오히려 남한이 북진할까 걱정했었다"고 기록했다.[57)] 이런 염려는 1949년 북한을 신속하게 패배시키고 점령할 수 있다는 이승만 대통령의 성명이 부채질했었다.[58)] 따라서 워싱턴의 미국 관리들은 현장의 관리들이 북한의 위험을 강조했을 때에도 계속 회의적인 태도를 취했다. 그리하여 1940년 6월 초 존 무초(John Muccil) 주한미군대사가 38선을 따라 북한의 중무장 증강을 보고하고 한국군의 열세를 지적하는 전문을 국무성에 보냈을 때에도 딘 러스크 국무차관보는 그 전문을 공격의 경고보다는 한국 군대를 위한 탱크와 다른 장비의 요청을 뒷받침하는 것으로 간주했다.[59)]

56) Harry S. Truman, *Memoirs, Vol. 2: Years of Trial and Hope*, New York: Doubleday, 1956, p.331.

57) George F. Kennan, *Memoirs, 1925-1950*, Atlantic: Little Brown, 1967, pp.484-485.

58) Ernest R. May, *Lesson of the Past: The Use and Misuse of History in American Foreign Policy*, Oxford University Press, 1973, pp.60-64; David *Rees, Korea: The Limited War*, New York: St. Martin's, 1964, p.16.

59) Joseph de Rivera, *The Psychological Dimension of Foreign Policy*, Columbus, Ohio: Merrill, 1968, pp.19-21.

한국전쟁 발발 직전 워싱턴의 이러했던 상황과 관련 지도자들의 태도를 볼 때 북한의 기습남침의 전략적 성공은 미국의 중대한 인식의 오류(misperception), 즉 미국의 계산착오 덕택이었다. 그렇지만 북한의 기습작전의 성공이 전쟁의 승리를 가져다주지는 않았다. 북한의 혁명전쟁은 북한에겐 사실상 패배였다. 그리고 그 패배의 결정적 원인은 미국의 참전이었다. 북한의 결정적 판단착오는 혁명전쟁의 독트린에 입각해 미국이 한국내전에 참전하지 않을 것이며, 설사 참전 하려해도 속전속결로 참전의 기회를 방지할 수 있을 것이라는 믿음 때문이었다. 북한의 김일성은 당시 국제정치적 상황과 국제정치적 논리의 이해가 부족했으며 특히 미국에 대한 이해가 결핍되어 있었다. 김일성은 중국의 공산화 이후 자신도 마오쩌둥처럼 혁명전쟁에 승리할 수 있으며, 중국공산화에 개입하지 않는 미국이 작은 한국전에 개입하리라 생각하지 않았다. 마오쩌둥도 그렇게 판단했다. 그리하여 1950년 1월 12일 애치슨 국무장관이 남한을 미국의 방어선 밖에 두는 연설을 했을 때 애치슨 비판자들의 주장처럼 북한은 그들이 남한을 공격해도 미국이 한국을 방어하지 않을 것임을 시사하는 '청신호(a green light)'로 간주했을지 모른다.[60)]

그러나 1950년에는 이미 유럽에서 시작된 양극화 현상으로 인해 국제체제가 양극체제로 자리 잡으면서 미국과 소련은 제로섬 심리 상태에 빠져들었으며, 중국의 공산화는 미국의 정치지도자들에게 '중국의 상실'에 뒤따르는 또 하나의 상실을 수용하기 어렵게 만들고 있었다. 따라서 한국 자체는 별다른 가치가 없다고 할지라도 한국을 방어하지 않는다면 그것은 소련인들은 물론이고 우방유럽

60) John Edward Wilz, "Encountering Korea: American Perceptions and Policies to 25 June 1950," in William J. Williams, ed., *A Revolutionary War*, Chicago: Imprint Publications, 1993, p.54.

인들에게 미국의 싸울 용의를 의심케 할 것으로 우려되었다. 즉 소련의 위협을 봉쇄하는 미국의 공약에 대한 신빙성(credibility)이 미국으로 하여금 한국방어를 요구했었다.[61] 특히 트루먼 대통령의 마음은 제로섬 심리로 장악되었다.[62] 전날 밤 9시 20분에 애치슨 국무장관에 의해 북한의 남침사실을 보고받은 트루먼 대통령은 미국일자로 6월 25일 워싱턴으로 귀경하면서 "그들을 혼내주겠다(I am going to hit them hard)"고 말했다.[63] 그때 트루먼 대통령은 당시 그런 결심의 이유를 다음과 같이 회고했다.

> "나는 몇몇 과거의 사건들을 상기했다: 만주, 에티오피아, 오스트리아 등. 민주주의가 행동하지 못할 때마다 그것이 어떻게 침략자들이 일을 저지르게 했었는가는 기억했다. 한국에서 공산주의는 히틀러, 무솔리니 그리고 일본인들이 10년, 15년 그리고 20년 전에 행동했던 것과 똑같이 행동하고 있었다. 만일 남한의 공산화가 허용된다면 공산주의 지도자들은 대담해져서 우리의 해안에 더 가까운 국가들을 짓밟을 것이라 확신했다. 만일 공산주의자들이 자유세계의 반대 없이 대한민국으로 진격하게 놓아둔다면 어떤 약소국가도 강한 인접공산국가들에 의한 위협과 침략에 저항할 용기를 갖지 못할 것이다. 만일 이것 도전받지 않고 허용된다면 비슷한 사건들이 제2차 세계대전을 야기했던 것처럼 제3차 대전의 야기를 의미할 것이다."[64]

---

61) *Ibid.*, p.61.

62) 6월 25일자 『뉴욕타임즈』에 인용된 바로는 한 국무부 관리가 소련과 북한의 관계를 월트디즈니(Walt Disney)와 도날드 덕(Donald Duck)의 관계로 비유했으며, 이는 27일 트루먼의 성명 초안에서 소련에 의해 무장된 북한을 지칭하는 데 이용되었으나, 영국정부의 설득으로 소련에 대한 언급을 시작했다. 이 점에 관해서는 Richard Whelan, *Drawing the Line: The Korean War, 1950~1953*, Boston: Little, Brown, 1990. p.115 참조.

63) Glenn D. Paige, *The Korean Decision*, New York: Free Press, 1968, p.124.

64) Harry S. Truman, *op. cit.*, pp.332-333.

이 결과 북한의 기습남침은 한국을 군사전략적 가치보다는 정치적 상징으로서의 중요성을 부각시켜 버렸다. 그리고 그것은 당시 유럽에서의 대소봉쇄를 하룻밤 사이에 범세계화시킨 촉매로서 작용했던 것이다.[65)]

미국의 참전가능성을 예상치 못한 것이 김일성의 첫 번째 중대한 실수였다면, 두 번째의 실수는 그가 기습한 남한의 전략적 힘의 중심부는 수도 서울이 아니라 남한과 정치적 동반관계에 있는 미국정부였다는 사실을 사전에 깨닫지 못한 데 있다. 그러나 미국정부는 북한의 사정권 밖에 있었다. 당시 미국을 공격할 수 있는 능력을 소유한 국가는 소련뿐이었다. 소련은 북한을 비밀리에 지원했지만 소련이 한국전에 명백히 참전하지 않는 한 북한의 군사행동으로부터 미국은 면제되어 있었다. 북한인민군의 불타는 혁명전쟁정신이 아무리 강해도 태평양 건너편의 미국 정책에는 아무런 영향을 미치지 못했다. 그들이 할 수 있었던 일이란 전쟁에 참여한 미국의 피해와 희생을 증대시켜 미국 스스로 정책변화를 채택하게 하는 것이었다. 그러나 그런 변화까지 성취하기 위해서 북한 자신은 더 큰 희생과 대가를 지불해야만 했다.

Ⅴ. 한국전쟁 이후 북한의 안보정책 및 군사전략

1953년 7월 휴전과 함께 북한은 무엇보다도 파괴된 북한의 국력을 재건하는 것이 최우선 과제가 되었다. 동시에 북한의 안보정책 및 군사전략도 한국전쟁의 결과로 인한 새로운 상황에 적응할 수밖

---

65) Alexander C. George and Richard Smoke, *Deterrence in American Foreign Policy: Theory and Practice*, New York: Columbia university Press, 1974, p.180.

에 없었다. 북한의 국력강화는 1964년 2월 27일 '3대 혁명역량(三大革命力量)'[66]이라는 슬로건으로 표현되었지만 그것은 결국 한반도의 공산통일이라는 정치적 목적달성을 위한 수단으로서 북한의 국력을 강화하고 국제적 여건을 향상하려는 노력이었다.

한국전쟁 이후 북한의 안보정책도 단순히 국가의 안전이라는 소극적 목적에 그치지 않고 여전히 남한의 공산통일이라는 적극적 목적을 유지했다. 북한 김일성은 계급적인 남한 정부가 존재하는 한 결코 안전 할 수 없다고 믿기 때문이다. 한국전쟁전과의 차이가 있다면 그것은 이른바 혁명전쟁을 통한 남한 공산화 실천의 시점에 대한 것이다. 당시에 김일성은 매우 조급하게 공산화를 실행하려 했다면 한국전쟁 이후엔 그 실행의 시기를 분명하게 결정하지 못하고 공세를 위한 이른바 전략적 정점(culminating point)을 기다리기로 한 것이라 하겠다. 그리고 그 전략적 정점은 다음과 같은 조건이 갖추어질 때라고 할 수 있다.

1. 주한미군의 완전철수와 한 · 미 동맹체제의 와해

북한의 제1차적 안보 정책의 목표는 주한미군의 완전철수이다. 미군이 한국에 주둔하고 있고 한미관계가 동맹조약에 토대를 두고 있으면서 협력과 정책적 공조가 계속되는 한 북한은 한국전쟁 때처럼 군사적 공세를 취할 수 없다. 남한의 힘의 중심부는 한미동맹체제가 유지되는 한 미국이며, 미국은 북한의 군사적 공세에 사실상 면제되어 있다. 따라서 미국을 주된 적으로 볼 때 미국의 힘의 중심부는 미국민의 여론이다. 이것은 베트남전의 과정에서 입증된 것이다. 그러므로 김일성은 미국민의 여론을 주한미군의 철수를 요

66) 이것에 관한 상세한 논의는 이영호, "북한의 대남정책: 목표와 전략", 고병철, 김세진, 박재규, 이영호, 최창윤(공저), 『북한외교론』, 1977, 제1장 참조.

구하도록 유도하기 위한 여러 가지 행동을 취했다. 첫째로 미군을 대상으로 한 여러 번에 걸친 도발적 행위를 자행하여 주한미군의 안전성에 대한 의구심을 증폭시킴으로써 스스로 철수케 하려 했다. 1968년의 푸에블로호 납치사건, 1969년의 미군 정찰기(EC-121) 격추사건, 1976년 도끼만행사건[67] 등에서처럼 주한미군에 대한 직접적 테러사건을 통해 한국 주둔에 대한 미국민의 환멸을 일으키려 했다. 둘째는 미국과의 평화협정을 통해서 미군이 더 이상 한반도에 주둔할 수 있는 명분을 주지 않으려고 노력했다. 셋째는 남한 정부를 군사파쇼정권으로 매도하고 선전하여 민주주의를 지원하는 미국민이 더 이상 지지할 필요가 없는 정권으로 인식시키려는 노력을 했었다. 이러한 노력들은 모두 실패했다.

오히려 한 · 미 간의 관계는 북한의 그런 시도로 더욱 공조적 협력관계를 유지하였다. 그러나 북한은 주한미군의 완전철수와 한 · 미 간의 동맹체제의 와해목적을 결코 변화시키지 않았다. 왜냐하면 그것은 북한의 군사전략적 공세의 변함없는 전제조건이 되기 때문이다.

2. 북한 동맹체제의 강화

북한은 한국전쟁을 치루면서 확고한 동맹체제에 대한 필요성을 절감하였다. 당시 소련의 스탈린은 북한이 퇴각하여 완전 괴멸의 상태에까지 밀려도 북한을 위해 직접적인 개입을 하지 않았다. 스탈린은 심지어 미국이 국경선을 마주하는 인접국가가 된다 해도 개의치 않는 것처럼 보였다. 반면에 중국은 전통적으로 지리적인

67) 이 사건들에 대한 보다 자세한 분석에 대해서는 Sung-Hack Kang, "Crisis Management under Armistice Structure in the Korean Peninsula," *Korea Journal*, Vol. 31, No. 4, Winter 1991, pp.14-28.

전략적 중요성 때문에 개입하기는 했지만 그 형식은 지원자의 파견에 지나지 않았다. 중국의 지원도 총력적 지원은 아니었다.[68] 그러한 상황에서 북한의 국력은 미국의 대량폭격에 견디기 어려웠다. 북한의 힘의 중심부가 병력과 평양에만 제한된다면 그것은 전략적으로 크게 취약할 수밖에 없다. 특히 1961년 남한에서 반공을 국시의 제일로 삼고 군사력을 강화하며 국내 정치적 기강을 공고히 하는 한편의 북한의 간접침략에 대한 분쇄를 정치적 슬로건으로 하는 쿠데타에 의해 새로운 군부정권이 탄생했을 때, 남으로부터의 위협인식이 높아졌다. 김일성은 즉각적으로 중국과 소련으로부터 우호협력 및 상호원조를 다짐하는 공식적 동맹조약을 남한의 쿠데타 발생 2개월 후에 얻어냄으로써[69] 북한의 힘의 중심부를 확산시켜 놓았다. 이 방위조약들은 1950년 2월 소련과 중국이 맺은 동맹조약과 함께 고려할 때 동북아에는 북한, 소련 및 중국의 삼국동맹체제가 수립되었음을 의미했다.[70]

이 삼국동맹체제가 북한의 침략적 전쟁시에도 발동될 것인지에 관해서는 많은 의구심이 남아 있을 뿐만 아니라 동맹체제가 북한 행동의 자율성에 오히려 무시 못 할 제약을 가할 것임을 알면서도 북한이 동맹조약을 수립한 것은 전략적 힘의 중심부를 북한의 협소한 영토밖에 확보하는 것이 그만큼 중요하게 간주되었음을 알 수 있다. 그리고 북한과 두 붉은 강대국간의 동맹체제는 중소간의 분

68) 중국 측의 지원에 관한 자료로서는 한국전략문제연구소 역, 『中共軍의 韓國戰爭史: 抗美援朝戰史』, 세경사, 1991를 참조.

69) Charles E. Morrison and Astri Suhrke, *Strategies of Survival*, New York: St. Martin's Press, 1978, p.16.

70) 처음 소련은 북한과 같은 분단국가와 동맹체결을 주저하였으나 당시 중소간의 분쟁이 소련으로 하여금 북한과의 동맹조약체결을 수용하게 했다고도 할 수 있다. 이 점에 관해서는 Chin W. Chung, *Pyongyang between Peking and Moscow: North Korea's Involvement in the Sino-Soviet Dispute*, 1958~1975, Alabama: The University of Alabama Press, 1978, p.57.

쟁과 갈등이 심화되던 시기에도 변함없이 계속 되었는데 그것은 김일성의 곡예사적 외교의 기술 때문이라기보다는 북한의 지정학적 중요성에서 기인한 것이라고 보는 것이 더욱 정확한 판단일 것이다. 특히 1975년 베트남이 소련제 무기로 무장한 월맹의 정규군에 의해 공산통일이 된 이후 북한의 소련무기에 대한 욕구는 크게 상승했으며, 1979년 소련의 아프칸 침공으로 시작된 이른바 제2의 냉전기에 접어들면서 80년대 소련과의 군사적 협력은 일층 강화되었는데, 그것은 고르바초프 집권 이후에도 한동안 계속되었다.[71]

3. 예비 병력의 강화

1950년 12월 21일 김일성은 전쟁 중 패전요인을 자아비판하고 전열을 가다듬기 위해 소집한 별오리(別午里) 회의에서 "많은 예비대를 준비하지 못했으며 적을 한갖 밀고만 나가서 일정한 시기에 적군이 재편성할 가능성을 허용했다. 특히 해방된 지역의 방어조직이 미비해 적의 측면공격을 허용했으며, 대규모의 인천상륙작전을 격파하지 못했다"고 고백했다.[72] 클라우제비츠는 전략적 불확실성의 정도에 따라 예비 병력을 유지하는 것이 전략적 지도력에 본질적 조건이 된다고 주장했었다.[73] 김일성은 기습작전의 성공을 너무도 확신했었기 때문에 전쟁이 일단 시작되면 장기전이 될지도 모르는 가능성을 배제시키고 예상 못한 위협에 대처하는 데 필요한[74]예비 병력을 전혀 갖추지 않았으며 모든 병력을 기습작전에

71) 80년대 북한과 소련의 군사적 협력에 관한 자세한 분석에 대해서는 이기택, 『한반도 통일과 국제정치』, 도서출판 삼영, 1991년, 특히 제2편 제2장을 참조.

72) "北韓의 軍", 『동아일보』, 1994년 8월 25일.

73) Carl von Clausewitz, *op. cit.*, p.210.

74) *Ibid.*

투입했었다. 그러나 그는 클라우제비츠가 경고한 감소하는 공격력을 간과함으로써 초기의 전투적 승리를 유지하지 못했다.[75)]

따라서 전쟁 후 김일성은 대규모 병력의 유지를 위해 인민군 외에 준군사조직을 편성했다. 북한의 인구수를 고려할 때 약 1백 3만의[76)] 병력규모는 실로 엄청난 것이다. 이러한 병력 수의 우위는 북한이 여전히 방어 전쟁보다는 공격적 전쟁을 대비하고 있다는 것을 말해주는 동시에 충분한 예비 병력의 유지라는 전략적 사고의 결과에 기인한다고 하겠다.

4. 전술적 기습작전의 활용

북한은 한국전쟁을 전면기습전략으로 시작했다. 초기엔 전략적 기습이 성공하는 것처럼 보였으나 궁극적으로 실패했다. 개전시의 전면적 공격은 북한을 유엔에서 침략자로 규정하게 함으로써 남한 주민들의 단결은 물론 국제사회의 남한지원에 정당성을 부여하여 유엔사령부와 교전상대국이 되어 버렸다. 반면에 월맹은 비정규적인 저강도전쟁으로 시작하여 장기전으로 발전했으나 베트남 전쟁은 유엔에 안건으로 상정조차 되지 않았다. 1968년의 이른바 구정공세(舊正攻勢)는 전술적 기습공격으로 비록 월맹이 전투에서는 패배했지만 미국의 대월남정책에 일대 전환을 가져오는 정치적 효과를 거두는 데 성공했다. 그 결과 미국은 베트남전의 베트남화라는 이름으로 자진해서 완전 철수하였고 1975년 월맹은 그때서야 전면적 기습남침으로 전베트남의 공산통일에 성공했다. 김일성은 베트남

75) 클라우제비츠는 공격의 목표가 적의 영토를 점령하는 것일 때 후방확보의 필요성 등으로 야기될 수 있는 공격력의 약화를 경고했다. 이런 전략적 문제의 논의에 대해서는 Clausewitz, *op. cit.*, p.527을 참조.

76) 이 숫자는 『동아일보』, 1994년 8월 19일자 참조.

의 성공에서 무엇을 배웠을까? 그것은 구정공세 같은 잘 훈련된 정규군에 의한 비정규적인 전술적 기습공격을 통해 남한국민과 미국의 의지를 꺾는 것이 가능하다는 생각이었을 것이다. 클라우제비츠도 기습은 시간과 공간이 제한되는 전술적 책략으로 간주했었다.[77]

따라서 김일성은 이런 전술적 목적을 위해 12만 명에 달하는 특수병력을 육성하였다. 1968년 1월 21일 청와대의 코앞까지 침투해 서울시민을 경악케 했던 북한의 124부대가 대표적인 특수부대이다. 그 사건 후 124부대는 현재 특수 8군단으로 흡수 개편되어 있다.[78] 청와대 기습사건에서처럼 1994년 11월 현 시점에서 약 10만이 넘는 병력의[79]특수부대는 남한을 극심한 혼란과 패배주의로 몰고 가려는 전술적 차원의 계획이다. 그러나 이런 비정규적 전술활동에 의한 남한의 공산화를 김일성 자신이 기대하고 있는 것 같지는 않았다. 왜냐하면 베트남도 결국 정규전에 의해서만 통일될 수 있었으며 베트남 공산통일 후 김일성 자신도 "오랫동안 베트남 인민들이 전인민 무장화와 전국토 요새화를 달성해 제국주의자들을 물리치느라 어느 나라 인민도 겪지 못했던 고생을 했다"고 치하하면서도 그러나 베트남의 군사 지도자들이 계속 게릴라전에만 의존해 전쟁이 너무 길었으며 그런 게릴라전에다 정규전을 제대로 배합시켰더라면 전쟁기간은 그 절반도 채 걸리지 않았을 것이라고 말함으로써,[80] 게릴라전, 즉 특수부대에 의한 전투란 정규전을 위한 일종의 양동작전(feint) 전술로 간주하고 있음을 노정시켰던 것이다. 그럼에도 불구하고 베트남의 공산화는 김일성에게

---

77) Clausewitz, *op. cit.*, p.198.

78) "北韓의 軍", 『동아일보』, 1994년 8월 19일.

79) 『조선일보』, 1994년 11월 14일.

80) 『동아일보』, *op. cit.*

특수부대에 의한 게릴라전을 배합하는 일종의 혼합전술을 유지하고 있다고 하겠다. 그러나 특수부대의 존재이유는 그 신속한 기동력에 있다고 하겠다. 이 원칙은 물론 특수부대에만 적용되지 않고 정규군에도 적용된다. 북한은 기동력을 극대화시킨 대규모 특수부대를 갖고 있다는 점이 이 원칙에 북한이 부여하는 중요성의 정도를 증명해 주고 있다.

Ⅵ. 결론

1948년 9월 북한의 공산정권이 수립되는 순간부터 북한의 안보를 전한반도의 공산화로 확대 정의하고 그 현상타파적인 적극적 목적을 군사력을 통해 성취하려 했던 김일성 정권은 성공하지 못했다. 그에게 전쟁은 수단을 달리한 혁명의 연장이었다. 그는 공산통일을 일관되게 추구함으로써 목적의 단순성(simplicity)이라는 군사전략적 원칙을 지켜온 셈이다.

그러나 제2의 기습작전을 통한 한반도 통일의 기회는 오지 않았다. 미군의 남한 주둔은 제2의 패배를 거의 확실하게 예상할 수 있게 해주는 반면에 북한의 동맹국인 소련과 중국은 한반도에 또 다른 전쟁을 원치 않았으며, 미국에 대한 대적을 결정하고 수행할 동맹국들과의 지휘체계의 통일성(unity of command)은 더더욱 마련되지 않았다. 기동성을 위한 특수부대의 육성이나 휴전선 가까운 곳에서의 북한군사력의 집중(mass)을 사용할 만한 국제적 여건이 조성되지 못했다. 그러나 통일에 관한 한 그의 혁명전쟁의 믿음과 고집으로 김일성은 남북대화의 어느 때나 어느 부분에서도 성실할 필요성을 인식하지 못했다. 주한미군의 완전철수로 남한의 힘의 중심부가 서울로 단순화 되면 공세(offense)전략으로 베트남에서와 같은 혁명전쟁이 승리할 수 있다고 믿으면서 김일성은 때를 기다렸다. 역사가 자기편이라는 공산주의자들의 편견에 사로잡힌 채 기다리고 또 기다렸다. 그러나 역사는 결코 김일성의 편이 아니었다.

1990년대에 접어들면서 동구 사회주의 형제국들의 반공혁명의 성공적 정착과 소련제국의 몰락은 김일성의 안보정책의 기본적 가정들을 뒤집어 버렸다. 동구제국의 공산주의와 아시아공산주의의 본질적 차이로 인해서[81] 동구 공산정권과 같은 반공혁명으로 정권이 전복되지는 않았지만, 북한안보정책의 국제적 조건은 일종의 지각변동 같은 변화에 직면했다. 따라서 북한 안보정책의 적극적 목적은 이제 정권유지라는 소극적 목적으로 전환될 필요성에 직면했다. 게다가 1991년 걸프전은 미국 군사전략의 탁월성과 최첨단 무기의 위엄을 전 세계인들이 자기 방에서 브라운관을 통해 직접 목격할 수 있게 해주었다. 북한의 김일성 정권은 미국과의 갈등과 대립이 가져올 무서운 결과에 불안하지 않을 수 없었던 것이다. 마침 비밀리에 추진해 온 핵개발 노력이 미국에 의해서 발각되고 세계여론과 국제원자력기구에 의한 압력이 가중되자 김일성은 가능하다면 핵개발을 계속 추진하면서도 이것을 미국과의 관계정상화를 위한 협상카드로 사용하기에 이르렀다.[82] 그러나 1994년 7월 8일 김일성이 급서함으로써 김정일은 자신의 정권을 확립해야하는 최우선적 과제에 몰두할 수밖에 없게 되었다.[83]

현재 북한은 정권계승에 따른 정중동(靜中動)의 변화와 절대 권력

81) 이 문제에 관한 저자의 논의에 대해서는『카멜레온과 시지프스』, 제5장 "한반도 안보의 국제적 조건" 참조.

82) 북한의 핵개발문제의 등장 및 전개과정과 문제점들에 관한 자세한 논의에 대해서는 David Albright, "How Much Plutonium Does North Korea Have?" *The Bulletin of the atomic Scientists*, September 1994, pp.46-53을 참조

83) 서대숙, "북한의 새지도자들과 통일정책", 고려대학교 아세아문제연구소 주관 '김일성사후의 북한'을 주제로 한 학술회의 발표논문, 1994년 11월 4~5일, p.11.

자의 사망에 따른 방향감각의 상실로 인해 스스로의 안보정책 방향을 분명히 제시하지 못하고 있다. 지난 반세기 동안 변함없이 추구해 온 북한의 한반도 적화라는 궁극적 목적을 포기하면서 그 군사전략도 공세적 전략에서 방어적 전략으로 전환하고 그에 맞는 군사력의 배치를 단행할 것인지, 아니면 정권계승기의 혼란이 지나가고 나면 다시 적극적 안보정책과 공세적 전략을 추구할지는 분명하지 않다. 그러나 한 가지 분명한 것은 반세기 동안 지속됨으로써 거의 제2의 천성이 되어버린 북한정권의 안보정책과 군사전략의 근본적 변화는 결코 쉽지 않을 것이라는 점이다. 왜냐하면 혁명이나 전쟁과 같은 충격적이고 장엄한 경험(sublime)없이는 잘 변화하지 않는 관성의 법칙이 정치에서도 작용하기 때문이다.

제5장

북한 군사전략의 역사와 전망
_ 트로이 목마에서 러시안 룰렛으로?

우리는 상대방이 하는 말이나 혹은 자신을 어떻게 생각하느냐에 의해서가 아니라 그의 행동으로 사람을 판단한다. _ 레닌

군사전략의 수립은 근대국가가 설정한 최우선적 과제 중의 하나이다. 왜냐하면 한 번 채택된 군사전략은 전쟁 그 자체의 발발가능성에 영향을 미치기 때문이다. 동양의 최고 군사전략가였던 손자가 적을 알고 자신을 알면 백 번 싸워도 결코 위태롭지 않다고 말했을 때, 그가 '적을 안다'라고 말한 것은 곧 전쟁개시 전에 적의 군사전략을 먼저 정확히 알아야 한다는 것을 의미했다고 해석할 수 있을 것이다.

일반적으로 군사전략은, 그 나라의 정치적 목표와 지리적 조건, 국제적 여건과 국내적 병력 자원 및 경제 · 재정적 수준, 산업능력과 사용할 무기의 특성 그리고 과거 전쟁의 역사적 경험 등을 포함하는

다양한 특수요소들과 전쟁 그 자체의 폭력적 성격을 이성으로 통제하여 효율성의 극대화를 모색하고자 하는 일반적 원칙들을 복합적으로 고려하여 추출한 전쟁 수행 방법이라 할 수 있다. 따라서 각 국가들의 군사전략이 다르고 또 동일한 국가의 군사전략과 시기에 따라서 다르게 표출되고 실행된다. 더구나 클라우제비츠(Carl von Clausewitz)의 말처럼 전쟁이란 "문법을 갖고 있지만 그 자체의 논리"는 갖고 있지 못한 것이다. 전쟁은 정부정책과 국민의 열정 그리고 전투작전이라는 삼위일체성으로 인해 카멜레온과 같은 속성을 지닌다. 북한의 군사전략도 이런 전략의 본질적 성격에서 예외일 수 없다.

그러나 외부 관찰자에게 북한은 하나의 영원한 수수께끼이다. 북한은 약 반세기 전 정권수립 이래 지금까지도 철저한 폐쇄사회이다. 밖에서는 결코 보이지 않는 '어둠의 왕국'인 것이다. 방문자들의 활동이 면밀하게 통제되고 군부와 접촉할 수도 없다. 더구나 북한인들이 북한 군사문제에 관하여 독창적으로 또는 객관적으로 연구하거나 발표할 수 있도록 허용되고 있지도 않다. 모든 대외적 커뮤니케이션은 '주체'라는 기치 하에 수행되는 '김일성주의'의 전도활동에 지나지 않는다. 따라서 북한의 군사문제에 관한 정보는 희박할 수밖에 없고 독창적 연구도 어려울 수밖에 없다. 그렇다고 우리는 북한사회가 활짝 열릴 때까지 기다릴 수도 없다. 만일 북한이 열린 사회가 된다면 북한이 군사전략을 이해하고자 하는 우리의 절실한 욕망은 오히려 감소하게 될 것이다. 현 시점에서 북한군사전략의 연구는 윈스턴 처칠(Winston Churchill)의 지혜를 따를 수밖에 없다. 그는 러시아를 하나의 수수께끼로 특징지으면서도 러시아를 이해할 수 있는 하나의 열쇠를 제시했었다. 그것은 곧 러시아의 국가이익이었다. 따라서 북한의 수수께끼를 풀어보고자 하는 우리 역시 그들의 국가이익과 그것을 실현하기 위해 보여준 구체적 행동들을 분석함으로써 그들 군사전략의 본질에 접근해 보고자 한다.

Ⅰ. 북한 군사전략의 탄생: 스탈린의 선물

잘 알려져 있는 것처럼, 북한 김일성 정권은 스탈린의 '아들'이었다. 바꾸어 말하면, 당시 김일성과 스탈린의 관계란 '도널드 덕(Donald Duck)'과 '월트 디즈니(Walt Disney)'의 관계와 같은 것이었다.[1] 따라서 북한의 국가이익이란 곧 스탈린 치하 소련의 국가이익이었다. 스탈린은 '아들'에게 위험스러운 '장난감', 즉 무기와 함께 그 '장난감'의 사용방법도 선물했다. 그 장난감 교본의 선물이란 곧 북한 신생정권의 군사전략교본이 되어버린 소련의 혁명전쟁의 목적과 그 수단인 군사전략이었다.[2] 1950년 6월 25일 6만여 명의 북한군이 기습 남침했을 때, 침략군 속에 소련군이나 소련 지휘관은 없었지만 그 공격은 100대가 넘는 소련제 탱크를 앞장세우면서 궁극적으로 소련식 군사작전을 수행하는 것이었다. 그것은 분명히 중국식의 게릴라 작전은 아니었다. 북한은 1945년 8월 소련군이 석권한 이래 소련의 관할 구역이었다. 정부의 관리직은 모스크바에서 훈련된 조선인 공산주의자들이 모두 차지했으며 공산중국은 1950년 8월까지 북한에 대사를 파견하지도 않았었다. 따라서 북한의 기습남침전략은 소련인들에 의해서 마련된 것이었다. 1950년 6월 당시 15년간의 내전을 끝낸 중국 공산주의자들의 마음속에는 대만과 티베트의 정복을 통한 중국 통일의 달성이 우선이었지, 한반도에서 전쟁을 수행할 상황은 아니었다. 북한의 기습 남침은 분명히 소련, 즉 스탈린의 계산된 결정에서 시작되었다.

---

1) 이 비유는 미국무성 부차관보 에드워드 바레트(Edward W. Barrett)가 처음 말한 것으로 1950년 6월 26일 〈뉴욕타임스〉에서 인용한 것이다. Richard Whelan, *Drawing the line : the Korean War, 1950-1953*, Boston: Little Brown, 1990, p.115.

2) Sung-Hack Kang, "Strategic Metamorphosis from Sisyphus to Chameleon?" *the Korean Journal of Defence Analysis*, Vol. 7, No. 1, Summer 1995, p.187.

그렇다면 당시 스탈린의 계산은 무엇이었을까? 1948년 스탈린은 독일인들을 공산주의 세계로 끌어들임으로써 유럽 권력투쟁의 결과에 영향을 미치려고 사실상 전투행위인 베를린 봉쇄(Berlin Blockade)를 단행했다. 1950년에도 스탈린은 같은 생각을 갖고 있었다. 다만 이번에의 목표대상은 일본인들이었다. 만일 소련이 중국 공산화 직후 아시아에서 공산주의가 미래의 파도가 되리라는 것을 일본인들에게 인식시킬 수만 있다면, 스탈린은 유럽에서 얻지 못한 것을 아시아에서 얻을 수 있을 것으로 계산했을 것이다. 또한 스탈린은 당시 남한의 정복이 값싸고 손쉬운 승리가 될 것이라고 믿을 만한 충분한 근거가 있었다. 남한으로부터 미군이 완전히 철수했을 때, 스탈린은 장비마저 제대로 갖추지 못한 남한군은 고도로 훈련되고 잘 무장한 북한의 정규군에게는 상대가 되지 못할 것이라는 점을 알고 있었기 때문이다. 의심할 여지없이 스탈린이 고려했을 다른 요인들도 있다. 미국인들이 일단 철수해 버리자 스탈린은 당시 미국인들의 눈 밖에 난 남한의 이승만을 구출하기 위해서 미군이 남한에 돌아오지는 않을 것이라고 제법 확신했었다.[3] 게다가 스탈린은 1950년 1월 12일 한국을 태평양지역에서 미국의 중대한 이익권 밖에 두는 것을 명백히 한 딘 애치슨(Dean Acheson) 국무장관의 확언을 들었다. 뿐만 아니라 스탈린은 장제스이라는 실례를 갖고 있었다. 장제스가 중국 본토에서 공산주의자들과 싸울 때 미국인들은 그를 크게 도왔지만, 그가 짓밟힐 때 미국은 개입하지 않았으며 그가 바다 건너 대만섬으로 피신할 때 미국은 구경만 했었다. 따라서 이 모든 요인들을 고려하여 스탈린은 1950년 4월 김일성에게 남침을 최종 승인할 때 신속한 승리를 상당히 확신하고 있었다. 그에게 남한의 정복은 거의 위험성이 없으며 성공을 자신

---

3) James Trapier Lowe, *Geopolitics and War : Mackinder's Philosophy of Power*, Lanham: University Press of America, 1981, p.643.

할 수 있는 도박이었던 것이다. 그는 일본인들이 재앙의 전조로 간주할 것이고 공산중국 및 공산일본과 함께 전 아시아를 자신의 손아귀에 넣을 있을 뿐만 아니라 그것도 단 한 사람의 소련병사도 잃지 않고 소련인들이 훈련시킨 북한 인민군만으로도 그렇게 할 수 있을 것으로 확신했던 것이다. 그것은 스탈린이 결코 외면하기 어려운 유혹적 도박이었다.[4)]

북한 인민군은 소련의 피조물로서 사실상 스탈린의 군대나 다름 없었다. 1945년 9월 소련의 붉은 군대가 한반도의 북반부를 점령하자마자 소련은 재빠르게 제2차 세계대전 중 자신들이 소련에서 훈련시킨 김일성과 기타 공산주의자들을 중심으로 조선공산당을 창설하기 시작했으며 대내적 안전을 위해서 공안부대들의 설립을 거들고 1946년 후반에는 정규군 창설에 착수했다. 그리하여 이른바 '조선민주주의 인민공화국(DPRK)'의 공식출범 수개월 전인 1948년 2월 8일 조선인민군대의 창설이 공식 선포되었다. 1948년 말까지 북한군은 6만 명에 달했으며, 김일성과 소련에서 훈련받은 장교집단이 창설된 조선인민군을 통제했다. 당시 소련에서 군사훈련을 받은 조선인들은 약 1만여 명에 달했으며, 이들 중 상당수가 인민군대의 최고지휘자들이 되었다.[5)] 소련은 북한인민군들에게 150대의 T-34 탱크를 포함하여 모든 무기와 장비를 제공했으며, 약 3,000명에 달하는 소련의 군사고문들과 기술자들이 1950년 6월 전까지 조선 인민군에 배속되어 있었다. 따라서 군사문제에 관한 모든 실질적 권한은 소련의 지도하에 있었다.[6)] 따라서 1946~47년 북한군

---

4) 이렇게 보면 남침에 대한 트루먼 대통령의 신속한 무력대응은 스탈린을 깜짝 놀라게 한 일종의 기습반격이었다.

5) Robert A. Scalapino & Chong-sik Lee, *Communism in Korea,* part Ⅱ: *The Society,* Berkeley: University of California Press, 1972, p.926.

6) Sergei N, Goncharov, John Lewis and Xue Litai, *Uncertain Partners: Stalin, Mao, and the Korean War,* Stanford: Stanford University Press, 1993, p.132.

의 1/3에 달하는 중국 공산인민군 휘하의 조선인들은 북한에 귀국하여 북한이 중국 게릴라식 군대를 발전시켜야 한다고 주장했지만 이들 연안파의 주장은 관철되지 못했다. 김일성집단은 정규군을 강조하는 소련식 군대를 주장했고, 소련의 직접적 지원을 받은 김일성집단이 압도했다.[7] 결국 북한의 인민군은 군에 관한 한 모든 것을 소련식으로 조직했으며 군사전략적 교리도 결국 소련 것을 차용했던 것이다. 그리고 그것은 스탈린의 군사전략적 교리였다.

Ⅱ. 북한 군사전략의 원형: 스탈린의 군사전략

1915년 레닌은 19세기 최고의 군사전략가 칼 폰 클라우제비츠의 전쟁에 대한 정의를 그대로 차용하여[8] "전쟁이란 다른 수단에 의한 정치의 연속에 지나지 않는다."[9]고 선언했으며, 마르크스주의자들은 언제나 "클라우제비츠 방정식을 모든 전쟁의 의미에 관한 이론적 토대로 간주해 왔다."고 천명했다.[10] 레닌은 마르크스와 엥겔스로부터 권력정치의 현실에 대한 투쟁적 세계관을 습득했다. 따라서 그에게서 전쟁이란 본질적으로 군사적일 뿐만 아니라 동시에 외교적이고 심리적이며 경제적인 것이었다. 그러나 레닌은 전쟁과 혁명은 서로가 지속적이고 근본적인 관계에 있기 때문에 전쟁

---

7) Larry Niksch, *North Korea*, in Richard A Gabriel, ed., *Fighting Armies*, Westport, Conn: Greenwood Press, 1993, p.104.

8) Donald E. Davis and Walter S. G. Kohn, "Lenin as Disciple of Clausewitz," *Military Review*, September 1971, pp.49-55.

9) Abbott A Brayton and Stephana J. Landwehr, eds., *The Politics of War and Peace: A Survey of Thought*, University Press of America, 1981, p.249.

10) Edward Mead Earle, "Lenin, Trotsky, Stalin; Soviet Concepts of War," in Edward Mead Earle, ed., *Makers of Modern Strategy: Military Thought from Machiavelli to Hitler*, Princeton: Princeton University Press, 1943, p.323.

이야말로 혁명의 산파가 될 수 있다고 믿고[11] 전쟁과 정치가 동일하다는 극단적인 방정식을 채택했었다.[12] 그리하여 레닌집단의 혁명운동은 호전적인 행동주의가 되었다. 레닌은 평화적 방법에 공감하지 않았다. 그는 권력정치의 확고한 신봉자였다. 따라서 그에게는 평화 그 자체가 결코 목적이 될 수는 없었으며 평화도 전쟁처럼 정치의 수단에 지나지 않았다.

혁명전쟁을 성공적으로 수행하기 위해서는 무엇보다도 강력한 군대가 필요했다. 그는 볼셰비키 혁명정권을 살리기 위해 1918년 독일과 브레스트-리토프스크(Brest-Litovsk)조약을 체결한 뒤 군사력 없이는 전쟁의 어떠한 방법도 오직 일시적 성공밖에 기대할 수 없음을 체득했다. 특히 10월 혁명 후 거의 3년간에 걸친 피의 내전을 끝내고 소련정권이 수립되었으나 국제사회에서 거의 완전히 고립된 소련정부는 정권수립 직후부터 소련 주민들에게 전쟁의식(war mentality)을 고취시켰다. 그리하여 당시 소련의 일상적 언어마저 전투적으로 표현되어 근본적 호전성을 반영했다. 즉 생산전투, 산업의 스파이와 사보타주꾼 같은 표현들이 일상적으로 사용되고 있었다.[13]

다른 한편으로 소련은 러시아 제국의 민족적, 영토적 토대 위에 조직된 국제체제 내의 한 국가였다. 따라서 처음부터 소련의 전략은 마르크스주의의 이념적 틀 속에서 발전된 전통적 러시아 전략이었다.[14] 실제로 붉은 군대를 창설하여 볼셰비키 혁명 무장투쟁을

---

11) *Ibid.*

12) Raymond Aron, *Clausewitz: Philosopher of War*, trans. by Christine Booker and Norman Stone, London: Routledge & Kegan Paul, 1983, p.269.

13) Edward Mead Earle, *op. cit.*, p.334.

14) Earl F. Ziemke, "Strategy for class war: the Soviet Union, 1919-1941," in Williamson Murray, Macgregor Knox, and Alvin Bernstein, eds., *The Making of Strategy: Rules, States, and War*, Cambridge: Cambridge University Press, 1994, p.498.

지휘했던 트로츠키(Trotsky)는 마르크스주의식 군사전략이 존재한다는 것을 부인했다.[15] 즉 그는 "마르크스주의 방법이란 역사 및 사회과학의 한 분석방법이다. 전쟁과학이란 존재하지 않으며 미래에도 그러할 것이다. 전쟁과 관련된 여러 가지 과학들이 있다. 그러나 전쟁 그 자체는 과학이 아니다. 전쟁이란 실천적 기술이고 솜씨이다. 마르크스주의 방법의 도움을 받아 기술의 원칙들을 수립하는 것이 어떻게 가능하겠는가? 그것은 마치 마르크스주의에 의존하여 '건축학 이론'을 세우거나 '수의학 교과서'를 쓰는 것처럼 불가능한 것이다. 역사의 변증법적 유물론이란 결코 모든 과학을 위한 보편적 방법이 아니다. 따라서 그것을 군사문제의 특수한 분야에 적용하려는 시도는 가장 큰 환상이다."[16]라고 주장했다. 때문에 트로츠키는 노동자 · 농민을 훈련시켰으며 전쟁기술의 발전을 가르치고 또 앞서가기 위해 1918년 붉은 군대의 사관학교를 창설했다. 그런 사명을 적절히 수행하기 위해서 사관학교는 유럽 군사사상의 주류를 받아들이고 제1차 세계대전의 경험을 철저히 분석해야 했다.

반면에 스탈린의 군대는 전략적 정책을 수립하기 위한 교훈을 주로 소련의 내전에서 찾았다. 내전의 교훈들은 특히 스탈린의 세계관(Weltanschauung)의 형성에 특별히 중요했다.[17] 1925년 트로츠키의 군사 및 해군문제 인민위원회의 위원장 자리를 대치한 미하일 프룬제(Mikhail V. Frunze)는 스탈린이 지지하는 전략이론을 수립했다. 프룬제가 수립한 붉은 군대의 기본적인 전략 및 전술적 개념은 1914~1917년의 작전처럼 참호와 진지 전쟁이 아니라 기동전에 입각한 공세전략이었다. 러시아내전의 경험은 혁명군이 기동전에서

15) Edward Mead Earle, *op. cit.*, pp.342-343.

16) *Ibid.*

17) Earl F. Ziemke, *op. cit.*, p.507.

특별한 적응력을 보여주었을 뿐만 아니라, 러시아 혁명의 정신은 지속적 활동, 대담성, 게릴라작전 및 적에게 전쟁을 수행하는 모든 수단을 요구한다고 프룬제는 말했다.[18] 스탈린 자신도 공세전략만이 승리를 가져다 줄 것이라고 확신했던 것처럼 보인다. 스탈린은 웰스(H. G. Wells)에게 "적은 항복하지 않을 것이니 짓밟아버려야만 한다는 것을 이해하지 못하는 군사지도자를 누가 원하겠는가"라고 말했던 것이다.[19] 그가 볼 때 전쟁이란 적군을 궤멸시키는 것 외엔 아무 것도 없었다.

그러나 스탈린은 레닌과 다른 점이 있었다. 레닌은 애국심을 조롱했다. 그는 사회주의의 혁명을 위해 조국을 희생할 줄 모르는 자는 사회주의자가 아니라고 말했다.[20] 그러나 스탈린은 1924년 12월 이른바 '일국사회주의론'을 천명하고 "타국에서 프롤레타리아의 예비적 혁명이 없이도 소련의 노동계급은 조국의 완전한 사회주의의 건설을 위해 힘을 사용할 수 있다."고 주장했다.[21] 이듬해 스탈린은 마르크스와 엥겔스의 테제를 뒤집으면서 사회주의 혁명의 승리가 이룩될 때까지 신사회질서를 위한 경제적 전제조건들은 이루어지지 않을 것이라는 신테제를 채택했다.[22] 새로운 교리와 함께 그는 레닌주의자로부터 러시아 쇼비니스트로 변했다. 따라서 그에게 가장 중요한 전략적 과업은 첫째로 적의 가장 취약한 지점에 대항하여 결정적인 순간을 위해 자신의 주된 군사력을 집중시키는 것이었다.[23] 둘째로는 결정적 타격을 가할 순간의 선택, 셋째로

---

18) Edward Mead Earle, *op. cit.*, p.344에서 재인용.
19) *Ibid.* p.350에서 재인용.
20) *Ibid.* p.356.
21) Wolfgang Leonhard, *Three Faces of Marxism*, New York: Paragon Books, 1974, pp.100-101.
22) *Ibid.* p.102.
23) *Ibid.* p.107.

는 모든 어려움에도 불구하고 채택된 길을 일관되게 추구하는 것이며, 넷째는 중요한 과업은 후퇴가 불가피하게 되면 질서있는 후퇴를 실행할 수 있도록 자신의 예비병력을 움직이는 것이었다.[24] 스탈린의 이러한 군사전략적 사고는 사실 전략의 세계에서 결코 새로운 것이 아니었다. 클라우제비츠의 전략적 제원칙과 비교할 때, 첫째는 집중의 원칙, 둘째는 정점(culminating point)의 원칙, 셋째는 인내력(perseverance)의 원칙 그리고 넷째는 전략적 예비병력 보유의 원칙으로 대입시킬 수 있기 때문이다. 전술의 차원에서도 스탈린은 프롤레타리아 계급의 모든 형태의 투쟁과 조직을 통달하여 전략적 성공을 위해 적절히 사용하는 것을 전술적 지도력의 과제로 간주했다.[25] 이것은 클라우제비츠의 '무장한 인민(the people in arms)'의 활용원칙과 전혀 다를 것이 없다.[26] 따라서 스탈린은 결코 새로운 전략이론가가 아니었으며, 엥겔스 · 레닌 · 트로츠키로 이어지는 클라우제비츠의 신봉자에 지나지 않았다고 해도 과언이 아닐 것이다.

클라우제비츠의 군사전략은 근대 국민국가의 군사전략이었다. 그리고 근대 국민국가는 1789년 프랑스 대혁명의 용광로 속에서 탄생했다. 프랑스 혁명은 새로운 '국민군대'를 탄생시켰으며 새로운 '국민간의 전쟁'을 낳았다. 전쟁은 더 이상 '군주들의 스포츠'가 아니었다. 혁명의 전사들은 '보수'를 위해 싸우는 것이 아니라 '조국의 수호와 영광을 위해' 목숨 바쳐 정열적으로 싸우기 시작한 것이다. 그것은 분명히 새로운 시대정신의 분수령이었다. 1906년 예나 전투에서 하얀 백마를 탄 나폴레옹을 목격한 헤겔은 새로운 시대정

---

24) *Ibid.* pp.107–108.

25) *Ibid.*

26) Carl von Clausewitz, *On War*, trans. by Michael Howard and Peter Paret, Princeton, NJ: Princeton University Press, 1976, pp.479–483.

신을 목격했다고 고백했다. 당시 나폴레옹은 자신을 '혁명의 아들'이라고 자처했다. 헤겔은 그가 새로운 시대정신을 확신시키는 이른바 '세계 역사적 인물(World Historical Man)'이라고 불렀다. 당시 수준에서 거의 무제한적 병력을 동원할 수 있었던 나폴레옹은 전근대적 군주국가들과의 전쟁에서 패배를 몰랐다. 당시 나폴레옹의 적이었던 프러시아의 칼 폰 클라우제비츠도 그를 '전쟁의 신(God of War)'이라고 부르는데 주저하지 않았다.[27] 나폴레옹의 전략적 탁월성은 1812년 겨울 모스크바로부터의 참담한 철수와 1813년 10월 라이프치히(Leipzig) 전투 및 1815년 6월 워털루(Waterloo)에서 연합군에 의한 최종적 패배에 의해 그 한계가 명백하게 입증되었음에도 불구하고 격하되지는 않았다. 나폴레옹은 역사의 무대에서 사라졌지만 전설 속에 영원히 살아남았다. 그러나 아이러니컬하게도 나폴레옹의 군사전략은 그가 남긴 전쟁의 대원칙들을 통해서가 아니라 그의 전쟁 수행방법을 직접 목격하고 또 그와 싸운 조미니(Jomini)와 클라우제비츠의 전략이론에 의해서 계승 발전되었다.[28] 특히 클라우제비츠는, 그의 제자 중 한 사람이었던 몰트케(Helmuth von Moltke) 장군이 1864~1870년 사이에 3차례의 전쟁을 승리로 이끌어 비스마르크의 통일정책에 결정적 기여를 하게 되고, 그가 클라우제비츠의 전략이론을 거의 전적으로 활용했었다는 사실이 알

27) *Ibid.* p.583.

28) 현재 거의 망실된 나폴레옹의 전략원칙은 Brig. Gen. Thomas R. Phillips, ed., *Roots of Strategy: The 5 Greatest Military Classics of All Time*, Harrisburg, PA: Stackpole Books, 1985, Originally 1940, pp.401-442에서 접할 수 있으며, 나폴레옹과 조미니 그리고 클라우제비츠에 관해서는, John Shy, "Jomini"와 "Clausewitz"가 수록된 Peter Paret, ed., *Makes of modern Strategy: From Machiavelli to the Nuclear Age*, Oxford: Clarendon Press, 1986의 각각 6장 및 7장을 그리고 Edward Mead Earle, *op. cit.*에서는 Crane Brinton, Gordon A. Craig, and Felix Gilgert, "Jomini," H. Rothfels, "Clausewitz," 즉 제4장과 5장을 참조.

려지면서 유럽국가들의 방위전략의 보편적 지침이 되었다.[29]

19세기 후반기에 열정적 혁명이론가였던 마르크스와 엥겔스, 특히 군사문제에 관심이 깊었던 엥겔스는 클라우제비츠로부터 큰 영향을 받았었다.[30] 따라서 레닌이나 트로츠키 그리고 스탈린이 유럽의 전통적 군사전략 특히 클라우제비츠의 군사전략사상을 뛰어넘지 못한 것은 분명하다. 결국 러시아의 혁명가들은 프랑스의 혁명가들을 모방했던 것이다. 스탈린도 1941년 독일과의 전쟁이 시작되자 그 전쟁을 '해방전쟁', '조국의 자유를 위한 전쟁'으로 명명했다. 그러나 그의 군사전략은 비록 새로운 사회주의 건설이라는 이념적 채색에도 불구하고 제2차 세계대전의 과정에서 분명해진 것처럼 재래식 공세전략에 지나지 않았다. 따라서 스탈린의 군사전략은 첫째 아측의 군사력을 집중시키고, 둘째 객관적 힘의 계산에서 정점에 도달한 결정적 순간을 포착하여, 셋째 기습적 공세를 쉼없이 퍼부으며, 넷째 인내력 있게 난관을 극복해 나가면서, 다섯째 예비병력을 적기에 활용하는 것이며 적의 인민봉기를 모색하는 것으로 집약될 수 있을 것이다. 전략적 목적은 물론 적국을 무력으로 점령하여 친소련정권을 수립하고 소련의 영향권 하에 두는 것이다. 1950년 6월 25일 기습남침한 북한은 바로 이러한 스탈린 전략의 산물이었다.

---

29) Michael Howard, "The Influence of Clausewitz," in Carl von Clausewitz, *op. cit.*, pp.27–44.

30) Sigmund Neumann, and Mark von Hagen, "Engels and Marx on Revolution, War and the Army in Society," in Peter Paret, ed., *op. cit.*, pp.262–28.

Ⅲ. 북한 군사전략의 실천: 스탈린 전략의 유용성과 한계

제2차 세계대전의 종결과정에서 북한을 점령한 소련인들은 동유럽에서처럼 북한에 친소련정부 수립작업을 진행시켰으며 누구에게도 북한을 내놓을 생각은 전혀 없었다. 제2차 세계대전 중 스탈린은 이미 소련의 지정학적 국가이익을 과거 짜르시대의 지정학적 러시아 국가이익과 동일시했다. 그는 1945년 2월 얄타회담에서 이미 1904~1905년의 러일전쟁에서 상실한 러시아의 이익을 되찾겠다고 밝혔을 뿐만 아니라,[31] 같은 해 9월에는 "우리 인민들은 일본이 패주하여 우리 조국에 남긴 검은 흔적을 말끔히 씻어낼 날이 올 것을 믿었고 또 기다렸다. 마침내 그날이 왔다"고 선언했다.[32] 당시 한반도는 제정러시아에게 전쟁을 할 만큼 중요한 지역이었다. 따라서 스탈린도 가능하다면 한반도 전체를 소련제국의 지배하에 두고 싶었을 것이다. 그는 이미 남한에 대한 적극적 목적을 갖고 있었다. 소련 주도로 창설하여 북한인민군도 확보했다. 따라서 그는 적절한 여건의 조성을 기다리고 있었다. 군사 전략적 원칙을 원용하여 말한다면 그는 적절한 시점, 즉 공격을 위한 정점(culminating point)을 기다렸다. 그리고 정점을 향한 여건은 성숙되어갔다. 1949년 중국 공산주의의 승리, 주한미군의 철수 그리고 1950년 1월 애치슨 미국무장관의 연설은 공세의 정점이 도달했음을 알리는 신호였다.

---

31) Russell D. Buhite, *Decisions at Yalta*, Willington, Delaware: Scholarly Resources Inc., 1986, p.19; Marx Beloff, *Soviet Policy in the Far East 1944-1951*, Oxford: Oxford University Press, 1953, pp.23-24; Robert M. Slusser, "Soviet Far Eastern Policy, 1945-1950: Stalin's Goal in Korea," in Yonosuke Magai and Akira Iriye, eds., *The Origins of the Cold War in Asia*, Tokyo: University of Tokyo Press, 1977, pp.123-146.

32) Wolfgang Leonhard, *op. cit.*, p.118에서 재인용. 이것은 1945년 9월 3일자 5쪽에 실린 스탈린의 하루 전날에 행한 승리연설(victory address) 중에서 인용한 것이다.

당시 김일성은 자신의 이익을 소련의 이익과 동일시했으며, 스탈린의 전략을 가능한 한 그대로 한국전쟁에서 실천했다.

김일성의 전쟁목적은 한반도의 현상을 타파하고 전 한반도에 공산혁명정부를 수립하는 것이었다. 이를 위해 김일성은 첫째, 스탈린 전략에서 공세의 성공가능성을 높게 평가하지는 않았지만 적극적 목적을 추구하던 김일성은 이미 소련에서 원조한 70대의 야크 전투기와 60대의 폭격기 그리고 150대의 탱크를 앞세운 지상과 공중의 신속한 기동력으로 기습공격의 전략적 성공을 확신하고 있었다. 기습의 성공여부는 속임수에 달려 있었다. 속임수의 원칙은 고대 중국 군사이론의 핵심이 아니었던가?[33] 뿐만 아니라 기습공격은 모든 전쟁수행을 관장하는 지휘관의 일반적 욕망이다.[34] 기습공격을 준비하면서 김일성은 남한의 경계태세를 이완시키고 남한 정치지도자들의 관심을 돌리는 일종의 페인트 전술로서 1950년 6월에 접어들면서 '조국의 평화적 통일'이라는 슬로건을 앞세우는 일대 정치공세를 전개하기 시작했다. 이미 레닌이 말했던 것처럼 김일성에게 평화란 수단을 달리한 전쟁의 계속이었던 것이다. 김일성이 기습공격 명령하달 단 한 시간 전에야 각료회의에서 전쟁계획을 발의하고 통과시켰다는 사실은 그가 얼마나 철저히 기습공격, 즉 공세전략의 최대효과를 위해 노력했는가를 입증해 준 것이다.[35]

북한 군사전략, 즉 스탈린 전략의 두 번째 원칙은 군사력을 집중시켜 군사적 목표가 달성될 때까지 쉴 새 없이 공세를 유지해 나아가는 것이었다. 당시 김일성의 전략적 기습공세의 군사적 목표는

---

33) Chen-Ya Tien, *Chinese Military Theory: Ancient and Modern*, Oakville, Ontario: Mosaic Press, 1992, pp.41-43.

34) 강성학, 『카멜레온과 시지프스: 변천하는 국제질서와 한국의 안보』, 서울: 나남출판사, 1995, p.406.

35) 이에 대한 증거에 관해서는, *Ibid.*, p.408, 각주 22번 참조.

남한의 수도 서울을 신속하게 점령하는 것이었다. 그는 남한의 힘의 중심부(the center of gravity)를 서울로 결정했다. 힘의 중심부란 모든 것이 그것에 달려 있는 힘과 운동의 중추이다.[36] 동양의 손자가 적을 먼저 알아야 한다고 했을 때, 그 역시 적의 힘의 중심부를 정확히 파악할 것을 포함했다고 하겠다. 따라서 그것은 적의 군대·수도·보호국·지도자·여론 등을 다양하게 망라할 수 있으며, 또한 전쟁의 진행 상황에 따라 달라질 수도 있는 것이다. 김일성이 수도 서울을 남한의 힘의 중심부로 결정했던 것은 모든 것이 서울의 무력점령으로 끝날 것으로 판단했었기 때문이다. 당시 김일성은 한국전쟁을 '내전'으로만 인식했다. 국내적 투쟁에서는 수도가 일반적으로 힘의 중심부가 된다. 따라서 혁명전쟁을 수행한다고 믿었던 김일성이 서울의 장악을 군사적 목표로 삼았던 것은 전략적으로 특별한 것이 되지 못했다. 프랑스 혁명의 아들로 자처했던 나폴레옹은 "적에 의해 수도가 점령된 국가는 순결을 상실한 소녀와 같다"[37]고 말했다. 러시아 혁명도 레닌이 당시 러시아의 수도 페트로그라드를 장악했을 때, 또한 중국의 공산혁명도 마오쩌둥이 국민당 정부의 수도 남경을 점령했을 때 사실상 모든 것은 끝나버렸다. 따라서 김일성도 서울의 점령은 곧 혁명전쟁의 최종적 승리를 가져다 줄 것으로 믿었던 것이다.

셋째의 전략적 원칙은 인민봉기의 이용이다. 김일성은 개전 직후 일방적 공세를 통해 서울을 점령한 후 공세를 중단했다. 그 기간은 결국 3일 간에 그치고 말았지만 김일성은 서울만 일단 정규군으로 장악하고 나면 남한에서 인민봉기가 일어나 전 남한의 공산화가 이룩될 것으로 기대하고 있었다. 당시 김일성은 남한에 숨겨둔 '트로이 목마'의 역할에 큰 기대를 걸었다. 개전 전 박헌영은 김일성에

36) Carl von Clausewitz, *op. cit.*, pp.595–596.

37) Benard Bordie, War and Politics, New York: Macmillan, 1973, p.443.

게 일단 공격을 감행하면 남한 내의 약 20만에 달하는 공산주의자들이 봉기하여 남한정부를 완전히 전복시킬 것이라고 확신시켰다. 김일성은 혁명전쟁전략에서 자신이 적의 방선 뒤에 숨겨둔 트로이 목마처럼 그들에게 의존할 수 있으리라고 믿음으로써 '위대한 스탈린 대원수'의 전략적 원칙을 따를 수 있다고 생각했던 것이다. 그리고 그는 승리를 확신하고 있었다. 다가오는 전쟁이 짧은 기간 내에 자국의 승리로 끝날 것이라는 낙관주의는 종종 전쟁발발 그 자체의 원인이 되었다.[38] 김일성도 남한을 기습공격할 때 그런 낙관주의에 젖어 있었다. 그것은 그가 군사전략의 중요한 원칙 가운데 하나이며 스탈린의 전략교본에도 분명히 들어있는 예비병력을 확보하지 않았다는 사실로 충분히 입증될 수 있는 것이다.

김일성의 그런 낙관은 무엇보다도 남한에 비해 압도적인 북한 인민군의 군사력이었다. 공산주의자들은 유물론자이다. 따라서 그들은 객관적 조건을 중요하게 생각한다. 혁명가란 투쟁가이며 혁명전략이란 급진적인 정치 사회변화를 실현하기 위해 무력을 사용한다. 김일성은 남하보다도 압도적으로 우월한 군사력을 혁명의 필요조건으로 생각했으며 소련의 전폭적인 지원 하에 잘 무장된 강력한 군사력을 준비했다. 따라서 김일성은 개전시 스탈린 전략을 실천에 옮김으로써 전통적 군사전략의 중요한 제 원칙들을 실행했던 것이다. 한국전쟁에서 나타난 북한의 군사전략은 다음과 같이 집약될 수 있을 것이다.

첫째, 한반도 전체에 단일 공산정권을 수립한다. 이 목적은 마르크스·레닌주의의 공산주의 이념과 스탈린의 군사전략을 통해 달성한다.

둘째, 한반도의 통일은 압도적인 군사력을 바탕으로 하여 기습적

---

38) Geoffrey Blainey, *The Causes of War*, New York: The Free Press, 1973, 제3장.

전면남침의 공세전략에 의해 달성한다.

셋째, 일단 전쟁이 개시되면 남한의 힘의 중심부인 서울을 신속하게 무력으로 점령한다.

넷째, 정규군에 의한 공세적 작전개시와 함께 남한에 숨겨둔 '트로이 목마'인 빨치산 공산주의자들을 통해서 남한 주요지역에서의 인민봉기를 동시에 유도하여 통일혁명전쟁의 승리를 완수한다.

다섯째, 전면 기습적 공세전략의 효과를 극대화하기 위해 군사작전 개시전, 남한의 정치 및 군지도자와 여론의 관심을 분열시키고 남한의 경계 태세를 약화시키기 위해 조국의 평화통일의 당위성과 가능성을 최대한 선전전에 활용한다.

여섯째, 남한 정치 및 군지휘관과 장병들의 경계심을 이완시키기 위해 빈번한 소규모의 군사충돌을 유발하여 남 · 북한 무력충돌을 일상화한다.

일곱째, 남한에서의 인민봉기를 효과적으로 지도하기 위해서 인민봉기를 선동하고 조직적 투쟁을 이끌어갈 수 있는 혁명전위대들을 가능한 한 많이 남한에 밀파한다.

이상의 전략적 원칙들에 입각한 북한은 혁명전쟁의 초기에 거의 성공할 뻔했다. 그러나 전쟁이란 클라우제비츠의 말처럼 문법은 있으나 논리가 없는 불확실성의 세계이다. 북한의 군사전략은 가장 중요한 문제에 대해 잘못된 가정 위에 서 있다. 그 기본가정의 오류는 북한의 모든 전략적 성공의 기본적 토대를 뒤집어 버렸다. 그 가정이란 한국전쟁이 내전이기 때문에 한국에서 일단 철수한 미국이 한반도 상황의 변화에 전혀 반대하지 않거나, 비록 반대하는 입장이라 할지라도 신속하게 무력개입을 하지 않으리라는 것이었다. 이 가정의 오류는 북한이 초기에 성취한 군사전략적 성과를 완전히 무효화시켰을 뿐만 아니라 전쟁 상황은 오히려 역전되어 북한 김일성 정권의 생존이 위태롭게 되는 상황으로까지 뒤바뀌었다. 김일성은 기습남침작전으로 속임수에는 성공했지만 제2차 세계대전이 종결되자마자 당시 유럽에서부터 새롭게 형성되기 시작한 국제체제의 구조적 양극화 현상으로 인해서 미 · 소가 제로섬 심리상태에 빠져들고 있다는 사실을 간과했었다. 그것은 국제정치의 일반적 무지에 기인한 것이지만, 어쨌든 미국과 미국이 주도하는 유엔군의 예상치 못한 개입으로 결국 김일성 자신이 역습을 당한 꼴이 되어버렸다. 유엔군의 인천상륙작전 성공으로 전세가 역전되어 갈 때 속전속결을 낙관했던 김일성은 예비병력을 두지 않았다. 풍전등화의 김일성 정권에게 예비병력의 역할을 대신 수행함으로써 그를 구원한 것은 10월 15일 압록강을 건너 한국전에 개입한 중공군이었다. 소련무기에 크게 의존한 중공군이 전세를 재역전시키는 데 결정적 기여를 함으로써 김일성 정권은 구사일생으로 살아남을 수 있었다.

멸망의 위기에서 중공군의 대대적 개입으로 기사회생한 김일성은 패전요인들을 분석, 자아비판하고 전열을 가다듬기 위해 1950년 12월 21일 별오리에서 제3차 당중앙위원회를 개최했다. 여기에서 그는 예상 못한 미국의 위협에 대항하는 예비부대를 더 많이 준비하지 못한 것이 제1의 전략적 오류라고 고백했다.[39] 예비병력의 준비는 스탈린 전략에서도 중요한 원칙으로 삼고 있었지만 신속한 승리를 확신했던 김일성이 소홀히 했던 부분이었다. 둘째, 김일성은 적을 완전히 섬멸시키지 못함으로써 적이 재조직하여 반격할 가능성을 주었다고 반성했다. 적군의 궤멸은 전통적 군사전략의 중요한 원칙일 뿐만 아니라 스탈린에게도 전쟁이란 적국을 궤멸시키는 것 외엔 아무것도 없었다. 따라서 김일성의 이런 전략적 반성

39) 한국전쟁에 대한 김일성의 전략적 반성으로 간주되는 별오리(別午里)회의에 관한 상세한 논의에 관해서는, 이기택, 『한반도의 정치와 군사: 이론과 실제』, 서울: 나남사. 1984, pp.367-371 참조.

은 자신의 전략적 몰이해를 고백했던 셈이다. 셋째, 김일성은 "인민군의 장비는 낙후성을 면치 못했으며, 보잘것없는 공군력으로 인해 한국군 및 유엔군에게 제공권을 상실당했고, 중 · 소로부터 지원된 각종 장비들은 현대전 수행에 보잘것없는 것들이었다"고 지적했다.[40] 이 반성은 성능이 우수한 현대장비의 중요성과 함께 현대전에서 공군 및 해군의 중요한 역할을 뼈아프게 인식하게 되었음을 증언해 주었다. 끝으로 또 하나의 특별한 반성은 기대했던 인민봉기와 유격전에 대한 실망이었다. 김일성이 트로이 목마가 될 것으로 기대했던 인민봉기는 허상임이 드러났고, 파견된 유격부대도 산악전만큼 성과를 거둘 수 없었다. 김일성은 이것이 정치적 훈련과 혁명적 영웅주의의 결핍에 기인하는 것으로 반성했다.[41] 그러나 이러한 김일성의 전략적 반성에도 불구하고 북한의 군사전략적 기본교리, 즉 스탈린의 전략교본 상에서 어떠한 중대한 오류를 지적하거나 변화를 시도한 흔적은 발견되지 않았다. 따라서 당시 김일성은 스탈린의 군사전략적 원칙들을 올바르게 실천하는 측면에서 잘못이 있었음을 반성했을 뿐 그 전략의 기본적 원칙들을 수정하지는 않았다. 단지 휴전과 함께 한국으로부터의 주한미군 철수를 북한정권의 당면과제로 추가했을 뿐이다.

40) 『북한총람』, 서울: 북한연구소, 1983, p.1585.

41) Kiwon Chung, "The North Korea People's Army and the Party," in Robert A. Scalapino, *North Korea Today*, New York: Praeger, 1963. p.114.

Ⅳ. 한국전쟁 이후 북한의 군사전략: 종전에서 닉슨 독트린까지

1953년 7월 27일의 휴전은 혁명전쟁 개시 이전과 거의 유사한 군사분계선과 피폐된 북한의 산하를 가져다주었다. 김일성에게는 북한의 모든 것을 복구하고 자신의 권력기반을 확고히 하는 것이 급선무였다. 공산중국은 북한 김일성 정권을 구출한 뒤, 20만에 달하는 중국 인민군을 북한에 주둔시키면서 조선인민군의 훈련과 병참을 도왔다. 소련의 군사원조는 스탈린 사후에도 계속되었다. 그러나 당과 군부 내에서 김일성에 대한 도전도 없지 않았다.[42] 김일성은 1958년 말까지 이른바 연안파들을 숙청하고 북한 주둔 중공군의 철수와 함께 북한의 인민군에 대한 완전한 통제력을 재확보했다. 또한 1956년 제20차 소련 공산당대회에서 흐루시초프 서기장에 의해 착수된 소련의 수정주의, 특히 스탈린의 격하운동 때문에 김일성은 소련과의 관계에 대해 경계심과 의구심을 품지 않을 수 없었다. 중 · 소간의 이념분쟁과 북한 자체의 역량부족으로 1960~1961년의 기간 동안 남한의 정치적 혼란을 군사적으로 이용할 수 없었다.[43] 그런데 1961년 5월 남한에서 반공을 국시의 제1로 삼는 군사정권이 집권하자 김일성은 불만스러웠다. 그리하여 동년 6월 29일과 7월 11일 김일성은 소련 및 중국과 각각 군사동맹을 체결함으로서[44] 아시아의 사실상 3국동맹의 형성을 도모했다. 그러나 김일성은 소련 수정주의의 영향을 염려하여 1962~1963년의

---

42) 1958년 초 중국의 제8로군 출신인 장평산 장군에 의한 쿠데타 기도는 김일성에 대한 도전의 한 실례가 될 것이다. 이에 관해서는, Kiwon Chung, *op. cit.*, pp.121-122 참조.

43) 이것은 김일성 자신이 그런 실망감을 표명했던 것으로 기록되고 있다. Robert A. Scalapino & Chong-sik Lee, *op. cit.*, p.595.

44) 이 조약의 자세한 논의에 관해서는, 정전위, 『북방삼각관계: 북한의 對中蘇관계를 중심으로』, 서울: 법문사, 1985, pp.66-67.

기간 동안에 북한의 소련고문들을 출국시키고, 소련에 유학중인 수천 명의 북한인들을 강제 귀국시켰다. 당시 평화공존을 추진하는 소련으로부터 군사원조의 장래가 의심스럽게 되자, 북한은 이른바 '주체'의 길을 모색하게 되었다.

군사력 강화를 위한 김일성의 동기는 이른바 제2베트남전과 1962년 미군사원조 베트남사령부(US Military Assistance Command Vietnam, MACV)가 창설된 이후,[45] 점증하는 미국의 베트남전 개입에 의해서 더욱 강화되었다. 김일성은 베트남에서 전개되는 상황을 보고 남한에서도 베트남에서와 같은 모반활동이 전개될 수 있을 것인지 그 분위기를 타진해 볼 수 있는 기회가 왔다는 결론에 도달했다.[46] 그리하여 1964년 2월 27일 이른바 3대혁명역량의 강화를 천명하고 베트남전쟁에 대한 미국의 규탄과 베트콩 지지를 재천명하였다. 3대혁명역량이란 남 · 북한 및 국제적 차원의 혁명역량을 강화하는 것을 의미했지만 결국 남한의 혁명조장을 목표로 한 것이었다. 남한에 친북정권을 수립하고 그것을 흡수하여 통일을 완수하기 위해서는 남한 반공정부의 타도가 먼저 이루어져야 한다.[47] 따라서 북한은 남한에서 혁명을 조장함으로써 남한 반공정부의 타도를 초래하기 위한 본격적인 행동에 착수했다. 그리하여 1966년에 베트콩처럼 조선인민군은 남한에 침투시킬 8만 명의 특수부대를 창설하고 요원들을 훈련시켰으며 10월의 당대표자회의에서 이른바 4대 군사노선이 채택되었다.[48] 이것은 첫째, '전인민의 무장화', 둘

---

45) Harry G. Summers, Jr., *Historical Atlas of Vietnam War*, Boston: Houghton Miffin, 1995, p.76.

46) Larry Niksch, *op. cit.*, p.107.

47) Sang Woo Rhee, *Security and Unification of Korea*, Seoul: Sogang University Press, 1983, pp.142-143.

48) 이기택 교수에 의하면 이 4대 군사노선은 1962년 12월 노동당 중앙위원회 제4기 5차 전원회의에서 "조성된 정세에 관련한 국방력 강화과제"라는 테제 하에 일부가 제시되었고, 1966년 10월에 확정되었지만, 이미 1962년부터

째 온 나라의 요새화, 셋째 '인민군대의 간부화', 넷째 '무장의 현대화'라는 4개의 정책목표를 동시에 추진하는 것이었다.

첫째 '전인민의 무장화'란 기존의 인민군대와 함께 노동자, 농민을 비롯한 전인민의 병사화를 의미했다. 전인민을 철저히 군대조직으로 묶어 일사분란한 병영국가를 실현하겠다는 것이었다. 한국전쟁 중 김일성정권은 자신의 전쟁도발을 북침에 의한 반격이라고 철저히 위장하고 북한 주민들을 의식화했지만, 상당수의 북한주민들이 남하했었다. 한국전쟁 발발 전에 이미 2백만 명이 남하했으며, 전쟁 기간 중에도 약 2백만 명에 달하는 북한주민이 북한의 공산전체주의 체제로부터 남쪽으로 탈출했었다.[49] 따라서 전인민의 문장화란 그런 이탈을 철저히 차단하고 전주민을 예비병력화하려는 것이었다. 둘째, '온 나라의 요새화'란 북한을 난공불락의 요새로 만들기 위해 북한의 전지역에 방공군사방위시설을 구비하는 것이었다. 셋째, '인민군대의 간부화'란 북한의 정치이념을 철저히 생활화함으로써 북한의 인민부대나 유격대의 간부들을 많이 육성하려는 것이었다. 넷째, '무장의 현대화'란 군사과학과 군사기술을 발전시키고 인민군을 현대전 무기와 전투기술 기재들로 무장한다는 것이었다.

이러한 4대 군사노선이란 결국 북한의 혁명기지를 가일층 강화하기 위한 정책목표를 정치적 슬로건으로 표명한 것이다. 이것은 엄격한 의미에서 전쟁수행전략이 되지는 못한다. 오히려 효과적 전쟁수행을 위한 보다 나은 전쟁준비 활동에 지나지 않는다. 클라우제비츠가 지적했듯이 전략이란 원래 병력의 준비, 즉 전쟁의 준

4대 군사노선은 실천되어 왔다고 한다. 이기택, *op. cit.*, pp.373-374 참조.

49) Chae-Jin Lee, "The Effects of the War on South Korea," in Chae-Jin Lee, ed., *The Korea War: 40-Year Perspectives*, Claremont McKenna College, Claremont, California: The Keck Center for International and Strategic Studies, 1991, p.118.

비를 의미한다고 하겠다.[50] 그러나 다시 클라우제비츠의 주장처럼 '전쟁의 준비'와 '전쟁수행' 그 자체는 구별되어야 한다.[51] 따라서 4대 군사노선이란 북한의 전략적 기본방침을 변화시킨 것이 아니라 북한의 혁명전쟁수행전략의 뒷받침을 강화한 것에 지나지 않았다.

북한의 대남전략에 변화가 있었다면 그것은 북한 혁명기지의 강화와 함께 대남혁명전략에서 비정규전, 즉 남한 내의 혁명조장 노력을 한층 강조한 것이라 하겠다. 그러한 변화는 당시 베트남전의 전개 상황으로부터 영향을 받은 것이라 할 수 있다. 즉 북한 김일성 정권은 베트남 공산주의자들과 전략 · 전술을 구사해 보려고 했던 것이다.[52] 그리하여 북한공산주의자들은 베트남에서처럼 '민족해방전선'이 '트로이 목마'처럼 조직되어 남한의 적화통일 계획을 헌신적으로 지원하기를 기대했다. 이 시기에 남한에서는 1964년 3월 한일회담에 관한 김-오히라 메모가 알려지자, '대일 굴욕외교'에 반대하는 전국적인 소요가 발생하였고 이를 진압하기 위해 당시 박정희 정권은 계엄령을 선포할 정도였다. 또한 1965년에는 베트남으로 한국군 병력을 파견하는 문제로 한동안 혼란을 겪었지만, 1965년 2월 한국군 부대가 베트남에 파병되었다.[53] 그런 대규

---

50) Carl von Clausewitz, *op. cit.*, p.33.

51) *Ibid.*, p.131. 하나의 실례로 이것의 개념적 구별의 불명확성이 어떻게 베트남에서 미국의 전쟁수행에 부정적 영향을 미쳤는가에 관해서는 Harry G. Summers, Jr., *On Strategy: The Vietnam War in Context*, Carlisle Barracks, Pennsylvania: Strategic Studies Institute, US Army War College, 1981, Chap.4 참조.

52) Robert A. Scalapino, "The Foreign Policy of North korea," in Robert A. Scalapino, ed., *op. cit.*, p.35.

53) 이것을 출발로 하여 1966년 12월에는 주월한국군이 약 38만 9천명에 달했다. 한국군의 베트남 파병에 관한 분석을 위해서는 Sungjoo Han, "South Korea's Participation in the Vietnam Conflict: An Analysis of the US-Korean Alliance," *Orbis*, Vol. 21. No. 4, Winter 1978, pp.839-912 참조.

모의 병력 파견은 한국의 안보에 대한 미국의 공약이 확고함과 동시에 한국정부의 대북방위정책에 어느 정도 자신감을 표현한 것이다.

당시 북한은 전면적 군사작전을 단행할 만큼 객관적 조건이 아직은 충분히 성숙되지 못한 것으로 판단하였다. 따라서 베트남에서와 같은 반정부운동세력을 남한 내부에 조직함으로써 혁명기반을 조성하고자 하는 구체적 행동을 모색하게 되었다. 미국에선 1965년부터 간헐적으로 발생한 반전시위가 1967년부터는 대규모 시위로 확대되고, 미국의 일반적 여론도 서서히 미국의 베트남전 개입에 염증을 보이기 시작했다. 특히, 1967년 4월 뉴욕과 샌프란시스코에서 발생한 반전시위는 미국의 정책결정자들에게 무시 못 할 주월미군의 철수압력으로 작용하게 되었다. 따라서 김일성은 남한의 상황을 베트남 같은 상황으로 전환시킬 수 있다면 아시아의 전쟁에 반대하는 미국의 여론이 주한미군의 철수까지 요구하게 될 것이며 그러면 베트남전으로 고통받고 있는 미국정부가 제2의 아시아전쟁의 가능성에 미리 겁을 먹고 주한미군의 철수를 고려하게 될 것이라고 판단했을 것이다. 남한의 베트남화는 곧 남한에서 극도의 혼란을 야기시키는 것으로부터 출발한다. 그리하여 1968년 초부터 북한은 남한에 극도의 혼란을 야기시키고, 미국을 제2전쟁 가능성으로 위협하기 위해 구체적 도발행위를 저질렀다.

우선 1968년 1월 21일, 31명의 무장공비가 청와대를 기습하여 박정희 대통령의 저격을 기도했다. 당시 김일성은 박정희 대통령만 제거되면 남한은 걷잡을 수 없는 혼란 상태에 빠지게 될 것이며, 남한은 베트남과 비슷한 상황으로 발전할 것으로 기대했음이 분명했다. 이와 거의 동시에 1월 23일에는 미국의 푸에블로호를 공해상에서 나포하여 승무원들을 인질로 삼아 미국의 강력대응을 예방하면서 미국 내 주한미군의 철수여론이 비등해지기를 기대했다. 같은 해 8월 20일에는 서귀포에 간첩선을 침투시켰으며 10월 20일에는 삼척·울진 지역에 120명의 무장공비들을 침투시켜 베트남의 베트콩 같은 게릴라작전을 기도했다.[54] 또한 1969년 4월 15일에는 미국의 정찰기(EC-121)를 격추시켜 미국군의 한국주둔에 대한 위험성을 미국민들에게 인식시키려 했다. 그러나 이러한 북한의 기도들은 모두 실패했다. 북한의 이런 작전의 실패는 베트콩의 작전과 비교되었다. 1968년 베트콩은 대대적인 구정공세(Tet offensive) 작전을 통해 군사작전 그 자체는 결국 실패했지만, 미국 내의 반전운동을 일층 가속화시키는 정치적 효과를 거두었다. 베트콩의 공세는 미국정치의 힘의 중심부인 여론을 직접 공격함으로써 미행정부의 낙관적인 공식 전쟁 상황 보고와 미국 텔레비전 시청자들이 목격한 현실 사이에 쐐기를 박아 미국민들과 정치지도자들에게 베트남전은 미국 측에 가망이 없으며, 전쟁 참여 자체가 어느 정도 비이성적인 것으로 보이도록 하는 계기가 되었기 때문이다.[55] 반면에 북한은 군사적인 측면에서는 물론이고 정치적인 면에서도 아무런 가시적 효과를 거두지 못했다. 남한 국민들은 베트남인들과는 판이하게 강력한 반공의식을 갖고 있었으며, 그러한 무력도발은 오히려 남한 국민에게 북한 공산주의의 위협을 재인식시키고 경계심을 높이는 결과만을 초래했다.

남한 내의 인민봉기를 통해서, 즉 남한의 공산혁명전략을 통해서 남한을 '베트남화'시켜 보겠다는 북한의 구체적 노력들은 1969년 전반기까지 아무런 성과를 거두지 못했다. 남한에 극단적 혼란상황을 조성하고 동시에 또 다른 아시아의 전쟁에 대한 미국민들의

---

54) 이 사건에 관한 상세한 분석에 관해서는, 『이아고와 카산드라』, 제20장 "냉전시대의 한반도 위기관리" 참조.

55) Harry G. Summers, Jr., *On Strategy: The Vietnam War in Context*, Carlisle Barracks, Pennsylvania: Strategic Studies Institute, US Army War College, 1981, pp.94-96.

두려움과 혐오감을 불러일으켜 주한미군을 철수시켜 보려는 북한 공산주의자들의 온갖 노력은 미국의 대한 공약에 대한 일관된 입장과 투철한 남한 국민들의 반공의식 그리고 다시 박정권의 무차별적 반공정책으로 헛수고에 그치고 말았다. 또한 1961년 군사동맹의 체결에도 불구하고 소련이나 중국은 북한의 도발적 인민봉기작전에 별로 호의적이지도 않았다.56) 오히려 그들은 한반도의 안정을 원하고 있었다. 소련이나 공산중국은 이른바 동서의 양극체제의 구조 속에서 상당히 보수화에 기울고 있었다. 뿐만 아니라, 소련은 1968년 체코슬로바키아 문제로 시달리고 중국은 이른바 1966년 7월부터 문화혁명에 빠져 있었으며, 소 · 중 간에는 이른바 이념분쟁과 갈등이 절정으로 치닫고 있었다. 그러한 한반도 및 국제적 여건 속에서 북한 김일성 정권에게 1950년 초와 같은 기습공격을 결정할 전략적 정점(strategic culminating point)은 찾아오지 않았다.

1960년대 중 · 후반에 남한을 베트남화해 보려는 시도가 꾸준히 시도되었다는 사실은 당시 베트남에서 전개되고 있던 베트콩의 전략, 즉 지압(Giap) 장군의 이른바 마오쩌둥식 지구전(protected war) 전략을 북한의 김일성이 차용하여 시험했다고 할 수 있다. 그러나 엄격한 의미에서 마오쩌둥전략이란 본질적으로 방어적 전략이다. 마오쩌둥은 방어적 전쟁이 공세적 전쟁보다도 더 강력한 전쟁이라는 클라우제비츠의 전략적 가르침을 수용했던 전략가였다.57) 뿐만 아니라, 클라우제비츠의 민중봉기전략은 마오쩌둥에 의해 가장 성

56) 『이아고와 카산드라』 제20장 참조.

57) Raymond Aron은 마오쩌둥이 20세기에 클라우제비츠를 가장 잘 이해한 인물이라고 평가했다. Raymond Aron, *op. cit.*, pp.294-302; R. Lynn Rylander, "Mao as a Clausewitz Strategist," *Military Review*, August 1981, pp.13-21; 마오쩌둥은 당시 헬무트 슈미트(Helmut Schmidt) 서독 수상이 베이징을 방문했을 때 클라우제비츠에 대한 높은 경의를 표했다. Wilhelm von Schramm, "East and West pay homage to father of military theorists," *German Tribune*, June 8, 1980, pp.4-5; Harry G. Summers, Jr., *op. cit.*, p.4.

공적으로 실천되었다. 중국은 인민무장투쟁에 관한 클라우제비츠의 환경적 조건들을 모두 충족시켰기 때문이다.[58] 마오쩌둥의 인민무장투쟁은 다시 클라우제비츠의 주장처럼 전면적 공세의 정점에 도달할 때까지 기다리면서 무장한 인민들이 정규군을 보완하고 돕는 것이다. 그러나 이런 투쟁이 정규전을 대치하지는 않는다. 따라서 김일성이 이 시기에 지압 장군을 흉내 내는 몇 차례의 시도를 했지만 베트남에서처럼 본격적으로 실천하지는 못했다. 북한의 적극적 목적은 베트콩과 동일했지만, 북한 김일성에겐 라오스 · 캄보디아와 같은 활용 가능한 '성역'이나 밀림지대가 없었으며 남한은 결코 베트남 같지 않았기 때문이다. 따라서 마오쩌둥전략이란 김일성에게 보조적 수단 이상은 아니었다고 하겠다. 그의 군사전략은 여전히 스탈린의 전략 그대로였다.

그러나 북한 공산정권은 1969년 7월 새로운 기대감을 갖게 되었다. 그것은 닉슨 독트린의 발표로 인한 것이었다. 북한이 그렇게도 꾸준히 한국전쟁 후 추구해 온 주한미군에 어떤 변화가 북한의 노력에 의해서가 아니라 바로 미국 대외정책의 근본적 변화로 인해 기대되기 시작한 것이다. 따라서 북한의 김일성은 자신의 군사전략을 근본적으로 바꿀 필요성을 느끼지 못했다. 마르크스와 레닌의 주장처럼 역사는 김일성 자신의 승리를 향해 진행되는 것처럼 보였다. 레닌의 말처럼 반복이 성공의 어머니라면 그는 자신의 군사전략을 바꿀 이유가 없었다.

58) 이 환경적 조건에 관해서는, Carl von Clausewitz, *op. cit.*, p.480 참조.

Ⅴ. 긴장완화시대의 북한 군사전략: 대미평화공세를 통한 한·미 간 분열모색

1969년 7월 닉슨 독트린의 선언은 제2차 세계대전 이후 양극적 냉전질서가 수립된 후 미국의 새로운 정책방향을 제시했다. 그것은 1947년 트루먼 독트린 이후 미국 대외정책의 가장 중대한 변화를 의미하는 새로운 미국의 안보정책이었다. 이 선언에서 당시 닉슨정부는 미국 해외공약의 순결성과 신빙성을 재확인하면서도 일차적으로는 당시 미국이 당면한 베트남전에서 빠져나가는 방법과 향후 대아시아정책의 방향을 제시했었다. 이제 미국의 베트남정책은 베트남문제의 베트남화(Vietnamization)였다. 그것은 1969년 2월에 54만2천 명에 달한 주월 미군의 완전철수를 의미했다. 즉 베트남에서 미국의 정책은 제2차 세계대전 후 '공산침략의 저지'에서 1969년 7월부터는 '주월 미군의 철수'로 그 목표가 바뀌어버린 것이다.[59]

닉슨 독트린이 모든 아시아 국가들에게 똑같이 적용된다면 한반도 문제의 한국화, 혹은 한국안보의 한국화를 의미하는 것으로 해석될 수 있었다. 실제로 닉슨 독트린의 선언 이후 1971년 3월 주한 미7사단의 철수가 단행되었다. 같은 해 7월 9일 미국의 대통령 안보담당 특별보좌관 키신저 박사가 비밀리에 베이징을 방문하고 15일 닉슨 대통령이 미·중공 간 관계 정상화의 추진을 위해 직접 중국을 방문할 것이라는 성명을 발표했을 때, 전세계는 깜짝 놀랐으며 세계질서가 크게 변하고 있음을 감지할 수 있었다. 1972년 2월 닉슨 대통령의 역사적 베이징 방문과 1972년 5월 26일 군비통제잠정합의안에 대한 서명 그리고 미·소 간의 정상회담을 위한

---

59) Harry G. Summers, Jr., *On Strategy: The Vietnam War in Context,* Carlisle Barracks, Pennsylvania: Strategic Studies institute, US Army War College, 1981, p.66.

모스크바 방문은 범세계적인 긴장완화시대의 도래를 목격하게 해 주었다.

북한도 당시 범세계적인, 즉 국제체제적 차원의 긴장완화의 파도에 초연할 수는 없었다. 특히 북한의 후견동맹국들인 중 · 소가 다 같이 미국과의 긴장완화를 추진할 때, 북한만이 유독 버림받은 못된 아이처럼 행동할 수는 없었다. 김일성은 이 기회에 남한과 전세계를 속일 수 있을 것이라고 계산했다. 그리하여 1971년 8월 남북적십자회담에 참여하고 1972년 7월 4일 남북공동성명을 남한과 공동 발표하였으며 남북조절위원회의 설치에 합의하는 한반도 평화통일의 원칙을 수용하는 모습을 보여주었다. 그러나 1973년 주월미군이 완전히 철수했으나, 더 이상의 주한미군의 철수 기미가 보이지 않았을 뿐만 아니라, 남한정부의 반공정책에 기본적 변화가 없자, 1973년 8월 8일 김대중 납치사건을 구실삼아 남북대화에 회피적 자세를 취하기 시작하면서 남북관계는 소강상태로 들어가게 되었다.

1974년부터 북한은 평화적 방법의 가면을 벗고 본래의 전략을 노정하기 시작했다. 그리하여 1974년 8월 15일에는 제2차 박정희 대통령 암살기도를 단행했다. 북한공산정권이 1971년 이후 남북대화에 형식적으로 참여한 것은 결국 남한과 전세계를 속이려는 전략에 지나지 않았음이 1974년 11월부터 입증되기 시작했다. 1974년 11월 15일 비무장지대에서 발견된 북한의 땅굴은 그것을 파기 위해 소요되는 시간을 계산할 때, 그동안 북한이 '평화를 전쟁의 수단'으로 사용해 왔다는 변명할 수 없는 증거가 되었다.[60] 이 땅굴은

60) 이것은 제1땅굴로 명명되었으며, 1975년 3월 19일 제2땅굴, 1978년 10월 16일 제3땅굴 그리고 1990년 3월 3일에는 제4땅굴이 발견되었으나 미국지휘관들은 12개 이상이 있을 것으로 믿고 있다. 이것들은 3,000~5,000명의 완전무장한 병력을 1시간 내에 이동시키기에 충분할 만큼 깊고 넓다. 따라서 기습공격시 2~4만 명에 달하는 병력이 남한 방위의 주요 지점에 도달할

긴장완화시대의 낙관적 분위기를 남쪽에서 고취시키고 한국군의 무장경계태세의 이완을 도모하면서 수많은 간첩과 공비들을 내려 보내고 또 기습남침시 공격의 효과를 극대화하기 위한 것임에 틀림 없었다.

북한은 그러나 미국에 대해서는 아주 다른 태도를 보였다. 1974년부터 북한은 남한을 제외시킨 채 미국과의 직접적인 관계개선을 모색하고자 하는 의도를 노출시키기 시작하였다. 1973년 1월 주월 미군 철수의 완결이 이루어지고 11월 미국의회가 전쟁권한법(War Power Act)을 확정하여 행정부의 무력사용에 대한 의회의 통제권을 강화하였으며, 당시 미국은 '베트남은 이제 그만(no more Vietnam)'이라는 국민적 합의가 형성되어 있었기 때문에 베트남의 공산통일은 시간문제로 보였다. 베트콩이 초강대국 미국을 베트남에서 '축출'하는 데 성공했던 것이다. 베트콩의 성공비결은 어디에 있었던 것일까? 그것은 베트콩의 정치 및 군사지도자들이 미국 정치과정의 힘의 중심부를 공격하는 데 성공했기 때문이었다. 미국정치의 힘의 중심부는 여론이었다. 따라서 북한은 남한을 완전히 배제하면서 미국 힘의 중심부 공격을 시도했다. 그리하여 북한은 1974년 3월 25일 최고인민회의 제5기 3차전원회의의 결의형식을 거쳐 미국에 직접적 접근을 모색했다. 그 방법은 미국의회에 보내는 공개서한의 형식으로 미국과의 직접협상을 통해 한반도의 휴전협정을 양국간의 평화조약으로 대치하자는 제안이었다. 월맹이 월남을 완전히 배제한 채 달성한 이른바 '파리평화협정'을 북한도 미국으로부터 직접 얻어내려는 속셈이었다. 당시 파리 협정은 무엇보다도 "사이공 측의 모든 외국군대가 60일 이내에 철수하고 외국 군대는 더 이상 어느 측에도 들여놓지 않는다"[61]는 내용을 담고 있었다.

수 있을 것으로 추정된다. Larry Nicksch, *op. cit.*, p.118.

61) 파리협상 과정과 협정내용에 관한 자세한 서술을 위해서는, Harold C.

북한은 월남에서처럼 남한에서도 미군이 '가장 빠른 기간 내에 철수'할 것과 철수한 후에 한국은 어떠한 외국의 군사적 혹은 작전상의 기지화를 하지 않는다는 보장을 협정제안의 구체적 내용으로 명시했다.[62] 이러한 대미제안을 통해 북한은 미국민의 당시 지배적 전쟁 혐오감과 1972년 10월 유신체제수립 이후 남한과 미국 내의 반박정희 정권 분위기를 이용하여 한·미 간에 쐐기를 박아 미국을 남한에서 일방적으로 철수시키려는 책략을 시도했던 것이다. 북한의 의도는 사실상 너무도 뻔한 술책이었기에 미국정부는 3월 25일 한반도문제는 남·북한이 스스로 해결해야 할 문제이며 한국을 배제한 북한의 제안을 수락할 수 없음과 주한미군의 감축을 고려하고 있지 않다고 명백하게 대응했다.[63] 북한의 대미평화공세는 아무런 소용이 없었다. 그 결과 북한이 실망감을 곱씹고 있을 때, 베트콩이 소련의 무기로 무장을 강화한 정규군으로 전면공격을 단행하여 치열한 전투 한 번 없이 1975년 5월 1일 쉽사리 베트남의 공산통일에 성공하자 북한의 부러움과 좌절감은 더욱 깊어졌다.

게다가 한반도의 긴장완화공세의 주도권은 미국으로 넘어가 버렸다. 같은 해 11월 필립 하비브(Philip Habib) 미국무차관보는 한반도에서 이른바 교차승인(cross-recognition)을 수락할 용의가 있음을 밝혔으며, 1975년 3월 1일에는 일본이 미국의 정책에 동조를 표했고, 미국과 일본 양국은 다같이 남·북한의 유엔 동시가입을 찬성한다

Hinton, *Three and a Half Powers:* The New Balance in Asia, Bloomington: Indiana University Press, 1975, chap.10 참조.

62) 북한의 대미제안에 관한 구체적 내용에 관해서는, Robert A. Scalapino, "North Korean Relations with Japan and the United States," in Robert a. Scalapino and Jun-Yop Kim, eds., *North Korea Today: Strategic and Domestic Issues,* Berkeley, California: The Center for Korean Studies, Institute of East Asian Studies, University of California, 1983, p.344 참조.

63) 김계동, 「북한의 대미정책」, 양성철·강성학 공편, 『북한외교정책』, 서울: 서울프레스, 1995, p.183.

고 밝힘으로써 1973년에 남한정부가 제시한 6·23 '평화통일 외교정책 특별선언'을 지지한다는 입장을 재확인했다. 또한 키신저 국무장관은 9월 21일 유엔총회에서 행한 자신의 기조연설에서 한반도의 평화와 안전을 위해 '휴전협정 당사국회의'를 제안함으로써, 북한은 외교적 수세에 몰린 셈이 되어 버렸다. 그 후에도 미국의 대북한회담 공세는 계속되었다. 1975년 12월 포드 대통령은 베이징을 방문하고 귀국하는 길에 하와이에서 '신태평양 독트린'에 관한 연설에서 대한방위공약을 재천명하고 한반도의 긴장완화를 위해 건설적인 방법을 고려할 용의를 표명했으며,[64] 1976년 7월 22일 키신저 국무장관과 4자 당사국 회담을 재차 촉구하면서 당사국 회담준비를 위한 예비회담을 제31차 유엔총회 기간 중에 뉴욕에서 갖자고까지 제의했다.[65]

대미평화공세전략의 실패에서 온 좌절과 미국의 당사국 회담 역공세로 북한의 김일성집단은 심각한 심리적 압박에 시달리게 되었다. 그리고 그러한 '심리적 압박상태'에서[66] 신경질적으로 저지른 것이 1976년 8월 18일 판문점의 공동안전구역에서 두 명의 미군 장교를 살해한 이른바 도끼만행사건이었다고 할 수 있다. 미국인 장교를 무참히 살해한 데 대해 미국이 대규모 무력시위를 감행하자, 북한 김일성은 판문점의 군사정전위원회에서 사건에 대한 자신의 유감의 뜻을 사실상 표명했다. 이것은 정정협정 23년만에 김일성이 최초로 행한 사과성 유감표명이었다.[67] 미국은 이

64) "New Pacific Doctrine, An Address by president Gerald R. Ford, Delivered at the University of Hawaii, December 7, 1975, *Policy Background Series*, No. 16, 1975, p.6.

65) 김달중, 「휴전당사국 회담 협정 전략」, 국토통일원, 『통일정책』, 2권 3호, 1976년 10월, pp.73-74.

66) B.C. Koh, "North Korea 1976: Under stress," *Asian Survey*, Vol. 17, No. 1, January 1977, pp.61-70.

67) 『이아고와 카산드라』 제20장 참조.

사건 이후에도 당사국 회담의 제안을 거듭했다. 1976년 9월 30일 제31차 유엔총회연설에서 키신저 국무장관은 당사국 회담을 재촉구하면서 회담결과의 합의를 보장하기 위해 일본과 소련까지 참여하는 확대국제회의를 제안했다. 이런 미국의 회담 재촉에 북한은 상습적인 대미비난으로 응수했지만 도끼만행사건으로 북한은 국제적으로 수세에 몰려 있었다. 그 사건에 대해 소련이나 중공 어느 국가도 북한의 입장을 지지하지 않았을 뿐만 아니라, 당시까지 일반적으로 친북한 노선을 취해 왔던 많은 비동맹국가들조차 침묵을 지킴으로써 북한을 더욱 불안하게 만들었다. 그리하여 매년 연례행사처럼 유엔총회에 제출된 친북한 결의안을 자진 철회하기에 이르렀다.[68]

한 · 미 간을 분열시킴으로써, 주한미군의 철수를 모색한 북한 전략의 완전한 실패가 분명해짐에 따라 북한은 의기소침해졌다. 그러다가 1977년 1월 카터 행정부가 출범하자 북한은 새로운 기대감으로 활력을 되찾게 되었다. 왜냐하면 카터 대통령은 전년도 선거유세에서 주한미군의 단계적 완전철수를 공약했었기 때문이다. 북한의 대미비난은 현저하게 온건해졌다. 북한은 주한미군의 철수가 신속하게 이루어지지 않고 대한군사원조가 계속되고 있으며 카터 정부가 평화조약을 위한 북미 쌍무회담에 응하지 않는다고 불평을 계속했지만, 카터 정부의 철수계획을 방해하지 않으려는 듯 다소 온건한 대미자세를 취했다. 동시에 김일성은 프랑스의 『르몽드(*Le Monde*)』지와의 회견에서 주한미군의 철수를 거듭 촉구했으며,[69] 가을에는 북한의 허담 외상이 미국 측 관리들과의 접촉을 위해 뉴욕을 방문하기까지 하였다. 그러나 카터 정부가 남한의 참

68) 『이아고와 카산드라』, 제11장 "한국의 유엔정책" 참조.

69) B.C. Koh, "North Korea in 1977: Year of Readjustment," *Asian Survey*, Vol. 18, No. 1, January 1988, p.40.

여 없이는 북한과 어떠한 토의도 가능하지 않다는 입장을 명백히 하자, 북한은 미국이 한반도에서 핵전쟁을 준비하고 있다면서 대미 강경 비난을 재개했다.[70)]

카터행정부의 주한미군 철수계획은 처음부터 국내외의 비판을 받았지만 1978년에는 의회로부터의 강력한 반대에 직면했다. 같은 해 2월 험프리 및 글렌 상원의원들에 의해 상원 외교분과위원회에 제출된 보고서는 행정부의 주한미군 철수계획을 비판하면서 철수 계획의 각 단계에 대한 아주 상세하고 구체적으로 정당한 이유를 의회에 제출하도록 카터행정부에 요구했으며, 4월에 하원군사위원회는 주한미군의 성급한 철수를 막기 위해 카터 행정부에 직접적으로 도전을 가했다.[71)] 카터 대통령의 주한미군 철수계획은 그에 상응하는 북한의 정치 및 군사적 양보없이 일방적으로 취해진 것이었기에, 단순한 선거공약의 이행이라는 바람직하지 못한 정치적 편의주의의 동기에서 연유한 것이었을 뿐만 아니라 군사전략 문제를 국내 정치적 고려에서 집행했기 때문에 위험스럽기조차 한 것이었다. 결국 카터 대통령은 북한의 군사력이 긴장완화시기에 인력과 무기 및 장비면에서 크게 강화되었다는 사실을 알게 되어, 1979년 7월 한국을 방문하여 주한미군 철수의 동결조치를 발표하고 북한과의 협상을 위해 이른바 남 · 북한과 미국의 3자회담을 제안하기에 이르렀다. 북한은 주한미군 철수 동결조치에 대해 카터 대통령에 대한 인신공격과 함께 평화조약과 한반도 통일은 별개의 문제라고 주장하면서, 한미정상회담의 공동성명을 통해 제안한 3자회담을 즉각적으로 거부하였다. 이로써 북한이 모색했던 북 · 미 간의 이른바 평화조약 공세를 통한 한 · 미 간의 분열책은 1979년

---

70) Robert A. Scalapino, *op. cit.*, p.346.

71) Han Sung-Joo, "Political and Military Interests of North Korea," *The Journal of Asiatic Studies*, Vol. 20, No. 1, January 1980, pp.56-57.

7월에 실패로 끝나버린 것처럼 보였다.

범세계적 긴장완화의 시기에 북한은 평화를 군사전략적으로, 즉 전쟁의 수단으로 이용했다. 외교도 전쟁의 연장으로 간주하는 북한 지도자들에게는 어쩌면 아주 당연한 행동이었을 것이다. 손자도 싸우지 않고 이기는 것이 전략의 극치라 하지 않았던가? 손자는 전쟁에서 가장 중요한 것은 적의 전략을 공격하고 그것이 여의치 않으며 적의 동맹을 분열시키라고 했었다.[72] 클라우제비츠도 전쟁의 목적을 달성하기 위해서는 적의 군대를 파괴하고 영토를 정복하여 적을 몰락시키는 방법과 함께, 적의 군대를 패배시키지 않으면서도 성공의 가능성을 높이기 위해서는 적의 동맹을 분열시키거나 마비시키는 방법이 있다고 가르쳤다.[73] 따라서 긴장완화의 1970년대에 북한이 외교를 통해 한미 동맹체제를 분열시키려 했던 것은 사실상 군사적 행동이었으며 군사전략적 관점에서 본다면 조금도 이상할 것이 없다. 여기서 중요한 것은 세계적 긴장완화의 시기 중에도 북한의 대남군사전략에는 별다른 변화가 없었다는 사실이다.

---

72) Sun Tzu, *The Art of War*, trans. Samuel B. Griffith, Oxford: Oxford University Press, 1963, pp.77-78.

73) Carl von Clausewitz, *op. cit.*, p.92.

Ⅵ. 신냉전에서 냉전종식까지: 다시 트로이 목마를 위하여

1980년대의 전야인 1979년 12월 크리스마스 날, 소련의 아프가니스탄 무력침공은 1970년대 긴장완화 시기의 국제사회를 그 이전의 치열했던 미 · 소 간의 군비경쟁 시대로 복귀시키는 사건이었다. 소련의 침공은 당시 이란의 미외교관 인질사태로 인해 미국이 외교적 난국에 직면해 있는 상황을 틈탄 소련의 계획적인 기습적 군사작전이었다. 소련의 아프가니스탄 침공은 제2차 세계대전 이후 최초로 소련 군대가 타국을 직접 침공한 사건이었기에 미국에게는 충격적이었다. 따라서 당시 레임덕 상태의 카터 대통령은 제2차 전략무기협정(SALTⅡ)의 비준 거부, 1980년 모스크바올림픽 경기의 불참과 대소 곡물 수출의 중단을 선언하면서 미국의 군비증강과 대소강경정책을 채택하였다.

그러나 북한은 1970년대에 추구한 정책, 즉 남한을 배제하고 미국과의 직접적인 관계를 모색하는 정책에 미련을 버리지 못하고 외교적 대미 공략을 재개했다. 즉 북한은 미국의 상당수의 기자들과 의원들에게 북한을 방문해 주도록 개별적인 초청장을 보냈던 것이다. 1980년 4월 미하원 스테판 솔라즈(Stephan Solarz) 의원이 평양을 방문하자, 김일성은 그에게 미국과의 공시적 관계가 없지만 문화교류 및 여타의 상호접촉을 가질 준비가 되어 있음을 밝혔다.[74] 또한 유엔에 파견된 북한 측 관리들은 많은 미국학자들과 학술단체들이 북한과의 교류계획을 고려하도록 미국정부가 촉구할 것을 요청함으로써 미국과 비공식 관계만이라도 발전시켜 보려는 태도를 보여 주었다.[75]

---

74) Young C. Kim, "North Korea in 1980: The Son also Rises," *Asian Survey*, Vol. 21, No. 1, January 1981, pp.112-124.

75) Robert A. Scalapino, *op. cit.*, p.350.

그러나 1981년 1월 출범한 레이건 정부는 철저한 반공정책을 추진했다. 레이건 대통령은 취임 직후인 1월 말 한미정상회담을 백악관에서 갖고 주한미군이 철수계획을 완전히 철회하면서 한·미 간의 전통적인 반공동맹관계를 새롭게 확인하였다. 그 결과 북한이 비공식적 관계의 채널을 만들어 미국정부에 우회적으로 파고들려는 '교활한' 시도는 불가능하게 되어 버렸다. 따라서 북한은 레이건 정부를 미국의 역대 정부 가운데 가장 폭군적이라고 매도하면서, 특히 주한미군의 철수계획의 완전 백지화에 대해 맹렬히 규탄하고, 레이건 정부가 한반도에서 새로운 전쟁을 준비하기 위해 군사력을 강화하고 있다고 비난하였다.

미·소 간의 부활된 냉전이 심화되는 대결 자세 속에서 1983년 3월 23일 레이건 대통령은 미국의 새로운 방어전략으로 전략방위계획(Strategic Defence Initiative)을 발표하였다. 이것은 곧 '별들의 전쟁(Star Wars)'계획이라는 별명으로 널리 회자되었지만, 그 계획은 사실상 소련의 핵무기들을 무력화시켜 쓸모없게 만들어 버릴 것이라고 주장되었다.[76] 소련은 1972년 미·소 간에 체결한 요격용 미사일협정(ABM Treaty)을 미국이 위반하는 것이라고 비난하면서도 쉽게 이 무기체제 개발의 경쟁에 뛰어들 수도 없고 또 그렇다고 완전히

---

76) 이 계획은 상당한 논란을 불러일으켰다. 찬동하는 대표적 입장으로는, Keith B. Payne and Colin S. Gray, "Nuclear Policy and the Defensive Transition," *Foreign Affairs*, Vol. 62, No. 4, Spring 1984, pp.820-856; Zbigniew Brzezinski, "Defense in Space is not 'Star Wars'," The New York Times Magazine, January 27, 1985; 그리고 이 계획이 요구하는 엄청난 비용에도 불구하고 완벽한 방위체제의 수립은 가능하지도 않으며 오히려 미국이 계획이 완성되기 전에 소련의 선제공격의 유혹을 부추길 수 있다고 보는 반대의 입장으로는, John Tirman, ed., *The Fallacy of Star Wars*, New York: Vintage, 1984; McGeorge Mundy, George F. Kennan, Robert S. McNamara and Gerald Smith, "The President's Choice: Star Wars or Arms Control," *Foreign Affairs*, Vol. 63, No. 2, Winter 1984-85, pp.264-278; Charles L. Glaser, "Do We Want the Missile Defenses We Can Build?" *International Security*, Vol. 10, No. 1, Summer 1985, pp.25-57 참조.

포기할 수도 없는 딜레마에 처하게 되었다. 이런 미 · 소 간의 신경전 속에서 1983년 9월 1일 미국 시애틀 공항에서 출발한 대한항공 민간여객기를 소련이 미사일 공격으로 격추시키는 사건이 발생하여 전세계를 아연 긴장케 하였다. 소련의 만행이 전세계적 규탄과 비난에 직면하고 있다는 것도 아랑곳하지 않고 북한은 민항기 격추 사건이 발생한 지 겨우 한 달 뒤인 10월 9일 미얀마의 수도 양곤에서 당시 전두환 대통령과 수행 정부고위관리들을 몰살시키려는 폭발작전을 감행하여 17명의 한국 고위관리들을 무참히 살해하는 이른바 '아웅산 폭탄테러'사건을 자행하였다. 북한은 이 사건으로 인해 전세계적 규탄을 받았고, 미얀마와 파키스탄으로부터는 국교의 단절까지 당했지만, 북한은 결코 사죄하지 않았다.

북한의 아웅산 만행이 단순한 테러사건이 아니라 군사작전의 일환이었다는 것을 부인하지 않은 셈이다.[77] 당시 김일성집단은

---

77) 국제테러행위란 사회적으로 극심한 빈곤이나 좌절에 기인하는 간헐적 현상이 결코 아니다. 그것은 팽창적, 현상타파주의적 국가의 정치적 야심과 계획에 뿌리를 두고 있다. 따라서 그런 국가의 지원 없이 국제테러행위란 불가능하다. 국제테러행위란 국가의 군사전략의 일환이다. 테러주의자들의 폭행을 개인들이나 집단의 '절망감'의 결과로 치부하는 것은 단순한 환상에 근거할 뿐만 아니라, 자신들의 범죄행위를 정당화하고 테러행위를 조정하는 배후세력으로부터 대중의 관심을 돌리려는 테러분자들의 주장을 되풀이하는 셈이다. 따라서 북한의 아웅산 폭파행위는 암살을 노린 테러행위의 성격도 없진 않지만, 그보다는 군사작전이었다. 왜냐하면 보통 테러주의자들은 죄 없는 민간인들을 공격목표로 삼는 의도적이고 계산된 폭력행위를 저지른다. 따라서 테러행위란 정치적 목적을 위해 공포심을 불러일으키기 위해 죄 없는 민간인들을 의도적이고 체계적으로 공격하는 살상행위이다. 이런 점에서 테러분자들은 게릴라들과도 다르다. 게릴라들은 민간인들이 아니라 정규군에 대항하여 전쟁을 수행하는 비정규군이다. 따라서 게릴라는 테러분자의 정반대가 된다. 게릴라들은 자신들보다 훨씬 강한 전투원들과 대항하지만 테러분자들은 연약하고 무방비의 남녀노소 민간인들을 공격한다. Benjamin Netanyahu, "Defining Terrorism," in Benjamin Netanyahu, ed., *Terrorism*, New York: Farrar Straus Giroux, 1986, p.9. 따라서 아웅산사건은 남한 대통령과 정부관리들에 대한 북한의 사전에 치밀하게 계획된 공격이었다는 점에서 '국가적 테러', 즉 북한의 군사작전의 일환이었다.

남한에서 전두환 군사정권이 남한 국민들의 '강요된' 지지만을 받고 있다고 판단하고 전두환 대통령을 제거함으로써 남한에 정치적 혼란을 야기하고 그런 혼란을 이용하여 남한에 다수의 공비와 간첩들을 밀파하여 '트로이 목마'를 세우려 했었다고 할 수 있다. 그러나 전두환 대통령은 암살위기를 모면하였을 뿐만 아니라, 북한은 국제사회에서 테러국가로 전락하고 말았다. 국가원수에 대한 살해행위는 사실상 선전포고행위나 다를 바 없는 것이다. 그러나 당시 한미동맹체제는 '위기의 수습'에 몰두함으로써 적절한 '응징'도 못한 채 강경한 경고만을 되풀이하고 말았다. 당시 소련에 의한 대한항공 여객기 격추사건과 북한의 아웅산 폭탄사건은 국제사회에서 모두 테러행위로 규탄받고 있었기 때문에 자칫 강경대응은 수세에 몰린 북·소 두 국가의 유대만을 강화시키는 결과를 초래할 수 있기 때문이었다.

국제사회에서 수세에 몰리고 남한의 대북한 경각심이 강화되자 북한은 폭력 대신 평화공세를 다시 이용하기 시작했다. 1984년 1월 10일 '서울 당국과 미합중국 정부 및 국회에 보내는 편지'의 형식을 빌려 그동안 북한이 거부해 온 3자회담을 미국에 역제의하고 '고려민주연방공화국 창립방안'을 남한에 제시하였다.[78] 그러나 북한의 제안은 과거처럼 남한정부가 수용할 수 없다는 것을 알면서도 선결조건들을 요구한 것으로서 북한의 의도는 분명했다. 김일성은 불리할 때 한편으로 평화의 메시지를 낭독하면서 또 다른 한편으로는 혁명역량강화를 추진하는 평화의 군사전략적 이용자였기 때문이다. 실제로 김일성은 그해 5월 소련과 동구 공산권국가들을 직접

---

78) 이것은 1960년대 '남북연방', 1970년대 '고려연방공화국' 제안을 다소 수정한 것으로서, 단어상의 차이에도 불구하고 남한의 적화통일목표 그 자체의 변화에는 별 다른 차이가 발견될 수 없는 전략적 슬로건이라 하겠다. 이것들의 자세한 논의를 위해서는, 허문영, 『북한의 통일정책』, 양성철·강성학 공편, *op. cit.*, 제7장을 참조.

방문하고 적극적인 지원을 호소하고 기대했지만, 소련으로부터 약간의 군사원조를 얻어내는 것 외에는 아무런 적극적 지원약속을 받지 못했으며, 동구 공산권 국가들은 별다른 관심마저 보이지 않았던 것이다. 따라서 그는 대남평화공세를 계속하였다. 그러다가 1984년 9월 28일 북한이 고집하는 북한 적십자사 수재물자를 남한 정부가 수령하자 남북대화에 참여, 일련의 회담을 개최하게 되었다.[79]

당시 미 · 소 관계는 1983년 3월 레이건 대통령의 전략방위구상 발표와 9월 대한항공기 격추사건 이후 계속 위험스럽게 냉각되고 있었지만, 소련은 국내적으로 빈번한 정권담당자의 교체문제에 몰두하고 있었다. 이런 와중에 1985년 3월 플로리다의 올랜도(Orlando)에서 행한 연설에서 레이건 대통령은 소련을 역사의 쓰레기통에 들어갈 '악의 제국(the evil empire)'[80]이라고 낙인찍었다. 그런 소련에 대한 낙인은 소련이 협상에 적합하지도 않고 협상할 필요도 없는 정체임을 가정하는 것이었다.[81] 당시 북한도 협상하기에 적합하거나 협상할 필요도 없는 정권이었음을 변함없이 보여주었다. 북한은 남북대화를 하는 와중에서도 1985년 7월 27일 통일혁명당을 '한국민족민주전선'으로 개칭하고 '반미', '반파쇼', '민주화', '조국통일'을 표방하면서 청년학생, 종교계, 재야단체 등에 대한 의식

---

79) 1984년 11월 15일 '제1차 경제회담'으로 시작하여 11월 20일 '남북적십자회담 예비회담', 1985년 7월 23일 '제1차 남북국회회담', 9월 20일~23일 간의 '고향방문단 및 예술단 교환방문', 10월 8일의 '제1차 체육회담' 등이 개최되었다.

80) 최초로 소련을 '악의 제국(the evil empire)'라고 명명한 것은 레이건 대통령이 아니라 스탠리 호프만 교수였다. Stanley Hoffmann, "Cries and Whimpers: Thoughts on West European-American Relations in the 1980s," in Stanley Hoffmann, *Janus and Minerva*, Boulders: Westview Press, 1987, p.249. 이 논문은 원래 1984년 Daedalus의 여름호에 이미 발표되었다.

81) Peter Calvocoressi, World Politics Since 1945, 5th ed., London: Longman, 1987, p.46.

화 및 선동사업을 추진했다.[82] 그러나 북한은 자신의 전략에 호락호락 넘어가지 않는 남한과의 대화를 통해서는 별 소득이 없다고 판단하고 1985년 1월 20일 팀스피리트 훈련을 구실로 모든 남북대화를 일방적으로 중단해 버렸다.

그 해 남한은 최초로 대미무역흑자를 이루는 경제적 호황과 1988년 서울올림픽 개최라는 희망에 차 있었지만 국내정치적으로는 1987년 말 대통령선거를 앞두고 한국의 민주화 문제가 필리핀의 평화적 민주화 성공으로 크게 고무되어 폭풍처럼 다가오고 있었다. 따라서 김일성 집단은 이렇게 남한에서 예상되는 혼란을 다시 적극 이용하여 남한의 민주화 투쟁에 '트로이 목마'를 구축하고자 했다. 1987년 절정에 달한 민주화 투쟁은 대통령 직선제와 김대중 씨 출마를 허용하는 집권당의 6 · 29선언으로 민주화의 순조로운 이행 궤도에 진입함으로써 남한의 정치적 혼란은 수습되었다. 다수의 민주화 세력은 민주화로의 궤도진입에 만족했고, 결코 북한이 원하는 '트로이 목마'가 되지는 않았다. 북한은 당시 순조로운 대통령 선거를 방해하고 남한에 정치적 혼란을 야기하며 한반도에 긴장을 조성하여 88서울올림픽 개최를 어렵게 할 목적으로 그 해 11월 태국 상공에서 서울행 대한항공기(858기)를 폭파시키는 테러행위를 또 다시 자행하였다. 그러나 남한은 12월 직선 대통령선거를 혼란없이 치러냈으며 소련과 중국의 88서울올림픽 참가를 재확인함으로써 북한의 테러전략은 다시 실패하였고 북한의 호전성을 다시 전세계에 보여줌으로써 북한은 국제테러국으로 다시 확인받는 결과만 초래했다.

뿐만 아니라 1985년 5월 소련에서 고르바초프가 집권한 이후 그의 꾸준한 긴장완화정책은 결실을 거두어 1987년 말에는 미 · 소

82) 허문영, 앞의 책., p.157.

간의 중거리핵미사일감축협정(INF)이 워싱턴에서 체결됨으로써 세계는 제2의 긴장완화시대로 진입했다. 88서울올림픽이 성공적으로 개최되는 동안 한미동맹체제의 높은 경계태세는 물론이고 소련과 중국 그리고 동유럽 공산국가들의 대표선수들이 모두 참가하는 올림픽 경기에 북한은 아무 짓도 할 수 없었다. 더구나 1989년에 들어 동유럽 공산국가들의 폭발적인 민주화 혁명은 11월 9일 냉전체제의 상징이었던 베를린 장벽을 무너뜨리면서 탈공산화를 이룩해갔다. 이런 세계적 지각변동으로 12월 2일 미국의 부시 대통령과 소련의 고르바초프 서기장은 몰타 정상회담에서 '냉전의 종식'을 공식적으로 선언하기에 이르렀다. 세계사의 한 장이, 아니 1917년 시작한 약 1세기의 역사가 끝나가고 있음을 확인한 셈이다. 제2의 냉전으로 시작된 1980년대는 제2의 긴장완화로 접어들더니 냉전 그 자체의 종식을 가져왔다.

이 기간 동안에도 북한은 대화와 폭력을 모두 전략적으로 사용하였다. 결국 북한은 이 시기에 국제테러국가로 낙인이 찍혔지만 자신의 목적과 전략의 변화를 분명하게 보여주는 것은 아무것도 없었다. 테러식 폭력사용전략을 통해 남한사회에 극도의 혼란을 조장하여 '트로이 목마'를 구축하려 했다. 다른 한편으로는 '대화'를 구실삼아 미국과의 단독회담을 통해 한미동맹체제의 분열을 도모함으로써 북한은 무력에 의한 한반도 통일전략을 실천할 수 있는 여건을 국제적 차원에서뿐만 아니라 남한 내부의 차원에서도 조성하려는 목적을 위해 수단과 방법을 가리지 않고 중단없이 노력했을 뿐이다. 그러나 카를 마르크스의 말처럼 역사는 인간이 창조하지만 결코 그 인간이 원하는 대로 창조되지는 않았다. 1980년대에도 역사는 김일성의 소망과는 다르게 진행되었던 것이다.

Ⅶ. 걸프전 이후 북한의 군사전략: 러시안 룰렛?

1990년대에 들어서면서 동구의 민주화 혁명의 성공과 소련의 민주화 · 친서방화정책의 진척으로 과거 약 반세기 동안 긴장 속에서 전전긍긍하며 살아온 역사의 한 시대를 마감하고 새로운 평화시대의 기대에 가득 차 있던 세계는 1990년 8월 2일 이라크가 쿠웨이트를 전격 전면 침공하여 무력으로 점령해 버림으로써 국제사회에서 세계평화란 하나의 신기루에 지나지 않음을 또 다시 확인하였다. 냉전 종식 직후 평화의 맛을 채 음미하기도 전에 전쟁의 신 마르스(Mars)는 어느새 우리 코앞에 다가와 있었던 것이다. 쿠웨이트에 대한 사담 후세인의 노골적인 침략 및 군사적 정복행위는 중동에서 새로운 전쟁의 서곡이었다.

바로 이러한 때에 한반도에서는 1970년 초 세계적 긴장완화시대에 북한은 한동안 남북대화에 응하여 한반도에 평화의 환상을 낳으면서 실제로는 대남땅굴을 팠던 것처럼, 냉전종식과 함께 공산제국의 붕괴가 거의 확실해진 1990년 북한은 '남북고위급회담'을 이용했다. 북한의 합의로 9월부터 남북한 총리를 수석대표로 하는 제1차 남북고위급회담이 개최되어 남 · 북한 정치 · 군사적 대결상태 해소와 다각적인 남북교류 협력에 대한 기대를 한동안 자아내기도 하였다. 그러나 이번에는 1970대 초 이후 북한의 대화전략의 불성실을 경험한 한국 측의 기대가 높을 수는 없었다. 그리고 북한의 야누스적 행동은 곧 본색을 드러냈다. 북한은 12월 3차 고위급 회담 때까지 '선 정치 · 군사문제해결, 후 불가침선언'의 채택만을 집요하게 되풀이 주장함으로써 회담 그 자체를 답보상태에 빠뜨리고 다른 한편으로 북한은 1991년 1월 25일 '조국통일 범민족연합 북측본부'를 결성하여 이른바 '범민족대회' 개최라는 정치적 공세로 남한의 정치사회적 분열을 책동하기 시작했다. 그러나 세계적 냉전

종식의 높은 파도는 북한으로 하여금 같은 해 9월 17일 유엔의 역사상 처음으로 마지못해 가입한 유일한 회원국가가 되도록 하였다.[83] 그러자 북한은 유엔 가입과 함께 한반도에서 정전체제의 평화체제로의 전환과 유엔군 사령부의 해체, 대미평화협정체결 및 주한미군철수를 요구하면서 북한과 유엔 간의 비정상적인 관계의 청산을 주장하였다.[84] 북한은 유엔의 무대를 자신의 군사전략적 목적 실현을 위한 또 하나의 수단으로 이용하고 있음을 명백히 했던 것이다. 그러나 이때 북한은 걸프전의 전쟁결과에 대해서 몹시 불안해질 수밖에 없었다. 미국은 더 이상 베트남전 때의 미국이 아니었기 때문이다.

1990년 11월 29일 유엔안보리가 채택한 결의안 678호는 이라크가 1991년 1월 15일까지 쿠웨이트로부터 철수할 것을 요구했다. 그러나 이 시한을 그냥 넘어가면서 중동의 걸프 지역에 전세계의 이목이 집중되었다. 이라크의 사담 후세인 대통령은 만일 미국이 전쟁을 시작한다면 미국은 베트남전에서처럼 대패하고 말 것이라고 위협했지만 1991년의 미국은 1960년대의 미국이 아니었다. 미국의 전쟁수행전략은 완전히 달라져 있었다. 아이러니컬하게도 오히려 후세인의 믿음만이 베트남전의 정글전에 머무르고 있었다.[85] 이틀 뒤인 1월 17일 미국과 연합국에 의해서 개시된 사막의 폭풍작전(Operation Desert Storm)은 '쿠웨이트의 해방'이라는 정치적 목적이

83) Byung Chul Koh, "North Korea's Policy Toward the United Nations," in Sung-Hack Kang, ed., *The United Nation and Keeping Peace in Northeast Asia*, Seoul: The Institute for Peace Studies, Korea University, 1995, p.43.

84) 1991년 10월 3일자의 연형묵 북한 총리의 유엔총회 연설문 참조.

85) 후세인 대통령은 베트남전이 아니라 한국전을 생각했어야 했다. 그러나 적절한 역사적 아날로지(analogy)의 선택은 결코 쉽지 않다. 이런 문제에 관해서, John F. Guilmartin, Jr., "Ideology and Conflict: The Wars of the Ottoman Empire, 1453-1606," *The Journal of Interdisciplinary History*, Vol. 18, No. 4, Spring 1988, pp.721-747 참조.

달성되자 부시 미대통령은 2월 28일 이라크에 대한 군사적 공격을 전면 중단시켰다. 연합군의 약 40일간의 군사작전은 19세기 프러시아의 철혈재상 비스마르크의 대오스트리아 전쟁(1866)과 보불전쟁(1870)을 무색케 하는 일방적인 승리를 쟁취했다. 이 전쟁의 일방적인 결과는 후세인뿐만 아니라 연합군의 슈워츠코프(Schwarzkopf) 사령관에게 놀라운 것이었다. 왜냐하면 슈워츠코프 장군 자신이 고백했던 것처럼 연합군 측에서도 전쟁이 그렇게 전개되리라고 확실히 기대하지는 않았었기 때문이다.[86] 당시 이라크는 '완벽한 적(the perfect enemy)'[87]이었기에 미국 주도의 연합군은 일방적 승리를 거둘 수 있었다고 하겠다.[88] 전세계에 텔레비전으로 생중계되다시피한 걸프전에서 미국의 일방적 군사작전 수행과 단기간의 승리는 북한 김일성의 미국에 대한 두려움을 증폭시킬 수밖에 없었다.

김일성의 대미공포는 1991년 10월 22일 개최된 제4차 남북고위급회담에서 '조선반도의 비핵화에 관한 선언'의 제안으로 표현되었다. 걸프전의 제1차적 목적은 석유의 보고인 쿠웨이트의 해방이었지만 사막의 폭풍작전의 목표 중의 하나는 이라크의 핵무기 제조능력을 파괴하는 것이었다.[89] 따라서 북한은 자신의 핵무기개발계획

---

86) Thomas A. Keaney and Eliot A. Kohen, *Gulf War Air Power Survey Summary Report*, Washington, D.C.: Department of the Air Force, 1993, pp.237-238.

87) John Mueller, "The Perfect Enemy: Assessing the Gulf War," *Security Studies*, Vol. 25, No. 1, Autumn 1995, p.78.

88) 존 뮬러는 대부분의 연합군의 승리의 원인분석에 있어서 연합군 측에게 유리했던 요소들에 치중되었을 뿐 정책, 전략 및 전술, 전쟁준비와 지도력 및 사기와 같은 면에서 이라크 측의 취약점에 대한 분석이 소홀하다고 주장한다. *Ibid.*, pp.77-117. 이러한 대표적 분석으로서, Harry G. Summers, Jr., *On Strategy Ⅱ: A Critical Analysis of the Gulf War*, New York: Dell, 1992; William J. Taylor and James Blackwell, "Ground War in the Gulf," *Survival*, Vol. 33, No. 3, May/June 1991, pp.230-245를 들 수 있다.

89) Peter R. Lavoy, "The Strategic Consequences of Nuclear Proliferation," *Security Studies*, Vol. 4, No. 4, Summer 1995, p.697, Note 7.

을 속이면서 주한미군이 보유하고 있을 것으로 생각되는 남한의 핵무기 철수를 요구한 것이다. 그리고 핵무기의 철수는 주한미군의 철수와 연결될 것이라는 계산 또한 하고 있었다. 그리하여 북한은 12월 10일 개최된 제5차 남북고위급회담서도 남북비핵화공동선언을 계속 요구했다. 그러나 북한의 이러한 요구는 같은 해 12월 18일 노태우 대통령이 '한국 내 핵부재'를 선언함으로써 북한의 정치적 핵공세는 그 효과를 상실하게 되었다. 그리고 1992년 1월 2일 남 · 북한이 '한반도 비핵화에 관한 공동선언'을 발표하고 4월에는 북한이 국제원자력기구의 핵안전협정을 비준하였다. 이어서 5월엔 이 기구에 최종보고서를 제출한 뒤 핵사찰에 응함으로써 한반도에서 핵문제는 해소될 수 있을 것이라는 기대를 낳게 되었다.

그러나 북한은 또다시 마각을 드러냈다. 북한은 남 · 북한 동시 사찰을 거부함으로써 마치 과거 이라크가 국제원자력기구의 형식적인 사찰을 받으면서 핵개발을 추진했던 것처럼 북한이 핵개발 은닉전술을 쓰고 있다는 의심을 증폭시켰다. 6월 초 미국이 북한의 핵문제가 분명하게 해결되지 않는 한 북한과의 관계개선이 불가능하다는 입장을 명백히 하자,[90] 북한은 남한과 회담을 통해 남북관계의 진전이 있는 듯한 인상을 주면서 핵문제를 형식적으로 처리해 버리고 미국과 단독으로 관계개선을 추구한다는 전략적 목표를 달성하기 어렵게 되었다고 판단할 수밖에 없었다. 북한은 자신의 핵무기개발 속임수만 노출시킨 셈이었다.

북한은 1970년대 중반부터 남한을 고립시키고 미국과의 단독협상을 통해 한미동맹체제를 붕괴시키려고 노력했으나 사실상 그동안 활용할 카드가 없었다. 이제 미국이 유일하게 깊은 관심을 갖고

---

90) 『조선일보』, 1992년 6월 3일.

있는 핵카드마저 남・북한 동시사찰문제로 그 유용성이 상실될 위기에 처하자 북한은 이 핵카드로 결정적 도박을 하게 되었다. 그리하여 1985년 소련의 강력한 압력하에 가입했던 핵확산금지조약(NPT)으로부터 탈퇴하겠다는 일종의 '폭탄선언'을 하는 도박행위를 결행하였다. 국제원자력기구(IAEA)는 이 기구의 헌장에 따라 북한의 핵문제를 유엔 안보리에 상정하였다. 유엔 안보리는 1993년 5월 12일 북한에게 NPT를 탈퇴하려는 결정을 재고하고 비확산 의무를 존중해 줄 것을 촉구하는 결의안(825호)을 채택하였다. 이 결의안은 모든 유엔 회원국들로 하여금 이 결의안에 북한이 긍정적으로 반응하도록 고무할 것을 촉구했으며, 이러한 안보리의 촉구에 따라 6월 2일 핵관련 북・미 간 고위급회담이 재개되었다.[91] 1994년에 들어서 남한정부는 북한과의 긴장관계를 풀어볼 수 있는 돌파구를 찾기 위해 남・북한 특사교환을 위한 실무접촉을 진행시켰으나 3월 19일 북한의 박영수 대표는 "서울은 불바다가 될 것이다"라는 위협적인 반응을 보였을 뿐이었다. 따라서 실무접촉은 북한의 의도대로 파기되었다.

북한은 국제사회에 비친 부정적 이미지에도 불구하고 미국과의 단독회담을 열게 되었기 때문에 북한의 협박성 도박은 어느 정도 성공했던 셈이다. 그러나 김일성은 제네바협상에서도 여전히 불성실한 태도를 견지하다가 1994년 4월 1일 유엔 안보리의 의장성명이 통과되자 6월 14일 국제원자력기구(IAEA)의 탈퇴를 공식화해 버렸다. 다음날 6월 15일엔 당시 난국을 타개해 보고자 나선 카터 전 미국 대통령과 김일성 간의 회담이 있었고, 이후 6월 28일엔 부총리급 예비회담에서 1994년 7월 25일 '남북정상회담'을 평양에서 개최

---

91) Jin-Hyun Paik, "Nuclear Conundrum: Analysis and Assessment of Two Koreas' Policy Regarding the Nuclear Issue," *Korea and World Affairs*, Vol. 17, No. 4, Winter 1993, p.634.

하기로 합의했다. 그러나 1994년 7월 8일 김일성이 갑자기 사망함으로써 모든 것이 불확실하게 되어버렸다. 김일성의 사망은 미·북간의 제3라운드 회담이 시작된 중요한 순간에 일어남으로써 능력이나 성격이 예상하기 어려운 김정일로부터 크게 영향받지 않을 수 없게 되었다.[92] 그러나 김정일은 김일성의 전략을 계승 추진하였다. 그리하여 1994년 10월 21일 북·미 간 제네바기본합의문(the Geneva Framework Agreement)을 체결함으로써 북한에 필요한 에너지와 경제적 지원을 수용하는 것으로 보였다.

그러나 북한은 12월 15일 군사정전위에서 중국대표를 철수시키고 1995년 2월 20일에는 사정거리 약 1,500㎞의 미사일을 테스트하여 1993년 5월 말에 실험한 노동 1호에 보다 더 발전된 미사일 능력을 과시하더니[93] 2월 28일에는 중립국 감독위의 폴란드 대표까지 모두 철수시킴으로서 군사정전위원회와 중립국 감독위원회를 사실상 무력화시키는 도전적 행위를 감행하였다.[94] 즉 북한은 한반도문제에 관한 한 미국과의 직접협상 외의 모든 채널을 무용화시켜 버린 것이다. 1995년 3월 9일 한국에너지개발기구(KEDO)가 공식 발족했으나, 북한은 한국표준형 경수로 수용불가를 고집함으로써 제네바기본합의의 실행이 지연되다가 6월 13일에야 콸라룸푸르에서 경수로 문제가 타결되고 12월 15일에 가서야 최종 대북경수로 공급협정이 공식적으로 체결되기에 이르렀다. 이 합의에 이르는 데에는 북한의 수해 피해로 인한 외부 원조의 기대심리와 한·미·일 3국의 대북 쌀지원, 한국표준형 경수로 이외의 대안 부재와 같은 복합적 요인들이 작용하였다고 하겠다.

---

92) Byung-joon Ahn, "Korea's Future after Kim Il Sung," *Korea and World Affairs*, Vol. 18, No 3. Fall 1994, p.443.

93) *The Military Balance*, 1995-1996, p.284.

94) 북한은 체코 대표단을 1993년 4월에 중립국감독위원회에서 이미 철수시켰으며, 1994년 4월 28일 정전위에서 자진 철수했다.

그러나 1990년 남북 간의 여러 가지 공동선언과 합의서에도 불구하고 북한의 기본 대남전략은 별로 달라진 것이 없었다. 남북한 간의 거의 모든 합의서는 문서로만 존재하고 있으며 제네바기본합의서도 그것이 완벽하게 실행될 때에만 북한의 핵무기 개발계획을 동결하고 또 제거할 수 있을 것이다. 그러나 북한은 잃은 것이 거의 없다. 한국과 미국은 남북대결과 북한 핵무기 문제의 해결을 위해 많은 대가를 계속 지불하면서 경수로 건설기회가 북한주민들로 하여금 서서히 남한과 바깥 세상에 대해 눈 뜨게 하고 그 결과 북한 내에서 일종의 '트로이 목마'가 형성될 수 있을 것이라는 막연한 기대에 휩싸였을 뿐 핵문제 자체의 해결은 결국 미래의 북한 태도에 맡긴 셈이었다. 반면에 북한은 세계로부터 자신에 대한 관심을 유도하는 데 성공했을 뿐만 아니라 미국으로부터도 상당한 양보를 얻어내는 데 성공하였다. 북한의 핵외교는 결국 남한에 있는 미국의 모든 전술핵무기를 철수시켰고 미국과의 외교접촉을 높였으며 팀스피리트 훈련도 중단시켰다. 북한의 주권을 존중하겠다는 미국의 공약과 대등한 대화의 채널도 확보하였다.[95] 북한의 양날안보전략(two-pronged strategy)은 성공한 셈이다.[96]

1990년 한미 두 정부가 취한 대북전략은 1938년 히틀러의 전쟁을 통한 현상타파와 세계정보 야욕을 간파하지 못하고 당시의 민주사회 국민들 간에 팽배한 분위기, 즉 평화와 외교적인 해결을 촉구하는 압도적 여론만을 의식하여 영국의 체임벌린이 수행했던 유화정책을 닮고 있다. 아니 단순한 유화정책에서 한걸음 더 나아간 일종의 대북뉴딜정책을 수행해 온 것이다. 유화정책이란 본질적으로 현상유지적이며 제한된 소극적 목적을 추구하는 국가에게만

95) Byung Chul Koh, "North Korea's Strategy toward South Korea," *Asia, Perspective*, Vol. 18, No. 2, Fall/Winter 1994, p.46.

96) Christopher Ogden, "Inside Kim Jong Il's Brain," *Time*, October 7, 1996, p.27.

성공을 기대할 수 있다. 현상타파적이고 정복자적 야심을 가진 국가에 대한 유화정책은 대결과 전쟁 그 자체의 두려움만 노출하여 더 큰 위협과 더 부당한 요구만을 자극할 뿐이라는 것이 1930년대의 준엄한 역사적 교훈이다. 게다가 현상타파적이고 적극적인 목적을 추구하는 국가에 대한 뉴딜정책은 본질적으로 정치적이고 군사적인 문제를 경제적으로 해결하려는 잘못된 정책으로 인하여 실패할 수밖에 없다. 정복자의 관심은 '경제적 여유'가 아니라 정치적 · 군사적 '지배'이기 때문이다.

북한은 이 지구상에 몇 남지 않은 현상타파적인 적극적인 목적, 즉 한반도의 적화통일을 지난 반세기 동안 변함없이 추구해온 정치세력이 계속 지배하고 있다. 우리는 어떤 국가가 반세기 이상 하나의 목적을 변함없이 그것도 적극적으로 추구해 왔다면 다소간의 경제적 여건의 변화로 그 목적과 전략을 근본적으로 포기할 것으로 기대한다는 것은 엄청난 착각이 아닐 수 없다. 북한의 구체적 행동은 그것을 증명해 주었다. 1996년에 들어서 김영삼 대통령의 신년사와 국정연설에 대한 원색적인 비난을 시작으로 북한의 '민민전' 중앙위는 1월 5일 시국선언 발표를 통해 남한정권타도, 반외세자주화투쟁 등을 1996년 투쟁방향으로 제시하고 '한총련'을 통일운동의 선봉투사라고 찬양하면서 반정부 통일투쟁선동을 강화하여 남한정부타도정책을 재확인하고 2월 22일에 한반도 평화보장문제는 미 · 북 간에 해결되어야 한다면서 그 중간조치로서 미 · 북 간의 협정체결을 통해 한미동맹체제를 분열시키려는 기존의 정책을 되풀이하였다. 3월 28일과 4월 4일에는 "비무장지대의 지위를 더 이상 준수할 수 없게 되었다"고 주장하더니 4월 5~7일에는 판문점 공동경비구역 내 무장병력을 투입, 훈련을 실시하여 정전협정을 유린하는 명시적 행동을 취했다.

1996년 4월 16일 한미정상회담에서 김영삼 대통령과 클린턴 미국 대통령이 한반도 평화구축을 논의할 이른바 4자회담을 공동으로 제안했다. 이 제안은 북한의 모든 요구를 실제로 논의할 수 있는 기회를 제공한 것임에도 불구하고 북한은 4월 18일 "현실성여부를 검토하고 있다"는 반응을 보였을 뿐 깊은 관심조차 보이지 않았다. 그러더니 북한은 엉뚱하게도 5월 24일에 '한총련'의 새로운 출범과 관련 북한의 언론매체들을 통해 '한총련' 투쟁은 애국애족적인 의로운 투쟁이라고 찬양하면서 지속적인 반미 · 반정부 투쟁의 강화를 연일 선동하였다. 6월 25일에는 연례행사처럼 주한유엔군사령부의 해체를 주장하고, 7월 24일에는 대미평화체제수립의 촉구를 되풀이했다. 8월 18일에는 20년 전 판문점 도끼만행사건을 미 · 북간 평화협정의 부재 탓으로 왜곡하여 미북평화협정체결을 거듭 주장했다. 한국과 미국의 4자회담 촉구와 중 · 일의 4자회담 지지가 확실해지자 9월 2일 북한은 4자회담의 전제조건으로서 주한미군의 철수를 요구하고 대미 '잠정협정'의 체결을 되풀이 주장함으로써 북한은 4자회담 거부의 의도를 사실상 분명히 했다. 바꾸어 말하면 북한 김정일 정권은 남한으로부터 조건없는 쌀지원이나 경제적 이득은 받아주겠지만 평화나 통일문제는 남한과 논의하거나 협상할 의향이 없다는 것을 명백히 한 셈이다. 북한 김정일 정권은 여전히 남한을 대화와 협상의 상대가 아니라 혁명적 타도와 정복의 대상으로 간주하고 있기 때문이다.

1996년 8월 11일 시작한 한총련의 이른바 '범민족대회'가 불법성 및 도시 게릴라전을 방불케 하는 지나친 폭력성을 드러냄으로써 국민여론으로부터 소외된 채 완전히 진압되었고 한총련 조직 자체에 대한 조사가 시작되자 북한은 남한정부를 늘 그랬듯이 격렬히 비난하고 '한총련의 투쟁'에 대한 지지와 성원을 보낸다면서 지속적인 반정부투쟁을 선동하였다. 북한은 한총련을 남한의 '해방투쟁'을 위한 '트로이 목마'로 간주하고 있음을 분명히 드러낸 것이다.

또한 9월 18일 강릉 앞바다에서 잠수함을 통한 무장공비 침투가 발각되자 유감의 뜻을 표명하기는커녕 '백배 천배로 보복하겠다'는 공언을 되풀이했고, 또한 한미동맹체제의 단결된 공동대응을 좌절시키기 위해 느닷없이 10월 6일 미국인 이반 칼 헌지크(Evan Carl Hunzike)를 간첩죄로 체포하여[97] 미국인의 생명을 담보로 잡았다. 이것은 마치 1968년 초 무장공비로 청와대 습격을 시도한 것이 발각되자 이틀 뒤에 미군정보함 푸에블로호를 강제 나포하여 미국이 푸에블로호 선원들의 생환에 매달리게 함으로써 한 · 미 간의 공동대응을 좌절시켰던 것과 동일한 방법을 사용하고 있는 것이라 하겠다. 실제로 북한은 10월 8일 '헌지크의 문제'로 뉴욕에서 미국과 접촉할 수 있게 되었다.[98]

이 역시 미국과는 대화를 그리고 남한과는 대결이라는 북한의 양날전략을 또다시 그대로 실천하고 있는 것이라 할 수 있다. 냉전 종식과 소련제국의 붕괴에 따른 세상의 변화에도 불구하고 북한의 정책과 전략은 크게 달라진 것이 없어 보인다. 북한 김정일 정권에게는 여전히 '평화란 수단을 달리한 전쟁의 연속'일 뿐이다. 따라서 북한의 군사전략은 여전히 한미동맹체제를 분열시키는 한편 남한 내부의 '트로이 목마'를 구축, 강화하고 최대한 활용하여 남한사회가 혁명적 상황으로 변했을 때 공세를 위한 전략적 정점(strategic culminating point)을 조성하고 그 결정적 순간에 도달했다고 판단될 때 전면적 기습공격을 단행하려는 기본적 전략을 그대로 유지하고 있다.

그러나 전략적 정점이 반드시 압도적인 군사력의 우위를 의미하지는 않는다. 북한이 정치체제의 시대착오적인 한계와 극심한 경제난으로 인해 내부의 분열과 주민들의 지속적인 좌절감이 폭발할

97) *The New York Times*, October 7, 1996, p.49.
98) 『조선일보』, 1996년 10월 14일.

수 있는 위험수준에 도달할 경우 김정일은 일생일대의 도박을 할 가능성이 없지 않다. 전쟁은 언제나 상대적 강자의 전유물이 아니었다. 클라우제비츠도 보다 우월한 국가와 갈등상태에 있으며 매년 자국의 상대적 지위가 악화될 것으로 예상되는 열세국가는 전쟁이 불가피할 때 최악의 상황으로 몰리기 전에 기회를 포착하여 공격해야 한다고 가르쳤다.[99] 그것은 공격 그 자체가 유리하기 때문만이 아니라 열세국가의 이익은 조건이 더 악화되기 전에 분쟁을 해결하든가 아니면 어떤 이점을 획득하기 위해서이다. 역사적으로도 제1차 세계대전 직전 오스트리아-헝가리의 합스버그 정책 결정자들은 상황이 통제불능으로 변할지 모르는 두려움에서 필사적으로 미래를 기약하려 했다. 즉 국내적 체제붕괴의 전망은 전쟁을 용납할 만한 정책적 선택으로 만들었던 것이다.[100] 태평양전쟁의 경우에도 비슷했었다. 윈스턴 처칠도 미국의 군사적 잠재력이 일본의 그것을 훨씬 압도하기 때문에 동경 정부의 전쟁결정은 무분별하고 심지어 미친 짓이었다고 말했지만,[101] 당시 일본 정치지도자들의 눈에 미국에 대한 공격결정은 자살행위가 아니라 치명적 질병의 수술처럼 대단히 위험하지만 여전히 생명을 구할 어느 정도의 희망을 제공하는 것이었다.[102] 이처럼 국가란 패전의 가능성도 의식하지만 그럼에도 불구하고 패전을 싸우지 않는 것보다는 나은 정책적 선택으로 인식하여 전쟁에 뛰어들곤 한다.[103] 만일 북한의

---

99) Carl von Clausewitz, *op. cit.*, pp.601-602.

100) Samuel R. Williamson, Jr., "The Origins of World War I," *The Journal of Interdisciplinary History*, Vol. 18, No. 4. Spring 1988, p.818.

101) Scott D. Sagen, "The Origins of Pacific War," *The Journal of Interdisciplinary History*, Vol. 18, No. 4. Spring 1988, p.893.에서 재인용.

102) *Ibid.*, p.895.

103) Bueno de Mesquita, "The Contribution of Expected Utility Theory to the Study of International Conflict," *The Journal of Interdisciplinary History*, Vol. 18, No. 4. Spring 1988, pp.629-652.

김정일 정권이 그와 같은 충동과 유혹에 빠져 무모한 도발을 자행하거나 기존의 핵에 관한 제 협정을 파기하면서 핵무기개발을 통한 핵무장과 무절제한 미사일 개발을 무모하게 추진하려고 한다면 김정일 정권은 자신의 운명을 건 한 판의 러시안 룰렛을 돌리는 셈이 될 것이다.

Ⅷ. 결론

우리는 북한의 지칠 줄 모르는 호전성과 무장공비 밀파, 테러행위, 남한사회의 혼란책동 그리고 한 · 미 간의 분열책 등 다양한 전술의 실천에 시달리면서, 군사전략에 불가사의한 무엇이 있을 것으로 가정하기 쉽다. 이러한 사정은 북한 사회의 폐쇄성과 군사문제에 관한 극단적 비밀성에서도 기인한다. 그러나 군사전략의 원칙들이나 본질적으로 비교적 단순한 것이다. 북한의 군사전략도 이런 일반적인 효율성과 성공가능성은 단순성의 원칙(the principle of simplicity)을 준수하는데 크게 좌우되기 때문이다. 군사전략이 아주 복잡하거나 자주 바뀌게 되는 것은 클라우제비츠가 지적하는 높은 마찰(friction)로 인해서 중요한 실패의 원인이 된다. 특히 북한처럼 철저히 스탈린식 교조주의체제를 견지하고 있는 상황에서 군사전략이 빈번히 변하게 되면 혼란과 마찰이 심해져서 그 효용성이 격감된다. 바로 이러한 맥락에서 레닌도 '반복이 성공의 어머니'라고 불렀던 것이다.

뿐만 아니라 군사전략은 바꾸기가 결코 쉽지 않다. 일반적으로 기존의 군사적 사고방식(military mind)이 쉽게 개혁되거나 전혀 새로운 것으로 대치될 수 있다고 믿는 것은 거의 환상이다. 완전히 다른 새로운 군사전략은 이미 기존 전략이 부적절하고 불합리한 것으로 판명된 경우에도 기존의 전략을 유지해온 사람들에 의해서 쉽게 개발되거나 실천되지 않는 법이다. 한 나라의 군사적 개념이란 기후의 변화에 따라 쉽게 입고 벗는 외투가 아니다. 전략은 마음의 표현, 즉 자신의 모든 군사철학과 신념의 구현이다. 완전히 다른 새로운 조건하에서 승리를 성취하기 위한 새로운 접근법은 새로운 마음, 새로운 사고방식을 요구한다. 그것은 마지못해 하고 기분상한 교화자에 의해서가 아니라 열정과 신념에 찬 새로운 지도자들을 요구한다. 과거의 전략과 관련된 지도자들은 자신들이 원한다고 할지라도 자신들의 두뇌를 갑자기 뒤집지 못한다. 따라서 새로운 지도자들과 새로운 군사조직만이 자신들의 창조적인 생각과 에너지를 활용할 수 있다.

따라서 김정일체제의 군사전략이 그의 선친 김일성체제의 그것과 달라지기는 매우 어렵다. 정치에서 특히 군사전략의 영역에서는 관성의 생명력이 매우 질기다. 북한의 군사전략은 한국전쟁 이후 아니 북한정권 탄생 이후 근본적으로 달라진 것이 거의 없다. 그것은 북한 정권이 추구하는 목적, 즉 '전 한반도 적화통일'이라는 김일성과 김정일 정권의 존재 이유가 변하지 않았기 때문이다. 북한 정권은 자신의 적극적 목적을 변함없이 능동적 방법으로 달성하려고 한다. 따라서 그 수단인 군사전략도 변화할 이유가 없다. 대외관계를 차지하고 북한의 군사전략에 변화가 있다면 그것은 온갖 군사력 부분의 증대와 강화를 통한 전투력의 수준을 높여 승리에 유리한 조건을 조성하는 데 있을 뿐이다.

따라서 북한의 군사전략은 다음과 같이 집약될 수 있을 것이다. 첫째, 북한의 가장 중요한 군사전략적 목표는 여전히 가장 강력한 집단적 감정인 민족주의에 호소하는 것으로써 간결한 '조국의 재통일'에 두고 있다. 목표의 간결성을 군사전략적 목표의 원칙에 부합한다.

두 번째의 전략적 원칙은 공세의 원칙이다. 북한은 노골적으로 현상타파적인 적극적 목적을 추구하기 때문에 그 군사작전은 시종일관 공세적일 수밖에 없다. 공세적 전략은 효과의 극대화를 위해 기습공격을 전제한다. 이를 위해 북한은 병력과 화력을 휴전선 일대에 집중적으로 배치하고 있다. 즉 북한의 모든 군사력은 남쪽으로 신속하게 진격작전을 개시할 자세를 취하고 있다. 전면적 기습공격은 군사력의 집중 및 기동력의 원칙과 직결되어 있다. 따라서 북한은 사전준비작업 없이도 언제든지 전면적 기습공격을 단행할 수 있는 것처럼 보인다.

셋째는 전면기습작전과 함께 북한의 이른바 대규모의 특수부대 병력을 미발견된 땅굴 및 해 · 공의 침투작전을 통해 남한으로 신속히 침투시켜 남한의 방어노력을 교란하고 분산시킬 뿐만 아니라 남한의 병사들과 민간인들 사이에 섞여 들어가 남한의 효과적인 대규모 반격을 어렵게 만들려고 한다. 이것을 위해 그들은 군의 각 지휘부 센터들, 통신체제 및 내부적 통제기관들과 수송체제를 공격할 것이다.

넷째, 전면기습 정규작전의 제1차적 공격목표는 서울을 비롯한 수도권의 장악이다. 현재 남한의 군사전략적 힘의 중심부는 워싱턴이다. 그러나 워싱턴은 북한의 사정거리 밖에 있다. 따라서 남한 인구의 거의 반이 살고 있는 수도권을 장악하여 민간인들을 방패로 삼는다면 미국의 최신 정밀유도무기도 속수무책일 수밖에 없을 것이라는 계산에서 남한 인구가 집중된 수도권을 군사적 공격의 목표로 삼고 있을 것이다.

다섯째, 기습공격의 결정적 순간은 주한미군이 완전히 철수하거나 한미동맹체제가 심각하게 균열되어 연합사의 지휘체계의 통일성(the unity of command)이 상실될 때일 것이다. 따라서 북한은 남한을 계속 배제한 채 미북간의 관계정상화를 위해 노력하고 평화협정의 체결을 통해 주한미군 및 유엔사령부의 해체를 위한 양날전략을 중단 없이 추구해 나갈 것이다.

여섯째, 기습작전의 성공은 속임수에 있다. 따라서 북한은 핵무기의 개발위협을 필요할 때마다 적절히 구사하고, 무장공비의 파견과 국제 테러행위를 종종 자행함으로써 남한과 미국이 핵억제의 차원이나 저강도 전쟁(혹은 게릴라전) 차원에 관심과 대비를 집중하도록 유도하여 재래식 정규전 차원의 전쟁수행준비를 소홀히 하려 할 것이다. 이것은 일종의 페인트 작전이며 성동격서의 작전이다.

일곱째, 남한의 아킬레스건은 전쟁수행능력에 있어서 미국에 대한 실질적이고 심리적인 의존성이다. 따라서 남한의 반정부 주사파세력들을 선동하고 조종하여 '자주통일'이라는 명분을 드높이고 '주한미군 철수'를 요구하는 간단없는 혁명투쟁을 계속케 한다. 이들의 혁명투쟁은 남한사회를 분열시키고 기습남침시 급파한 특수부대의 지휘 하에 일종의 '트로이 목마'처럼 이용될 것이다.

이러한 북한의 기본적 군사전략은 북한의 지속적인 위협과 공작을 당하면서 살아온 우리에게 특별히 새로울 것은 없다. 우리에게 문제는 세월의 흐름과 세계사적 변화로 북한도 변했을 것이며 또 변할 것으로 기대하기 쉽다는 것이다. 그것은 현상 그 자체는 변화지 않지만 그것에 관한 우리의 인식만 변하는 것과 같은 경우로서 자신의 변화 속에서 남의 변화를 읽으려는 인식적 오류에 기인한다. 북한에도 '고르바초프'와 같은 민족사적 대인물이 집권하지 못하는 한 북한의 군사전략은 결코 변하지 않을 것이다. 이것은 제2차 세계대전 이후 우리 민족의 비극이다. 따라서 북한의 군사전략이 근본적으로 변화할 것이라고 기대하는 것은 희극일 수 있다. 왜냐하면 우리가 페스탈로치가 된다고 해도 그리스의 극작가 아리스토파네스의 말처럼 게가 똑바로 걷도록 가르칠 수는 없기 때문이다. 혁명적 정권은 차라리 '영웅적' 자폭의 길을 택할지언정 역사의 무대에서 조용히 사라지지 않는 법이다. 따라서 우리에게 필요한 것은 여전히 카산드라(Cassandra)의 경고라고 해도 과언이 아닐 것이다.

제6장

중국과 일본의 해군력 증강과 동북아 지역안정

바다를 지배하는 자는 자유롭다. 따라서 스스로 원하는 만큼의 전쟁을 할 수 있다. _ 프란시스 베이컨

Ⅰ. 역사의 전환과 해군력

세계사에는 중요한 전환점들이 있었다.[1] 그런 순간들을 에드먼드 버크(Edmund Burke)는 '장엄한 순간(the sublime)'이라고 불렀다. 그 순간은 우리의 패러다임이 변하는 시점이다. 즉 과거의 사고의 틀을 버리고 새로운 사고의 틀을 갖게 되는 것이다. 왜냐하면 과거의 패러다임의 주요 가정들이 더 이상 지탱될 수 없는 새로운 세계가 눈앞에서 현실로 나타나 버렸기 때문이다. 따라서 그러한 순간들

1) Geoffrey Barraclough, *Turning Points in World History*, London: Thames and Hudson, 1979.

은 보통 혁명이 성공했을 때나 대규모 전쟁이 종결되는 순간들이었다. 분명히 1989년도 그런 세계사적 전환점이었다.

왜냐하면 이 해는 냉전, 바꾸어 말하면 사실상 비폭력적 전쟁의 종결을 의미했으며 역사의 종말이라는 프란시스 후쿠야마(Francis Fukuyama)의 역사철학적 심판[2])을 수용하지 않는다 할지라도 그것은 분명 한 시대의 종말을 의미했기 때문이다. 우리는 그 시대(1945~1989)를 냉전의 시대라고 불렀지만 그것은 또한 초강대국의 시대였으며 자유진영 대 공산진영의 대결시대였다. 그것은 분명히 미·소의 대결시대였으나, 1989년은 사실상 미국의 승리를 선언한 시기였다. 미·소의 대결은 치열한 군비경쟁의 형태를 취했고 그 경쟁에서 소련은 경제적 파산선고를 받은 것이다. 미국의 이른바 대소봉쇄정책이 마침내 거의 반세기 만에 성공적 결과를 가져온 것이다.

냉전에서 미국의 승리는 20세기에 대규모 해양연합세력이 거대한 유럽의 육지세력과의 경쟁에서 후자를 패배시킨 세 번째의 승리였다. 1945년 이후 영국과 미국의 해양대국에 의해 주도된 북대서양조약기구라는 해양세력의 제휴가 소련 주도하의 유라시아대륙 연합세력과 대치했던 양상은 두 차례의 세계대전에서 해양세력과 대륙세력이 대결했던 상황과 비슷했다. 이 세 차례의 역사적 사건에 참여한 국가들을 조사하면 칼 폰 클라우제비츠가 말하는 이른바 '힘의 중심부(the center of gravity)'는 대서양에 있었다. 왜냐하면 대서양이야말로 신세계의 막강한 힘과 구세계의 전투장을 연결하는 다리로 서방동맹이 승리하기 위해 미국이 통과했고, 또 계속 통과해야만 할 곳이었기 때문이다. 독일의 프리드리히 루게(Friedrich Ruge) 제독과 소련의 고쉬코프(Gorshkov) 제독은 이런 테마를 함께 지지했었다. 루게 제독은 제2차 세계대전 말에 육지 대 바다의 전

---

2) Francis Fukuyama, "The End of History?," National Interest, No. 16., Summer, 1989, pp.3-18.

쟁에서 자신은 육지 쪽의 역할을 수행했다고 말문을 열면서, 유럽에 대한 바다 대 육지의 대결에서 힘의 중심부가 바다에 있다고 간파, 북대서양조약기구의 해군력의 중요성을 강조했다. 고쉬코프 제독도 북대서양조양기구를 미해군의 핵심인 해양연합세력으로 간주했다.[3] 그리하여 제2차 세계대전 후 칼 하우스호퍼(Karl Househoffer)와 나치스에 의해 오용됨으로써 많은 정치학자들과 역사가들에 의해 그 평판이 나빠진 지정학적 논리가 여전히 군지휘관의 뇌리 속에서는 살아 있음을 보여 주었다. 따라서 해군력의 주창자인 알프레드 마한(Alfred Mahan)과 지정학적자인 핼포드 맥킨더 경(Sir. Halford Mackinder), 두 전략이론가들을 원용하여 말한다면 북대서양조약기구와 바르샤바조약기구의 경합은 마한의 바다와 맥킨더의 심장지역(heart-land)의 대결이었다고 말할 수 있을 것이다.

분명히 유라시아 심장지역의 견고성을 주장하는 맥킨더의 견해는 장거리 핵미사일 시대에서는 낡은 것이다. 그러나 그 지역에 내재한 엄청난 잠재력에 관한 그의 견해는 타당한 것처럼 보였다. 1917년 이후의 소련지배 하에서 그 지역은 심각한 경제적 비효율성에도 불구하고 초강대국의 지위를 성취했다. 맥킨더는 또한 그 지역의 지도자들이 강력한 해군을 양성함으로써 연합해양세력에 의해 제기되는 위협을 감소시킬 수 있을 것이라고 암시했는데 소련은 그와 같은 전략을 실행에 옮겼다. 마한의 많은 견해들은 비록 낡은 것이었으나 세계의 협수로(choke points), 해상교통로, 해양력투사와 다른 해양문제들에 관한 그의 믿음은 제2차 세계대전 후 많은 사건들에 의해서 그 적실성이 입증되었다. 제2차 세계대전 후 세계가

---

3) Friedrich Ruge 제독과 Bruce W. Watson의 1948년 7월의 인터뷰 및 Sergei G. Gorshkov의 Sea Power of the State (Moscow, 1976)에 관해서는 Bruce W, Watson, *The Changing Face of the World' Navies*, London: Brassey's, 1991, p.21과 p.23의 각주 참조.

동서진영으로 양분화되면서 발발한 1950년의 한국전쟁은 해군력의 지속적인 필요성을 보여 주었다. 왜냐하면 미해군의 해양통제력 없이는 한국전에서 전세의 역전을 가져온 인천상륙작전은 불가능했을 것이기 때문이다.

1956년 소련의 제20차 공산당대회 비밀 연설에서 평화공존정책을 발표한 흐루시초프(Khrushchev) 수상은 소련이 제3세계에서 보다 더 큰 역할을 수행할 것이라고 천명했다. 그리고 비교적 젊은 나이의 뛰어난 해군장교 세르게이 고쉬코프(Sergei Gorshkov)를 해군사령관에 임명하고 야심적 해군건설계획을 추진시켰다. 소련에겐 1956년 수에즈 위기, 1958년의 레바논 위기, 1960~1970년대 베트남전, 1967년과 1973년의 아랍 대 이스라엘 전쟁 그리고 아시아, 지중해 및 인도양에서의 여러 전쟁과 위기들이 해군력 개발을 촉발시키는 중대한 요인들이었다. 베트남전쟁 후 미국은 한동안 해군력을 상대적으로 소홀히 했지만 1980년대에는 해군력 중시의 전통과 유산을 회복했다. 1980년대 포클랜드 전쟁, 미국의 대 리비아 및 그라나다 작전, 중동사태 그리고 1990년대 초 페르시아만에서 이라크의 움직임 등 이 모든 것들은 해군력 증강을 촉진시켰다.

제2차 세계대전 후 대부분의 전쟁과 위기들은 미국의 압도적 해군력에 의해서 그 규모나 심각성이 제한되고 억제되었다. 또 다른 지정학자인 니콜라스 스파이크만(Nicholas J. Spykman)은 이미 제2차 세계대전 중 공업력과 통신의 새 중심지가 유라시아 대륙의 주위에 수립된다면 유라시아의 주변지역(rimland)이 전략적으로 더 중요할 것이라고 주장했으며, 이 주변지역 가설은 조지 케난(George F. Kennan)이 제2차 세계대전 후에 제안하여 유명해진 대소 봉쇄정책의 중요한 이론적 토대였다.[4] 이 봉쇄정책은 1947년 트루먼 독트

---

4) Nicholas J. Spykman, *The Geography of Peace*, New York: Harcourt Brace, 1944, p.43. 이에 대한 간결한 정리를 위해서는 James E. Dougherty and Robert

린과 마샬플랜으로 시작되는 미국 외교정책의 철학적 토대가 되었으며, 1989년 냉전에서 미국이 승리한 것은 바로 이 봉쇄정책의 빛나는 승리를 의미했다. 또한 미국 봉쇄정책의 승리는 해양세력의 승리를 의미한다. 왜냐하면 미국의 대소 군사전략에서 폴라리스(polaris)의 중대한 역할을 빼놓을 수 없기 때문이다. 요컨대 미국의 승리는 마치 헤겔의 변증법적 논리처럼 미·소시대의 소멸을 가져오게 된 것이다.

미·소 대결시대의 소멸은 세계평화를 약속하는 것일까? 그것은 분명 평화의 가능성을 암시하고 있지만 평화를 보장하지는 못한다. 미·소 대결시대의 소멸은 초강대국간의 대결시대에 대해서는 종언을 고한 반면, 국제하위체계에서의 분쟁과 국지전의 가능성은 오히려 높였다. 왜냐하면 지난 반세기 동안의 긴 평화의 시대[5]를 가능케 했던 구조적 제약이 사라져 버렸기 때문이다.[6] 냉전시대의 미·소 초강대국간의 경합은 아이러니컬하게도 그들의 방위를 위태롭게 하지 않도록 작은 갈등과 적대감들을 덮어주는 담요처럼 작용했다. 이 점에서 미·소가 발전시킨 유형의 군사력은 평화를 유지하는 데 기여했다. 이것은 기술의 급속한 변화속도 덕택이었다. 1950년대 초만 하더라도 미·소관계는 다같이 핵전쟁의 관점에서 생각할 수 있었다. 왜냐하면 초기의 핵무기는 파괴력이 제한되었고 양국은 1950년대 초 수준의 핵전쟁의 피해를 흡수하기에 충분한 지리적 조건, 즉 광활한 영토를 갖고 있었기 때문이다. 이 시기에 핵전쟁은 가능했지만 결코 바람직하지 않았으며, 그 결과

L. Pfaltzgraff, Jr. *Contending Theories of International Relations*, 2nd. ed., New York: Harper & Row, 1881, pp.64-65.

5) John Lewis Gaddis, *The Long Peace*, Oxford: Oxford University Press, 1987.

6) John J. Mearsheimer, "Back to the Future," *International Security*, Vol. 15. No.1., Summer, 1990, pp.5-56 and "Why We Will Soon Miss the Cold War," *Atlantic Monthly*, August, 1990, pp.35-40.

만일의 경우를 대비하기 위한 대피소 마련과 민방위훈련이 실시되었다. 그러나 그 후 기술이 급속하게 발전하였고, 곧 잠재적인 미·소간의 갈등 수준이 너무도 참담한 것으로 변해 버려 미·소간 전쟁은 더 이상 생각할 수 없는 것이 되어 버렸다. 그리하여 핵의 교착상태가 발생하고 평화가 유지되었다.

오늘날 핵무기의 파괴력과 방사능 무기의 치명성은 내일의 전쟁에서 아주 극단적인 적용성만을 갖는다. 왜냐하면 그것은 스스로의 자멸을 의미하기 때문이다. 그러나 비핵전쟁의 가능성은 생각할 수 있다. 그것은 마치 제2차 세계대전 중 유럽에서 양측이 화학무기나 세균무기를 생산할 수 있었지만 보복이 두려워 사용하지는 않았던 경우에서처럼 핵능력의 보유에도 불구하고 핵 없는 전쟁의 가능성이 여전히 존재한다. 미래의 전쟁은 핵보다는 낮은 수준에서 치루어질 것이고, 앞으로의 무기 연구개발은 최근 걸프전에서 목격했던 것처럼 인접 국가들에게 영향을 미치지 않고 특정한 목표물이나 도시를 파괴할 수 있는 외과수술식의 무기를 발전시킬 것이다. 그런 국제적 환경 속에서 해군력은 지금까지 보여준 것 못지않은 중요성을 갖게 될 것이다. 그것은 국제정치질서의 사활적 요소로 남을 것이다.

Ⅱ. 해양환경의 변화와 해군력의 유용성

1. 해양환경의 변화

수천 년 동안 바다는 상품의 값싼 수송을 위해 중요했다. 또한 약 350여 년 전 근대국가제도가 시작된 이래 바다는 국력의 효율적 수송을 위한 수단이었다. 그러나 오늘에 와서 바다는 국제적 상호관계를 증진시키는 단순한 수단이 아니라 대양 그 자체가 역사상 처음으로 사활적 자산이 되었다. 오늘날 해양갈등에서 바다는 이제 더 이상 단순한 전투의 무대가 아니라 전투의 목적이 되고 있다.[7] 대양정치의 새로운 시대가 도래한 것이다. 그리고 이 시대를 과거와 뚜렷이 구별짓는 것은 비군사적 목적을 위한 바다의 이용이 국제적 갈등과 분쟁의 잠재적 원천이 되어 버렸다는 사실이다. 바다의 이용은 크게 3가지 유형으로 분류할 수 있다. 첫째는 군사력의 이동이고, 둘째는 상품과 인간들의 수송이며, 셋째는 자원의 발굴이다. 바다의 용도가 아직도 압도적으로 첫 번째와 두 번째를 촉진시키는 수면의 사용에 있지만 자원발굴이 점차로 해양갈등과 분쟁의 침전제(precipitant)가 되고 있다. 따라서 국제적 해양갈등과 분쟁의 잠재적 원천들은 다음과 같이 요약할 수 있다.[8]

(1) 재생불가능한 육지에서의 자원고갈과 그에 따른 대양에서 발견되는 자원의 가치상승
(2) 식량자원의 보고로서 대양의 중요성 증가
(3) 기뢰부설, 비행작전, 수중음성탐지체제 등의 군사목적을 위한

7) Harold J. Kearsley, *Maritime Power and the Twenty-first Century*, Aldershot: Dartmouth, 1992, p.13.

8) J. R. Hill, *Maritime Strategy for Medium Powers*, London: Croom Helm, 1986, pp.55-58.

바다의 중요성 부각

(4) 배타적 경제수역과 국제해협 그리고 영해에 대한 행정 및 법률 분쟁

(5) 부유한 선진제국이 자신들의 욕구에 적합하게 만든 것으로 인식되는 기존 국제법에 대한 점증하는 도전

(6) 사활적 국가자산을 손상시키는 해양 오염에 대한 우려의 증대

(7) 심해저같이 과거엔 이용이 불가능한 것으로 생각된 대양지역을 잠재적으로 가치 있는 자산으로 만드는 신기술의 등장

(8) 해적행위, 사보타주 그리고 해상납치 같은 저강도의 해양폭력과 그에 따른 국가들의 대처비용

(9) 광범위한 국제적 상호의존성으로 인해 타국가들 간의 위기나 전쟁시에 해양중립을 유지하는 어려움의 증가

(10) 육지의 갈등이 바다로 파급될 가능성의 증대

이러한 해양갈등의 원천들 중 몇 가지는 해양법과 협약에 관한 제3차 유엔회의 시도로 초래된 결과지만 무엇보다도 신대양질서는 이런 해양갈등의 원천들 중에서 여러 가지를 더욱 확대시킴으로써 갈등의 개연성을 높여 놓았다.[9] 우선 무엇보다도 제3차 유엔해양법의 모든 조항들이 모든 국가들에 의해서 완전하게 수락되지는 않고 있다.[10] 따라서 그것은 분쟁과의 갈등의 잠재적 요인이 되고 있다. 육지로부터 일정한 거리 밖의 바다는 누구에 의해 어떻게든 사용될 수 있다는 개념이 1604년 휴고 그로티우스(Hugo Grotius)에

9) 신대양질서에 관해서는 United Nations, *The Law of the Sea: United Nations Convention on the Law of the Sea*, New York: United Nations, 1983를 참조.

10) 제3차 유엔회의 과정과 의의에 관해서는 Robert L. Friedheim, "Value Allocation and North-South Conflict in the Third United Nations Law of the Sea Conference," in Lawrence S. Finkelstein, ed., *Politics in the United Nations System*, Durham: Duke University Press, 1998, pp.174-213을 참조.

의해서 공식화된 이후 이른바 공해(high sea)가 정식으로 존재하게 되었다. 그 개념은 지금까지도 변하지 않았다. 오늘날 140여 개의 해안선 보유 국가들이 국제법이 허용하는 최대한도로 국가적 관할권을 확대한다면 대략 지구 대양의 40%를 차지하게 될 것이다. 유엔 해양법회의는 공해를 1/3 이상 축소시켰다.11) 이와 같은 국가 관할권의 확장은 많은 국가들이 바다에 자유롭게 접근할 수 있는 권리에 대한 위협으로 간주되고 있다.12)

주권적 영토소유권은 국가에게 근본적이다. 육지의 국경선은 오늘날 너무도 신성시되어 전쟁에 의한 정복의 결과로도 쉽게 바꿀 수 없게 되었다. 1967년 전쟁에서 아랍영토를 장악한 이래 이스라엘은 아직도 이 지역을 병합할 권리를 갖고 있지 못하다. 그러나 바다의 국경선은 육지의 국경선과 비교할 때 그런 견고한 지지를 받은 적이 없다. 그러나 이제 이 유동적 국경선에 관해 어느 정도의 견고화(solidification)가 진전되고 있는 징후들이 나타나고 있다. 국경선에 관한 오늘날의 견해는 변하고 있다. 인류역사상 처음으로 바다가 과거 육지의 국경선 분쟁 같은 형식의 갈등을 촉발하게 된 것이다. 전통적으로 해양갈등은 해안선이나 해안부근에 관한 것이었지 바다 그 자체는 아니었다. 20세기 초 코베트(Corbett)가 해양전투는 교통선의 통제(the control of communication)에 관한 것일 뿐 해상영토의 정복과는 무관하다고 말했을 때 그는 분쟁에서 바다의 역할에 관해 최근까지 지속되어온 전통적 태도를 집약적으로 표현했다. 정복이란 오직 육지에서만 적용되는 낱말이었다.13) 그러나 오늘날 국가의 관할 하에 있는 바다의 영역은 점차 국가의 자산이 되고

---

11) Harold J. Kearsley, *op.cit.*, p.15.

12) *Ibid.*

13) J. S. Corbett, *Some Principles of Maritime Power*, London: Longman, 1991, pp.78-79.

있으며 해양국경선이 역사상 그 어느 때보다도 민감하게 국가적 자산을 에워싸고 있다. 그리하여 해양국경선 그 자체가 중요성을 갖게 된 것이다.

바다의 영토화는 육지에 대한 국가의 관할권이 해양질서, 자원의 이용 그리고 제한된 주권의 행사에 관한 권리와 의무의 관점에서 바다 쪽으로 확장된 것이다. 그리고 이런 확장을 뒷받침하는 사고는 최근에 널리 확산되었다. 그런 사고는 환경적 관심, 민족주의 그리고 무엇보다도 경제적 이용과 관련된다. 그리고 이와 관련된 해양주권의 보호는 오늘날 해군에게 주어진 높은 우선순위의 사명이다. 신해양질서가 형성되고 있음은 분명하다. 그리고 이런 신해양질서의 결과인 해양국경선에 대한 증대된 인식은 해군력의 유용성에 큰 영향을 미칠 것이다. 한동안 해양국경선은 육지의 국경선보다 훨씬 더 많이 침투될 수 있을 것이다. 그리고 그 신축성 덕택에 군함들이 그런 침투를 이용하는 데 아주 적합하다. 따라서 해군력의 유용성은 전시에는 물론 평화 시에도 더욱 증가될 것이다.

2. 전시의 해군력

제2차 세계대전 후 해군력 사용에 관한 많은 현대이론들은 초강대국의 경합에 집중적인 초점을 맞추었다. 그리하여 보다 작은 규모의 재래식 전쟁이나 그런 전쟁에서의 해군력의 측면은 대체로 무시되었다. 즉 전략적 차원의 불연속선이 간과되었던 것이다.[14] 이러한 불연속선의 인식은 냉전의 종식 이후엔 더욱 중요하다. 왜냐하면 초강대국간 군사력의 유용성이 워싱턴과 모스크바에서 보

14) 이런 전략적 차원문제에 관한 논의를 위해서는 Alexander L. George and Richard Smoke, *Deterrence in American Foreign Policy*, New York: Columbia University Press, 1974.

면 급격히 감소했다는 믿음이 타당하겠지만, 여타의 국가들에게서 그런 믿음은 동일한 현실성을 갖지 못하기 때문이다. 군사력 유용성이란 특정 시점에서 특정 국가가 처한 상황의 맥락에서만 평가될 수 있기 때문이다.

힐(Hill) 소장은 해군이 직면한, 따라서 대응준비태세의 완비가 요구되는 잠재 갈등의 차원들(levels of conflict)을 무장평화, 저강도 작전, 고차원 작전 그리고 총력전의 4가지 유형으로 분류했다. 그리고 그런 목적을 위한 해군의 지침으로 다음과 같은 임무들을 제시했다.[15)]

(1) 함대/선박의 보유
(2) 정비(효율성, 훈련, 조직)
(3) 정보 수집, 감시
(4) 주둔, 항구의 방문
(5) 경찰임무(어업, 독점경제구역, 통관)
(6) 전략적 억제(핵이나 기타 차원)
(7) 권리의 과시(지리적으로 제한된)
(8) 결의의 과시(지리적이 아닌)
(9) 요청에 따른 상륙작전(저항받지 않는)
(10) 자국민의 철수
(11) 테러 반격작전
(12) 불법 이민 통제
(13) 해적 반격작전
(14) 근해 시설 보호
(15) 반대를 무릅쓴 선박의 통행
(16) 적대적 해안의 상륙작전

---

15) J. R. Hill, *Maritime Strategy for Medium Powers*, London: Croom Helm, 1986, pp.79-89 and p.149; Harold K. Kearsley, *op.cit.*, pp.12-13에서 재인용.

(17) 해안의 폭격
(18) 통행거부(봉쇄작전)
(19) 해양구역의 거부
(20) 국지전 혹은 제한된 해전
(21) 총력전

이상의 항목들은 완벽하지는 않지만 해군의 대표적 임무이며 여기에 인도주의적 임무나 지뢰제거 같은 임무가 추가될 수 있을 것이다.[16)]

3. 평화 시의 해군력

비록 해군은 제1차적으로 전쟁을 위해 건설되지만 크고 작은 갈등의 발발을 억제하고 정상적인 평화적 외교활동의 일부로서 영향력과 압력을 행사할 뿐만 아니라 해양환경이 혼돈에 빠지는 것을 예방하는 국제법이나 규정을 집행하는 데 있어서도 필요한 것처럼 평화 시에서도 주된 유용성이 발견된다.[17)] 바꾸어 말하면, 전시엔 군사전략적 관점에서 해군력이 사용된다면 평화 시에는 정치적인 목적, 즉 설득력을 창조하기 위해 사용된다. 에드워드 루트워크(Edward Luttwak)는 이 설득력을 잠재적 설득력과 적극적 설득력으로 구분한다.[18)] 잠재적(비적대적) 해군력 설득은 일상적이고 구체적인 방향 없이 해군력을 배치하거나 이동함으로써 목표 대상국가의 반응을 야기하는 것과 관련된다. 즉 이것은 잠재적 적

---

16) 여기서 (1)~(8)은 무장평화, (9)~(14)는 저강도 작전, (15)~(20)은 고차원 작전에 속한다고 할 수 있다.
17) Eric Grove, *The Future of Sea Power*, London: Routledge, 1990, p.187.
18) Edward N. Luttwak, *The Political Use of Sea Power*, Baltimore: Johns Hopkins University Press, 1974, p.7.

국에 대한 억제나 동맹국에 대한 지원의 형식으로 나타난다. 적극적(적대적) 해군력 설득이란 목표대상 국가에게 명백한 신호를 보내려는 의도적이고 목적의식에 찬 해군의 행동을 말한다. 즉 이것은 동맹국이나 다른 국가를 지원하거나 안심시키려는 적극적 행동이거나 아니면 목표대상 국가를 강제하려고 의도된 것이다. 케이블(Cable)은 적극적 해군 설득을 적극적 포함외교(gunboat diplomacy)라고 부른다.[19] 케이블의 전반적 포함외교를 뒷받침하는 이론은 〈그림 6-1〉에서처럼 행동이나 선택이 점차 감소하는 동심원으로 표현될 수 있다.[20]

〈그림 6-1〉 포함외교의 동심원들

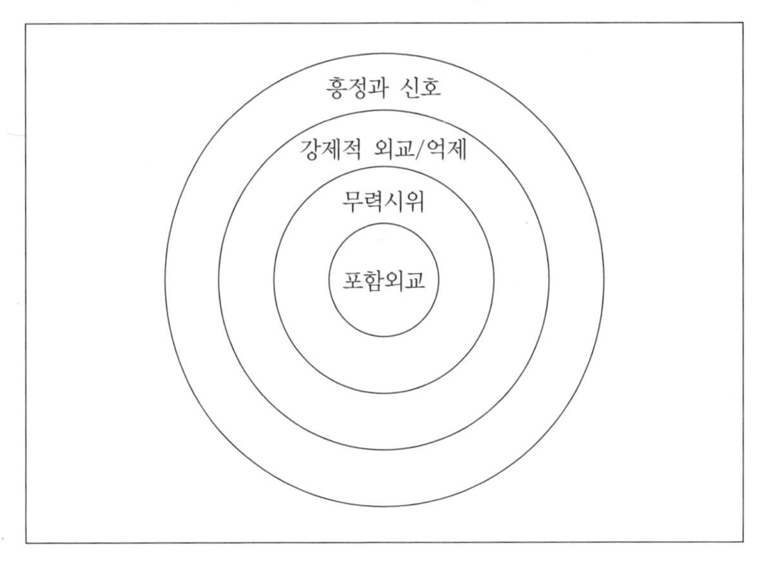

여기서 '흥정과 신호'의 반지(ring)는 부드러운 첫 번째 층이다.

---

19) J. Cable, *Gunboat Diplomacy*, London: Chatto and Windus, 1971; *Diplomacy at Sea*, London: Macmillan, 1985, p.18.

20) Harold J. Kearsley, *op.cit.*, p.6.

국가들은 정상적 외교채널과 수단을 사용하여 자신의 의도를 전달한다. 이 경우에는 일상적인 해군의 이동과 전개가 있게 된다. '강제적 외교/억제'에서는 보다 강력한 조치들이 사용된다. 목표대상국가에게 우려하고 있음을 과시하기 위한 시도로서 일상적 해군전개가 중단된다. 이 경우에도 당사국이나 대상국이 상황이 호전될 경우엔 언제든지 비위협적이라고 변명할 수 있는 수준에서 행해진다. 다음의 '무력시위'에서는 의도에 대한 오해의 여지가 없다. 여기서도 폭력의 시위가 뚜렷하거나 공공연하지는 않다. 이 시위는 목표대상국가의 행위를 변경시키거나 아니면 기존의 행위를 유지하도록 계획될 수 있다. 마지막으로 내부의 핵인 포함외교는 국제적 분쟁이 조장되는 경우에나 자국의 영토나 관할권 내에서 외국에 대해 이점을 확보하거나 아니면 손실을 막기 위한 제한적 해군력의 사용이나 위협을 말한다.[21] 바로 이 경우에 포함외교의 고전적 개념이 등장한다. 선박이나 함대는 전쟁을 하려는 의도는 아니지만 폭력을 사용할 의도를 갖고서 항해한다. 이런 과시는 저항이 기대되지 않을 때 사용되는 한 척의 '단순선박'에서 상대방의 함대로부터 저항이 예상될 때 취해지는 우수한 함대의 파견 그리고 해군의 외교적 과시의 절정인 저항을 무릅쓴 상륙작전에까지 여러 가지로 실행될 수 있다. 부쓰(Booth)는 평화시 해군의 사용을 〈그림 6-2〉와 같은 삼각형 모형을 통해 설명한다.[22]

즉 그는 해군의 역할을 외교, 경찰 및 군사와 서로 관련된 삼각형의 세 측면으로 간주한다. 외교적 역할은 주로 자국의 외교관들에게 힘에 입각한 협상(negotiation from strength)을 수행할 수 있는 시간을 허용하는 것으로서 동맹국을 안심시키고 적을 위협하도록 계획할 수 있다. 이 측면은 또한 국제사회에서 국가의 위신을 높이는

---

21) J. Cable, *Gunboat Diplomacy*, London: Chatto and Windus, 1971, p.21.
22) Harold J. Kearsley, *op.cit.*, p.7.

해군의 능력이 포함된다. 경찰 역할은 대부분의 해군들이 수행하는 해안 경비의 책임이라는 아주 분명한 것과 함께 국가건설이나 혹은 자국 국민에 대해 주권을 강화하는 일이다. 군사적 역할은 전쟁을 준비하는 것은 물론이고 무력시위나 포함외교 같은 임무로 구성된다. 부쓰는 여기에 해군이 자국의 해안수역을 넘어서 힘을 투사하는 이른바 '확대방어(extended defence)'[23]를 포함시킨다.

〈그림 6-2〉 평화 시 해군력 사용의 삼각형

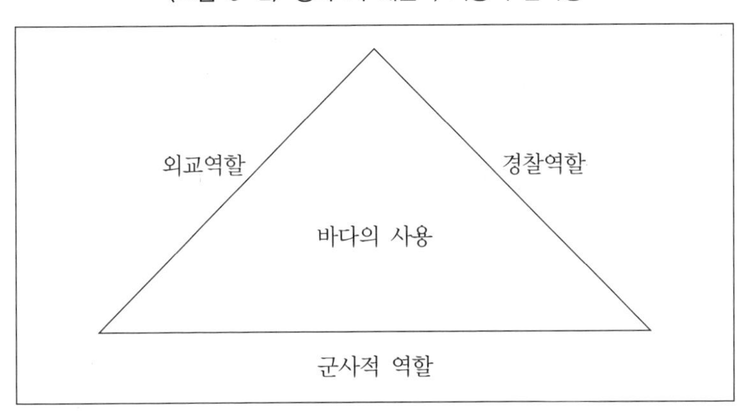

이상에서 살펴본 것처럼 전시뿐만 아니라 평화시에조차도 해군력은 국가에 여러 측면에서 봉사한다. 제2차 세계대전 후 핵무기의 도래와 확산으로 재래식 무장의 무용성이 한때 제기되었고, 특히 군함같은 손쉬운 공격목표의 근본적 축소가 제안되기도 했지만 거의 모든 국가에서 해군이 유지되고 강화되고 있는 사실은 해군력의 지속적 유용성을 입증해 준다.

23) K. Booth, *Navies and Foreign Policy*, New York: Holms and Meier, 1979, pp.16-21.

Ⅲ. 중국의 방위정책과 해군력 증강계획

수세기 동안 다른 인민들에 대한 모범적 문명세계로서 그 우월함과 유일함을 믿어왔던 중국인들에게 19세기는 제국주의 국가들의 침략과 불평등조약으로 특징되는 분노와 굴욕의 세기였다. 그러나 20세기에 중국은 다시 일어섰다. 1949년 중국 본토를 통일한 마오쩌둥은 강력한 중앙정부의 수립을 통해 영토를 효과적으로 통치하고 중국은 국제사회에서 평등한 대접을 받는 근대민족국가로 일어섰다. 그러나 중국은 공산주의 국가이념과 한국전쟁의 참여로 인해 공산진영에 속해야 했고 당시 강대국의 상징인 핵무기의 소유를 추구함으로써 공산 세계의 종주국임을 자처하는 소련과 심각한 갈등을 겪게 되었다. 중국은 당시 핵무기의 군사전력적인 고려에서보다는 그것의 정치적 중요성을 의식하고 정치적 효과를 위해서 핵무장을 추진했지만[24] 소련은 그런 시도를 자국에 대한 도전으로 간주했었다. 마침내 소련과의 갈등이 1969년에 국경선에서 무력충돌로까지 진전하게 되자 중국은 미 · 소 두 초강대국을 다함께 적으로 삼는 것은 너무 위험하다고 판단하여 1971년부터 미국의 대소봉쇄정책에 참가하게 되었다. 중국의 안보를 위해 이번에는 초강대국 미국의 지원에 기대함으로써 중화인민공화국의 외교정책은 편승(bandwagoning)의 특징을 보여주었다. 공식적으로는 이 해에 중국은 유엔안보리의 상임이사국이 됨으로써 대부분의 다른 국가들보다는 '더 평등한(more equal)', 즉 전후 국제체제의 5대 강대국의 하나가 되었다.[25]

---

24) 강성학, "중공과 소련의 안보 · 핵정책 비교연구," 『아세아연구』, Vol.26. No.1, 1983년 1월, pp.197-212.

25) Roderick MacFarguhar, "The Emergence of China in World Affairs," 고려대학교 인촌기념강좌, 1998년 8월 15일, p.43.

그러나 1980년대 덩샤오핑 통치하의 중국은 미 · 소 두 초강대국가들과 등거리 관계를 유지하면서 서방의 과학기술을 도입하여 중국을 강력하고 부유한 나라로 발전시킬 수 있음을 발견하고 국제사회의 바깥세상으로 나왔다. 즉 중국은 장기적 4대 근대화 정책을 꾸준히 추진함으로 미 · 소에 버금가는 국가적 지위를 추진해나갔다. 특히 미국이 베트남전 이후 느리지만 단계적으로 분명히 철수하는 추세를 보여 주고 있었기 때문에 미국의 탈아시아 시기의 도래에 중국은 장기적으로 준비하는 정책을 추구했던 것이다. 따라서 중국의 방위정책은 미국이 아시아에서 주도적 국가로 남아 있는 한 이 지역은 국제적 안정이 유지될 것이라는 전제 위에 서 있었다. 따라서 1983년 레이건 미행정부의 권유에 따라 일본이 1,000마일 해로의 방위를 떠맡을 때에도 그것을 미일안보동맹체제라는 기존의 전략적 틀 속의 변화에 지나지 않는 것으로 인식했다.

그러나 1989년 갑작스럽게 미 · 소 두 초강대국간의 냉전이 종식되자 중국은 기존의 방위정책 목표의 달성을 앞당길 필요성에 직면하게 되었다. 중국의 지도자들은 냉전종식에 따라 미국의 대 아시아정책 변화가 예상되고, 또 그것은 아시아에 지역적 힘의 진공상태를 낳게 될 것이며, 그에 따른 힘의 경쟁이 불가피할 것으로 판단했다. 그리고 그런 경쟁은 러시아의 심각한 국내적 난제들을 고려할 때 러시아와 인접한 육지에서가 아니라 오늘날 국가경제가 크게 의존하고 있는 바다에서 발생할 것으로 내다보았다. 국제적으로 바다의 유용성과 가치가 변했을 뿐만 아니라 중국에게 바다는 인접국가들과의 갈등의 소지를 많이 갖고 있는 곳이다. 여러 곳에서 중국의 영토권 문제가 해결되지 않은 채 남아 있기 때문이다. 중국이 1940년대에 일어섰고 80년대에 국제사회의 바깥세상으로 나왔다면 이제 1990년대와 21세기에는 아시아에서 주도적 국가지위를 확보하기 위해 달려가지 않으면 안 되게 되었다. 그러한 목적을 달성하기 위한 수단으로 중국인들은 군사력의 실질적 증강을 선택했다. 과거 한 세기에 걸친 중국의 굴욕과 반세기에 걸친 초강대국 사이에서 취한 일종의 약소국 외교정책의 시대는[26] 바로 중국 군사력의 열세에서 기인했기 때문이다.

중국의 해군전략가들은 1990년 한 군사신문에 기고한 일련의 기고문을 통해 중국인들이 역사적으로 육지국경선 건너의 위험에만 몰두해 왔던 것을 개탄했다.[27] 그들은 1895년 청일전쟁시 중국 해군의 패배를 지적하면서 명(明)과 청국 왕조들이 대대로 고수해 온 육지 중심의 방위정책이 지닌 오류를 강조했다. 적절한 해군력의 부족은 당시 해양식민제국에 대항하여 자신을 방어할 수 없는 중국의 무능력을 초래했으며, 그 결과 중국의 국토는 해외 제국주의 열강의 영향권으로 분할되고 말았다는 것이다. 따라서 이들 해양력 주창자들은 중국민족의 생존은 해군의 발전에 달려 있다고 경고했다. 그들은 대양이 세계강대국들 간의 군사적 경쟁의 주된 목표물이 되고 있다고 확신하면서 대양과 바다에 대한 세계강대국들의 독점을 깨뜨릴 전략과 기술수단을 중국이 개발해야 한다고 촉구했다. 또한 그들은 외부침략으로부터 중국의 해양영토를 방어하기 위한 군사력의 강화, 특히 현대 해군력을 발전시켜야 한다고 주장했다. 이들에 따르면 중국의 해양영토는 파라셀(西沙) 군도와 스프래틀리(南沙) 군도를 포함하는 남중국해의 모든 섬들을 포함한다. 특히 베트남은 스프래틀리 군도 중 몇 개를 불법적으로 점령하고 중국의 자원을 약탈하고 있으며, 또 중국의 해양이익을 심각하게 침해하고 있다는 이유에서 규탄의 대상이 되었다.

1985년 6월 덩샤오핑 중국 중앙군사위원회 위원장은 중국군사위

26) Michael Mandelbaum, *The Fate of Nations*, Cambridge: Cambridge University Press, 1998, pp.193-253.

27) 『해방군보』, 1990년 1월 19일, 2월 9일, 9월 14일.

원회 확대회의를 주재하면서 가까운 장래에 세계대전은 없을 것이며 따라서 인민해방군은 전략계획을 초강대국 중 한 나라나 두 나라 모두와의 전면전에 대비하는 것 대신 제한적 지역갈등에 대한 대비로 전환해야 한다고 천명했다. 그리고 그런 전략적 전환은 인민해방군으로 하여금 군부의 재조직과 1백만 병력의 축소를 단행하게 했다. 그리고 1986~1990년에 걸친 제7차 군사방위근대화 5개년 계획 예산에서 3백 20만 인민해방군의 약 10%인 해군이 예산의 20%를 확보할 수 있었다. 이것은 해군력 증강에 중국이 두는 우선권과 중국의 지역적 야심을 만족시키는 데에 해군력에 대한 중국지도자들의 기대를 반영했다. 1988년 중국인민군은 대양해군(Blue Water Navy)을 건설할 50년 계획을 제안했다.[28] 이것은 해상에서의 지역전쟁에 대비하기 위해 강력한 방어와 반격 그리고 공격능력을 보유한 현대 전투력 중심의 해군을 양성할 3단계 해군개발계획이다.

제1단계 (1989~2000년)

이 기간 중에는 고도의 전자장비와 유도미사일을 장착한 보다 큰 호위함(escort warship)을 건조한다.

제2단계 (2001~2020년)

이 기간 중에는 20,000톤에서 30,000톤에 이르는 여러 척의 경항공모함을 건조한다. 항공모함탑재 수직이륙항공기 및 항공모함 기동부대를 창설하는 데 필요한 특수 선박을 건조한다.

제3단계 (2020~2040년)

이 기간 중에 인민해방군은 세계의 주요 해양강대국들과 어깨를 나란히 하고 특수부대가 주요 대양의 어느 곳에서나 작전을 수행할 수 있을 정도로 기계장비와 기술을 획득한다. 이 기동부대들은 대양에

28) 『해방군보』, 1988년 11월 4일.

진출할 항공모함과 심해(deep sea) 잠수함 그리고 항공모함과 해안에 기지를 둔 장거리 및 중거리 전투기와 해병부대에 의해서 지원받는다.

1989년 류화청(劉華淸, Liu Huaqing) 중국해군사령관은 기존의 해안선방어, 지역방어 그리고 대양방어의 전략에 적극해상방어(positive offshore defense) 전략내용을 추가했다.[29] 이 적극해상방어 전략은 해군방어의 범위를 대양에까지 확대하고 적들이 중국의 주권영토에 진입하기 전에 차단하고 파괴할 수 있는 능력을 의미한다. 21세기를 대비한 이 신전략은 중국해군으로 하여금 국제해양법과 협약이 인정하는 중국관할하의 모든 해양영토를 방어할 수 있게 하는 것이다.

이상의 해군력 증강계획과 전략적 확대는 냉전의 종식 이전에 수립된 것이다. 앞서 지적한 것처럼 냉전의 갑작스런 종식은 중국의 이런 계획을 급속히 앞당기게 할 것이다. 그런 징후는 이미 분명하다. 1990년 9월 4일자 『해방군보』에서 중국은 해양국가로서 대규모의 상선대를 보호하고 해로와 항구를 경비하기 위해 강력한 해군을 보유해야 한다고 선언했다. 또 그 신문은 과거엔 중국이 육지의 국경선방어에만 전념하였기 때문에 빈약한 해양국 감각을 갖고 있었지만, 현재의 중국은 영해의 안전을 우선적 방위의 대상으로 삼아야 하며 이것을 성취하기 위해서 중국의 해양통제력을 가능케 하는 강력한 해군의 건설을 더불어 촉구했다. 그리고 중국의 영해들은 수년간 침입 받아 왔고, 대양자원들이 약탈당해 이제 더 이상 무시할 수 없는 국지전의 어두운 구름에 쌓여 왔는데, 국지전에서 중국의 해군력이 사용되어야 하고 세계열강이 되려면 해군개발을 더욱 촉진시켜야 한다는 것이다. 중국은 자국의 모든 바다

29) 『인민일보』, 1989년 9월 15일.

와 대양에서 침략에 대응할 수 있는 강력한 해군을 양성해야 하고, 현대해군의 핵심인 항공모함이 구비되어야 한다고 생각하고 있다. 항공모함은 해군의 항공무장을 위한 이동기지로서 필수불가결한 것이기에 중국이 해양열강이 되려면 필요하다고 주장한다. 해상 영공의 통제 없이 바다의 통제는 있을 수 없다는 것이다.

중국은 항공모함을 보유하는 막강한 해양국가로의 계획과 함께 1992년 여름 중반에는 남중국해에서 도서장악 합동군사작전훈련을 실시했고, 1993년 초 2개월 동안 해병대는 전투에 준하는 훈련을 실시했다.[30] 이러한 훈련목적은 이미 1992년 12월 양상군(Yang Sheng Kun) 중앙군사위원회 부의장이 분명히 언급했다. 즉 그는 "중국은 지역군사강국이 되고자 한다. 영토적 주장이 필요하면 군사력으로 지원할 것이다. 베트남이 스프래틀리 군도에 대한 중국의 주장을 인정할 데드라인(deadline)은 1997년이다. 그렇지 않으면 인민해방군이 군사적 수단으로 이 문제를 해결할 것이다"라고 강조했다.[31]

우연일지는 몰라도 1997년은 홍콩이 중국에 반환되는 해이다. 중국의 남해함대는 홍콩해상에서 30해리 떨어진 만산(萬山) 군도의 백력도(白曆島)에 순양함이 기항할 수 있는 해군기지를 건설, 남해로 진출하는 중국 원양함대의 중간보급기지로 활용하고 있으며 한반도와 일본을 견제하는 임무를 수행 중인 발해(渤海)함대의 작전능력을 배가하기 위해서 기존의 뤼순(旅順)해군기지 외에 요녕성(遼寧省)에 추가로 해군기지를 건설 중에 있다.[32] 홍콩이 중국에 반환되면 항공모함까지 기항할 수 있으며 전세계 어느 항구보다도 지원시설이 완벽한 홍콩항이 중국해군에 넘어가게 된다. 그때가

30) 『해방군보』, 1993년 3월 3일.

31) *South China Morning Post*, 1992년 12월 14일.

32) 『조선일보』, 1993년 1월 29일.

되면 중국해군의 위력은 태평양과 인도양에서[33] 엄청난 수준에 올라서게 될 것이다.

Ⅳ. 중국의 분쟁가능 대상

핵무기 대결의 위험성을 안고 있던 미 · 소간의 이념적 양극대결이 종식되면서 냉전시대 동안 동면상태에 있었던 재래식 분쟁의 원천들이 서서히 국가 간의 당면문제로 등장하고 있다. 아시아에서 그것은 무엇보다도 영토적 분쟁을 의미한다. 중국의 통일문제는 물론이고 한반도에서의 급격한 변화나 군사적 대결이 중국의 군사적 개입을 불러올 가능성을 현재의 국제적 조건하에서 완전히 배제할 수는 없지만 중국의 해군력이 개입할 가능성이 비교적 높고, 또 심각한 발화점이 될 지역으로 부상하고 있는 곳이 남중국해이다. 이곳은 태평양과 인도양의 연결통로라는 점에서 군사전략적으로는 물론이고 경제적인 면에서 매우 중요한 지역이다.

남중국해에서 중국은 4개의 군도에 대해 주권을 주장하고 있다. 프라타스(Pratas, 東沙) 군도, 파라셀(Paracels, 西沙) 군도, 매클레스필드(Macclesfield, 中沙) 군도 그리고 스프래틀리(Spratlys, 南沙) 군도가 그것들이다. 이 중에서 프라타스 및 매클레스필드 군도에 대한 주권문제는 별로 말썽이 없으며 비교적 덜 중요하다. 이 두 군도에 대한 주권은 두 중국정부에 의해서만 경합되고 있다. 따라서 이들 간의 분쟁은 이 지역의 국제관계가 심각한 영향을 줄 정도는 아니다.

---

33) 인도는 인도양에서 영향력을 행사하기 위해 항공모함 및 잠수함과 상륙부대를 포함하여 세계에서 4번째로 큰 규모의 군대와 7번째 규모의 해군을 보유하고 있다. Robin Wright and Doyle McMANUS, *Flashpoints*, New York: Fawcett Columbine, 1991, p.24.

더구나 이 두 군도의 가치는 제한되어 있다. 프라타스 군도는 한 개의 작은 섬과 두 개의 작은 모래톱으로 구성되어 있으며 홍콩에서 남동쪽으로 약 170해리 떨어져 있어 베트남이나 필리핀보다 훨씬 더 중국에 가깝게 위치하고 있다. 현재는 대만의 해군부대에 의해 장악되어 있다. 매클레스필드 군도는 사실상 물에 잠겨 있는 하나의 환초이기 때문에 국제법에 비추어 볼 때 그렇게 물밑에 있는 것이 소유될 수 있을지 의문스럽다.[34] 그러나 파라셀 및 스프래틀리 군도에 대한 분쟁은 훨씬 더 말썽스럽고 이 지역의 국제관계에 광범위한 의미를 갖고 있다.

파라셀 군도는 이미 지난 20여 년간 갈등의 원천이었다. 다낭(Danang) 동쪽 베트남 해안과 중국의 하이난(Hainan) 섬으로부터 약 200마일 등거리에 위치하고 있는 이 군도는 일찍이 15세기에 중국에 의해 소유권이 주장되었다. 베트남은 1802년에 소유권을 주장한 것으로 되어 있다. 그리하여 19세기 말에는 베트남을 식민지화한 프랑스와 중국이 서로 영토권을 주장했다. 또 제2차 세계대전 중에는 일본이 이 군도를 장악했으나 전후 1951년 일본은 표면적으로 중국에 양도했다. 그러나 당시 베트남(월남)은 이 군도에 대해 소유권을 다시 주장했다. 이 섬들은 1960년 말까지만 해도 별다른 경제적 가치가 없는 것으로 생각되었으나 당시 사이공 정부는 조용히 기상대를 설치하고 3개의 섬에 소규모의 민병수비대를 주둔시켰다. 1973년 말에 시작된 석유위기와 함께 파라셀 군도의 남쪽지역에 사이공정부는 몇 개의 석유탐사계약을 체결했다. 그 결과 중국은 파라셀 군도에 대한 새로운 관심을 보이고, 1974년 1월 19일 해군 호위하에 어선대를 파견했다. 사이공정부가 수비대를 강화하

34) Hungdah Chiu and Choon-ho Park, "Legal Status of the Paracel and Spratly Islands," *Ocean Development and International Law Journal*, Vol.3. No.1., 1975, pp.1-28.

자 중국은 7척의 해군전대(flotilla)로 사이공 해군 파견대를 패퇴시켰다. 이에 월남은 강력히 항의했으나 통제력을 회복시킬 준비가 되어 있지 않았다. 당시 하노이 정부(월맹)는 공산주의 단결이라는 명분하에 중국의 통제권 주장을 지지했다.[35] 그 결과 중국은 전 파라셀 군도를 완전히 장악했다. 중화민국(대만)이 북경정부의 행동에 항의했고 미국은 완전히 중립을 지켰다. 그러나 파라셀 군도의 전투는 많은 놀라움을 주었다. 중국의 그런 대담한 행동은 당시 신축성과 실용주의를 상징한 주은래 수상의 외교방식과는 분명히 일치하지 않는 것이었기 때문이다.[36]

스프래틀리 군도는 중국의 남쪽해안에서 브루나이(Brunei) 쪽으로 약 600마일 떨어진 곳에 위치하고 있는데, 이 군도 역시 분쟁의 대상이었다. 이곳도 파라셀 군도처럼 1970년대 초에 월남(사이공)이 몇 개의 섬을 점령했다. 중국은 이 군도가 자국의 가장 가까운 국경선에서 약 600마일이나 떨어져 있는데도 불구하고 이 군도의 영토권을 줄곧 주장했다. 대만도 이 스프래틀리 군도에 대한 역사적 통제권을 주장하면서 이투 아바(Itu Aba)라는 1개의 섬에 소수의 수비대를 주둔시키고 있다. 1974년 2월 파라셀 군도를 중국에 상실한 사이공정부는 수비대를 강화했다. 당시 사이공정부는 유엔의 아시아 및 극동경제위원회(UN Economic Commission for Asia and the Far East)[37]의 연구가 이 군도의 인근 해저에 상당량의 석유가 매장되어 있을 가능성을 시사했기 때문에 그곳의 통제에 특별한 관심을 기울였다. 그러나 1975년 4월 월남정권 붕괴 직전에 하노

35) Kenneth Conboy, "The Future of Southeast Asian Security Environment," *Strategic Review*, Summer 1992, p.37.

36) Chi-Kin Lo, *China's Policy Toward Territorial Disputes*, London: Routledge, 1989, p.53.

37) 1974년 ECAFE는 Economic and Social Commission for Asia and the Pacific(ESCAP)로 개명됐다.

이정부(월맹)는 기습작전을 수행하고 이 스프래틀리 군도를 점령해 버렸다.

뿐만 아니라 공산통일 직전부터 파라셀 군도에 대한 베트남의 정책이 바뀌면서 파라셀과 스프래틀리 군도의 중국의 주권에 대한 주요 도전자로 베트남이 등장하게 되었다. 1975년 월남전 종결, 즉 베트남의 공산통일 직후 베트남 정당 및 정부대표단을 이끌고 북경을 처음 방문한 레 두안(Le Duan) 대표단장이 파라셀 및 스프래틀리 군도의 주권문제를 처음으로 중국 측에 제지했다. 이에 대해 당시 덩샤오핑은 다음과 같이 대답했다:

> "우리들 사이에 서사(西沙) 및 남사군도에 관한 분쟁이 있었다. 각측의 입장은 이 문제에 대해 분명하다. 우리의 입장은 고대로부터 이 군도들이 중국에 속했다는 것을 입증하는 적절한 증거를 갖고 있다는 것이다 … 이 문제는 앞으로 계속 논의 할 수 있을 것이다."[38]

이러한 덩샤오핑의 대답은 두 군도에 대한 베트남과의 쌍무협상에 동의한 것처럼 보였고 베트남인들도 그렇게 이해하였다. 그러나 1976~1978년에 두 군도에 대한 회담제의가 계속 거부되자 1979년 8월에 베트남은 중국을 비난했으며, 중국은 자국 입장의 방어로서 당시 덩샤오핑의 말을 스프래틀리 군도 중 몇 개의 섬이 베트남 당국에 의해 점령되고 있다는 점에서 논의가 필요하다는 것을 의미한다고 반박했다.[39] 1979년 2~3월에 있었던 국경전쟁 후 중 · 베트남 관계에 관한 광범위한 문제들을 다루는 쌍무회담이 동년 4월에 개최되었고, 파라셀 및 스프래틀리 군도에 관한 분쟁이 처음으

---

38) "On Chinas's Sovereignty over Xisha and Nansa Islands," *Beijing Review*, 24 August 1979, p.24, Chi-kin Lo, *op.cit*, p.92에서 재인용

39) *Ibid*.

로 협상테이블에서 논의되었다.[40)]

그러나 양측이 모두 기본입장을 재확인하는 것 외에는 더 이상의 협상의 여지가 없었다. 1975년 5월 분쟁이 시작된 이후 처음으로 베트남 정부는 파라셀 및 스프래틀리 군도에 대한 베트남의 역사적 권리를 뒷받침하는 문서상의 증거(documentary evidence)를 간행했다.[41)] 이에 대해 중국은 1975년 이전까지 베트남(하노이) 정부는 이 군도들에 대한 중국의 주권을 항상 인정했다는 사실을 지적하면서 이것을 증명하는 자료로 과거 베트남이 보낸 편지와 성명들을 팩시밀리를 통해 배포했다. 그러자 베트남 정부는 자국의 주권을 재확인하는 또 다른 성명을 발표했다. 이런 '문서전투'는 1979년 9월 베트남 정부가 자국의 주권을 주장하는 '호앙사와 트루옹사에 대한 베트남의 주권'[42)]이라는 제목의 백서를 처음으로 출판했을 때 절정에 달했다. 이 백서는 19개 항목의 증거를 나열했는데, 그 가운데 5개는 17~19세기 사이 베트남에서 발행된 지도와 역사적 기록들이었으며, 13개는 명령서, 행정결정 그리고 과거 프랑스 식민정부와 월남(사이공) 정부에 의해서 발표된 성명들이었다. 마지막 항목은 1975년 4월 베트남 인민군이 스프래틀리 군도의 몇 개의 섬을 실질적으로 점령한 행위를 지적한 것이었다.

이런 베트남의 백서에 대한 중국의 답변은 1980년 1월 외교부에 의해 발행된 문서로 나타났다. 그것은 '서사 및 남사군도에 대한 중국의 논란의 여지가 없는 주권'이라는 제목과 함께 3개의 주장으로 구성되어 있었다. 첫째, 파라셀 및 스프래틀리 군도를 최초로

---

40) 중 · 베트남 전쟁에 관해서는 D. W. P. Elliott, ed., *The Third Indochina Conflict*, Boulder: Westview Press, 1981; Wilfred Burchett, *The China, Cambodia, Vietnam Triangle*, London: 2nd press, 1981을 참조

41) Chi-Kin Lo, *op.cit.*, p.113.

42) 호앙사(Hoand Sa)와 트루옹사(Truong Sa)는 월남어로 西沙, 즉 파라셀군도와 南沙 즉 스프래틀리 군도를 각각 지칭한다.

발견 · 개발하고, 관리한 것이 중국인들이었기 때문에 이 섬들에 대해 중국은 역사적 권리를 갖는다. 둘째, 1974년 이전에 이 군도의 중국 주권에 대한 월맹의 승인이라고 주장되는 문서들이 외교부에 있다. 세 번째 주장은 새로운 것으로 베트남의 백서가 인용한 역사 기록의 호앙사(Hong Sa) 및 트루옹사(Truong Sa)는 스프래틀리 군도와는 같은 것이 아니라는 것이다. 그것들은 베트남 해안 근처에 흩어져 있는 몇 개의 군도였다는 것이다.

이러한 '문서전투'가 계속되는 동안 중국은 남중국해에 대한 자국의 주권을 주장하기 위한 여러 가지 상징적 조치를 취했다. 1979년 7월 23일 중국의 민항당국은 하이난섬의 남쪽지역과 파라셀 군도의 북쪽지역 주변에 4개의 위험지대를 선포했다.[43] 이러한 조치는 국제항공사들로 하여금 안전항로를 위해 이 지역에 대한 주권국가로서 중국정부와 협상하도록 하기 위한 것이었다.[44] 9월 3일 베트남 외무성은 중국의 오만하고 불법적인 조치를 절대적으로 거부한다는 성명을 발표했다.[45] 이밖에도 중국은 1979년 7월 파라셀 군도의 암초들 위에 2개의 임시 항해표지를 설치했으며, 같은 해 연말에는 린컨섬(Lincoln island, 중국명은 Dongdao)에 민항표지를 세웠다. 1980년 5월에는 등대들이 세워지고 임시표지를 대치하는 상설표지가 세워졌다. 사실, 이와 같은 표지와 등대들의 설치는 전혀 시급한 것은 아니었다. 그러나 그것들은 파라셀 군도에 대한 중국 주권의 상징으로 세워진 것이다. 이러한 중국과 베트남 간의 선전전과 상징적 행위는 1981년 이후에도 계속되어 베트남의 주권 주장과 중국의 거부가 계속되고 있었지만 중국은 선전에 대한 관심을

43) Nayan Chanda, "Same Shaw, New Theatre," *Far Eastern Economic Review*, 21 September 1979, pp.12-24.

44) Chi-Kin Lo, *op.cit.*, p.115.

45) *Ibid.*

줄이고 이 지역에 군사적 주둔을 확장해 왔다.[46] 그 결과 1988년 3월 중국은 스프래틀리 군도 해역에서 베트남군과 충돌하여 베트남 해군 72명을 사살했으며 1990년엔 6개의 섬을 점령하고 일부 섬엔 요새 등 군사시설을 설치하였다.[47]

파라셀 군도가 대체로 중국과 베트남 간의 주권문제로 분쟁이 계속되는 반면에 스프래틀리 군도는 2개의 주요 요인들로 인해 그 분쟁이 매우 복잡한 형태를 띠고 있다. 첫째로, 스프래틀리 군도의 분쟁은 앞서 소개된 것처럼 단순히 중국과 베트남 간의 쌍무적 문제만이 아니다.[48] 모두 7개 국가가 스프래틀리 군도의 전체나 일부에 대한 영유권을 주장하고 있다. 중국 외에 브루나이, 말레이시아, 필리핀, 타이완, 베트남이 이들 국가들이며, 바로 남서쪽에서 인도네시아와 베트남이 나투나(Natuna) 섬들의 일부에 대해 분쟁을 벌여 왔다. 둘째로, 스프래틀리 군도 밑에는 약 10억 배럴 이상의 석유가 매장되어 있을 것이라는 추정이 이 군도의 분쟁을 더욱 심각하게 만들고 있다. 따라서 섬에 대한 주권은 곧 매장된 자원에 대한 소유권을 의미하기 때문에 그만큼 이해관계가 클 수밖에 없게 된 것이다. 만일 석유나 천연가스가 발견된다면 분쟁당사국들은 자국의 주장을 실현하려고 노력할 것이 틀림없다. 이처럼 거의 분명하게 다가오는 남중국해의 대결을 해소하는 데 도움이 되도록 하기 위해서 1991년 7월 인도네시아는 스프래틀리 및 파라셀 군도에 대한 회담을 주최했다. 여기서 브루나이, 말레이시아, 필리핀, 타이완 그리고 베트남은 이 군도들의 공동개발에 대해 기본적으로 합의했으나 중국만은 이 섬들의 공동개발에 동의할 것을 거부했다.

46) *Ibid.*, p.118.

47) 『동아일보』, 1993년 2월 1일.

48) 이 두 국가가 가장 심각한 분쟁을 보였기 때문에 비교적 상세히 취급한 것이다.

중국은 자국의 주권이 먼저 인정되는 경우에만 참여할 것이라는 입장을 제시했다.[49)]

현재 중국은 파라셀 군도에 헬리콥터 착륙시설과 작은 항구를 유지하고 있으며 여기에 미사일 함정들과 초계함을 주둔시키고 있다. 스프래틀리 군도의 경우는 현재 중국이 7개의 섬과 암초들을 점령하고 있다.[50)] 중국은 이곳에 2개의 수비대와 포병대를 유지하고 있으며 2개의 작은 항구가 1993년 말까지 완공될 예정이다.[51)] 또한 이 섬들은 정기적으로 구축함들과 순양함들에 의해서 정찰되고 있다. 두 개의 항구가 완공되면 초계함이 상주하게 될 것이다. 베트남은 스프래틀리 군도 중에서 25개의 산호초 및 섬들을 장악하고 있는데 한 섬에 건설한 작은 활주로를 경비행기들이 가끔씩 이용하고 있다. 타이완은 스프래틀리 군도의 북쪽 이투아바(Itu Aba) 섬을 장악하고 있다. 이곳에 타이완은 1970년대 초 이래 일개 중대 규모의 수비대를 유지해 왔으나 1970년대 중반에는 이 섬 주변에 대한 정기적 해양정찰을 중단했다. 말레이시아는 스프래틀리 군도의 남쪽 끝에 위치한 3개의 섬을 장악하고 있으며 이곳에 상징적 규모의 군대를 오랫동안 주둔시켜 왔다. 1991년 9월 말레이시아 정부는 사바주(Sabah State) 해안에서 165해리 떨어진 테룸부 래이양 래이양(Terumbu Layang Layang) 섬에 1,500미터의 활주로 건설 계획을 발표했다. 1991년 초에 말레이시아는 이곳에 이미 한 개의 작은 호텔을 개장했고 관광을 위해 이곳을 진흥시킬 계획을 발표했었다. 필리핀은 스프래틀리 군도의 북동쪽 8개의 섬을 장악하고 있으며 소규모의 군부대가 이곳을 수비하고 있다.

---

49) Kenneth Conboy, *op.cit.*, p.37.

50) 중국 외에 현재 베트남이 25개, 말레이시아가 3개, 필리핀이 8개, 대만이 1개의 섬 또는 암초를 실질적으로 통제하고 있다.

51) Kenneth Conboy, *op.cit.*, p.37.

이처럼 스프래틀리 군도에 대한 관련 국가들의 영유권 주장이 제기 되자 1992년 2월 25일 중국은 제7기 전국인민대표대회 상임위원회에서 '중화인민공화국 영해법 및 접속수역법'을 선포하여 이 지역 전체를 자국의 영토로 선언했다. 같은 해 5월에는 미국의 크레스턴 석유회사와 탐사권 계약을 맺고 탐사회사와는 권익보호를 위해 군사력도 동원할 수 있다는 약속까지 했으며, 실제로 베트남이 점령하고 있는 작은 섬에 군을 상륙시키려고 시도하여 긴장을 고조시키기도 했다.[52)]

중국의 영토적 분쟁가능 대상은 동중국해에도 도사리고 있다. 그것은 중국인들이 댜오위다오(Diaoyudao)라고 부르는 반면, 일본인들이 센카쿠(Senkakus)라고 부르는 하나의 군도로 타이완 북동쪽 118마일 지점에 위치하고 있으며 8개의 작은 무인도들로 구성되어 있다. 이 군도는 1970년대 초까지는 적극적인 경합의 초점이 되지 않았으나 제2차 세계대전 후 이 군도를 관리한 미국 정부가 오끼나와 반환협정에서 이곳을 일본에 반환하는 데 합의함으로써 중국과 타이완의 항의를 불러일으켰던 것이다.

1970년 9월 기이치 아이치(Kiichi Aichi) 일본 외상은 댜오위다오가 일본의 영토임을 주장했다. 이 주장은 같은 해 12월 중국 정부에 의해 반박되었다.[53)] 1971년 6월 미국은 이 군도를 일본 정부에게 정식으로 반환했다. 동년 12월 중국 외교부는 이 군도의 일본 반환이 전적으로 불법이라는 성명을 발표했다.[54)] 이 군도에 대한 일본 정부의 주장은 발견자의 권리와 19세기 말 이후 이 군도의 실질적 점령에 근거를 두고 있었다. 반면에 중국 정부는 역사적 권리의

---

52) 『동아일보』, 1993년 2월 1일.

53) 이때 중국 정부는 동중국해를 공동으로 탐사하기 위한 일본, 한국, 타이완 3국의 연락위원회 설치를 동시에 비난했다.

54) *Peking Review*, January 7 1972, p.12.

토대 위에서 이 군도의 소유권을 주장했다. 중국인들의 기록에 따르면 이 군도에 대한 중국의 점령과 관리가 16세기 명나라시대까지 거슬러 올라간다. 더구나 중국 정부는 이 군도가 타이완의 일부였고 1895년에 체결된 불평등조약, 시모노세키(Shimonseki) 조약의 조건 하에서 일본에 양도되었다고 주장했다. 전후 포츠담회담의 합의가 타이완을 중국에 반환해야 한다고 규정했던 것처럼 댜오위다오도 역시 중국에 반환되어야 한다는 것이다. 일본은 댜오위다오가 시모노세키 조약에 포함된 적이 없다는 주장으로 반박했다.[55)]

남중국해의 상황과 유사하게 댜오위다오의 소유권을 동중국해의 해양공간 주장에 대한 중일간 분쟁에 중대한 의미를 갖게 될 것이다. 1973년 유엔해저위원회(The United Nations Seabed Committee)에 제출한 기본 보고서에서 중국은 한 국가의 대륙붕은 육지영토의 자연적 연장으로 정의되고 또 대륙붕의 넓이에 대해 보편적 최대 한계가 있어서는 안 된다고 제안했다. 인접국이나 반대쪽에 있는 국가들이 협의를 통해서 대륙붕의 관할권을 공동으로 제한해야 한다고 주장하면서도 중국은 등거리 원칙을 수용하지 않았다. 중국이 1982년 4월 30일 개최된 제3차 유엔해양법회의(UNCLOS Ⅲ)에서도 동일한 입장을 고수했던 반면에 일본은 한 국가의 대륙붕의 바깥한계가 그 국가 영해의 넓이를 측정하는 기준선으로부터 200해리 최장거리를 초과해서는 안 되며, 또 인접국이나 반대쪽에 있는 국가해안 경계선의 제한은 등거리 원칙을 고려하여 관련국가간 합의로 결정되어야 한다고 제안했다. 그런 합의가 불가능한 경우엔 어떤 국가도 자국의 대륙붕에 대한 주권을 중앙선 넘어서 확장할 수 없다고 일본은 주장했다.[56)]

---

55) R. K. Jain, China and Japan 1949~1980, 2nd ed. N. J: Humanities Press, 1981, ch.8.

56) J-J Ma, *Legal Problems of Seabed Boundary Delimitation in the East China*

이처럼 대립적인 양국의 일반 입장은 동중국해 대륙붕의 몫을 자국에게 유리하도록 계획한 것이기에 놀라운 일은 아니다. 중국의 입장에 따르면, 중국의 해안으로부터 일본의 류큐 바로 서쪽을 통해 오키나와 물골(Okinawa Trough)에까지 미치는 동중국해의 대륙붕이 중국의 육지 영토의 자연적 연장으로 간주되어 중국에 귀속되어야 한다는 것이다. 반면에 일본의 입장에 따르면, 대륙붕은 양국의 영해를 측량하기 위한 기준선 사이의 중앙선을 따라 분할되어야 한다는 것이다. 지정학적 특징이 대륙붕을 가르는 데 고려된다면 일본의 주장은 오키니와 물골 때문에 약화될 것이다.[57] 댜오위다오가 동중국해의 대륙붕 바로 끝에, 즉 중국의 타이완섬과 일본의 류큐 사이에 위치하고 있기 때문에 댜오위다오의 소유권은 대륙붕에 대한 자국의 주장을 강화하는 데 중요한 요인으로 일본은 간주하고 있다. 실제로 댜오위다오가 일본 해안의 기준선을 그리는 데 변경지(outpost)로 사용되는 동시에 중앙선 원칙이 채택된다면 일본은 동중국해의 대륙붕 중에서 보다 많은 부분에 대한 영유권을 갖게 될 것이다. 따라서 1970년대 초 갑자기 이 군도가 심각한 대립의 초점이 되었다는 사실은 이해하기 어렵지 않다.

남중국해의 군도들에 대한 경쟁처럼 이 댜오위다오에 대한 경쟁은 부분적으로는 유엔아시아 극동경제위원회 지진조사보고서들의 결과였다. 왜냐하면 그 보고서들이 동중국해 대륙붕에 풍부한 석유매장을 암시했기 때문이다. 이에 못지않게 중요한 것은 해양법에 대한 신협약의 전망에 대해 점증하는 관심의 결과로 인해 연안국가들이 해양권리에 대한 첨예한 의식을 갖고 있기 때문이다.[58]

Sea, Baltimore: University of Maryland, Occasional papers/Reprint Series in Contemporary Asian Studies, 1984, ch.2.

57) Chi-Kin Lo, *op.cit.*, p.170.

58) *Ibid*, p.171.

1972년 9월 중국과 일본이 외교관계를 수립했을 때 댜오위다오에 대한 양국 간의 논쟁은 일단 가라앉았다. 그러나 1978년 4월 일단의 중국 어선들이 이 군도 부근에 출현해서 그 군도에 대한 중국의 주권을 주장하는 플래카드를 세웠던 사건이 발생했다. 일본 정부가 항의하자 중국 정부는 이러한 사건의 재발방지를 약속했다. 1978년 10월 덩샤오핑이 중국의 부수상 자격으로 중일간 평화조약 체계를 위해 일본을 방문했을 때 덩샤오핑은 1972년 양국의 외교관계 수립시 댜오위다오 분쟁은 유보하기로 합의했으며 평화조약체결 시에 동일한 이해에 도달했다고 말했다. 그리고 분쟁해결의 전망에 대해 덩샤오핑은 다음과 같이 말했다.

> "이 문제에 대해 양측이 상이한 견해를 유지하고 있음이 사실이다 … 이 문제는 당분간, 예를 들어 10년쯤 유보된다고 문제될 것은 없다. 우리 세대는 이 문제에 대한 공통의 언어를 발견할 만큼 충분히 현명하지는 못하다. 우리의 다음 세대는 분명히 보다 더 현명할 것이다. 그들은 분명히 모두에게 수락될 해결책을 발견할 것이다."[59]

이렇게 댜오위다오의 분쟁이 유보되었지만 동중국해에서 대륙붕의 경계를 정하는 문제는 중일관계에 계속적인 자극제가 되어왔다. 1980년 11월 중일 양국이 댜오위다오 분쟁은 유보한 채 주변해역의 석유자원을 공동 개발하기 위한 이틀간의 회담을 북경에서 개최하였을 때 높았던 기대는 사라졌다. 대륙붕 경계선 설정에 대한 양측의 입장 차이가 너무도 큰데다가 1974년 1월 3일 동중국해의 제주도 남쪽 82,000평방킬로미터의 지역에 대한 한일간 공동개발합의가 추가적 마찰의 원인이었다.[60] 실제로 중 · 일정부가 공동

59) *Peking Review*, November 3 1978, p.16.
60) Chi-Kin Lo, *op.cit.*, p.173.

개발 문제를 숙고하고 있는 동안 한 · 일간 공동탐사와 실험채굴은 1980년 5월에 이미 시작되었던 것이다. 따라서 중 · 일간의 공동개발도 결코 문제가 없지 않다는 것이 드러난 것이다. 댜오위다오에 대한 분쟁의 유보는 결코 그 문제가 쉽게 해결될 수 있다는 것을 의미하지 않았다. 1992년 2월 25일 앞서 지적했던 '중화인민공화국 영해법 및 접속수역법'을 제정했을 때 중국은 댜오위다오, 즉 센카쿠를 중국 영토로 명기했다. 2월 26일 일본 정부는 베이징 주재 일본대사관을 통해 중국 정부에 구두로 항의했으며, 그 이유에 대해 일본 외무성은 "말썽을 일으켜 일을 복잡하게 만들지 않기 위해서"라고 설명했다.[61] 베트남과 말레이시아도 중국의 신영해법이 파라셀 및 스프래틀리 군도를 중국 영토로 명기하고 있는 것에 대해 항의했다.[62]

중국이 분명히 관련 국가들의 항의가 있을 것임을 알면서도 그러한 내용의 신영해법을 제정한 것은 무엇을 암시하고 있는 것일까? 그것은 무엇보다도 중국이 증강하는 해군력을 정치적 위협의 수단으로 사용할 의도와 용의가 있음을 말해주는 것이다. 중국인들에게 전쟁은 수단을 달리한 정책의 연속이라고 가르친 것은 마오쩌둥 주석이었다.[63] 중국의 신영해법제정과 해군력의 증강은 중국이 추구할 정책적 목적과 함께 그것의 실현수단을 준비하고 있는 것으로 보아야 할 것이다.

---

61) 平松茂雄, "中國の領海法と尖閣諸島問題(上)," 『國防』, 1992.

62) *Ibid*.

63) Raymond Aron, *Clausewitz*, New York: Simon & Schuster, 1986, pp.294-302.

Ⅴ. 일본의 방위정책과 해군력 증강계획

태평양전쟁 말기 패전에 직면하고 있던 일본의 방위계획자들은 항복 후의 일본의 방위문제를 이미 고려하고 있었다.[64] 1945년 당시 이른바 황국군부는 황국근위병을 미래 군의 핵심으로 개혁할 생각을 품었고 황군해군은 해안방위계획을 수립하고 있었다. 그러나 일본의 항복 후 연합사령부는 군국주의를 발본색원할 생각으로 그런 구상을 억눌러 버렸다. 연합국은 반국가 · 반전가치를 고양시켜려 했으며 전쟁에 진저리가 난 일본인들도 그런 노력에 모두 수용적 자세를 보였다. 비무장 중립의 개념이 매력적으로 보였으며 아시아의 '스위스'라는 미래상이 일본의 미래로 암시되었다. 그러나 1950년 6월의 한국전 발발은 일본인들의 안보의식을 고무했고 미국의 대일정책에도 변화를 초래하지 않을 수 없었다. 그리하여 1951년 샌프란시스코 평화조약체결시 서명된 임시 안보조약의 과정을 거쳐, 1954년 일본은 미국과 상호방위원조조약을 체계하여 미국의 군사적 원조를 받을 수 있는 길을 열었다. 그리고 이 해에 일본방위청과 자위대가 창설되었다. 일본은 그 후 1958년부터 60년대 말까지 아주 완만한 군비증강을 실천해 왔다. 그러나 1969년 닉슨 독트린의 선언과 1975년 월남의 공산통일은 일본의 방위력 증강에 대한 필요성을 제기하는 계기가 되었다. 이미 미군이 월남에서 철수한 뒤 발표된 1977년 카터 미대통령의 주한미군 철수계획은 일본방위정책에도 영향을 주지 않을 수 없었다.

특히 1979년 말 소련의 아프가니스탄 침공으로 시작된 이른바 제2의 냉전시대가 도래하면서 국제적 긴장이 고조되었다. 동년부터 일본방위청은 소련에 대한 매우 상세한 자료와 위협가능성에

64) J. W. M. Chapman, R. Drifte and I. T. M. Gow, *Japan's Quest for Comprehensive Security*, London: Frances Pinter, 1983, p.56.

대해 방위백서를 통해 발표하기 시작했다. 당시 방위청은 소련을 '잠재적 적(potential enemy)'으로 지목하기 시작했는데, 그런 노골적 표현은 그때까지 정치적으로 금기시되었던 오랜 전통을 깨뜨리는 행위였다.[65] 실제로 1970년대 말부터 소련의 태평양함대는 소련의 4개 전투함대 중에서 수적으로 최대함대가 되었다.[66]

뿐만 아니라 미국은 베트남전에서의 패배 이후 이른바 베트남전 신드롬에서 아직 벗어나지 못함으로써 대소련 봉쇄정책에 우방국, 특히 일본의 실질적인 기여를 촉구하게 되었다. 즉 미국은 소련의 위협에 대해 자체의 군사력 증대를 통해서 대소 억제력을 강화하기가 어려운 국내적 여건에도 불구하고 국방비의 증액을 추진함과 동시에, 아시아에서 전후 미국이 거의 독점적으로 담당했던 대소 방위 노력에 일본의 비용부담을 요구하면서 이 지역에서 일본의 군사적 역할증대를 추진하기 결정했던 것이다. 1980년대에 들어와 일본은 미국으로부터 군사적 노력을 수행하도록 본격적인 압력을 받기 시작했다. 미국은 언제나 아시아의 안보문제를 미국의 관점에서 보았다. 미국이 일본의 방위정책을 일본의 인접국가들의 관점에서 보는 경우는 거의 없다. 그리하여 일본의 인접국가들이 일본의 군사력 증강을 아시아의 불안정 요인으로 보는 것과는 달리 미국은 전통적으로 일본의 군사력을 평화를 위한 세력으로 보고 있다. 이것은 마치 20세기 초 영국이 일본을 믿을 만한 동맹국으로 간주했었던 것과 비슷하다. 그것은 19세기 영국이나 20세기의 미국이 각각 러시아와 소련을 견제하고 봉쇄해야 한다는 지정학적 논리에서 벗어나지 못하고 있음을 보여주는 것이다. 1980년 12월 일본은

---

65) *Ibid.*, p.70.

66) Derek da Cunha, "Soviet Naval Capabilities in the Pacific in the 1990s," in Ross Babbage, ed., *The Soviets in the Pacific in the 1990s*, Brassey's Australia, 1989, p,47.

인접국가들이 역사적으로 갖고 있는 깊은 우려와 미국에 의한 역할증대 요구에 동시에 대응하는 전력으로서 이른바 총합국가안보(comprehensive national security) 정책을 제시, 아시아 안보에 기여할 것을 천명했다.[67]

일본은 미국의 레이건 행정부의 압력을 구실로 1983년부터 일본 열도의 1000마일 내 일본해군의 방위책임을 수락했다. 이 해양방위선은 대부분은 분명히 공해를 포함했다. 당시 나카소네(Nakasone) 일본 수상은 일본의 신해상방위책임이 미국의 선박들을 도울 뿐만 아니라 일본행 전략물자들을 수송하는 외국상선들의 보호도 포함한다고 암시했다.[68] 일본방위정책의 이러한 중대한 변화가 그 당시에는 일본 내에서나 밖에서 별다른 말썽을 일으키지 않았다. 왜냐하면 당시 일본은 국제해상로의 보호책임을 일본이 공격받을 경우로만 국한시킴으로써, 만일 어떤 공격이 있다면 그것은 소련으로부터 발행할 것이라고 간주되었는바, 이는 결국 당시의 미 · 일안보관계와 현저했던 미 · 소 간의 대결구도 속에서의 변화에 지나지 않았기 때문이다.[69] 나까소네 수상은 서방동맹의 한 구성원으로서 일본이 갖는 중요성과 미국과의 공동운명의식을 분명하게 밝힘으로써 일본의 국제적 위상과 역할에 대한 의구심을 불식시키고자 했다. 동시에 그는 일본의 방위능력을 증대시키기 위해 노력했다. 일본의 방위예산은 연 50% 이상 증가했으며 미군의 일본주둔비용의 40% 이상을 부담했다. 일본의 군사비 지출은 1990년에 300억 달러에 달해 세계 3위로 떠올랐다. 그리하여 1987년 가을 타케시다(Takeshita) 수

---

67) Chapman, Drifte and How, *op.cit.*; Robert W. Barnett, Beyond War: Japan's *Concept of Comprehensive National Security*, Washington: Pergamon, 1984.

68) Masashi Nishihara, "Prospects for Japan's Defence Strength and International Security Role," in Douglas T. Stuart, ed., *Security Within the Pacific Rim*, Aldershot: Gower, 1987, p.43.

69) Peter J. Woolley, "Japan's Security Policy: Into the Twenty-First Century," *The Journal of East and West Studies*, Vol.21, No.2, October 1992, p.115.

상이 집권한 뒤 일본은 적극적인 국제적 역할을 시작하게 되었다.

일본은 자신의 국제적 역할을 전통적으로 정의해 왔던 쌍무적 일·미의 틀에서 더 이상 만족하려 하지 않았다. 또 일본은 미국의 지도력을 추종하는 데 만족하지도 않았다.[70] 보다 적극적이고 독립적이며 다변적인 외교의 추구는 1990년 쿠리야마 타카카주(Kuriyama Takakazu) 외무차관에 의해 분명히 천명되었다. 즉 그에 의하면 일본은 더 이상 국제질서가 주어진 것이라는 전제 위에서 수동적 외교정책을 수행할 수 없으며 자국의 안보 및 번영을 확보하기 위해서 신국제질서를 창조하는 국제적 노력에 적극 참가해야 한다는 것이다.[71] 이와 같은 보다 독자적인 외교정책의 추구는 최근 민족주의의 득세에 의해서 더욱 촉진되고 있다. 1989년 이시하라 신타로(Ishihara Shintaro)와 모리타 아키오(Mofrita Akio)의 저서 『No를 말할 수 있는 일본』이 베스트셀러가 되어 기세를 올렸으나 일본은 곧 1990년 미국인들의 '일본 때리기(Japan-bashing)' 정책에 직면하기도 했다. 그러나 일본의 경제적 팽창과 저돌적 통상정책이 일미동맹관계에 가장 큰 부정적 요인으로 작용하면서 일본의 독자적 외교·방위 정책의 추세를 더욱 진작시키고 있다.

1990년 9월 주일미군의 주둔비용을 일본이 모두 부담하지 않으면 미군을 철수할 것이라는 미의회의 위협에 대한 일본방위청의 다음과 같은 반응은 일본인들의 입장을 잘 반영해 주고 있다고 할 수 있다. "미 의회는 상식이 부족하다. 일본은 미군 주둔을 요청하지 않았다. 우리는 제발 철수하라고 말해야 할 것이다."[72]

---

70) Andrew Y. Yan, "Japans's Strategic Role in Northeast Asia in the Post-Cold War Era," in W. E. Odom, *Trial After Triumph: Esat Asia After the Cold War*, Indianapolis: Hudson Institute, 1992, p.61.

71) Takakazu Kuriyama, "New Directions for Japanese Foreign Policy in the New International Order," Tokyo, 1990, 영어판.

72) Andrew Y. Yan, *op.,cit.*에서 재인용.

일본의 외교정책은 냉전종식과 함께 새로운 단계에 접어들고 있다. 그것은 분명히 수동적인 성격에서 능동적인 것으로, 의존에서 자율로, 쌍무적 관계에서 다변적 협력관계로 변하고 있다. 국제질서의 변화와 일본의 자신감이 함께 어우러져 일본외교정책의 변화를 가속화시키고 있다. 그런 변화의 귀결은 결국 일본이 명실상부하게 정치군사적인 강대국이 되는 것이다. 일본은 그 헌법구조와 정책결정과정의 제약으로 인해 급격한 변화보다는 느리지만 점진적인 변화를 통해 궁극적으로 큰 변화를 가져오는 특징을 갖고 있다. 따라서 느린 점진적 변화만을 보고 그 궁극적 결과를 예상해 보지 않는 것은 나무만 보고 숲을 보지 못하는 결과가 될 것이다. 1990~1992년에 매우 느린 과정을 보여주면서도 결국 1992년 6월 평화유지법안을 통과시켜 캄보디아에 군부대를 파견한 일본인들의 행동이 하나의 대표적 본보기가 될 것이다.

일본은 곧 지정학적 안보관심을 갖고 21세기를 맞게 될 것이다. 특히 21세기에 접어들면서 일본 정치지도층에는 세대교체가 있게 될 것이다. 그리하여 "보다 국제적인 감각과 자신감 그리고 적극적인 지도자들이 최고지도층으로 등장"할 것이다.[73] 카아(E. H. Carr)의 말처럼 역사에 필연은 없다고 하겠지만 20세기 초 일본의 새로운 젊은 지도자들이 메이지유신 40여 년의 일본 발전을 토대로 과감한 대외정책을 추진하며 러일전쟁을 승리로 이끈 역사적 사실을 상기할 때[74] 21세기 초 일본 지도층의 세대교체는 보다 평화로운 세계를 약속하는 것 같지 않다. 오히려 일본은 증강된 군사력과 정치 및 경제적 영향력을 배경으로 범아시아주의를 내세우면서

---

73) Yoichi Funabashi, "Japan and the New World Order," *Foreign Affairs*, Vol.70 No. 5., Winter 91/92, p.66.

74) Sung-Hack Kang, "Impact of the Russia Japanese War on the Northeast Asian Regional Subsystem: The War's Causes, Outcome and Aftermath," 1981년 Northern Illinois University 박사학위논문, 특히 제3장을 참조.

이 지역에 대한 일본의 헤게모니 구축을 점점 더 노골적으로 추진할 것이다. 그런 일본정책의 성공은 이 지역 국가들의 대응방법에 따라 적지 않게 영향 받겠지만 적어도 일본이 그런 정책방향으로 나아갈 것임은 거의 확실하다.

이러한 배경 속에서 1993년 1월 16일 아시아 4국을 순방하던 미야자와(Miyazawa) 수상이 아태지역에서의 일본의 중요한 역할을 밝힌 이른바 '미야자와 독트린'은 일본이 자신의 경제력에 걸맞는 정치대국으로 발돋움하겠다는 일본인들의 의지를 공개적으로 표명한 것으로 보아야 할 것이다. 일본은 이제 정치적 모험시기에 접어들고 있다. 이것은 일본인들이 스스로 원했거나 계획했던 것이 아닐 수도 있다. 그러나 역사는 계획을 항상 필요로 하는 것은 아니다. 역사적 변화와 도전에 상응하는 대응책을 요구할 뿐이다. 오늘날 일본은 자원, 에너지, 식량 등 생존에 필요한 많은 중요물자들을 해외에 크게 의존하고 있다. 따라서 일본 해상자위대의 제1차적 임무는 해상교통의 안전을 확보하는 데 필요한 능력을 보유하여 다음의 기능을 수행하는 데 있다.[75)]

첫째, 주변해역에서는 대잠수함 초계기에 의한 광역초계나 선박항해의 요충해역을 호위함부대 등에 의해서 초계하고 선박을 호위한다. 초계와 호위에서 해상자위대는 대잠수함전, 대수상전, 방공전을 수행한다.

둘째, 연안해역에서는, 특히 선박의 출입이 많은 주요 항만 부근에서는 소해(掃海)부대, 대잠수함 항공기부대, 호위함부대 등에 의해 항만을 방어하고 선박의 안전을 도모한다. 또한 주요 해협에서는 이곳을 통과하려는 적 함정에 대해 호위함부대, 대잠수함부대, 대잠수함 항공기부대 등에 의해 대잠수함전, 대수상전, 기뢰부설전

---

75) 일본방위청 편, 『방위백서』, 1993.

을 행하고 경우에 따라서는 육상 및 항공자위대와 협동하여 해협통과를 저지한다.

셋째, 해상에서의 방공에 대해서는 호위함부대가 방공전을 수행하고 항해하는 선박을 보호하는 이외에 항공자위대의 능력이 미치는 범위 내에서 방공작전을 수행한다.

일본은 섬나라이며 무역국가이기 때문에 이것은 일본해군에게 당연하고 또 필요한 임무이다. 그러나 이런 임무는 지금까지 이 지역에서 미 제7함대라는 압도적 존재의 맥락 속에서 수행되었다. 일반적으로 일본은 해로의 방어를 미국에 맡겨 왔지만 해상자위대는 신속하게 보다 자립적이고 자족적인 부대로 전환할 수 있는 해로안전작전을 수행할 핵심적 기술능력을 개발했다.[76] 일본해군은 호위부대와 항공부대 및 잠수함부대로 조직되어 있는데 대잠수함 전투에 큰 비중을 두고 있다. 또한 일본해군은 P-3C 오리온(Orion) 첨단 대잠초계기를 포함하여 상당수의 항공기를 직접 함대작전에 연계시키고 있다. 구축함과 소해정 및 첨단 대잠초계기를 강조하는 무기체제는 해상로와 해상로 통제를 수행하는 선박의 보호에 일본이 몰두하고 있음을 보여준다.

현재 일본 해상자위대가 결코 작은 해군은 아니지만 일본에서 멀리 떨어진 곳에까지 해군력을 투사할 수 있는 대양해군(blue water navy)은 아니다. 그러나 셔래인(Shirane)형 같은 신형구축함들과 신이지스(Aegis) 장착 구축함들은 훨씬 더 다기능적이고 강력한 전함들이다. 신 구축함이 1993년에 함대에 편입될 때 그것은 일본 해군에 특히 중요하게 될 것이다.[77] 왜냐하면 그것은 시속 20노트의 속도와 항속거리 5,000마일을 자랑하게 될 것이며 그 무기체제는

---

76) George Friedman and Meredith Lebard, *The Coming War with Japan*, New York: St. Martin Press, 1991, p.361.

77) *Japan Times Weekly*, July 9-15, 1990, p.7.

하푼(Harpoon) 대함미사일, 타타르(Tartar) 대공미사일과 수중음파탐지체제(TASS) 그리고 무엇보다도 첨단 이지스 방공체제를 포함할 것이기 때문이다. 그리고 중요한 것은 일본이 심해에서 완벽한 작전수행이 가능한 이지스 방공체제로 무장한 7,200톤급 구축함을 건조하고 있다는 사실이다.[78] 현재 8척이 건조 중인 그러한 선박은 미해군의 최상급에 필적할 것이다. 이것은 미국의 첨단기술이 일본으로 이전됨으로써 가능하게 되었다.

일본이 첨단 구축함을 건조할 수 있도록 허용한 미국의 결정으로 인해 일본의 해군력은 세계 해군 능력에서 최선두에 서게 되었다. 첨단레이다 및 데이터 처리장비에 의해서 동력을 받는 복잡한 미사일포 방어체제인 이지스 체제는 지금까지 미 해군에만 배치되어 있었다. 그 어떤 국가의 해군도 이렇게 엄청남 고가의 방어체제를 구입하는 것이 가능하다고 생각하지 못했다. 항공작전 때문에 포클랜드 전쟁에서 쉐필드(Sheffield) 순양함을 잃었던 영국조차도 엄청난 비용 때문에 이 체제를 구입할 기회를 거절했었다.[79]

이지스 체제를 구입하기로 한 일본의 결정은 두 가지 의미를 갖는다. 첫째로, 일본해상자위대는 육지에서 발진하는 항공기의 범위를 넘어 적이 지배하는 영공 하에서 자국의 선박들이 작전할 수 있기를 기대하고 있으며, 둘째로는 미국에서 즉각 구입할 만큼 이 기술을 대단히 중요한 기술로 간주하고 있다는 것이다. 이 이지스 체제는 단순히 한 척의 배를 보호하도록 계획된 것이 아니라 주로 함대의 방어체제로서 유용하다. 이 체제의 핵심은 레이더와 정보를 처리하고 미사일포를 목표물에 조준하는 컴퓨터체제이다. 함대의 방어태세 구축에 있어서 이지스는 그것이 항공우세든 대잠

---

78) Nassnori Tabata, “Government th Launch Defense Plan,” *Japan-Times*, July 9~15, 1990, p.1, Friedman과 Lebard의 앞의 책에서 재인용.

79) Friedman & Lebard, *op.cit.*, p.364.

수함작전이든 함대들이 자체 임무에 집중할 수 있도록 해준다. 이 체제의 구입은 대잠수함 초계중인 구축함이나 여러 척의 보다 작은 구축함에는 아무런 의미가 없다. 그것은 오직 육지발진 항공기의 범위 밖에 있는 함대를 항공우세전투기 반경 밖에서 날아드는 미사일로부터 방어하는 데에만 유용하다. 요컨대, 그것은 대규모 항공전투군단을 보호하는 데 주로 유용하다.[80] 미국의 어떤 동맹국도 이지스를 구입하지 않았다. 왜냐하면 프랑스를 제외하고 어떤 동맹국도 거대하지만 취약한 항공전투군단을 전개하지 않고 있기 때문이다.

현재 일본은 항공모함을 보유하고 있지 않다. 따라서 이지스 체제의 구입은 일본인들의 적대적 원양에서 대규모의 함대작전을 예상하고 있음을 분명히 시사해 준다. 일본은 자국의 1,000마일 내 경쟁적 바다에서 작전문제를 다루고 육지에 기지를 둔 감시를 가능한 한 많이 했다. E-2 항공기의 구입과 첨단 E-3AWACS 항공기의 구입은 일본에게 크게 향상된 감시와 통제능력을 부여할 것이다. 이것은 이오지마(Iwo Jima)에 첨단 레이다체제를 설치하는 결정과 함께 일본자위대에게 일본의 동쪽과 남쪽에서의 활동에 관한 훌륭한 정보를 제공할 것이다. 일본이 필리핀 쪽으로 정찰지대를 확대함에 따라서 육지에 기지를 둔 항공기의 정찰반경을 벗어나게 된다. 장거리 정찰을 위한 P-3C 오리온 대잠초계기의 구입과 함께 이 고도로 취약한 항공기의 항공커버의 필요성성이 증가하고 있다. 항공모함의 기능은 바로 이런 지역의 항공우세와 바다통제를 제공하는 것이다. 일본은 항공모함의 필요성을 인식하고 있다. 그러나 일본의 항공모함 취득은 인접 국가들을 불안하게 함으로써 일본에게도 심각한 정치적 문제를 야기할 것이다. 왜냐하면 미국

---

80) *Ibid.*, p.365.

항공모함의 경우에서처럼 항공모함의 제1차적 사용은 정치적이기 때문이다. 즉 정치적 요구에 굴복하도록 약소국가들에게 압력을 가하는 데 유용하기 때문이다.

따라서 일본이 우선적으로 손쉽게 취할 수 있는 정책은 영 · 미의 해리어(Harrier) 같은 전폭기들을 해상지원하는 수직이착륙(VTOL) 수송선이 되고 있다. 물론 일본의 VTOL 수송선의 선택은 분명히 잠정적 조치이다. 일본의 군사력이 지상의 지지에서 발진하는 항공지원으로 점점 더 멀리 뻗어감에 따라서 자율적 해양공군의 필요성은 증대될 것이다. 현재 일본의 해군은 핵심적 기술의 개발과 생산의 복잡성을 통달했다. 이지스급 구축함의 숙달과 함께 일본은 현대 승함체제의 본질, 특히 첨단 레이더, 화력통제 체제 및 중앙데이타 처리의 통합능력을 갖추었다. 연구 및 개발에 의해서든 면허를 통해서든 일본의 기술개발자들은 세계 정상급 해상선박의 건조방법을 알고 있다.

이러한 사실은 일본해상자위대가 제한적이지만 완벽하게 작동하는 해군임을 말해 준다. 더구나 상선건조에 관한 일본의 전문성은 일본의 해군력 증강에 대단한 전망을 갖게 한다. 대양을 횡단하는 자동차 수송선의 개발 같은 일상화된 기술은 일본해군력 투사의 과정에서 직면할 수 있는 어떤 병참문제에 있어서도 크게 도움이 될 것이다. 쿠웨이트 위기 시에 일본은 장갑차를 포함한 군용차량의 수송을 위해 미국에 여러 척의 상업용 자동차수송선을 기꺼이 파견하려 했다. 일본은 고도의 기술을 요구하는 선박건조에서도 첨단을 걷고 있다. 예를 들어 일본인들은 컨테이너를 가득 실은 채 시속 60노트로 항해할 수 있는 고속 선박의 설계를 연구할 연구개발(R&D)팀을 창설했다. 이 기술은 프로펠러 대신에 초전도 자석을 이용하여 초저소음의 잠수함들을 건조하는 데 유용할 것이다.[81] 요컨대 이 기술은 해상 및 잠수함 전투에서 대변화를 일으킬 것이다. 총체적 일반 산업능력은 민수용과 동시에 군수용으로도 사용될 수 있도록 계획된 광범위한 기술을 해상자위대에 제공하고 있다. 뿐만 아니라 재정적으로만 볼 때에는 합리적이라고 할 수 없는 경우에서조차도 면허를 통해 모든 해양 신무기체제를 계획하거나 직접 생산을 고집함으로써, 원하기만 하면 언제든지 해군력을 급속히 증강시킬 수 있는 첨단 산업기지를 발전시켰다. 따라서 비록 현시점에서 볼 때 일본의 해군력이 가공할 정도는 아니라 할지라도 개발과 증강의 잠재력은 엄청난 것이며, 이것은 일본이 계획한 것이기도 하다. 궁극적으로 일본은 항공모함을 구비할 것이며 그 때문에 야기되는 정치외교적 문제들에 직면하게 될 것이다. 또한 그 순간부터 일본은 군사적 강대국으로 행동할 것이다.[82]

---

81) Steven Kreider Yoder, "Japan Plans Speedy Superconductor Ships," *The Wall Street Journal*, August 17 1988, p.7.

82) 1993년 판 일본방위백서에 기록되어 있는 중기방위력 정비계획 중 주변 해역의 방위능력 및 해상교통의 안전확보능력을 향상시키기 위한 주요 사업 내용으로 제시된 것은 다음과 같다.

(앞으로의 증강계획: 해상자위대)

구 분	종 류	증강 규모
자위함 건조 계 : 35척 (약 9.6만톤)	호 위 함	10척
	잠 수 함	5척
	기 타	20척
작전용 항공기 계 : 45기	고정익 대잠초계정	8기
	대잠헬리콥터	36기
	소해헬리콥터	1기

Ⅵ. 일본의 분쟁가능 대상

제국주의의 절정기에 동아시아의 대부분을 지배했던 일본은 1945년의 패전으로 약 50년간의 정복전쟁을 통해 건설한 제국을 상실했다. 1895년 청일전쟁으로 영토적 확장을 시작한 일본은 중국으로부터 타이완을 탈취했고 1905년에는 러일전쟁을 통해 남사할린을 빼앗았으며 1910년에는 조선을 병합했다. 제1차 세계대전(1914~1918)시엔 독일의 식민지였던 캐롤라인(Caroline), 마리아나(Mariana) 그리고 마샬(Marshall) 군도를 장악했다. 1931년 일본은 만주를 점령하고 다음 해엔 괴뢰 만주국을 수립했으며 중국 동부의 많은 지역을 점령했다. 1940년에는 프랑스 지배하의 인도차이나(지금의 베트남, 캄보디아, 라오스)로 진격했고, 1942년엔 태국을 점령했으며 극동에 있는 미국, 영국, 네덜란드의 모든 영토를 기습했다. 1942년 중반에 일본은 필리핀, 괌, 웨이크 섬, 홍콩, 싱가포르, 보르네오 그리고 버마의 대부분 지역을 통제했고 네덜란드령 인도(현 인도네시아) 대부분, 뉴기니, 솔로몬 군도의 대부분과 길버트 군도를 장악했으며 북쪽으로는 서알류산 군도까지도 지배했었다. 이 모든 정복이 1945년의 패전으로 사라져 버렸던 것이다.

1945년 8월 소련은 사할린 전부와 캄차카 반도로부터 홋카이도 북쪽 해안에 이르는 20개 섬으로 구성된 쿠릴열도 전체를 점령했었다. 일본은 1875년에 쿠릴열도를 얻기 위해 사할린의 소유권을 러시아제국과 교환했었다. 그러나 1875년의 조약은 유러프(Urup) 섬까지만 적용되었으며 여기서 배제된 이토러프(Iturup), 쿠나시르(Kunashiri), 시코탄(Shikotan) 및 하보마이(Habomai)의 4개 섬들은 법적으로 여전히 일본에 속해 있었다. 더욱이 1904~1905년의 러일전쟁에서 패배한 러시아는 남사할린을 포츠머스 조약에 따라 일본에 양도했었다.

1945년 2월 얄타회담에서 영국, 미국, 소련의 연합국들은 사할린과 쿠릴열도를 일본의 패배 후 러시아에 되돌려 주기로 합의했었다. 일본 측의 입장은 이 합의가 4개의 섬을 언급하지 않았기 때문에 합의의 대상이 쿠릴열도의 북쪽 반 만이라는 것이다. 그러나 소련은 얄타에서의 합의와 1945년의 사건들 및 일 · 러 간의 이전의 협상을 전혀 다른 방식으로 해석했다. 러시아의 설명으로는 일본이 19세기 초 이전까지는 쿠릴열도나 사할린에 주권을 행사하지 않았으며 그 때까지 러시아는 오오츠크해의 시베리아해안에 이미 진주했었다는 것이다. 1875년의 조약은 쿠릴열도의 대가로 일본인들의 사할린 정착을 포기하도록 마련되었다는 것이며, 이 배분은 1905년까지 지속되었다고 주장한다. 그리고 포츠머스 조약으로 남사할린은 일본에 반환되었다. 즉 제2차 세계대전 중 연합국들은 1904년 일본의 배신적 공격에 의해 저질러진 러시아의 과거 권리를 부활시키도록 극동의 영토적 타결을 뒤바꾸기로 합의했었다는 것이다.[83)]

전후에 일본은 문제의 영토들이 일본에 반환되어야 한다고 계속 주장했다. 1951년 중국, 소련, 체코슬로바키아 및 폴란드를 제외한 연합국들과 체결한 평화조약으로 주권을 회복한 일본은 1953~1957년 사이에 보니스(Bonis) 군도 및 이오지마(Iwo Jima)를 포함하여 볼케이노(Volcano) 군도, 오끼나와 등의 남쪽 류큐스 군도들을 반환받았다. 1956년 10월 9일 일 · 소 양국은 전쟁상태를 종결짓고 외교관계를 재수립할 수 있었지만 이른바 북방영토의 미래에 관해서는 합의할 수 없었다. 당시 소련은 하보마이와 시코탄 두 섬을 일 · 소 간의 완전한 평화조약이 체결된 후에 일본에 이양할 것을 약속했지만 평화조약이 체결되지 못함으로써 그 이양은 실현되지 않았을 뿐만 아니라 소련은 이 두 섬의 반환조건으로 일본에서 모든 외국

---

83) John Keegan & Andrew Wheatcroft, *Zones of Conflict*, Edinburgh: Clark Conotable, 1982, p.76.

군대가 철수해야 한다는 새로운 조건을 제시하면서[84] 일방적으로 이양약속을 철회하여 버렸다.[85] 그리하여 1978년 일본은 중국과는 평화조약을 체결했지만 러시아와는 아직까지도 평화조약을 체결하지 못하고 있는 실정이다. 이제는 북방영토에 대한 분쟁이 양국 평화조약의 가장 큰 걸림돌이 되고 있다.

최근까지 이 4개의 섬, 일본인들이 말하는 이른바 북방영토의 문제는 존재하지도 않는다는 소련의 단호하고 일관된 입장 때문에 이 문제는 양국 간의 현안문제로 본격적으로 등장하지도 못했다. 그러나 고르바초프의 신사고 등장과 1986년 7월 28일 그의 블라디보스토크 연설을 출발점으로 하여 이 영토문제는 빈번히 논의되기 시작했다.[86] 특히 1991년 고르바초프 대통령이 일본을 공식 방문했을 때 북방영토 문제의 해결에 일본인들은 높은 기대를 걸었지만 당시 소련의 헌정위기상황은 고르바초프의 행동의 자유를 크게 제약함으로써 문제해결을 위한 아무런 진전도 보지 못했다. 일본인들에게 이 북방영토는 일종의 실지회복의 대상으로서 결코 포기할 수 없는 대외정책목표이기에 분쟁의 불씨로 상존할 것이다.

북방영토가 러시아와의 분쟁대상이라면 독도는 한 · 일 간의 영토적 분쟁의 대상이다. 1965년 6월 22일 한 · 일 양국은 기본관계조약과 기타 합의를 통해 완전한 외교관계를 수립했지만 독도에 대한

84) J. R. V. Prescott, *The Maritime Political Boundries of the World*, London: Methuen, 1985, p.76.

85) George Ginsburg, "The Territorial Question between the USSR and Japan," *Korea & World Affairs*, Vol.15. No.2, Summer 1991, p.275. 긴즈버그는 이 약속철회에 관해서 Pravda(1960년 1월 29일)의 보도를 증거로 제시했다. 일소간 영토분쟁의 자세한 역사적 조사를 위해서는 Euikon Kim, "The Territorial Dispute between Moscow and Tokyo: Historical Perspective," *Asian Perspective*, Vol.16, No.2, Fall-winter 1992, pp.141-154를 참조.

86) 고르바초프의 신사고와 블라디보스토크 선언을 중심으로 한 소련의 대아시아정책에 관한 필자의 논의에 대해서는, 강성학, "1990년대 소련의 동아시아 정책", 『아세아연구』, Vol. 32, No. 1, 1989년 1월, pp.185-214 참조.

분쟁을 해결하지 못했다. 독도는 울릉도의 남동쪽 120마일, 일본의 오키노시마 북서쪽 210마일의 동해에 위치하고 있다. 그것은 각각 16에이커와 24에이커인 2개의 주요 돌섬과 주변 지역에 흩어져 있는 암초들로 구성되어 있다. 독도는 주거하기에는 부적합하나 주변 근해의 어로활동에 상당한 중요성을 갖고 있으며, 최근에는 어로권뿐만 아니라 해저에서 발견되는 잠재적 광물자원이 독도에 대한 관심을 지속시켜 주고 있다.[87] 그러나 "독도 주변의 어로자원은 별 것이 아니다. 보다 중요한 것은 독도에서 영일만 쪽으로 연결되는 독도 서남쪽에 석유매장의 가능성이 있는 것으로 보여 경제수역의 기점으로서 가지는 의미가 절대적이다."[88]라고 하는 견해도 있다.

독도의 영유권 분쟁은 1952년 1월 18일 독도를 우리나라 권할권하에 포함시킨 이승만구역(The Syngman Rhee Line Zone)[89]이 한국 정부에 의해 설치됨으로써 시작되었다.[90] 1월 28일 일본 정부는 즉각 독도(다케시마로 일본인들은 부른다)가 자국의 영토라고 주장했다. 그 후 분쟁이 계속되었지만 독도의 영유권문제는 1965년 한일회담의 의제가 되지도 않았다.[91] 일본 정부는 이 문제가 1965년 6월 22일 교환된 각서에 따라 해결되어야 한다는 입장인 데 반해[92]

87) 댜오위다오 혹은 센카쿠와 함께 이곳의 영토적 분쟁에 관해서는 Martin Glassner and Harm de Blij, *Systemic Political Geography*, 4th ed. New York: Wiley, 1989, pp.88-90 및 Hungdah Chiu, "Political Geography in the Western Pacific After the Adoption of the 1982 United Nations Convention on the Law of the Sea," *Political Geography Quarterly*, Vol.5, No.1, January 1986, pp.25-32을 참조.

88) 박춘호, 『조선일보』, 1978년 10월 20일.

89) 평화선으로 불려짐.

90) Ki-Yop Lim, "The Issye of Territorial Sovereignty over Dok-do," *Korea & World Affairs*, Vol.1., No.1, Spring 1997, p.32.

91) *Ibid.*, p.33.

92) 이 각서에서 한일 양국은 모든 분쟁을 외교적 채널을 통해 해결한다는 데 합의했었다.

한국 정부는 이 각서가 독도문제와는 무관하다는 입장이다.

독도는 역사적으로 이미 1696년 일본이 한국의 어부 안용복을 통해 한국 영토임이 인정되었으며 우산도, 무능도, 삼본도, 가지도 등으로 불리다가 1881년부터 현재의 독도로 불리워졌다.[93] 일본은 독도가 1905년 무주물(無主物)이었기에 일본이 1905년 일본 영토로 편입시켰다고 주장한다. 1905년 2월 당시 일본은 러일전쟁의 와중에서 조선을 무력으로 억압하고 있었고 5월에야 비로소 독도는 일본의 지도책에 다케시마(Takeshima)라는 이름으로 등장했을 뿐이다. 뿐만 아니라 일본이 연합국에 항복했을 때 모든 한국 영토의 반환을 수락했었다(1945년 카이로 선언과 1951년 평화조약에서). 그럼에도 불구하고 일본은 1953년 6월 미국 국기를 게양한 두 척의 배를 파견해 한국의 어부들을 축출하고 자국영유권의 간판을 세웠다. 이에 한국 정부는 즉각 그곳에 국가보안군을 주둔시킴으로써 물리적 통제를 단행했다.[94] 그 후 한국은 현실적으로 실효성 있는 통제를 하고 있기 때문에 분쟁의 존재 자체를 인정하지 않고 있다. 그러나 일본은 분쟁의 존재 자체를 객관화시키고 거기서 현실적 협정을 체결하고자 한다. 그러나 독도문제는 해양국제법상의 차원을 넘어 국민감정까지 개입된 것인 만큼 합의에 의해 그 영유권이 해결될 성질의 것이 되지 못한다.[95] 비록 독도의 지위와 미래가 국제법의 원칙을 적용하여 해결될 수도 있겠지만 국제법은 아시아에서 아직 존엄성을 획득하지 못했다. 실제로 아시아의 각 분쟁당사국이 자국의 주장을 뒷받침하는 것으로 보이는 국제법의 법조항들을 인용하기는 하지만 국제법을 통해 영토분쟁이 해결된 적이

93) 자세한 내용을 위해서는 이한기, 『한국의 영토』, 서울대학교 출판부, 1969, pp.234-264.

94) Kwang-Bong Kim, *The Korea-Japan Treaty Crisis and the Instability of the Korean Political System*, New York: Praeger, 1971, pp.68-69

95) 박춘호, 『조선일보』, 1978년 10월 20일.

없다.[96] 이러한 맥락에서 볼 때 독도의 분쟁이 평화적으로 합의를 통해 해결될 것 같지는 않다. 그래서 이 문제는 자국에서 유리한 시기라고 판단될 때 일본이 본격적으로 제기할 가능성이 상존하고 있다고 하겠다.[97]

이상에서 논의한 영토적 분쟁뿐만 아니라 일본의 분쟁가능 대상은 이른바 해상교통로(SLOC, Sea Lines of Communication)이다. 중동석유에 대한 일본의 의존성은 잘 알려져 있다. 이 의존성은 일본에만 국한된 것이 아니다. 아시아의 신흥공업국에게는 중동으로부터의 원활한 석유공급이 절대적으로 필요하다. 중동과 유럽에서 아시아에 이르는 해상교통로는 이 지역의 주요한 잠재적 갈등지대를 통과한다. 남중국해와 말라카해협(Malaccan Straits), 바쉬체널(the Bashi Channel) 같은 여러 개의 전략적 협수로(choke points)들은 일본의 해상교통로의 안전을 언제든지 위협할 수 있다. 특히 남중국해의 파라셀과 스프래틀리 군도에 대한 영토분쟁에는 무력충돌의 높은 개연성이 잠재해 있다. 왜냐하면 이미 앞서 논의한 것처럼 중국, 타이완, 필리핀, 말레이시아, 브루나이 등 모든 국가들이 스프래틀리 군도에 부분적 영토권을 고집하고 있기 때문이다. 이미 1988년 스프래틀리에서 베트남은 중국 해군과의 충돌로 약 100여 명의 수병과 해병을 잃었으며,[98] 1992년 6월 초 중국은 베트남이 영유권을 주장하는 곳에서의 석유탐사를 위해 미국 석유회사와 계약까지 체결한 상황이다.[99]

---

96) Ki-Yop Lim, *op.cit.*, p.46.

97) 다음의 영토분쟁대상은 일본인들이 센카쿠스(Senkakus)라고 부르는 댜오위다오에 관련된 것인데 이것은 이미 중국의 분쟁대상을 논의할 때 언급되었기 때문에 여기서는 되풀이하지 않겠다. 앞절 참조

98) Richard Sharpe, ed., *Jane's Fighting ships*, 1989-1990, London: Jane's Defence Data, 1989, p.94.

99) Nicholas D. Kristof, "China Signs U. S. Oil Deal for Disputed Water," *New York Times*, June 18, 1992.

남중국해의 또 다른 불안정 요인은 이 지역에서 현재 진행되고 있는 해군군비경쟁이다.[100] 앞서 논의한 중국의 해군력 증강추세는 재론하지 않는다 할지라도 태국의 해군은 1980년대 중반 이후 야심적인 현대화 계획을 추진하고 있다. 태국해군은 1996년까지 독일에서 건조한 7,800톤급 헬리콥터 지원선과 중국제 순양함 6척 그리고 5척의 미 · 태공동건조 코르벳함(corvett), 3척의 1970년형 순양함 및 9척의 쾌속 공격함과 5척의 초계정을 갖추게 될 것이다.[101] 말레이시아는 2척의 영국제 코르벳함을 도입하기로 계약했을 뿐만 아니라 4척의 디젤잠수함을 구입하여 잠수함 함대를 창설할 계획이다. 더구나 말레이시아는 오스트레일리아, 뉴질랜드, 영국 및 싱가포르와 함께 5개국 방위협정의 일환으로 정기적 훈련을 수행하고 있다. 수적인 관점에서 본다면 베트남은 1980년대에 70척 이상의 전함을 보유한 동남아 최대의 해군을 가지고 있다. 그러나 패망한 월남에서 노획한 많은 장비의 노후와 러시아로부터의 군사원조 중단 그리고 토착방위산업의 부재 등이 베트남으로 하여금 새로운 돌파구를 모색케 하고 있다. 필리핀은 1991년 스페인으로부터 3척의 미사일함, 오스트레일리아에서 3척의 군함 그리고 중국에서 2척의 병참선을 도입할 계획을 발표했다. 동남아 국가들 중 해군력 투사능력이 가장 적다고 할 수 있는 필리핀은 1951년에 체결된 미국과의 상호방위조약이 스프래틀리 군도의 자국섬들에도 확대 적용된다고 주장하고 있으나 미국은 이에 동의하지 않고 있는 실정이다.[102]

싱가포르는 1988~1990년 사이에 이미 6척의 대잠수함용 코르벳함을 도입하여 기존 해군력을 증대시켰으며[103] 최근에는 4척의

100) 남중국해는 해적의 위험성으로도 잘 알려져 있는 곳이다.
101) Kenneth Conboy, *op.cit.*, p.38.
102) *Ibid.*
103) *Time*, 1993년 4월 12일, p.26.

소해정을 도입했다. 인도네시아는 1980년대 후반에 이미 9척의 순양함을 도입했다.[104)]

뿐만 아니라 일본이 아시아 제국들로부터 집단적 저항에 직면할 가능성도 배제할 수 없다. 일본의 이른바 신제국주의는[105)] 언젠가 아시아 제국의 민족주의를 촉발하게 될지 모른다. 지금까지 일본의 투자와 통상은 강력한 반일운동을 초래하지 않았다. 그러나 만일 일본인들이 또다시 과거의 대동아공영권을 재건하려 한다고 아시아 제국에 의해 인식된다면 강력하고 또 난폭한 반작용이 발생할 것이다. 따라서 냉전종식 후 일본은 경제적 경쟁으로 인한 미국과의 결전이 필연적이라는[106)] 분석을 지나친 우려와 상상력의 소산으로 치부한다고 할지라도 앞서 논의한 남중국해에서나 한반도 통일과 중국 통일문제, 북방영토문제 및 센카쿠(댜오위다오) 문제의 악화로 인해 일본의 해군이 국제분쟁에 개입하거나 당사자가 될 가능성은 탈냉전 후 오히려 점증하고 있다고 해도 결코 과언이 아닐 것이다.

Ⅶ. 결론

냉전의 종식은 아시아에 새로운 지역적 국제질서의 형성기회를 제공하고 있다. 언제 수습될지 모르는 러시아의 국내적 위기와 소련제국의 몰락 후 미국의 군비축소의 정책기조는 이 지역에 일종의 힘의 공백을 초래하고 있다. 이 지역 국가들은 유럽과는 달리 오히

---

104) Patrick M. Cronin and Lt. Col. Noboru Yamaguchi, "Japan's Future Regional Security Role," *Strategic Review*, Summer 1992, p.21.

105) Rob Steven, *Japan's New Imperialism*, London: Macmillan, 1990.

106) George Friedman & Meredith Lebard, *op.cit.*

려 군비증강 추세를 보여주고 있다. 오늘날 핵무기의 특수성은 국가들로 하여금 우선 재래식 군비증강을 도모하게 하고 있으며 현대의 국제적 상호의존 경제는 국가생존을 위해 해군력의 중요성을 새롭게 인식시키고 해군력 증강을 요구하고 있다. 아시아 국가들에게 이러한 상황은 새로운 도전이며 그 대응과정에서 위험성도 높아지고 있다.

역사적으로 아시아 국가들은 해양국가가 아니었다. 해양력이란 개념도 이들에겐 새로운 것이다. 해양력이란 군사적 혹은 상업적 목적을 위해 바다와 대양을 사용하고 또 그것들을 적에게 배제시키는 능력이다.[107] 일찍이 알프레드 마한이 지적했던 것처럼 바다가 제공하는 제1차적이고 가장 분명한 빛은 거대한 고속도로의 빛이다.[108] 바다의 모든 위험에도 불구하고 바다를 통한 여행이나 교통은 육지보다도 언제나 용이하고 저렴하다. 따라서 전통적으로 해양국가(sea power)란 전략적 조망에서 바다지향적 정향을 갖고 있으며 자국의 경제적 안녕을 위해 해상교통에 절대적으로 의존하는 국가를 의미했다. 그런 국가는 국가안보를 위해 해양교통의 건전한 통제를 필요로 하며 국가이익의 해양적 측면의 증진을 위한 영향력 있고 바다 지향적인 국내 집단적 세력을 갖고 있다. 이와는 대조적으로 해군강대국(naval power)은 단지 강력한 해군을 소유한 국가이다. 그런 국가는 중대한 해외 통상이익과 중상주의적 이념을 갖고 있지 않으며 국가전력적 문화나 혹은 방위계획에서 해양지향적 정향을 갖고 있지 않다.

해양국가나 강력한 해군을 소유한 육지국가들이 확실하게 바다

---

107) Hebert Richmond, *Statesmen and Sea Power*, Oxford: Clarendon Press, 1946, p.ix, 이것은 Colin S. Gracy, *The Leverage of Sea Power*, New York: The Free Press, 1992, p.4에서 재인용한 것임.

108) Alfred Thayer Mahan, *The Influence of Sea Power Upon History*, 1660~1773, Boston: Little, Brown, 1918, p.25.

를 지배하는 것은 아니다. 그러나 대륙 국가가 최고의 해양국가들에 대적해 성공한 전통은 거의 없다. 또한 국가는 해양력의 전략적 유용성에 관해 잘 교육받지 못한 사람들에 의해서 통치되는 경향이 있기 때문에 그런 막강한 해군력이 개발될 것 같지도 않다.[109] 그 결과 보통은 해양국가들이 바다를 통제한다. 바다의 통제란 지리적으로 광범위하고 효과적인 해로의 통제를 의미한다.[110] 과거에 아시아의 바다는 세계적 해양국가들이 통제하고 지배했다. 러일전쟁 이후 승전국인 일본이 꾸준히 해군력을 증강하여 특히 1930년대부터 1945년 태평양전쟁에서 패배할 때까지 이른바 대동아공영권의 유지를 위해 막강한 해군력을 보유했지만 19세기 영국이나 20세기 미국 같은 해양국가는 아니었다. 이 기간 중에도 일본의 전략적 사고나 군사계획은 대륙 지향적이었다. 제2차 세계대전 후 아시아의 바다는 미국의 지배와 통제 하에 있어 왔다. 미국은 19세기 영국과 같은 해양국가임과 동시에 세계 최대의 해군강대국으로서 소련을 중심으로 하는 공산주의 팽창을 봉쇄하기 위해 아시아의 바다를 지배할 목적과 용의성도 함께 가지고 있었다.

미국의 해군은 처음에는 항공모함으로 가능했던 핵의 운반에 의해서 그리고 1960년 이후엔 함대탄도탄 핵잠수함(SSBN) 함대를 통해 전략적 핵능력을 과시했다. 뿐만 아니라 정치와 전략문제는 차치하고서라도 미국이 참여한 한국전이나 베트남전 그리고 걸프전쟁도 효과적인 방해 없이 바다를 사용할 권리를 미국이 행사할 수 있었기 때문에 가능했던 것이다. 비교수송결제의 이유에서 볼 때 1945년 이후 미국이 해양강대국이 아니었다면 세계의 강대국으로 기능할 수 없었다. 지구의 70%에 해당하는 바다의 사용능력이 없었다면 미국은 저 넓은 대양 건너편에 필요한 군사력을 투사할

109) Colin S. Gray, *op.cit.*, pp.6–7.
110) *Ibid.*, pp.9–10.

수 없었을 것이다. 공군과 우주시설의 힘으로 많은 것이 달성될 수 있겠지만 정치적으로 비도발적인 먼 곳에 계속 주둔하거나 막대한 물리적 이동을 함에 있어 해양력을 대체할 것이 없다.

방어가 강력한 형태의 전쟁이라는 클라우제비츠의 주장은 육지 전쟁에만 적용된다. 왜냐하면 방어하는 쪽이 현지의 지리에 대해 정통하다는 이점을 가지며, 그 지역을 요새화하여 자신을 노출해야만 하는 적에 저항할 수 있기 때문이다. 그러나 이러한 조건은 방어자가 자국의 해안에서 작전을 펴는 경우를 제외하고는 바다에서 적용되지 않는다. 해양국가는 자신의 비교우위를 활용하기 위해서 해양력 사용의 공세적 독트린을 필요로 한다.[111] 해양국가가 성취할 수 있는 것에는 언제나 한계가 있지만 만일 해양국가가 해로를 다소 소극적으로 방어하고 적에게 해양이용을 거부하는데 해양작전의 목적을 둔다면 그런 제한된 성취마저 달성하기 어려울 것이다. 자신의 해군을 최대로 활용하기 위해서 해양국가는 적의 해군을 찾아내야 하고, 또 그렇게 할 수 있어야 할 것이다. 수세기에 걸쳐 해양력의 사용에는 변한 것이 별로 없다. 우선 해양력은 위기나 전시에 육지에서 일어나는 사건들에 영향을 미친다. 해양력은 적에게 바다 사용능력을 거부할 뿐만 아니라 적극적 목적을 위한 해양교통로(maritime lines of communication)를 확보할 필요가 있다. 또한 해양력은 육지의 군사작전에 직접 전략적으로 영향이 미치게끔 사용될 수 있다. 따라서 냉전종식으로 인해 등장하고 있는 아시아에서의 힘의 공백에 위험을 느낀 이 지역 국가들이 해군력 증강을 모색하는 것은 너무도 당연하다 할 것이다. 특히 아시아에서 국제사회로 맹렬히 진출하여 세계적 강대국이 되려는 중국과 이미 국가생존을 위해 해양국가가 될 수밖에 없는 일본이 해군력

---

111) Mahan, *op.cit.*, p.23.

증강에 우선적 관심을 기울인다는 것은 한편으로는 충분히 이해할 수 있는 것이다. 그러나 다른 한편으로 그러한 해군력의 증강행위가 이 지역에 어떤 영향을 미치고 또 어떤 결과를 초래하게 될 것인가가 문제이다. 인접 국가들은 우려하고 불안해 할 수밖에 없다.

물론 해군력이라는 군사력의 일부분에만 지나치게 관심을 집중하는 것은 옳지 않다. 언제나 전쟁은 단체 활동(team enterprise)이다. 그리고 역사상 처음으로 우주력이 육지력과 공군력에 대해서와 마찬가지로 해양력에게도 치명적인 요소가 되었다. 군사적 고려와 조직에 어떤 유행이 지배해도 역사적 현실은 전략적 우위를 추구하는 합동노력이었다. 해양강국은 육지군사력을 필요로 하며, 육지강대국은 강력한 해양동맹국이 없이는 육지에서 쟁취한 모든 것이 해안선 저 밖의 적에 의해 위태롭게 된다는 것을 알고 있다. 해양력과 육군력 그리고 공군력은 서로가 동반자이다. 전쟁에서 승리하려면 각각은 서로를 필요로 한다. 해양력은 특정한 적에 직면하여 실질적 양과 질의 힘을 가지고 특정한 곳에서 특별한 임무를 수행한다. 따라서 해군력, 육군력 그리고 공군력의 실질적 이점을 비교하려는 일반적 분석은 유용성이 별로 없다.

그러나 해군력의 중요성에 관한 두 가지 일반적 진리는 강조되어야 한다. 그것은 첫째로, 대륙강국은 바다에서 군사적 지배력을 확보하거나 적에게 바다의 지배력을 부정하거나 아니면 최소한 매우 활기차게 바다의 지배력을 저지함으로써만 전쟁에서 승리할 수 있으며, 둘째로는 해양강국으로 해양의존적 동맹국들에겐 바다의 지배력이 승리를 위해 불가결한 전략적 조건을 제공한다. 이것은 진리이다. 그리고 바로 이러한 두 가지 사실을 잘 알고 있는 중국과 일본이 강력한 해양력을 갖추기 위해 본격적인 경쟁에 돌입하고 있다는 사실이 아시아의 미래를 오히려 냉전시대보다도 더 불안정하게 만들 것임에 틀림없다.[112] 국제정치의 역사는 군비경쟁이 진행될 때 그 경쟁에서 지거나 경쟁을 포기한 국가는 결코 역사 창조의 주역이 될 수 없으며 역사의 객체로 전락하여 왔다는 교훈을 상기시켜 준다.

112) 냉전 종식 이후 국제적 상황과 한국안보정책 방향에 관한 저자의 논의에 관해서는, 『카멜레온과 시지프스: 변천하는 국제질서와 한국의 안보』, 제5장 "한반도 안보의 국제적 조건" 참조.

제7장

항공력과 전쟁
_ 아킬레스인가 아니면 헤라클레스인가

정치를 이해하려 할 때 기술적 지식은 세상을 만들어가는 역사적 힘의 이해만큼 중요하지 못하다. _ 헨리 키신저

우리가 얼마나 빨리 그리고 얼마나 결정적으로 전쟁에서 이기느냐는 오늘날 항공력이 모든 성공적 전략의 중추이어야 한다는 사실을 얼마나 빨리 또 얼마나 완전하게 직시하느냐에 달려 있다. _ 알렌산더 드 세버스키

Ⅰ. 서막: 신화에서 역사로

고대인들은 오직 신들만이 하늘을 나는 것으로 여겼다. 따라서 인간이 비행하는 법을 알 수 있게 되는 것은 곧 신들의 비밀을 알게 되는 것을 의미했다. 그리스의 신화 속엔 비행능력을 가진 날개 달린 신들로 가득하다. 그리스 신화 중 다이달로스와 그의 아들 이카로스의 비극적 이야기는 비행에 관한 어떤 전설보다도 아마 가장 잘 알려져 있을 것이다. 중세에도 인간들은 비행에 관해 계속 생각했지만 이 시기엔 비행술을 사악한 것으로 간주하였다. 마녀의 증명서는 하늘을 쉽게 나르는 데 사용하는 빗자루였다. 그

러나 신들만의 비밀을 캐낸 인간들이 나는 기계를 만들어 주피터(Jupiter)처럼 '천둥과 번개'를 무기로 사용하게 된 것은 20세기에 들어와서이다.

1903년 12월 14일 라이트 형제(Wright Brothers)가 최초로 비행에 성공한 시간은 겨우 3초 반에 지나지 않았다. 그러나 3일 후 이들의 두 번째 비행시도에선 12초 만에 120피트를 비행할 수 있었고, 따라서 1903년 12월 17일은 인간이 하늘을 정복한 날로서 역사에 기록되고 있다.[1] 그러나 그 후 라이트 형제의 160차례의 비행성공과 미국 정부에 대한 접근에도 불구하고 정부 당국, 즉 전쟁부(Department of War)는 이들의 비행기에 긍정적 관심을 보이지 않았다. 하지만 라이트 형제의 끈질긴 노력으로 1907년 12월 23일 마침내 전쟁부는 '공기보다 무거운 비행기를 제작하는 데 필요한 광고 및 설계명세서(Advertisement and Specification for a Heavier-than-Air Flying Machine, No. 486)'를 공개모집했다. 이리하여 라이트 형제는 1908년 2월 10일에 전쟁부와 계약을 할 수 있었고, 같은 해 8월 20일엔 자신들의 비행기를 전쟁부에 납품하게 되었다.[2] 항공기가 마침내 전쟁의 무기가 된 것이다.

그러나 항공전이 실험되고 그 개념이 정의되며 교리나 원칙이 수립되면서 항공기의 무기화가 역사적 현실로 나타난 것은 제1차 세계대전 때부터였다. 이 전쟁의 전기간을 통해 겨우 27만 5천 파운드의 폭탄이 투하되었지만 제1차 세계대전은 항공전의 도가니였으며,[3] 투키디데스의 말을 원용하여 말하자면, 전쟁 그 자체가 항

1) John P.V. Heinmuller, *Man's Fight to Fly*, New York: Aero Print Company, 1945, p.3.

2) James Trapier Lowe, *A Philosophy of Air Power*, Lanham, MD: University Press of America, 1984, pp.63-66.

3) 제1차 세계대전 중 당시 맹아적 항공력의 역할에 관해서는 John H. Morrow, Jr., *The Great War in the Air: Military Aviation from 1909 to 1921*(Washington,

공전의 난폭한 스승이었다. 따라서 제1차 세계대전은 항공력이 성취했던 것보다는 항공력의 미래에 관해서 알려주기 시작했다는 점에서 항공력의 역사상 하나의 중요한 분수령이 되었던 것이다.

Ⅱ. 선각자들의 항공사상과 공군의 출현

역사에서 가정이 부질없는 것이라면 미래의 예언은 종종 조롱과 최악의 경우에는 박해를 자초한다. 레이몽 아롱의 말처럼 인간들이 역사를 만들지만 그들은 자신들이 만드는 역사를 알지 못하기 때문이다.[4] 1921년 이탈리아의 지울리오 두헤(Giulio Douhet)가 『제공권(*The Command of the Air*)』을 출간하여 항공력 시대의 도래를 예언했을 때, 그는 다른 대부분의 예언자들의 운명을 되풀이할 것으로 보였다.[5] 그러나 그의 예언은 정확히 70년 후인 1991년 걸프전

D. C.: Smithonian Institution Press, 1993) 참조.

4) Anne Marie Ahonen, "The Contemporary Debate in International Relations Theory and Raymond Aron's Epistemology and Ontology," in *Cooperation and Conflict*, Vol. 29, No. 1, 1994, p.85에서 재인용.

5) 두헤(Douhet) 만이 항공력의 근본과 이것이 전쟁의 성격을 어떻게 변화시킬 것인가에 관해 파악하고 있었던 것은 아니다. 미국에는 윌리엄 미첼(William Mitchell) 장군이, 영국에는 트렌차드(Trenchard) 경이 있었다. 이 세 예언자들 가운데 트렌차드 경만이 팀 플레이어(team player)였다. 두헤와 미첼은 타협의 뜻을 모르는 독불장군들이었다. 그 결과 두헤와 미첼의 경력은 험악했다. 이들은 군사재판을 받아 두헤는 감옥생활을, 미첼은 강등당하기까지 했다. 두 사람은 모두 나중에 명예를 회복하고 복직 및 승진했지만, 두헤는 공직을 사임하고 연구와 집필에 몰두했다. 이점이 두헤의 특별한 점이었다. 그는 정치가나 군사지도자가 아니라 학자였다. 이 점에서 두헤는 정치적으로나 군사적으로 야심에 찼던 트렌차드나 미첼과 달랐다. 세 사람 모두 자신들의 신념을 위한 투사들이었다. 그러나 오직 두헤 만이 항공력의 철학자로 간주되었다. 실제로 두헤 이후에 이 분야에서 독창적인 성과는 나오지 않았다. "서양사상사는 플라톤 철학의 각주에 지나지 않는다"는 알프레드 노스 화이트헤드의 말을 원용한다면, 두헤 이후의 항공력에 관한 논의는 그에 관한 각주에 지나지 않는다고 해도 과언이 아니다. 두헤는 항공력에 관한 한 플라

에서 우리 눈앞에 실현되었다.6) 이런 그의 예측력을 역사에 의해 거부된 카를 마르크스의 예언이나, 110년 만에 실현된 알렉시스 드 토크빌의 미 · 러 간의 전지구적 대결의 예언 그리고 냉전종식에 대한 우리 시대에 예측무능력과 비교할 때 그는 놀라운 예언자였다.

항공력의 역사에서 독립적인 공군의 등장은 영국에서부터 시작되었다. 1917년 초여름 런던에 폭탄이 투하되자 영국은 분노에 휩싸였다. 그리하여 영국은 1917년 12월에 항공부(Air Ministry)를 별도로 창설했고, 1918년 4월 1일에는 독립적 공군(the R. A. F.)을 창설하였다.7) 이것은 당시 독립적 공군의 창설을 주장한 잔 크리스천 스머츠(Jan Christian Smuts) 장군의 1917년 8월 17일자 보고서, 즉 영국 공군의 대헌장(Magna Carta)을 통해서 성립된 것이었다. 당시 스머츠 장군은 수도 런던의 방어는 특별한 조치를 요구하는 신경센터이기 때문에 런던에 대한 공습은 증가할 것이며 이제 수도는 전투장의 일부가 될 것으로 내다보았다.8) 따라서 장기적으로 바다에서의 우위만큼이나 항공의 우위가 중요하게 될 것이라는 본격적인 생각이 시작된 것이다.

그러나 영국 항공력의 진정한 선구자는 휴 트렌차드(Hugh Trenchard) 장군이었다. 그는 제1차 세계대전 종결 후, 육 · 해군의 적대감 속

톤이었다.

6) 1945년 항공기에 의한 원자탄이 히로시마와 나가사키에 투하되어 일본이 무조건 항복을 하게 되었는데, 이때의 핵무기의 특수성을 고려하지 않는다면 24년 만에 실현되었다고도 할 수 있겠지만 핵무기의 특수성을 인정하는 일반적 추세를 따른다면 1991년 걸프전에 와서야 그의 헤라클레스 같은 항공력의 위력이 입증되었다고 하겠다.

7) Derek Wood with Derek Dempster, *The Narrow Margin: The Battle of Britain and the Rise of Air Power 1980–1940*, Washington, D. C.: Smithonian Institution Press, 1961, p.38.

8) George Quester, *Deterrence before Hiroshima*, New Brunswick, Transaction Books, 1986, p.38.

에서도 영국공군의 독립적 존속을 유지시키기 위해 노력했을 뿐 아니라, 적의 지원 원천과 해군항을 공격할 장거리 공중작전의 준비를 1919년 8월 1일의 메모렌덤에서 역설했다.[9] 장기적 목적은 독자적인 전략적 작전을 수행할 만한 능력을 갖춘 공군의 건설이었지만, 당시 영국의 공군은 육군과 해군의 공격을 막는 것이 급선무였다. 그때 트렌차드 장군이 사용한 수단은 항공통제(air control) 혹은 제국의 관리(Imperial policing) 문제였다. 트렌차드의 메모렌덤이 제출된 직후 영국공군은 메소포타미아에서 최초의 항공통제를 시작했다. 즉 1920년 메소포타미아에서 반란이 발생하자 지오프리 사몬드(Geoffery Salmond) 공군장교는 이 지역에서의 항공통제의 수행가능성에 관한 보고서를 제출했다. 그의 보고서는 인력, 장비 및 하부구조의 면에서 상당한 절약가능성을 보임으로써 비용에 민감한 정부 내에서 긍정적 반응을 얻었다.

그러나 지금까지 대영제국 전역의 군사적 통제를 담당해온 육군이 강력히 항공통제의 개념에 반대했다. 트렌차드 장군은 당시 윈스턴 처칠에게 사몬드 장교의 계획을 가지고 갔고, 당시 처칠은 식민장관으로서 1921년의 카이로 회담에서 공식 재가하여 공군에게 메소포타미아의 항공통제 임무를 부여했다. 메소포타미아의 실험은 곧 트렌스요르단(Transjordan)까지 확대되었고 그것은 대성공이었다. 그 후 항공통제는 대영제국의 어렵고 비싼 관리업무에 크게 기여했다. 그러나 제국의 관리와 방어능력을 갖춘 적국의 폭격은 완전히 다른 것이었다. 그럼에도 시간이 흐름에 따라 그것들 간의 본질적 차이가 희석되어 버렸으며 영국공군은 1930년 초부터 폭격기 사령부를 전략군으로 발전시키기 시작했다.[10] 영국공군은

---

9) Scot Roberson, *The Development of RAF Strategic Bombing Doctine, 1919-1939*, Westport, CT: Praeger, 1995, p.30.

10) *Ibid.*, p.32.

트렌차드의 선구자적 노력과 집념에 의해 중요한 세력으로 성장했지만, 두헤와는 달리 트렌차드는 자신의 항공력이론들을 한 권의 책으로 집약하여 제시하지 않았으며, 시간이 흐르면서 자신의 이론들을 자주 바꾸었다.[11] 그는 두헤처럼 철저한 항공이론가는 아니었다.

두헤가 볼 때 항공기의 출현은 전쟁의 본질과 성격의 변질을 의미했다. 따라서 미래의 전쟁은 아우스터리츠(Austerlitz)나 워털루 혹은 트라팔가(Trafalgar)와 같은 전투에 의해서 결정되는 것이 아니라 항공에서의 결정적 행동의 결과에 의해서 결정될 것으로 내다보았다. 지금까지의 전쟁에서 전쟁 중인 국가들의 민간 주민들은 먼 전선의 뒤에서 전쟁을 직접 느끼지 않았으며, 또 방어선을 먼저 뚫지 않고서는 적의 영토를 침공하는 것이 불가능했지만, 이제는 먼저 요새화된 방어선을 뚫지 않고서도 방어선의 뒤를 직접 공격하는 것이 가능하게 되었기 때문이다.[12] 1926년 2월 3일 윌리엄 미첼(William Mitchell) 장군이 미국의 하원 군사분과위원회에서 다음과 같이 증언했을 때 그는 두헤의 전쟁론을 적절히 표현했다.

> "항공력의 출현만큼 전쟁의 성격을 크게 변화시킨 것은 일찍이 없었다. 과거의 전쟁 수행방법은 저항을 마비시키기 위해서 적국의 치명적 중심지(vital center)를 공격하는 것이었다. 이것은 곧 생산의 중심지, 인구의 중심지, 농업지역, 가축산업, 통신 등 전쟁을 지속시키는 것들을 의미했다. 따라서 전쟁수행국은 적이 그것들을 손에 넣지 못하게 하기 위해서 군대들을 그런 지점 앞에서 분산시키고, 또 자신들의 몸과 피로 그것들을 보호해야만 했다. 이로 인해 그러한 치명적 중심지들에 도달

---

11) *Ibid.*, p.42.

12) Giulio Douhet, *The Command of the Air*, New York: Coward-McCann, 1984 (reprint edition), p.9.

하기 위해서 때로는 수년 동안 대량살상을 자행했다. 그리하여 전쟁에서 적국의 군대가 주된 공격목표라는 이론을 낳았다."[13]

그러나 이제 모든 것이 달라졌다. 왜냐하면 적의 지상군이나 해군의 머리 위를 넘어 적의 치명적 중심지로 곧바로 날아가 파괴하는 것이 가능해졌기 때문이다. 미첼은 두헤와 함께 이것이 곧 현대의 전쟁론일 뿐만 아니라 하나의 학문적 신이론이라고 주장했다. 두헤는 이미 1909년에 미래에는 제공(command of air)이 해양의 지배보다도 더 중요할 것이라고 지적했다. 왜냐하면 바다는 어떤 국가 영토의 작은 일부분만 취급하지만 하늘은 모든 국가들을 공격할 수 있기 때문이라는 것이었다.[14]

항공기의 출현은 분명히 전통적 군사전략론을 뒤엎을 수 있을 만큼 충격적인 것이었다. 서양 문명이 낳은 최고의 군사전략가 클라우제비츠는 방어적 전쟁이 보다 강력한 형태의 전쟁이라고[15] 가르쳤다. 군사적인 최종적 승리는 공격에 의해서 성취되지만 전쟁 수행은 방어적 전쟁이 유리하다는 것이었다. 그러나 모든 군지휘관들은 공격적 전쟁을 수행하려는 강렬한 충동을 받는다. 제1차 세계대전은 공격전의 무모성을 극명하게 보여주면서, 방어적 전략의 우수성을 입증해 주었다. 따라서 제1차 세계대전 후 유럽의 모든 국가들은 방어적 전쟁을 준비했으며 1927~1934년에 구축된 프랑스의 방어요새 마지노선(Maginot Line)은 바로 그런 전략사고의 가장 대표적인 실례였다. 방어적 전략사고가 지배하던 그 시기에 두헤는 공격적 전략의 우월성을 역설했다. 항공기는 새로운 무기

---

13) Robert Frank Futrell, *Ideas, Concept, Doctrines: History of Basic Thinking in the United States Air Force 1907-1964*, Alabama: Air university, 1974, p.28.

14) James Trapier Lowe, *op.cit.*, p.96.

15) Carl von Clausewitz, *On War*, Princeton: Princeton University Press, 1976, 6권, 1, 2, 3장.

로서 공격의 이점을 극대화시키는 탁월한 무기로 생각되었기 때문이다.[16] 제공력의 중요성을 설명하기 위해 두헤는 단 한 차례의 폭력부대에 의해 공격받는 어떤 불타는 도시의 모습을 상정한 후 아직 공격당하지는 않았지만 그와 똑같은 폭격의 위험에 직면한 다른 도시들을 그것에 대비시키면서 다음과 같이 물었다. 즉 어떤 민간 혹은 군 당국이 그러한 위협 하에서도 질서를 유지할 수 있고 공공서비스의 제 기능을 가능케 하며 생산이 계속되게 할 수 있도록 하겠는가?

"요컨대 이렇게 긴박한 죽음의 공포와 계속되는 파괴의 악몽 속에서 정상적인 삶이란 불가능할 것이다. 그리고 만일 둘째 날에 또 다른 10개, 20개 혹은 50개 도시들이 폭격당한다면, 누가 이 모든 손해를 입고 공포에 질린 사람들이 하늘의 공포를 피하기 위해 타국으로 도망치는 것을 막을 것인가? 하늘로부터 이런 종류의 무자비한 폭격에 직면한 국가에선 사회구조가 완전히 파괴되지 않을 수 없다. 따라서 그러한 공포와 고통을 끝내기 위해 생존의 본능에 사로잡힌 사람들이 궐기하여 전쟁의 종결을 요구하는 때가 머지않아 도래할 것이다."[17]

두헤의 저작에서 거듭 등장하는 테마 가운데 하나는 목표물 선택의 중요성이다. 이것은 항공력에 관한 문외한에게조차도 너무도 명백한 사실이다. 올바른 목표물이 파괴되었을 때에만 크게 성공할 수 있는 것이다. 잘못된 공격목표의 설정은 항공작전의 비참한 실패를 가져올 것이다. 이 점에 대한 두헤의 인식과 통찰력은 대단한 것이었다. 그것은 지금도 여전히 항공력의 핵심적 문제이다. 즉 목표물을 선정하고 파괴의 우선순위를 결정하는 것은 항공전에

16) Giulio Douhet, *op. cip.*, p.15.
17) *Ibid.*, p.58.

서 가장 어렵고 미묘한 것으로 항공 전략의 핵심이 되기 때문이다.

> "전쟁에서 목표물은 아주 다양하고 그것들의 선택은 주로 추구하는 목적, 즉 제공권을 확보할 것인가, 적의 육 · 해군을 마비시킬 것인가, 아니면 전선 후방에 있는 민간인들의 사기를 분쇄할 것인가 등의 목적에 달려 있다. 그리고 이러한 목적의 선택은 주어진 순간의 조건에 따라 군사적, 정치적, 전술적 그리고 심리적인 제 요인을 고려하여 결정될 것이다."[18]

두헤의 절대적 항공전에 관한 이론들은 1922년 무솔리니가 정권을 장악 했을 때 효력을 발휘했다. 무솔리니 자신을 항공장관으로 하는 항공부가 별도로 창설되고 이탈리아 공군은 두헤의 이런 신독트린을 반영하도록 재조직되었다.[19] 이탈리아의 공군은 1935~36년에 에티오피아(당시에는 아비시니아)의 침공 작전에서 처음 시험되었다고 볼 수 있다. 그러나 아무런 저항에 직면하지 않았기에 그 성공은 처음부터 보장된 것이었다. 따라서 이탈리아공군의 진정한 시험은 이탈리아가 제2차 세계대전에 참전한 뒤에 있었다. 개전과 함께 2600대의 항공기 중에서 거의 반을 상실해 버린 뒤 이탈리아 항공산업의 생산력은 전투에서의 상실을 따라가지 못했다. 훈련은 형편없었고 사기는 땅에 떨어졌다. 이탈리아의 비행사

---

18) *Ibid.*, p.50.

19) 두헤의 아이디어들은 이탈리아 밖에서 특히 미국에서 회자되었지만 많은 사람들에게 직접 알려진 것은 1930년 그가 죽은 이후였다. 두헤의 저술들은 1932년에 프랑스 잡지를 통해 소개되었고, 이 논문은 영어로 번역되어 미국의 항공군단의 장교들이 접할 수 있게 되었다. 1935년에는 독어 번역판과 러시아의 번역판이 나왔으며, 1936년 영국의 항공잡지는 두헤의 주요 저작들을 요약하여 출판했다. 1941년에는 『두헤와 항공(*Douhet ana Aerial*)』이 뉴욕에서 출판되었으며, 두헤의 저작들이 단행본으로 출간되기 시작한 것은 1942년에 와서였다.

들은 이탈리아가 독일의 영향 하에 들어간 뒤에야 효율성을 보이기 시작했다. 이탈리아의 공군력이란 본질적으로 빈 껍데기였으며 두헤의 이론은 적용되지도 못했고 무솔리니의 장담은 공허한 수사에 지나지 않았다.[20]

프랑스에서는 1928년에 항공부가 창설되었지만 당시 제3공화국의 정치적 불안, 즉 10년 동안 9차례나 정부가 바뀌는 와중에서 항공부는 항공력을 강화할 기회를 갖지 못했다. 그리하여 1933년 독일에서 히틀러가 정권을 장악했을 때 프랑스의 공군력은 보잘것 없었으며, 1938년 뮌헨 회담 때에는 더욱 형편없었다. 1940년 전쟁 발발 후, 프랑스에는 독일의 중요 목표물을 공격할 수 있는 공군력이 없었으며, 심지어 프랑스의 지상군에 적절한 항공지원을 해 줄 수 있는 충분한 규모의 공군력마저 없었다. 독일에 대한 효과적인 공격을 할 폭격기도 독일의 폭격기에 방어할 충분한 전투기도 프랑스에는 없었던 것이다.

두헤는 일본에도 알려져 있었다. 그러나 일본인들에게 두헤의 이론은 중요하게 간주되지 않았다. 그 이유는 분명했다. 1930년대 일본의 잠재적인 적은 러시아, 영국 그리고 미국이었다. 두헤의 이론은 이런 잠재적인 적국들과의 전쟁계획을 세우는 데 크게 도움이 되지 않았다. 일본의 지리적 조건과 그들 특유의 상식은 일본기지에서 이런 국가들을 공중폭격으로 굴복시킬 어떤 생각도 배제시켰다. 중국을 굴복시키고 동아시아에 이른바 공영권을 수립하는 데 두헤의 접근법은 실질적이지 못했다. 따라서 일본은 육군 및 해군과 동등한 정도의 독자적인 공군력의 수립을 심각하게 생각하지 않았다. 두헤와 일본인들은 무관한 것처럼 생각되었다. 그래서 일본의 공군은 육군과 해군 하에 각각 배치되었다. 공군의 기능은

---

20) James Trapier Lowe, *op cit.*, pp.100-101.

각각 지상군과 해군을 지원하는 것이었으며 이들 간의 협력은 부재했다. 그들은 지휘체제의 통일성이라는 원칙을 이해하지 못했던 것이다.

러시아에서는 상황이 달랐다. 1929년 5월부터 시작한 스탈린의 제1차 5개년 계획의 끝 무렵에 일종의 '도약' 단계를 시작했으며, 1933년에 준비된 제2차 5개년 계획에서 소련 항공의 성장은 본격화되고 있었다.[21] 1935년에 두헤 저작의 번역판이 출판되었을 때, 당시 항공부 사령관이었던 크리핀(Khripim) 장군이 서문을 썼다. 그는 소련 내에서 지도적인 항공력 이론가였으며 장거리폭격과 공수부대를 책임지는 첫 번째 기구의 사령관이었다. 1936년까지 소련은 매우 존중할 만한 전략적 공군력을 갖고 있었으나 1937년 스탈린의 대숙청으로 크리핀 장군과 그의 기구, 교리, 개념들이 모두 사라져버렸다. 숙청기간 동안 러시아 공군의 75%에 달하는 고위장교들이 제거되었으며, 항공산업의 고위관리들도 같은 운명에 처했다. 그리하여 제2차 세계대전에 참전할 때 소련은 유럽에서 가장 뒤떨어진, 지상병력과 합동작전만을 수행하는[22] 전술적 차원에 머물러 있는 공군력만을 보유하고 있었다. 그렇지 않았다면 독일이 소련의 공군력을 이틀 만에, 그것도 사실상 하루 만에 대부분을 제거하는 데 그렇게 성공적이지는 않았을 것이다.[23]

---

21) Kenneth R. Whiting, "Soviet Aviation and Air Power under Stalin 1928-1941," in Robin Higham and Jacob W. Kipp, eds., *Soviet Aviation and Air Power: A Historical View*, London: Brassey's, 1978, p.51; Earl F. Ziemke, "Strategy for class war: the Soviet Union, 1919-1941," in Williamson Murray, Macgregor Knox, and Alvin Bernstein, eds., *The Making of Strategy*, Cambridge: Cambridge University Press, 1994, p.515.

22) Edward Mead Earle, "Lenin, Trotsky, Stalin: Soviet Concepts of War," in Edward Mead Earle, ed., *Makers of Modern Strategy: Military Thought from Machiavelli to Hitler*, Princeton: Princeton University Press, 1943, p.359.

23) *Ibid.*, p.111.

독일인 중에도 두헤의 저작으로부터 영감을 얻은 사람들이 있었다. 독일의 공군은 제1차 세계대전의 전후처리를 위한 평화조약인 베르사유조약에 의해서 사실상 폐지되었다. 그러나 독일은 민항으로 위장하여 러시아, 스웨덴, 터키, 덴마크, 이탈리아 그리고 스위스 등지에 세운 공장들에서 군사용 항공기를 생산했다.[24] 제1차 세계대전 후 독일이 군사적 강대국으로 부활하는 데 토대를 마련했던 한스 폰 제크트(Hans von Seeckt) 장군은 독일의 공군(Luftwaffe)을 특히 강조하였다. 독일의 항공력 증대는 독일 수송부의 주도하에 이루어졌다. 항공기들은 모의전투 상황에서 시험되었고 비행사들은 레닌그라드에서 600마일 떨어진 러시아 내의 리페츠크(Lipetsk)에 위치한 독일 기지에서 훈련을 받았다.[25] 따라서 1933년 히틀러가 집권했을 때, 공식적으로는 존재하지 않은 독일공군이 이미 4개의 전투, 3개의 폭격 그리고 8개의 정찰비행중대를 갖고 있었다. 집권한 지 3일 만에 히틀러가 취한 첫 번째 조치 가운데 하나는 수송부하의 모든 민항 및 군사용 항공기들을 헤르만 괴링(Hermann Goering)의 지휘하로 이적하고 독일항공부를 창설하였으며 괴링을 항공부장관에 임명하는 것이었다. 당시 괴링의 참모는 발터 베버(Walther Wever)였다. 그는 두헤의 저작에 심취한 두헤주의자였다. 미첼의 몇몇 논문들도 1933년에 이미 독일 신문에 등장하였다. 베버는 두헤와 미첼이 옳다고 굳게 믿었으며, 독일의 전략적 공군의 필요성을 의심하지 않았다. 베버는 독일공군의 두헤였다. 그는 러시아나 다른 어떤 잠재적 적에 대항하여 사용될 전략공군력을 강조했고 그는 이것을 우랄 폭격기(Ural Bomber)라고 명명했다.

---

24) Wesley Frank Graven & James Le Cate, *The Army Air Forces in the World War II*, Chicago: University of Chicago Press, 1948, p.85.

25) Herbert Molloy Mason, Jr., *The Rise of the Luftwaffe*, New York: The Dial Press, 1973, p.159.

1936년 7월 18일 스페인이 내전에 돌입하자 7월 말 독일의 공군은 프랑코의 아프리카 군대를 스페인 본국으로 수송하고 있었다. 히틀러는 이미 프랑코를 돕고 있던 이탈리아의 무솔리니에 편승하여 프랑코 정부를 스페인의 정통 정부로 인정했다.[26] 당시 프랑코는 무엇보다도 항공지원을 필요로 했다. 괴링은 이것을 독일공군에 '수혈(blood)' 할 수 있는 호기로 보았으며,[27] 특히 독일공군의 지상근무 부대원들은 경험쌓기를 원하고 있었다.[28] 스페인의 내전에 참가한 독일인들은 자신들을 의용군(the Legion Kondor)이라고 불렀다. 장교와 사병들은 스페인에 지원하기 위해 독일공군에서 '휴가(on leave)' 중이었으며,[29] 그들의 사령관은 휴고 폰 스펠를레(Hugo von Sperrle) 장군이었다. 11월 중순 그는 마드리드의 혈기를, 즉 공화주의자들을 상대로 공포폭격(terror bombing)이 성공할 수 있는지를 실험하고 싶었다. 문제는 폭격이 저항의 의지를 쉽게 꺾을 수 있다는 두헤의 주장을 실험하는 것이었다. 마드리드는 3일 간 대대적인 폭격을 받았다. 전세계인의 눈앞에서 마드리는 불에 타고 있었으며, 한 거대한 유럽의 도시, 스페인의 수도가 파괴되고 있었다.[30] 그러나 폭격의 결과는 실망스러웠다. 마드리드의 시민들은 그 폭격에 겁먹지 않았다.

1937년에 들어와서 프랑코는 북쪽의 바스크(Basque) 지방에 공세를 취했으며 독일의 항공지원을 요청했다. 이번의 폭격은 저항 받

---

26) Edwin P. Hoyt, *Angels of Death: Goering's Luftwaffe*, New York: Forge, 1944, p.121.

27) James Trapier Lowe, *op. cit.*, pp.116-117.

28) Edwin P. Hoyt, *op. cit.*, pp.121-122.

29) *Ibid.*

30) "Madrid is Burning," 프라우다의 전쟁 특파원 미하일 콜조프(Mikhail Koltzov) 보도, in Stanley M. Ulanoff, ed., *Bombs Away!: True Stories of Strategic Air Power from WW I to the Present*, Garden City, New York: Doubleday, 1971, pp.83-84 참조.

지 않는 항공력이 지상의 방어에 무엇을 할 수 있는가를 보여주는 경악스러운 결과를 가져다주었다. 폭격 받은 마을 가운데 하나가 게르니카(Guernica)였다. 이 마을의 주민들은 1만 명도 채 못 되었지만, 이곳은 수송의 중심지였으며 바스크 보병 2개 부대의 본부였고 프랑스, 러시아 및 기타 동정적 국가들로부터 원조와 증원군이 들어오는 공화주의자들의 항구도시 빌바오(Bilbao)의 전략적 요새를 감싸는 지리적으로도 중요한 곳이었다. 따라서 독일공군은 4월 26일 게르니카에 대규모 폭격을 단행했다. 20분 간격으로 폭격에 직면한 게르니카는 완전히 파괴되어 아무 것도 남은 것이 없었다. 3일 후 프랑코부대는 게르니카를 휩쓸고 빌바오로 진격, 6월 19일에 그곳을 함락시켰다. 당시 독일 의용군은 북쪽 프랑코군의 승리는 '독일제(made in Germany)'라고 자랑할 수 있었다.[31)]

게르니카의 파괴는 전세계에 지진 같은 충격파를 보냈으며, 다음 전쟁에서 히틀러의 공군이 수행할 역할에 관한 최악의 공포를 확인해 주었다. 다음 전쟁 발발시 히틀러의 기본계획은 파리와 런던으로부터 시작하여 전세계를 '게르니카화'하는 것이었다.[32)] 그러나 베버 장군이 죽은 지 10개월 만인 1937년 4월 29일 괴링은 우랄 폭격기 계획을 취소했다. 괴링에 의하면 히틀러는 폭격기의 종류보다도 수량에만 관심이 있었기 때문이었다.[33)] 그리하여 1939년 제2차 세계대전이 발발할 때 독일의 항공산업은 매달 약 500대의 전투기들을 생산했는데 그것은 독일의 실제 항공기 생산능력의 절반에 지나지 않는 것이었다.

---

31) James Trapier Lowe, *op. cit.*, p.118.

32) 독일공군의 신화를 영구화하는 데에는 스페인의 파블로 피카소(Pablo Picasso)도 본의 아니게 한몫을 했다. 그의 유명한 그림 '게르니카'는 파시즘과 전쟁을 규탄했을 뿐만 아니라 게르니카를 유명하게 만들었다. 게르니카의 죽음에 대한 피카소의 묘사는 히틀러 적들의 간담을 서늘하게 해주었기 때문이다.

33) James Trapier Lowe, *op. cit.*, p.116.

두헤와 거의 같은 시기에 윌리엄 미첼(William Mitchell) 장군은 미국 항공력의 선구자였다. 그러나 미 공군에 끼친 두헤의 영향은 실제로 미첼보다도 더 컸다. 미첼 장군의 명성은 비록 그가 다투었던 미 육 · 해군의 선임장군들보다도 미래를 보다 선명하게 내다볼 수 있었지만, 군사철학자로서보다는 인간으로서 그리고 장교로서의 자질과 행동에 기인했다.[34] 헨리 아놀드(Henry H. Arnold) 장군도 미 공군의 사고를 주도했던 것은 미첼의 교리가 아니라 이상하게 두헤의 이론이었으며,[35] 미국의 전술학교도 수년 동안 두헤의 이론들을 가르치고 있었다고 기록했다.[36] 미첼은 1936년 2월 17일 사망했으나 그의 위대한 전통은 살아남았다.[37] 미국의 항공계에선 전략적 항공력이 강조되었다. 항공력의 최고 표현은 중무장한 장거리 폭격기로 인식되었다. 왜냐하면 이것이 비록 적의 저항의지를 꺾어 결판을 내지는 못한다고 할지라도 적후방의 지원을 차단하고 적군사력의 진정한 원천을 파괴할 수 있는 무기로 간주되었기 때문이다. 이것은 두헤의 이론이며 동시에 미첼의 이론이었다.

1938년 9월 12일 히틀러의 그 유명한 뉘른베르크 연설을 들었을 때, 당시 미국의 루스벨트 대통령은 이 독일 독재자가 전쟁을 일으킬 것이며, 미국도 개입하게 될 것으로 결론지었다.[38] 그리고 그는 항공력이 전쟁을 결정지을 것으로 내다보았다. 9월 말에 뮌헨 협정

---

34) Bernard Brodie, *Strategy in the Missile Age*, Princeton, New Jersey: Princeton University Press, 1965, p.77.

35) Henry H. Arnold, *Global Mission*, New York: Harper & Brothers, 1949.

36) Henry H. Arnold, *The Development of Air Doctrine in the Army Air Arm*, 1917-1941, Air University Press, 1955. p.51.

37) 미첼의 일생과 그의 전략 및 사고에 관해서는, 『항공력의 선구자: 빌리 미첼』, 공군대학, 1995(이것은 Alfred F. Hurley University Press, 1975을 번역한 것임)을 참조 미첼의 항공사상은 알렉산더 드 세버스키에 의해 계승되었다고 하겠다. Alexander P. De Seversky, *Victory Through Air Power*(New York: Simon and Schuster, 1942) 참조.

38) James Trapier Lowe, *op. cit.*, p.120.

에서 서유럽 국가들이 히틀러에 굴복하자, 11월 14일에 그는 백악관에서 주요 각료 및 자신의 군부참모들의 모임을 소집하고 2만 4천 대의 예비능력을 가진 2만 대의 항공기를 의회에 요청하기로 결정했음을 통보했다. 루스벨트 대통령은 육군의 문제에 관해서 아무 것도 듣고 싶지 않으며, 해군의 요구에도 관심이 없음을 덧붙였다. 그는 지금의 당면문제는 침략을 저지하는 것이며 항공기들만이 그 일을 해낼 수 있을 것이라고 설명하면서, 히틀러는 지상군에 대해 두려움을 갖고 있지 않으며, 해군에 의해서도 별 인상을 받지 않을 것이고, 오직 우월한 공군력만이 그를 중단시킬 것이라고 지적함으로 자신의 결정을 강조했다.[39] 아놀드 장군은 후에 루스벨트 대통령의 이 발표를 미 항공력의 마그나 카르타(the Magna Carta)라고 불렀다.[40] 1940년 5월 16일 서유럽의 동맹국들이 독일의 막강한 군사력에 의해 무너지고 있을 때, 루스벨트 대통령은 의회에 항공력에 관한 메시지를 보냈다. 이번에 그는 2만 대가 아니라, 연간 50만 대의 항공기를 요구했다.[41] 당시 헨리 스팀슨(Henry L. Stimson) 전쟁장관도, "항공력이 국가들의 운명을 결정했다. 강력한 항공기대를 갖고 있는 독일이 민족들을 차례차례로 정복했다. 지상에서 대규모 군대가 독일에 저항하기 위해 동원되었지만 그때마다 각 개별 국가의 운명을 결정한 것은 추가적인 항공력이었다"고 선언했었다.[42]

제1차 세계대전이 종결되었을 때, 항공의 시대, 군사력 항공력의 시대가 도래했다. 이에 대한 최선의 표현은 중무장한 장거리폭격기에 있었다. 두헤를 비롯한 항공력의 선각자들에게 항공기는 단

---

39) *Ibid.*, p.121.

40) *Ibid.*

41) Michael S. Sherry, *The Rise of American Air Power: The Creation of Armageddon*, New Haven: Yale University Press, 1987, p.91.

42) Robert Frank Futrell, *op. cit.*, p.55.

순한 새로운 무기가 아니라, 전쟁을 수행하는 새로운 방법으로서 전적으로 새로운 사고가 필요한 것으로 간주되었다. 전략폭격기는 모든 국가의 일반대중들이 쉽게 이해할 수 있는 개념이었다. 그러나 아이러니컬하게도 당시의 군부 당국자들에겐 그렇지 못했다. 그들의 이른바 관료적 이기주의와 경직된 사고는 오히려 이런 소수의 선각자들을 헐뜯게 하였다. 미국에서 항공력의 선각자들은 조롱받았고 무시되었으며, 영국에서는 전쟁으로 빠져 들어갈 때 오히려 힘을 잃었다. 전체주의국가들에게 항공력의 선각자들의 운명은 훨씬 더 가혹했다. 그곳에서 그들은 탄압받고 추방당하고 심지어 처형되었다. 사고와 표현의 자유가 전쟁의 압박하에서도 허용된 것은 바로 민주주의의 미덕이었다. 그리고 그런 미덕은 제2차 세계대전에서 영국과 미국에게 크게 보답받았다.

Ⅲ. 제2차 세계대전과 항공력

> "우리의 최대 노력은 하늘에서 압도적 제공권을 확보하는 것이어야 한다. 전투기들은 우리의 구원이지만 폭격기들만이 승리를 위한 수단을 제공한다."[43]

윈스턴 처칠이 1940년 9월 3일 이렇게 말했을 때, 그는 분명히 두헤주의자였다. 처칠은 언제나 폭격의 열성적 지지자였다. 1940년 5월 15일 그는 수상이 된 지 5일 만에 영국공군의 폭격에 대한 모든 규제를 풀어버리고 5년에 걸친 대독 공중폭격작전에 착수했다. 처칠은 나치의 본국에 대한 파괴적이고 섬멸적 공격만이 히틀

43) Richard Overy, *Why the Allies Won*, New York: W. W. Norton, 1995, p.101의 두주(頭註)에서 재인용.

러를 패배시킬 것이라는 견해를 갖고 있었다.[44] 1940년 6월 22일 프랑스가 독일에 항복하자 독일의 공군은 영국의 공군력에 의해서만 도전받았다. 히틀러와 그의 계획적 세계 정복 사이를 가로막는 것은 당시에는 영국의 공군력뿐이었다. 1940년 8월 24일에서 9월 5일 사이, 이른바 영국의 전투(the Battle of Britain)가 절정에 달했을 때, 당시 영국의 윈스턴 처칠 수상은 이렇게 말했다.

> "우리는 다음 1주일 정도를 우리의 역사에서 매우 중요한 시기로 간주해야만 한다. 그것은 과거 스페인의 무적함대가 영국해협에 다가오는 때와 그리고 넬슨 제독이 불롱(Boulogne)에서 우리와 나폴레옹의 대군 사이에 서 있던 때에 버금간다. 우리는 역사책에서 이 모든 것을 읽었다. 그러나 지금 일어나고 있는 것은 훨씬 대규모이며, 과거보다도 세계와 세계문명의 생존과 미래에 훨씬 더 중대한 것이다."[45]

'영국의 전투'에서 영국공군의 승리는 탐지와 경고를 해주는 레이더의 덕택이었지만 무엇보다도 영국 전투비행단의 질적으로 우수했던 항공기, 영국 비행사들의 용기와 결의의 덕택이었다. 따라서 처칠은 "인간의 투쟁의 현장에서 그렇게도 많은 사람들이 그렇게도 적은 사람들로부터 그렇게도 많은 은혜를 입은 적은 결코 없었다"[46]고 전투비행단을 찬양했다. 영국의 전투는 폴란드, 노르웨이, 프랑스 그리고 베네룩스에서 그렇게 성공적이었던 독일의 기습작전기술이 질적으로 우월한 공군력으로 무장한 영국에 대해서는 성공할 수 없었다는 것, 즉 제공력을 유지하는 나라를 해로를

---

44) *Ibid.*, pp.101–103.

45) Winston S. Churchill, *Their Finest Hour*, Boston: Houghton Mifflin, 1949, p.330.

46) *Ibid.*, p.340.

통해 침략할 수 없다는 것을 입증해 주었다. 같은 해 5월, 25만에 달하는 영국, 프랑스, 벨기에 병력이 영국으로 철수한 이른바 던커크(Dunkirk)의 기적도 던커크 해안에서 영국공군 특히 전투비행단의 승리 덕택이었다. 당시 영국은 103대의 희생을 치르면서 독일공군 비행기 600대 이상을 격추시켰던 것이다. 이 던커크의 전투에서 처칠은 올바른 교훈을 얻었다. 처칠은 "이 구출작전에 승리의 상징을 부여하지 않도록 아주 조심해야 한다. 전쟁은 철수로 이기는 것이 아니다. 그러나 이 구출작전 내에서는 승리가 있었으며 그것은 공군력에 의해서 쟁취된 것이다"[47]라고 말했다.

한편 미국은 루스벨트 대통령의 탁월한 영도력하에 1941년 6월 20일 육군 내에 공군이 창설되었으며 그것의 첫 번째 임무 중의 하나는 독일을 패배시키는 데 필요한 계획을 수립하는 것이었다. 이 계획은 250만의 병력과 약 250개의 전투비행단과 거의 8만 대에 이르는 항공기로 구성되는 공군의 창설에 항공전의 성공이 달려 있다고 주장했다. 영국과 미국의 비행사들은 이른바 전략적(strategic) 폭격을 택했다. 그것은 지상군과 해군을 지원하는 전술적(tactical) 폭격과 구별되었다. 전략적 폭격의 목표물은 적국의 심장부, 즉 본국의 주민과 경제였다. 제1차 세계대전은 새로운 형태의 전쟁, 즉 전면전(total war)의 문을 열었다.[48] 그리하여 전장에서 민간인과 군인 간의 구별이 사라져버렸다. 폭격기는 적의 산업을 분쇄하고 적국의 주민들을 공포로 굴복시키는 전면전의 최상의 무기로 간주되었다.

1943년 1월 루스벨트와 처칠이 카사블랑카에서 만나 폭격작전에 마침내 합의했을 때, 독일 국민들의 사기를 좌절시키는 것이 추구

47) *Ibid.*, p.115.

48) Raymond Aron, *The Century of Total War*, Garden City, New York Doubleday, 1954.

하는 목적 가운데 하나였다는 사실을 숨길 수 없었다. 그러나 실제 전투는 폭격기와 일반 주민들 간이 아니라 폭격기와 적의 방어력, 즉 폭격기와 방공포 간이었다. 폭격기가 유럽 대륙으로 비행할 때, 비행사들은 목표물까지 전투하면서 갔다가 전투하면서 다시 되돌아와야 했다. 그들은 춥고 비좁으며, 아주 시끄럽고 불편한 비행기를 타고 독일 방어진에서 발사되는 5만대 방공포의 집중사격을 피해야만 했다.[49] 귀환길엔 독일의 전투기들과 치열한 싸움을 해야 했고, 나쁜 날씨, 연료 부족, 방공포에 의한 피해를 감수해야만 했다. 따라서 비행사들의 죽음은 증가할 수밖에 없었다. 그러나 1943년 봄에 독일 전투기의 약 70%가 서부작전지역에 투입됨으로써, 소련의 붉은 군대는 훨씬 적은 수의 독일 공군기와 싸웠다. 따라서 영 · 미 공군에 의한 독일의 폭격은, 어떤 의미에서 처칠의 주장처럼 일종의 제2의 전선을 형성했던 셈이다.[50] 뿐만 아니라, 독일공군의 파괴 없이 1944년 늦은 봄에 계획된 유럽의 진격, 즉 오보로드(Overlord) 작전은 위험에 처할 수밖에 없었다. 따라서 1944년 1월 1일 미 공군 사령관 아놀드(Arnold) 장군은 "하늘에서건, 땅에서건, 공장에서건, 어디에서 발견하든 적의 공군을 파괴하라"는 명령을 직접 하달했다.[51] 독일 제3제국의 영공에서 독일공군의 패배는 절실하게 항공기를 필요로 하는 다른 전투장을 도울 수 없게 만들었다. 특히 독일 항공산업의 파괴는 독일 공군력의 패배를 기정사실화했으며, 독일은 연합국의 폭격에 속수무책이 될 수밖에 없었다.

1944년 6월의 노르망디 상륙작전, 즉 디데이(D-Day)작전은 독일 공군력의 분쇄 없이는 시행되기 어려웠을 것이다. 노르망디 상륙

49) Richard Overy, *op. cit.*, p.117.
50) *Ibid.*, p.129.
51) *Ibid.*, p.123.

작전시 연합국 측은 독일에 대해 70대 1의 압도적인 군사력의 우월성을 갖고 있었다. 독일의 지상군은 제한되거나 거의 항공력 없는 상태로 마지막 2년간을 싸워야 했었다. 독일공군의 마지막 참모장이었던 카를 콜러(Karl Koller) 장군은 전쟁 후 왜 독일이 패배했는가의 의문에 대해 "결정적인 것은 공중제패(air supremacy)의 상실이었다"고 간단히 결론내렸다.[52] 콜러 장군이 의심할 여지없이 공정한 입장에 서 있었다고 할 수는 없겠지만, 그에게 있어 전쟁의 모든 것은 공중제패에 달려 있으며, 그 밖의 모든 것들은 2차적인 것이었다.

분명히 모든 주요 전투는 공군력과 깊은 관계가 있었다. 해전에서의 공군력은 해군력을 대치하지는 않았다. 그러나 태평양전쟁의 주요 해전에서 폭탄이나 어뢰를 발사하는 항공기들의 기여는 거의 결정적이었다. 일본의 진주만 기습시 거의 모든 사상자들은 일본의 항공기에 의한 것이었으며 난공불락의 영국 해군기지로 알려진 싱가포르도 폭격에는 속수무책이었다. 대서양전투에서도 항공기들이 유보트(U-boat)의 위협을 중지시켰다. 1943년 항공기들이 독일의 총 237척의 잠수함 중 149척을 격침시켰다.[53] 또한 경찰항공기들이 노르망디 상륙작전시 독일 해군의 근접을 막았다. 이때 항공력은 양측에 의해 거의 치명적 요소로 간주되었다. 동부전선에서도 소련의 공군력은 1943년 여름부터 과거 독일의 비행기들이 폴란드, 프랑스, 유고슬라비아, 그리스 그리고 우크라이나에서 행했던 역할을 수행할 수 있었다. 따라서 항공력의 열세는 추축국 측의 치명적 약점이었으며, 연합국 측은 공군력만으로 전쟁에서

---

52) British Air Ministry, *Rise and Fall of the German Air Force*, London, 1983, p.407. 공중제패(air supremacy), 공중우세(air superiority) 그리고 제공권(command of the air)의 용어상의 차이에 관해서는 김홍래, 『정보화 시대의 항공력』, 서울: 나남출판사, 1996년, p.60 참조.

53) Lord Tedder, *Air Power in War*, London: Hadder and Staughton, 1948, p.82.

이기지는 않았지만 그들이 보유한 우월한 항공력은 가장 큰 장점이었다. 그러므로 1945년 연합국 측의 승리는 독일의 약점 때문이라기보다는 연합국 측의 장점에 의해서 얻어진 것이라 할 수 있다.[54]

대규모의 물리적 파괴력을 가진 미국이 그것을 대일전에 사용했던 것은 너무도 당연했다. 1942년 6월 태평양전쟁에서 미드웨이의 전투는 역전의 전환점으로 역사적 해전의 트라팔가에 가까웠다. 미드웨이가 태평양에서 전쟁을 끝내지는 못했지만 일본을 수세로 몰기 시작했다. 1945년 봄이 되자, 태평양의 미군은 일본 도시들의 항공공격을 기능케 해주는 섬들을 확보했다. 미국의 공군은 미국에 의한 일본 본토의 정복을 용이하게 하기 위해 유럽에서처럼 폭격을 단행했으며, 항공폭격에 충분히 대비하지 못한 일본에 대해 거의 마음대로 폭격했다. 결국 항공력만으로도 미국은 일본을 거의 굴복의 지점까지 몰고 갈 수 있었다. 1945년 4월에서 8월까지 6개월 동안 커티스 리메이(Curtis E. Lemay) 장군 지휘하의 폭격부대는 대부분의 일본 주요 도시들을 파괴했다. 겁에 질린 주민들은 산으로 시골로 도망쳤다. 가장 철두철미한 군국주의자들을 제외하고서는 일본의 패배는 분명했다.

그러나 도쿄의 위정자들과 장군들은 항복의 조건에 관해서 논쟁을 벌이고 있었다. 8월 6일 아침, 며칠 전에 에놀라 게이(Enola Gay)로 명명된 B-29 1대에 원자폭탄이 장착되었다. 이것이 히로시마의 상공에 나타났을 때, 공습경보가 울렸지만 비행기가 1대 뿐이었으므로 공습경보는 곧 해제되었다. 그러나 몇 분 후, 단 1개의 폭탄이 몇 초 만에 도시의 반을 파괴하고 4만 명을 죽였다. 순식간에 모든 것이 잿더미가 되었지만, 일본 당국은 그것을 믿을 수 없었다. 항복

---

54) 제2차 세계대전 중 유럽 전장에서 미국의 항공전에 관한 상세한 기록을 위해서는 Eric Hammel, *Air War Europe: Chronology*, Pacifica(CA: Pacifica Press, 1944) 참조.

의 격식을 찾으려는 필사적인 노력을 기울였지만, 9일 나가사키에 두 번째의 원자탄을 피하기에는 너무 늦은 것이었다. 폭격기만으로 독일을 굴복시키는 데 실패했지만, 원폭의 공중투하는 일본 본토의 상륙작전을 불필요하게 만들었다. 원자탄을 투하할 수 있는 항공기는 '죽음의 천사'가 되었으며, 인류는 새로운 형태의 죽음에 의해 위협받게 되었다. 핵무기의 시대가 도래했던 것이다.

그렇다면 항공폭격이 연합국에 승리를 가져다 준 것일까? 바꾸어 말하면, 두헤의 예언은 실현된 것인가? 두헤는 폭격이 저항의 의지를 꺾어 전쟁을 빨리 끝낼 수 있다고 예상했다. 따라서 폭격만으로 전쟁에 이길 수 있다는 신화를 믿는다면 폭격은 실패였다고 할 수 있다.[55] 그러나 그것은 연합국 지도자들의 기대는 결코 아니었다. 폭격기는 언제나 육 · 해 · 공군의 합동전쟁 수행에 아주 여러 가지 방법으로 기여하도록 요구되었다. 따라서 우리는 제2차 세계대전에서 수행한 공군의 역할에 대해 보다 균형있는 평가를 할 필요가 있다.

우선 폭격은 유럽과 극동에서 독일의 저항을 약화시키고, 일본을 굴복시킴으로써 서방 측의 전반적 사상자수를 감소시켰다고 할 수 있다. 영 · 미의 인명손실은 다른 참전 국가들의 것에 비해 크게 낮았다.

둘째, 폭격은 영국과 미국으로 하여금 그들의 경제적 및 과학적 힘을 활용케 했다. 항공작전은 자본집약적인(capital intensive) 것인 반면에 동부전선에서의 전투는 인간의 군사적 노동력에 의존했다. 이것은 자국의 국민들에게 보다 높은 육체적 고통을 원치 않는 서방국가의 선호에 적합했다. 폭격을 위한 자원의 낭비에 행해진 모든 비판에도 불구하고, 전후 영국의 조사에 의하면 항공작전은

---

55) 최근의 전략적 폭격에 관한 비판적 논의를 위해서는 Robert A. Pape, *Bombing to Win*(Ithaca, Cornell University Press, 1966) 참조.

영국의 전쟁 노력 중 오직 7% 그리고 마지막 2년 동안의 공세적 폭격은 전쟁 노력의 12%에 해당했다.[56]

셋째, 폭격이 전쟁에 대한 국민의 지지를 쓸어내고 정부를 전복할 공포와 환멸의 밀물 같은 파도를 일으키리라는 두헤의 지나친 기대는 희망사항에 지나지 않았음이 드러났다. 전쟁 초기 영국에서는 물론이고 후에 독일과 일본에서 폭격은 해당국가의 정권에 아무런 심각한 저항을 야기하지 않았다. 그러나 폭격이 사기를 저하시키는 경험이었음은 의심의 여지가 없다. 아무도 폭격당하는 것을 즐기지는 않았었다. 희생자들의 회고는 경악, 두려움 그리고 말 못할 체념의 감정을 일관되게 표현했다.[57] 폭격당하는 사람들의 마음속에 정치적 저항의식은 결코 없었다. 그들의 마음속에 살아남을 궁리가 최우선이었다. 폭격의 충격은 엄청났다. 사람들은 지치고 모험하려 들지 않았다. 산업의 효율성은 노동자들과 그들의 집들을 폭격함으로써 손상되었다. 폭격으로 일본의 군수경제는 화염이 삼켜 버렸으며, 주민들은 폭격으로부터 필사적으로 도망치기를 원했다. 독일군은 전선에서 필요한 무기의 반을 폭격으로 잃었다. 수백만이 결근했으며, 경제는 점점 곤두박질쳤다.

따라서 제2차 세계대전 중 폭격작전의 효율성과 도덕성에 대한 많은 논쟁에도 불구하고 공중으로부터의 공격은 연합국 승리의 결정적 요인 가운데 하나였음은 틀림없다. 두헤의 주장은 제2차 세계대전의 모든 전쟁 수행과정에서 옳다고 입증되지는 못했다. 그러나 두헤가 결코 틀린 것은 아니었다. 하늘의 전투에서의 승리 없이 지상에서의 승리는 불가능했음이 분명해졌다. 뿐만 아니라 두 차례의 폭격, 즉 원자탄의 투하로 일본이 무조건 항복한 것은 두헤가 옳았음을 증명했다. 다만 원자탄의 무서운 파괴력은 히로

---

56) Richard Overy, *op. cit.*, p.128과 p.343의 각주 66번 참조

57) *Ibid.*, p.132.

시마와 나가사키에서 아마게돈의 가능성을 입증해 줌으로써 제2차 세계대전 후부터 그 유용성은 변하게 되었다.

Ⅳ. 냉전시대의 항공력

제2차 세계대전의 종결과 함께 시작된 이른바 동서냉전의 시대는 자유진영과 공산진역, 자본주의와 사회주의, '반공진영'과 '반제국주의진영' 간의 군비경쟁, 특히 미·소 간의 치열한 핵무장 강화의 경쟁시대였다. 1948년의 베를린 위기사건도 냉전을 심화시키는 사건이었다. 1948년 6월 24일 소련에 의한 베를린 봉쇄사건은 미국을 위시한 서방국가들에 중대한 도전이었다.

그러나 그들은 소련의 붉은 군대에 병력과 탱크를 보냄으로써 베를린으로 가는 회랑을 복구하려는 시도를 처음부터 거의 배제했다. 당시 봉쇄는 서방세계의 의지를 스탈린이 시험하려는 것으로 이해되었다. 당시 미국의 핵독점으로 인해 소련은 전면전쟁을 시도하지 않을 것이며 서방세계도 전면전쟁의 모험을 할 용의를 갖고 있지 않았다. 따라서 미국과 서방국가들은 당시 서베를린 시가 필요로 하는 모든 것을 항공기로 공수하는 방법을 택하였다. 소련도 이 공수작전에는 도전하지 않았다. 왜냐하면 그것은 서방 측에 전면전 외에 다른 대안을 남겨 주지 않을 것이기 때문이었다. 소련은 서베를린의 약 250만 주민들의 일용품을 서방 측이 어떻게 처리하는지를 두고 보기로 결정하였다. 당시 서베를린 주민들은 일당 4,000톤의 식량과 연료를 필요로 했다. 서방 측의 이 미증유의 공수작전은 즉각적으로 4,000톤의 공수를 달성하지는 못했지만, 곧 그들은 일당 13,000톤의 식량과 연료를 공수하게 되었다. 항공기들은 매 3분마다 이륙했다. 그리하여 1949년 봄에 서베를린 주민들은 동베를린 주민들보다는 물론이고, 봉쇄가 시작되기 이전보다도 더 많은 양의 식사를 하게 되었다. 서방국가들의 이러한 결연한 자세와 공수작전의 성공으로 소련은 거의 1년 만인 이듬해 5월 12일 봉쇄조치를 철회하게 되었다.[58] 이 대규모 공수작전은 대소 전투 행위는 아니었지만 항공력의 뚜렷한 과시였다. 그러한 대규모의 공수작전이 소련의 방해없이 수행될 수 있었던 것은 1946년 이후 미국 전략공군 사령부(SAC)의 능력이 크게 증대하였을 뿐만 아니라 미국의 핵독점 및 히로시마와 나가사키를 핵폭격한 미 B-29 부대에 의한 핵공격의 가능성을 스탈린이 몹시 두려워했기 때문이었다.[59]

제2차 세계대전 후 항공력은 한국전쟁에서 또다시 전투수단으로 사용되었다. 1950년 6월 25일 북한이 전면남침을 감행했을 때, 남한의 열악한 무장은 순식간에 무너졌다. 미국과 유엔 안보리가 침략군의 격퇴를 결정했을 때, 맥아더 장군은 전선의 30마일 내에 전투병력을 전혀 갖고 있지 못했다. 그러나 맥아더 장군은 곧 미 제7함대의 약 1,200대의 항공기가 자신의 작전통제하에 들어오자, 소규모의 북한 공군을 지상과 공중에서 파괴하는 데 사용함으로써 낙동강에서 교두보를 세우는 데 성공할 수 있었다. 미 공군은 북괴군 후방의 교량, 도로 그리고 철도들을 공격함으로써 적의 병참선을 차단하려는 일련의 중요한 시도들을 감행했으며, 이러한 공격은 제2차 세계대전 중 유럽의 경험에 근거한 것이었다. 돌이켜 볼 때, 그런 폭격들은 자동차 수송에 의존하지 않는 적군에 결정적인 효과를 가져오지는 못했지만, 그럼에도 불구하고 미 제5공군의 도움이

58) John Spanier, *American Foreign Policy Since World War II*, 8th ed., New York: Halt, Rinehart and Winston, 1980, pp.43-44.

59) Richard K. Betts, *Nuclear Blackmail and Nuclear Balance*, Washington, D.C.: The Brookings Institution, 1987, pp.23-31.

없었더라면 미국과 남한의 병력은 8월과 9월 초의 중대한 시기에 교두보를 계속 유지할 수 없었을 것이다.[60)]

뿐만 아니라 9월 15일에 단행된 인천상륙작전도 해군과 함께 공군의 지원이 없었다면, 그런 빛나는 성공을 거두지 못했을 것이다. 그러나 11월 1일부터 소련의 MIG-15 전투기와 전투폭격기의 지원을 받은 중공군이 11월 26일 일련의 반격을 개시하자, 1951년 1월 24일 미8군과 한국군은 서울 남쪽 50마일까지 밀렸다. 그것은 미국의 군사역사상 가장 긴 후퇴였다.[61)] 그때부터 미국과 유엔군은 적군을 패배시켜 승리하는 것을 목표로 하지 않고 38선까지 격퇴시키고 손실을 입혀 종전에 합의케 하는 목적으로 하게 되었다. 미국의 극동공군은 중공군을 현장에서 고립시키고 마비시키기 위해, 그리하여 공산주의자들은 협상 테이블에 나오도록 하기 위해 대규모 폭격을 단행했다. 그러나 밤낮의 폭격에도 불구하고 적의 병참공급은 계속되었고, 협상에 미치는 영향도 미약했다. 1953년 5월 미국의 아이젠하워 행정부가 신빙성있는 핵위협을 사용한 후에야 공산주의자들은 휴전에 완전히 동의했다.[62)] 따라서 미국의 제공권과 융단폭격도 공산주의자들의 저항의지를 꺾지 못했다. 오직 핵위협만이 효과를 거둔 것이다. 그러나 당시 핵무기의 투하는 오직 항공기에 의해서만 가능했다. 따라서 B-29의 핵무기 폭격능력이 중요한 역할을 수행한 셈이다.

냉전 시기에 항공기의 위력은 한국전쟁 이후 발생한, 1956년 7월 26일 수에즈 운하 위기시에 보다 잘 과시되었다. 10월 31일 이스라엘군의 시나이 반도 진격과 운하지대에 영 · 프연합 공수부대의

---

60) Basil Collier, *A History of Air Power*, London: Weidenfeld and Nicolson, 1974, pp.320-321.

61) *Ibid.*, p.322.

62) Robert A. Pape, *Bombing to Win*, Ithaca: Cornell University Press, 1996, pp.137-173.

착륙을 지원하기 위한 전술적 역할에서 영 · 프 · 이스라엘은 폭격기와 전투기들을 사용하여 이집트 상공을 완전히 통제했다. 이집트 공군은 48시간 만에 사실상 괴멸되었다. 또 다른 48시간 안에 영 · 프 · 이스라엘 군은 전 이집트를 정복할 수도 있었다. 그러나 이것은 미국과 소련의 반대에 직면하여 정치적 이유로 좌절되었지만, 제공권을 상실한 이집트는 영 · 프 · 이스라엘의 공군 앞에서 군사적으로는 속수무책이었다는 사실은 기억되어야 한다.

1957년 10월 4일 소련의 스푸트니크 1호(Sputnik I) 위성의 성공적 발사는 미 · 소 간의 미사일, 특히 대륙간 탄도미사일의 치열한 군비경쟁에 불을 붙였다. 이것은 1962년 쿠바 미사일 위기를 통해 미 · 소 핵대결의 위험성을 상호 인식하고 다소 긴장완화의 분위기를 가져왔으나 군비경쟁은 계속되었다. 그러나 대륙간 탄도미사일로 무장할 수 없거나 혹은 그런 무장까지를 필요로 하지 않는 국가들에겐 여전히 폭격기, 전투기 그리고 정찰 및 수송기로 구성되는 항공력이 계속해서 필요불가결한 것이었다.

1967년 중동에서 발생한 6일전쟁에서 이스라엘의 항공력은 중대한, 아니 결정적인 요소였다.[63] 이스라엘 전투폭격기는 총 3,279번의 출격을 단행했다. 아랍 공군은 총 469대의 항공기를 잃었는데, 그 중 391대는 지상에서 파괴되었다.[64] 이스라엘은 전쟁 초기에 제공권을 확보함으로써 진격하는 자국의 지상군을 지원하기 위해 적국의 영토로 자국의 항공기들을 마음대로 보낼 자유를 얻었다. 에제르 와이즈만(Ezer Weizman)의 말처럼 6일전쟁에서 이스라엘의

---

63) Basil Collier, *op. cit.*, p.392.

64) 60대는 공중전에서 3대는 방공포에 의해 15대는 사고로 잃었다. 반면에 이스라엘의 빛나는 승리에도 큰 희생이 있었다. 24명의 비행사가 죽고, 7명이 포로가 되었고, 18명이 부상했으며, 13대의 비행기가 손상되고, 46대가 완전히 상실되었다. Ze'ev Schiff, *A History of Israeli Army*: 1874 to the Present, London: Sidgwick & Jackson, 1987, p.156.

승리는 우월한 항공력의 덕택이었다.[65] 이스라엘의 우월한 항공력은 타국의 공군력에 의한 도움의 덕택이 아니라, 이스라엘 공군의 철저한 준비, 즉 올바른 목표물의 선택, 10분 내에 항공기의 연료 공급과 무기 재장착을 가능케 한 조직력 그리고 잘 훈련된 비행사들의 기술과 불굴의 정신 덕택이었다. 이것은 당시 세계 최대의 공군력을 가진 미국이 베트남의 수렁에 깊이 빠져 적의 의지를 꺾지 못했던 경우와 크게 비교되는 성과였다.[66]

6일전쟁 후 아랍의 항공력도 크게 발전했다. 수백 개의 격납고와 많은 활주로들이 새로 건설되었다. 1973년 10월 6일 이른바 욤키푸르(YomKippur)날 새벽에 시작된 이집트의 대이스라엘 기습공격은 증대된 이집트 항공력 없이는 시도될 수 없었다. 6일전쟁시 60회의 공중전에 비해 이 전쟁에서 117회의 공중전을 수행할 만큼 이집트의 항공력은 증가했으며, 총 102대의 이스라엘 항공기들을 격추시켰다. 그러나 이집트와 시리아는 총 500대의 항공기를 상실함으로써 이스라엘은 6일전쟁 때보다도 더 많은 항공기들을 격추시켰다. 이스라엘은 반 이상을 공중전에서 파괴함으로써 항공전투사상 당시까지 유례없는 살상률을 달성했던 것이다.[67] 욤키푸르전쟁에서 이스라엘은 승리를 위해 비싼 대가를 치렀다. 그러나 이스라엘의 공군은 아랍을 패퇴시키는 데 결정적 기여를 했다.

그 후에도 이스라엘 공군은 여러 개의 인상 깊은 작전에서 성공을 거두었다. 1976년 7월 4일 이스라엘 항공기들은 우간다의 엔테베(Entebbe) 공항에서 아랍과 독일의 테러분자들에 의해서 인질로 잡혀 있던 이스라엘인들을 구출했던 부대를 성공적으로 수송했으

---

65) *Ibid.*

66) Basil Collier, *op. cit.*, p.331.

67) R. Sivron, "Air Power and Yom Kippur," in Dr. E. J. Feuchtwanger and Group Captain R. A. Mason, eds., *Air Power in the Next Generation*, London: Macmillan, 1979, p.90.

며, 1981년 6월 7일 이스라엘의 전투 · 폭격기들은 방금 완성된 이라크의 원자로를 성공적으로 파괴해 버렸다. 이스라엘의 공군은 1982년 레바논에 설치된 시리아의 미사일들을 수 시간 내에 전격적으로 파괴해 버렸다. 1908년 바덴 파웰(Captin Baden Powell) 대위가 "항공력이 국가의 운명을 결정할 것이다"[68]라고 말했을 때, 그의 말은 분명히 지나친 과장이었다. 왜냐하면 그는 항공력을 사용하고 통제하는 법을 배울 때 국가들이 겪는 굉장한 어려움을 내다보지 못했기 때문이다. 그러나 항공력이 국가의 운명을 결정한다는 그의 말을 이스라엘에 적용할 때 그것은 분명한 진리였다. 이스라엘은 자국의 우월한 항공력의 덕택으로 적대감의 바다에서 견고한 바위섬처럼 성공적으로 생존해 왔기 때문이다.

냉전시대에는 항공력이 이스라엘의 경우처럼 항상 성공적으로 활용되지는 못했다. 이미 지적한 대로 베트남전에서 미국의 항공력은 제공력의 확보에도 불구하고 적의 의지를 꺾는 데는 성공하지 못했으며, 1979~1988년간의 10년에 걸친 소련의 대아프가니스탄의 전쟁도 아프가니스탄인들의 저항의지를 꺾지는 못했다. 소련도 미국처럼 대게릴라전에서 수많은 폭격을 시도하고 그 결과로 인해 아프가니스탄인들도 대량 살상시켰음에도 불구하고 끝내 철수할 수밖에 없었다. 이러한 결과는 미국이나 소련이 다 같이 상대국가의 개입을 두려워한 나머지 무차별 폭격에 의한 초토화작전을 수행하지 못하고 전략적 위협을 통해 정치적 목적을 달성하려는 이른바 강압적 외교(coercive diplomacy)의 수단으로 사용하였기 때문이었다고 하겠다.[69]

---

68) Basil Collier, *op. cit.*, p.331에서 재인용.

69) 강압적 외교의 일반적 논의에 관해서는 Alexander L. George, William E. Simons, and David K. Hall, *Limits of Coercive Diplomacy: Laos, Cuba, and Vietnam*, Boston: Little, Brown, 1971; Thomas C. Schelling, *Arms and Influence*, New Haven: Yale University Press, 1966; Peter Karsten, Peter D

이런 강압적 외교의 수단으로 매우 제한된 항공력이 미국에 의해 사용되었다. 1980년 4월 14일 미국은 리비아 정부의 국제 테러행위의 지원을 중단하도록 트리폴리에 한 차례의 폭격을 단행했다.[70) 그러나 모아마르 카다피(Moamar Qaddafi)는 테러주의를 포기하지 않았다. 카다피의 지원은 공습 이후 보다 덜 가시적으로 이루어졌지만 리비아는 국제테러주의에 여전히 깊이 개입했다. 1988년 겨울 리비아의 첩자들은 270명이 탑승한 팬암(Pan Am)103기를 폭파했다. 1987~1988년 리비아는 전세계적으로 약 30개의 반란 테러집단을 훈련시키고 재정적으로 후원함으로써 세계 제3위의 테러주의 후원국이 되었다.[71) 항공력의 한계는 1978~1988년의 10년에 걸친 이란과 이라크 간의 전쟁에서도 드러났다. 마치 제1차 세계대전을 상기시키는 전쟁의 교착상태 속에서 항공력은 이란이나 이라크 어느 쪽에도 승리를 위한 결정적 이점을 가져다주지 못했다.[72)

따라서 공포의 균형시대로도 불리는 양극적 핵대결의 냉전시기에 항공력의 효과는 일정하지 않았다. 이른바 공포의 균형에 입각한 핵의 억제력이 초강대국간의 군사력 사용에 자제를 유발, 항공력이 무차별적으로 사용되지 못하게 함으로써 이른바 강압적 외교가 번번이 실패했던 반면에, 이스라엘은 가장 효율적으로 항공력을 사용하여 국가의 생존을 지켜 나갔다. 1950년 후반부터는 미사일의 발달로 인해 이른바 무인항공기와 방공 미사일의 발달로 항공력

Howell, and Artis Frances Allen, *Military Threats: A Systematic Historical Analysis of the Determinents of Success*, Westport, Conn: Greenwood Press, 1984; Robert A. Pape, *op. cit.* 참조.

70) Tim Zimmermann, "The American Bombing of Libya: A Success for Coercive Diplomacy?", *Survival*, vol. 29, May/June 1987, pp.195–214; Robert E. Venkus, *Raid on Qaddafi*, Nwe York: St. Martin's Press, 1992.

71) Robert A. Pape, *op. cit.*, p.355.

72) Hobin Higham, *Air Power: A Concise History*, rev. 3rd. ed., Manhattan, KS: Sunflower University Press, 1988, p.176.

의 비용이 크게 증가되었다. 핵무기로 폭격하지 않은 상황에서 두헤의 시대는 영원히 사라질 운명에 처한 것처럼 보였다. 항공력은 육·해군의 군사력과 함께 방어적 목적을 위해 필요불가결하지만 항공력의 결정적 효과는 기대할 수 없는 것처럼 보였다. 뿐만 아니라 항공체제를 유지하는 데 필요한 엄청난 비용은 일반 국민들로부터 수적 축소를 요구받고, 1989년 말 미·소 간의 냉전종식의 선언은 범세계적 군비통제와 축소의 방향으로 역사가 궤도수정을 하는 것처럼 보였다. 그러나 아이러니컬하게도 냉전의 종식은 곧이어 새로운 항공력의 시대, 즉 두헤의 꿈이 가시적으로 실현되는 시대의 도래를 알리는 사건을 발생하게 하였다. 1991년의 걸프전이 바로 그 사건이었다.

Ⅴ. 걸프전과 항공력의 위력

영국의 이코노미스트(Economist) 지가 지적한 것처럼 "어려운 것은 시간이 걸리지만, 불가능한 것은 일순간에 일어난다."[73] 약 반세기에 걸친 치열한 냉전의 시대를 보낸 후 거의 일순간에 초강대국 간의 투쟁이 사그러지자 세상은 마침내 평화의 시대가 도래하는 것처럼 보였다. 그러나 세계 정부가 없는 국제사회에서 평화란 하나의 신기루임이 또다시 입증되었다. 냉전 종식 이후의 세계 질서의 모습에 대해[74] 세계의 지도자들이 채 구상도 해 보기 전인, 1990년 8월 2일 이라크가 쿠웨이트를 전격적으로 침공함으로써

73) Economist, 1990년 1월 6일-12일, p.16.

74) 냉전종식 이후의 국제질서에 관한 저자의 상세한 논의에 대해서는 저자의 저서 『카멜레온과 시지프스: 변천하는 국제질서와 한국의 안보』, 서울: 나남출판사, 1995. 특히 제2장 "국제질서의 구조적 전환과 세계평화의 기능성" 참조.

걸프의 위기가 시작되었다. 쿠웨이트를 해방시키려는 유엔의 결의안에 입각하여 1991년 1월 17일 미국이 주도하는 동맹국 측의 바드다드 항공폭격으로 걸프전은 시작되었다.

동맹국들 중 11개국의 공군으로부터 2,400대 이상의 항공기가 동원된 대규모의 항공폭격으로 동맹국 측은 '총체적 공중우세(general air superiority)를 달성'했다.[75] 파웰(Powell) 장군은 이라크의 핵시설이 끝장났으며, 66개의 항공기지 중 오직 5개만이 여전히 가동 중이고 이라크의 방공 레이더의 95%가 파괴되었음을 보고했다.[76] 동맹국 측의 지상공세작전이 시작될 때까지 항공력의 결정적 성격은 분명했다. 동맹국 측의 공군들은 거의 10만 번의 출격과 323기의 크루즈미사일이 이라크와 점령당한 쿠웨이트 내의 목표물에 발사되었다. 동맹국 측의 항공기 손실률은 출격수의 약 0.4%에 지나지 않았다. 이것은 제2차 세계대전은 물론이고 베트남전에서의 손실에 비교하면 극히 적은 것이었다.[77] 이런 결과는 동맹국 측이 비행사들의 희생을 방지하기 위해 특별히 주의를 기울인 덕택이었다.[78] 사막의 폭풍작전에서 동맹국의 항공력은 바로 항공력의 예언자들이 기대했던 것을 해냈다. 미국이 베트남전에서 11년간 투하했던 폭탄의 약 1%로 동맹국 측의 공군들은 이라크의 거의 모든 전략적 힘의 중심부들(the centers of gravity)을 거의 동시에 파괴해 버렸던 것이다.[79] 왜냐하면 이것들의 파괴는 클라우제비츠의 지적처럼 군

---

75) Jeffrey McCausland, "The Gulf Conflict: A Military Analysis," *Adelphi*, Paper 282, p.27.

76) *Ibid.*, p.28.

77) *Ibid.*, p.29.

78) *Ibid.*, p.31.

79) 전략적 힘의 중심부(the center of gravity)란 개념은 원래 클라우제비츠의 개념으로 항공이론가들이 그의 영향을 받았음을 입증해 주는 것이다. 항공이론가들은 항공력의 출현이 역사의 새로운 시대, 즉 새로운 형태의 전쟁을 낳았다고 강조함으로써 클라우제비츠의 전략론이 진부해져 버린 것으로

사적 승리의 첩경이기 때문이다. 당시 동맹국 측은 다음 5개의 전략적 힘의 중심부를 초전에 신속히 파괴함으로써 후세인의 의지를 꺾었다.

첫째, 이라크의 지휘부 센터들, 통신체제와 많은 내부적 통제기구들을 공격함으로써 전쟁지휘부를 파괴했다. 이라크의 통신체제의 주요 원천인 전화체제는 전쟁이 개시되면서 즉각적으로 파괴되었으며 곧 이은 텔레비전 체제의 파괴로 후세인 정부는 가장 효과적인 대중통신수단을 상실했다. 따라서 이라크 지휘부는 쿠웨이트에 주둔시킨 군대를 포함해서 이라크 내에서도 효과적인 통신을 할 수 없었다. 게다가 후세인 정권이 걸프 지역에서 지배국이 될 수 있게 할 것으로 생각됐던 값비싼 핵, 화학 및 생물학적 전투시설들을 파괴해 버림으로써 후세인 지휘부를 속수무책으로 만들었다.

둘째, 동맹국 측은 이라크의 주요 생산시설을 파괴해 버렸다. 동맹국 측의 폭격개시 수분 내에 바그다드의 전기가 꺼져 버렸으며, 그 결과 군사 및 비밀경찰의 통신과 컴퓨터들이 무너져 버렸다. 전기시설의 붕괴는 전쟁활동을 지휘하는 이라크 내의 거의 모든 활동에 극복할 수 없는 어려움을 자아냈다. 레이더 스크린에서 전기타자기들에 이르는 장비들은 대체로 먼 거리의 전력에 의존하고 있었다. 정유공장의 파괴는 이라크의 전쟁활동을 지휘하고 전략적이며 작전적 기동성을 제공할 가솔린, 디젤 연료 및 제트 연료와 같은 것들의 생산을 차단해 버렸다. 그 결과 동맹국 측은 일시적이

간주하는 것처럼 보이지만, 실제로 클라우제비츠와 그들 간의 차이란 전략적 힘의 중심부들의 소재에 관한 것이다. 즉 클라우제비츠가 적의 군대를 그렇게 본 반면 항공이론가들은 적의 산업적 전쟁수행능력을 중심부로 간주한다. Christopher Bassford, *Clausewitz in England: The Reception of Clausewitz in Britain and America 1815-1945*, Oxford: Oxford University Press, 1944, pp.150-151; 전략적 폭격과 클라우제비츠 전략론의 긴밀한 관계에 관해서는 Scot Robertson, *op. cit.*, 제1장, "The Role of Theory"을 참조.

나마 이라크의 전략적 마비를 일으켰다.

세 번째의 목표는 비교적 단순한 이라크의 수송체계에 대한 공격이었다. 철도와 50여 개의 고속도로 교량들의 파괴는 쿠웨이트 내에 주둔하고 있던 이라크 군대의 병참지원을 생계유지수준 이하로 감소시켰다. 특히 수백 번의 출격으로 4주 만에 50개의 교량을 파괴할 수 있었던 것은 정밀유도탄의 덕택이었다. 이런 폭탄이 개발되기 전에는 교량 파괴가 쉽지 않았다. 과거 같으면 50개의 교량을 폭격으로 파괴하기 위해서는 1만 번 이상의 출격과 수개월의 시간이 걸렸을 것이다.[80] 교량폭격에 소비하는 시간이 길어지면 그만큼 교량의 재건이나 보수의 가능성이 높아지는 법이다. 이라크의 경우 50개의 교량들의 파괴가 짧은 시간에 한꺼번에 이루어짐으로써 재건이나 보수가 불가능해져 버렸다. 어떤 국가나 군대가 4주 만에 50개 교량의 상실을 회복하기는 대단히 어려울 것이다. 어쨌든 수송체계의 파괴로 인해 이라크는 바그다드로부터 겨우 200마일 정도 떨어져 있는 40사단의 이라크 군대에게 병력지원이나 병참지원 혹은 구조대를 보낼 수 없었다.

네 번째의 공격목표는 이라크의 공격용 및 방어용 공군과 공화국 수비대였다. 동맹국 측은 이라크의 탄탄한 방공방어체제에 직면했지만 혁명적 스텔스 기술의 눈부신 활용으로 개전 수 시간 내에 이들을 파괴할 수 있었다. 미국의 스텔스 폭격기들(the F-117s)은 거의 모든 주요 항공방어 중심점들, 즉 바그다드에 있는 이라크의 공군본부들과 항공방어작전 센터들, 대부분의 지역작전 센터와 이에 수반되는 요격작전 센터들과 전방 레이더들을 동시에 공격했다.

---

80) John A. Warden Ⅲ, "Employing Air Power in the Twenty-first Century," in Richard H. Schultz, Jr. and Robert L. Pfaltzgraff, Jr., *The Future of Air Power in the Aftermath of the Gulf War*, Alabama: Air University Press, 1992, p.73.

지휘체계의 통신시설 및 전력의 파괴와 함께 이루어진 이런 공격들의 결과로 이라크의 고위지휘부는 즉각적으로 눈이 멀고 귀가 먹었으며 벙어리가 되어 버렸다.

그 결과, 이라크는 스텔스가 아닌 항공기들의 뒤이은 공격에 대해서조차도 공중방어를 할 수 없게 되어 버렸다. 사실상 이라크 방공체제의 모든 발사요소들, 즉 전투기, 미사일 그리고 방공포들이 각각 놀 수밖에 없었다. 바꾸어 말하면, 동맹국 측의 집중공격에 대하여 단편적이고 독자적 대응은 소용이 없었다. 이라크 공군의 재래식 항공기들의 파괴는 보다 많은 시간이 걸렸다. 그러나 이라크의 방어체제를 파괴해 버린 동맹국 측은 단편적이고 독자적인 대응을 해낼 수 있었다. 직격 핵공격에 의해서가 아니면 파괴되지 않을 것으로 생각된 이라크 지하 격납고들도 스텔스 폭격기를 비롯한 폭격기들에 의해 목표물에 정확하게 유도된 특별침투폭탄에 취약한 것으로 입증되었다. 자신들의 견고한 방공호들이 그렇게 극적으로 실패하자, 이라크의 공군은 항공기들을 이란으로 피신시키고 다른 곳으로 분산시켰다. 개전 2주 만에 동맹국 측은 공중제패력을 갖고 이라크 상공에서 다른 임무를 달성하기 위해 방공포 사정거리 밖에서 자유롭게 비행할 수 있었다. 이라크는 공중우세의 상실로 완전히 동맹국 측의 위력 하에 놓이게 되었다. 무엇이 파괴되고 파괴되지 않느냐의 문제가 전적으로 동맹국 측에 달려 있었다. 이라크는 아무 것도 할 수 없었다. 사실상 이라크는 피점령지, 즉 공중으로부터 점령된 국가로 전락하고 말았다.[81]

동맹국 측이 이라크의 재래식 및 공격무기들을 신속하게 파괴했음에도 불구하고 스커드(scud)미사일의 파괴는 훨씬 더 어려웠다. 이라크인들은 이동식 스커드 발사대들을 은닉하고 거의 경고 없이

---

81) *Ibid.*, p.75.

발사하는 견고하고 유능한 체제를 보유하고 있었다. 동맹국 측은 스커드의 발사를 중단시키지는 못했지만 스커드미사일의 발사 직후 폭격기들을 신속하게 발사장소로 출격시키는 교묘한 체제를 완성함으로써 스커드 발사를 처리할 만한 수준으로 감소시켰다. 스커드 발사대와 요원들의 상실로 이라크는 개전 첫 2, 3일의 발사 수준에서 80% 이상 스커드 발사를 줄일 수밖에 없었다.[82]

이상의 이라크의 전략적 힘의 중심부들에 대한 거의 동시적 공격과 파괴의 결과는 참으로 인상적인 것이었다. 마치 머리털이 잘려버린 삼손(Samson)처럼 동맹국들의 지상작전이 개시되기 전에 이미 이라크는 외국으로부터의 대규모 지원이 없이는 회복할 수 없는 전략적 마비상태에 빠져 버렸다. 이라크의 이런 곤경은 특별한 것이 못된다. 왜냐하면 동맹국가들이 감행한 그런 정도의 전략적 공격을 받은 뒤 전쟁개시 이전의 상태로 회복할 수 있는 나라는 현재 지구상에서 두 세 나라뿐일 것이기 때문이다. 동맹국 측은 이라크 내에서만 약 1만 번의 출격으로 2만 톤의 폭탄을 퍼부었다.[83] 걸프전에서 동맹국들은 이라크가 쿠웨이트로부터 철수하기를 원했다. 이 목적을 달성하기 위해 동맹국 측은 쿠웨이트 내의 이라크 군대에 대해서 직접적 공중공격을 단행했다. 약 38일 간의 공중작전에서 동맹국 측은 이라크의 탱크, 장갑수송차, 포대와 트럭들의 60% 이상을 파괴해 버렸다. 공중작전에 따른 이라크 병사

82) 동맹국들은 개전 첫날 공화국 수비대 본부들과 전장의 부대들을 공격했지만 전개된 공화국 수비대를 파괴할 만큼 지속적이고 대규모의 폭격을 하지는 않았다. 이라크의 전략적 힘의 중심부 중 하나는 후세인 정권이었다. 그러나 예상되는 이라크 민간인들의 대량살상을 피하기 위해서 주민들에 대한 폭격은 스스로 자제했다. 이 결정의 정당성에 대해서는 논란의 여지가 많지만 그 결정의 비판적 분석은 본 논문에서는 시도하지 않겠다. 이것은 중동의 지역 전반에 걸친 국제 정치적 분석을 요구하기 때문이다.

83) 이것은 월남에서 미국이 7년 동안 투하한 800만 톤과 제2차 세계대전 중 독일의 69개 정유공장에 투하한 20만 톤과 비교된다.

들의 정확한 사상자 수는 알려지지 않았지만 반 수 정도가 해당되었다.[84)]

사담 후세인의 힘은 지구상에서 최고의 방위군 가운데 하나로 평가되는 자신의 유능한 군대에 있었다. 그러나 방위군이 위력을 보이려면 누군가가 공격을 해야만 한다. 그러나 동맹국 측은 이라크 군대가 중단시킬 수 없는 항공기들을 사용하면서 지상전투를 거부했다. 사담의 전략은 동맹국 측의 정치적 의지를 꺾을 만큼 동맹국 측에 충분한 사상자를 내는 중요한 지상전에 크게 의존하고 있었다. 그는 베트남전에서 드러난 미국의 약점을 노렸던 것이다. 그래서 그는 필사적으로 지상전을 시작하고 싶었다. 그러나 베트남전의 교훈을 올바르게 체득한 슈워츠코프(Schwarzkopf) 장군은 지상전을 끈질기게 거부했다. 사담 후세인은 지상전에 불을 붙이려는 계산된 시도로 사우디아라비아의 카프지(Khafji)에서 공세를 취했지만 동맹국 측은 항공기들로 공격했다. 몇 시간 후에 이라크인들은 엄청난 사상자만 내고 철수했던 것이다. 이라크는 그 과정에서 절반 이상의 병사들을 잃었다. 하룻밤에 동맹국 측의 항공력은 군단 크기의 병력을 파괴했으며, 이라크군이 국경선을 넘기도 전에 대규모 공세를 중단시켜 버렸다. 그리하여 1991년 2월 23일 마침내 동맹국 측이 지상작전을 시작했을 때, 이라크 군대는 통신과 병참지원이 없었고 이동할 곳도 없었으며, 상황이 어떻게 진행되고 있는지도 알지 못했고, 싸울 의욕도 없게 되었다. 따라서 동맹국 측의 공중작전은 이라크의 전략적 마비뿐만 아니라 쿠웨이트 내의 작전상의 마비를 일으켰던 것이다. 걸프전에서 동맹국 측의 승리는 항공작전만으로도 이미 기정사실이 되었던 셈이다.

이러한 동맹국 측의 걸프전에서의 빛나는 전공은 무엇보다도

---

84) John A. Warden Ⅲ, *op. cit.*, p.76.

동맹국 측과 이라크 간의 항공력의 엄청난 격차 덕택이었다. 항공력의 질뿐만 아니라 양적인 면에서도 동맹국 측, 즉 미국의 초일류 항공력과 이라크의 삼류 항공력의[85] 격차는 현저했다. 따라서 그 대결의 최종 결과는 예상가능한 것이었다. 그러나 과거 70여 년 간의 항공력의 역사에서 걸프전에서처럼 항공력이 전쟁의 승패를 거의 결정지어버린 경우는 없었다. 일찍이 두헤가 꿈꾸던 새로운 전쟁 수행방법이 걸프전에서 마침내 구현된 것이다.

Ⅵ. 항공력 역할의 장래

1903년 유인(有人)비행이 성공하고 1920년 두헤를 필두로 미첼과 트렌차드 등이 항공력의 위력을 예언한 이래 항공력은 특별히 '유혹적 형태의 군사력'이었다.[86] 두헤는 목표물의 선택은 항공전투에서 가장 어려운(delicate) 작전이라고 판단하고 그것의 선택은 쉽게 계산하기 어려운 물질적, 정신적, 심리적인 여러 조건들에 달려 있다고 주장했다.[87] 어쨌든 민간인들의 사기저하의 가정에 입각한 두헤의 공격목표이론은 성공적으로 입증되지 못했다. 그는 폭격에 견디어내는 민간인들의 강인함을 과소평가했으며 레이더의 출현을 예상하지 못했다.[88]

제2차 세계대전은 다음 전쟁에서 항공력이 결정적인 무기가 될 것

---

85) Eliot A. Cohen, "A Revolution in Warfare," *Foreign Affairs*, Vol. 75, No. 2, March/April 1996, p.52.

86) Eliot A. Cohen, "The Mistique of U.S. Air Power," *Foreign Affairs*, Vol. 73, No. 1, January and Febuary 1994, p.109.

87) Giulio Douhet, *op. cit.*, pp.58-60.

88) Edward Warner, "Douhet, Mitchell, Seversky: Theories of Air Warfare," in Edward Mead Earle, *op. cit.*, pp.490-491.

이라는 예언가들의 주장에 심각한 의문을 제기했다. 독일공군에 의한 수천 톤의 폭탄이 1940~41년에 런던에 투하되었지만 런던의 도시생활은 영국의 군사전략가 리들 하트(Liddell Hart)의 비관적 전망에도 불구하고[89] 계속되었으며 독일에 대한 긴 5년간에 걸친 영 · 미의 항공작전은 전쟁에 대한 항공력 이론가들의 단순한 방정식에는 맞지 않았다. 제2차 세계대전의 역사가들과 학자들은 오히려 항공력에 대해 부정적 편견을 갖는 쪽으로 기울었다. 그들 대부분은 항공작전, 특히 전략적 폭격은 자원의 낭비였음이 입증되었다고 주장했다.[90]

한국전에서도 항공력이 중요한 기여를 했지만 전쟁의 최종적 결과에 미친 전략폭격의 효과는 명백하지 못했다. 제2차 세계대전에서 연합국의 목적은 '무조건 항복'이라는 명백한 목적을 추구했지만, 한국전에서 미 공군은 대한민국의 독립과 한반도에서 공산주의자들의 축출 사이에 제한된 정치적 목적을 달성하도록 돕는 것이었다. 따라서 두 전쟁의 정치적 목적과 군사적 전투 수행 사이의 차이는 전략폭격의 효율성에 관해 모호한 결론을 낳았다. 군사지도자들은 한국전쟁을 하나의 일탈(aberration)로 간주했다. 그 결과 한국전쟁 이후 발전된 항공교리는 세계대전의 초점을 맞추었으며, 이른바 제한전쟁을 소홀히 다루었던 것이다. 즉 냉전의 와중에서 미국은 핵차원의 억제전략에 몰두함으로써, 게릴라전과 같은 저강도전쟁에 대한 대비를 간과했으며, 그 결과 미국은 베트남전에서 비싼 대가를 지불해야 했던 것이다. 당시 소련과 중국의 개입을 두려워했던 미국은 베트남전에서 항공력을 효과적으로 활용하지

89) B. H. Liddell Hart, *Paris or The Future of War*, Nwe York: E. P. Dutton Co. 1925, pp.37-42.

90) Michael S. Sherry, *The Rise of American Air Power: The Creation of Armageddon*, New Haven, Conn.: Yale University Press, 1987. 세리(Sherry)에게 있어서 전략폭격은 묵시록적 환상(Apocalyptic fantasy)이었다. 최근의 Robert A. Pape, *op. cit.*도 참조.

못하였고 1972년에 와서야 닉슨 행정부가 중국과 소련으로부터 행동의 자유를 얻어냈으며 베트콩이 재래식 차원의 전쟁으로 전환한 뒤에야 미 공군의 대규모 폭격이 효과를 보게 되었지만,[91) 베트남전의 최종적 결과는 베트남의 공산화로 인해 미국의 패전으로 간주되게 되었고 미국의 항공력도 부정적 평가를 받게 되었다. 미국이 절대적 무기인 핵폭탄을 투하하지 않는 한 항공력은 두헤의 기대처럼 공포의 대상이 되지 못했다. 두헤의 예상이 왜 빗나갔는지를 이해하기는 어렵지 않았다. 냉전시대의 양극적 핵대결구조의 성격을 정치적 및 군사적 조건으로 고려할 때, 두헤의 항공이론은 국제정치적 및 기술적 한계에 의해서 크게 제약받았던 것이다.

양극적 핵대결구조가 종식되고, 베트남전 이후의 기술적 발전은 마침내 걸프전에서 항공력 선구자들의 예언이 실현되는 것을 전세계가 목격했다. 그동안 항공력의 역사가 지켜지지 못한 약속의 발자국들로 점철되었다면, 1991년 사막의 폭풍작전에서 항공력은 마침내 거의 모든 면에서 항공력 예언가들이 꿈꾸던 것 이상을 달성했다고 말할 수 있을 것이다. 동맹국의 비행사들은 거대한 힘을 어느 곳에서도 집중시킬 수 있으며 적의 어떤 힘의 구조와 목표물도 공격할 수 있음을 과시했다. 더구나 그들은 그런 목표들을 아주 정확히 24시간 내내 공격할 수 있음을 보여 주었다. 월등한 항공능력은 적을 완전히 마비시킴으로써 적에게 신이 내린 재앙 같은 신체적 및 심리적 결과를 가져다줌으로써 전쟁을 신속하게 종결시킬 수 있음을 보여 주었다. 걸프전에서의 항공력은 로마신화의 주피터(Jupiter)와 같았다. 당시 부시 대통령도 걸프전의 제1의 교훈은 항공력의 가치라고 인정했다.[92) 베트남전에서 표출되었던 항공력

91) Mark Clodfelter, *The Limits of Air Power: The American Bombing of North Vietnam*, New York: The Free Press, 1989, pp.ix and x.

92) 1991년 5월 20일 미 공군사관학교에서 행한 졸업식사에서.

의 한계가 완전히 극복된 셈이다. 진실로 항공력 시대가 도래한 것이다.

칼 폰 클라우제비츠의 말처럼 전쟁은 카멜레온처럼 변화무쌍하며, 또한 동일한 전쟁은 없다. 걸프전도 독특한 전쟁이었다. 분명히 걸프에서 항공전은 베트남전과 다르게 수행되었다. 걸프전은 베트남전과는 달리 항공전투에 몇 가지 이상적 조건들을 갖추고 있었다고 말할 수 있을 것이다.[93)]

첫째, 걸프전은 베트남전과는 달리 재래식 전쟁이었다. 베트남에서처럼 게릴라전 혹은 저강도 전쟁이 아니었다. 둘째, 지형이 항공력 사용에 유리했다. 정글이나 산맥 혹은 고인구밀도의 지역이 아니어서 항공작전에 유리했다. 셋째, 사담 후세인의 쿠웨이트 침공은 유엔에 의해 명백한 침략행위로 규정되었을 뿐만 아니라, 침공 후 후세인의 완고한 자세는 전쟁을 수행하는 데 필요한 정치적 군사적 힘을 준비하고 강화할 시간을 동맹국 측에 제공했다. 넷째, 정치적 환경도 성공을 가능케 했다. 냉전의 종식은 냉전시대와는 판이하게 다른 국제적 환경을 제공했다. 마지막으로, 미국은 승리에 필요한 규모와 기술 그리고 고도로 훈련된 비행요원들을 이미 확보하고 있었다. 따라서 이러한 조건들을 앞으로 발생할 전쟁이 모두 동일하게 갖출 것으로 기대하는 것은 불가능하다. 그럼에도 불구하고 세계의 모든 국가들이 항공력의 거의 결정적 역할을 새삼스레 재인식하게 됨으로써, 항공력증강이 지구상에서 거의 모든 국가방위정책의 제1차적 과제가 될 것이다. 그리고 바로 그런 결과로 인해서 앞으로의 전쟁은 항공력 중심의 전쟁수행이 될 것이다.

첫째, 항공력은 두헤의 말처럼 가장 탁월한 공격용 전투수단이

---

93) Kenneth P. Werrell, "Air War Victorious: The Gulf War vs. Vietnam," *Parameters*, Vol. 22, No. 2 Summer 1992, pp.41-54.

다. 클라우제비츠가 방어적 전쟁이 공격적 전쟁보다도 더 강력한 형태의 전쟁이라고 주장했을 때, 그는 항공력의 높은 전략적 가치를 전혀 예상할 수 없었던 때였다. 그러나 바로 그 클라우제비츠도 전쟁의 승리는 정점(culminating point)에서 공격으로 전환하여 적을 괴멸시켜 저항의 의지를 꺾음으로써 쟁취된다고 주장했다. 오늘날 제공권의 상실은 공격을 거의 불가능하게 만들어버릴 것이다.

둘째, 항공력은 공수작전과 공중정찰의 임무수행을 통해서 전쟁수행에 중대한 기여를 할 수 있다. 국가가 기습을 당할 위기 속에서 시간, 즉 대응 시간은 종종 대단히 중요하다.[94] 경고의 시간이란 종종 사후에 역사가들만이 계산해 내거나 아니면 긴 결정과정에서 낭비되어 버리기도 한다. 그럼에도 대응 시간은 중대하다. 오직 항공력만이 신속하게 막강한 대응력을 발휘할 수 있다.

셋째, 심리전의 작전에 항공력의 기여는 여전히 매우 중요하다. 걸프전에서 동맹국 측이 바그다드에서 가장 중요한 전략적 힘의 중심부를 일순간에 파괴하고 가장 전진배치된 지상군을 파괴해 나가는, '안에서 밖으로' 전쟁을 수행했을 때, 그런 전쟁은 어쩔 수 없이 최전방에서 전투를 시작하여 수도의 심장부로 힘겹게 진격해온 과거의 전쟁 수행과는 판이하게 다른 것이었다.[95] 이런 항공력의 힘의 중심부들에 가하는 동시다발적 파괴는 상대방의 전쟁수행능력을 마비시켜 버림으로써 폭격의 면역성이 생기기 이전에 저항의 의지를 신속하게 꺾어버리는 대단한 심리적 영향을 미치게 될 것이다.

넷째, 항공기는 값비싼 무기이다. 따라서 막강한 항공력의 유지와 증강은 막대한 국가의 재정을 요구하게 될 것이다. 또한 항공기

---

94) Dennis M. Drew, *Air Power in the New World Order*, Strategic Studies Institute, U. S. Army War College, May 1993, p.7.

95) John A. Warden Ⅲ, *op. cit.*, p.78.

는 파괴하기가 확보하기보다 더 쉬운 것이다. 항공력에 의존하는 국가는 공세적 전쟁수행전략을 채택하게 될 것이다. 왜냐하면 선제공격의 프리미엄이 대단히 높기 때문이다. 그러나 모든 국가들이 공세적 방위전략을 채택하게 되면 전쟁억제력은 크게 감소된다. 모든 국가들이 공세적 전쟁전략을 채택함으로써 신중함이 군사전략적 취약점으로 간주될 때, 걷잡을 수 없이 전쟁에 휘말려 버린 역사적 경험을 우리는 1914년 8월 제1차 세계대전의 발발과정에서 발견할 수 있다.[96]

당시 유럽강대국들의 정치지도자들과 군수뇌부는 그 전쟁이 빨리 끝날 것으로 믿고 있었는데 이는 그들이 비스마르크의 독일통일전쟁, 특히 1870년의 보불전쟁의 교훈에만 집착했기 때문이다. 그것은 거의 하나의 도그마였다. 그러나 1897년 바르샤바의 이반 블로흐(Ivan S. Bloch)는 앞으로의 전쟁은 장기적 살육의 도장이 될 것으로 예언했다. 그는 당시 발전된 무기는 병사들로 하여금 지하참호 속에서 피난처를 찾을 수밖에 없도록 한다고 보았기 때문이다. 그는 오히려 1877년의 러 · 터키전쟁에서 교훈을 얻었으며, 1899년의 긴 보어전쟁(the Boer War)이 자신의 입장을 확인시켜 준다고 주장했다. 그러나 단기전쟁의 도그마에 빠져 있던 사람들은 당시 남아프리카의 지리적 및 지형적 조건의 특수성으로 변명해 버렸다. 그러나 제1차 세계대전은 길고 참혹한 전쟁이 됨으로써 역사는 이반 블로흐가 옳았음을 입증했다. 걸프전은 압도적 항공력에 의한 단기전의 전략적 도그마를 부활시킬지도 모른다. 그러나 블로흐의 경고를 걸프전 이후에 적용한다면, 모든 국가들이 항공력 강화에 집중할 경우 지하 방공호의 확산으로 다음에는 장기적 전쟁을 겪게 될지도 모르는 일이다. 따라서 항공력에만 지나치게 의존하

96) Jack Snyder, The Ideology of the Offensive: Military Decision Making and the Disaster of 1914, Ithaca: Cornell University Press, 1984.

는 전략적 도그마도 경계해야 한다. 막강한 아킬레스(Achilles)도 파리스(Paris)의 화살에 쓰러졌다.[97]

다섯째, 강력한 항공력은 민주주의국가에 더욱 적절한 전쟁수단이 되었다. 오늘날에 민주주의국가들은 전쟁에서 궁극적으로 승리하는 것 못지않게 어떻게 이기느냐의 문제도 중요시하게 되었다. 과거 전체주의국가의 지도자들처럼 민주정부의 지도자들은 모든 군사작전의 인적비용에 관해서 특히 염려해야 한다. 즉 아측의 사상자를 극소화하는 방법으로 전쟁을 수행하지 않으면 안 된다. 대부분의 전쟁사상자들은 지상작전에서 발생하기 때문에, 민주주의국가들인 미국과 영국이 피로 물드는 지상작전에 대한 대안들을 찾으려고 안간힘을 써온 것은 결코 우연만은 아니었다. 미 · 영 양국은 비교적 무혈의 승리로 가는 길이라는 희망을 견지하는 공군지도자들에 어쩔 수 없이 의존하게 되었다.[98] 적의 힘의 원천에 대한 항공폭격이 전쟁에 결정력을 부활시켜 보다 신속한, 따라서 결국 보다 인간적 전쟁이 될 것이라는 것이 항공력 선구자들의 주장이었다.[99]

그러한 주장은 적어도 걸프전 이전까지는 충분한 설득력을 갖지 못했다. 무시무시한 핵폭격의 그림자와 무자비한 이른바 융단폭격의 역사는 항공폭격을 오히려 비인간적 전쟁 수행방법으로 종종 규탄받게 했다. 제2차 세계대전 중 일본에 투하된 핵폭탄과 베트남전에서 미국에 의한 융단폭격의 유산이 쉽게 잊혀지지 않았기 때문

---

97) 이반 블로호(Ivan Bloch)에 관한 간단한 소개를 위해서는, Geoffrey Blainey, *The Causes of War*, London: Macmillan, 1973, pp.209-212를 참조.

98) William L. O'neill, *A Democracy at War: America's Fight at Home and Abroad in World War II*, Cambridge: Havard University Press, 1993, p.301.

99) David MacIsaac, "Voices from the Central Blue: The Air Power Theorists," in Peter Paret, ed., *Makers of Modern Strategy: From Machiavelli th the Nuclear Age*, Oxford: Clarendon Press, 1986, p.633.

이다. 그러나 동맹국 측 공군에 의한 목표물 파괴의 정확성과 폭발의 침투력은 항공력의 '비인간적 무자비성'을 오히려 반증해 주고 항공력의 인간적인 면과 진정한 효율성에 대한 새로운 인식을 낳았다. 스텔스(stealth)가 항공전에 기습능력을 부활시켰다면 파괴의 정확성은 필요한 출격의 수를 크게 감소시켰으며, 침투력은 거의 모든 목표물을 취약하게 만들었다. 지하 격납고의 시대가 막을 내리고 항공공세의 시대가 되돌아온 것이다. 이것은 여러 가지 면에서 레이더가 발명되기 이전의 시대로 되돌아간 셈이다.[100] 항공력의 이러한 새로운 발전은 최소의 인명의 희생으로 저항의 의지를 꺾어 신속하게 전쟁을 종결시킬 수 있다는 면에서 항공력에 의한 전쟁은 어쩌면 상대적으로 보다 인도주의적 전쟁 수행방법일 수 있다는 항공력 선구자들의 '약속받은 땅'에 도착한 것을 의미한다고 하겠다.

항공력에 의한 전략폭격은 어떤 의미에서 제2차 세계대전이나 그 이전에도 실패하지 않았다.[101] 과학기술의 발전이 항공력 이론가들의 기대에 미치지 못했던 것이다. 한국전에서 항공력은 전쟁에 결정적이지 못했다. 공격할 중요한 전략적 힘의 중심부가 한반도 밖에 있었기 때문이었으며,[102] 베트남전에서 전략적 중심부는 불분명했으며,[103] 한국전에서처럼 미국은 전쟁에서의 승리보다는 소련이나 중공의 개입을 더 두려워함으로써 항공력은 그 능력을 충분히 발휘하지 못했다. 냉전종식 이후 걸프전에서만이, 즉 그러한 확전에 두려움이 사라진 뒤에야 침략국 이라크의 거의 모든 중요한 전략적 중심지가 거침없이 공략될 수 있었으며, 그 결과

100) John A. Warden Ⅲ, *op. cit.*, pp.79-80.
101) George H. Quester, *op. cit.*, p.viii.
102) 강성학, *op. cit.*, 제8장.
103) Harry G. Summers, Jr., *On Strategy: The Vietnam War in Context*, Strategic Studies Institute, U. S. Army War College, 1981, Chap.11.

신속한 전쟁의 종결에 이를 수 있었다.

냉전종식 이후 불확실한 신국제질서 속에서도 국제평화와 안전을 유지하기 위해서는 국가간 침략행위를 막는 수단이 필요하다. 항공력이 바로 그런 일을 할 것이다. 미래의 히틀러나 후세인들은 지상군이나 해군보다는 막강한 항공력을 더 두려워할 것이다. 따라서 오늘날과 미래의 항공력은 역사상 그 어느 때보다도 외부의 침략을 억제하고 자국의 안전을 유지하는 데 거의 결정적인 역할 수행이 정치지도자들과 국민들 사이에서 기대될 것이다. 항공력의 선구자 두헤는 70여 년 전에 미래의 전쟁을 보았다. 그리고 그는 전쟁의 본질적 변화를 역설했다. 전쟁철학자 클라우제비츠와 해양전략가 마한이 과거 속에서 미래의 전쟁을 생각했다면 두헤는 그의 상상 속에서 미래의 전쟁을 찾았다. 그러나 1991년 걸프전의 결과로 두헤의 후계자들도 과거 속에서 미래의 전쟁을 볼 수 있게 되었다. 두헤도 마침내 이젠 역사의 일부가 된 것이다.

Ⅶ. 결론

오늘날의 항공력은 제1차 세계대전의 참호전투의 살육장에서 태어났다. 철조망과 참호 그리고 기관총으로 무장한 기나긴 전선의 교착상태 속에서 수많은 젊은 생명들이 꺼져갔다. 『서부전선 이상 없다(*Im Westen nuchts Nues*)』라는 에리히 마리아 레마르크(Erich Maria Remarque)의 소설 제목과는 달리 서부전선에선 새로운 전쟁 수행방법이 절실하게 요구되었다. 정치지도자들과 군지휘관들은 그러한 파멸적 형태의 전쟁이 다시는 되풀이 되지 않을 전쟁 수행방법을 모색했다. 그때, 항공기가 지상전의 교착상태를 피하면서 적국의 주요 중심지, 즉 전략적 힘의 중심지를 직접 공격할 수 있는 독특한 기회를 제공했다. 그러한 생각은 두헤의 조국 이탈리아에만 국한되지 않았으며, 제1차 세계대전에서 상처받은 모든 국가들에게 유혹적이었다. 그러나 피보다는 기계를 가지고 전쟁을 수행하려는 민주주의국가들, 특히 영국과 미국의 오랜 전통은 항공력의 중요성을 비교적 빠르게 인식하였고, 항공력 강화에 앞서가게 하였다. 제2차 세계대전 중 연합국은 적국의 산업중심부를 파괴하는 전략적 폭격을 통해 전쟁을 유리하게 진행시켜 유럽에서 승리하였고, 일본에 대한 원자탄의 공격으로 일본 본토에 대한 치열하고 값비싼 상륙작전을 불필요하게 만들면서 승리를 거두었다.

그리하여 항공력은 더욱더 매력적인 군사력이 되었다. 제2차 세계대전 후 20~30년간의 치열한 냉전구조의 대결 속에서 항공력은 특히 미국의 억제전략의 핵심이 되었다. 핵무기로 무장한 이른바 대량보복전략은 미국의 군사정책을 주도했다. 그러나 베트남전에서 미국은 대소군사전략을 그대로 적용할 수 없었다. 베트남에서 미국은 정치적 목적을 제한함으로써 군사력 사용의 제한을 가져왔기 때문이다. 미국은 결국 베트남에서 협상을 통해 철수를 단행했다. 미국의 '북폭'은 베트콩이 협상테이블에 나오게 하는 데에는 기여했지만 그 많은 폭격에도 불구하고 베트콩을 굴복시키지 못한 채 미국은 철수하는 수모를 겪게 되었다. 베트남전에서의 패배는 미국의 육 · 해 · 공군 모두에게 엄청난 충격을 가져다주었지만 베트남전의 결과 특히 공군이 큰 타격을 입었다. 약 반세기 동안 항공인들의 핵심적 믿음이었던 전략적 폭격의 효과가 힘의 중심부가 모호한 게릴라전에 의해서 산산이 부서져버렸던 것이다. 이카로스의 날개의 밀랍이 태양의 열로 녹아버렸듯, 미국의 전략적 폭격의 교리는 베트남전의 정글 속에서 저격당한 꼴이 되었던 것이다.

미국의 공군은 베트남의 정글 속에서의 저격으로 상처받았으나 결코 매장되지는 않았다. 새로운 과학적 기술의 적용과 정밀유도무기와 전자장비로 재무장한 미국의 공군은 걸프전에서 빛나는 항공력의 승리를 컬러텔레비전의 화면을 통해 전세계적으로 극적으로 보여주었다. 이카로스의 소원이 성취되고 두헤의 예언이 실현되는 순간이었다. 그리고 이러한 순간은 세계가 새로운 국제질서가 탄생하는 때와 시기를 같이 함으로써 불확실한 신세계 질서 속에서 국가적 삶과 번영을 보장받기 위해서는 모든 국가들이 이카로스의 날개를 새롭게 수리하는 것, 즉 적절한 항공력의 보유와 유지, 강화를 최우선적 국방정책의 과제로 제기하고 있다고 해도 과언이 아닐 것이다. 약 70년 전에 두헤가 예견한 새로운 형태의 전쟁과 헤라클레스 같은 항공력의 위력이 1991년 메소포타미아에서 탄생한 것이다. 그리고 이 '탄생'은 역사의 운명에 결정적 영향을 미치게 될 것이다.

그러나 항공력이 명백하게 지배적 형태의 전쟁이 되었다는 사실이 지상군이나 해군이 모두 진부하게 되었다거나 불필요하게 되었다는 것을 의미하는 것은 결코 아니다. 지상군과 해군의 절대적 필요성은 자명하다. 지상군이나 해양력을 배제하고 항공력에만 의존하는 국가는 치명타를 날릴 오른손이 있다고 해서 왼손의 사용을 거부하거나 혹은 결정타를 넣는 자세를 취하는 데 발의 사용을 거부하는 권투선수처럼 어리석기 짝이 없을 것이다. 미래에 군사적 항공력이란 배타적 그리고 독점적 군사력으로서가 아니라 육·해·공군력이 잘 균형잡히고 완벽하게 조정된 팀의 일부로서 사용될 수 있고 또 그렇게 사용되어야 할 것이다. 진정한 국가의 군사력이란 현대의 3차원의 전투에 대비해 육·해·공군력의 삼위일체가 완벽하게 이루어질 때에만 시너지 효과의 위력을 갖는 국가의 믿을 만한 수호자가 될 것이다. 돌이켜 보면 20세기의 가장 중요한 군사적 추세 가운데 하나는 모든 형태의 전투에서 항공력의 지배적 지위로의 성장과 부상이다. 21세기는 명실상부한 항공력의 시대가 될 것이다. 따라서 정치 및 군사지도자들에게 필요한 것은 무엇보다도 '항공정신(air mindedness)'을 내면화하는 일이며, 한국공군의 가장 큰 당면과제는 항공력에 대한 자신의 비전을 재개발하고 비항공인들 사이에서 '항공정신'의 감각을 개발하는 일이다.

제8장

한국의 안보조건과 공군력 발전 방향
_ 한국안보의 아틀라스를 향해서*

미래의 전쟁은 마치 중세의 전쟁이 무장한 기사들에 의해서 수행되었던 것처럼 특수계급, 즉 공군에 의해서 수행될 것이다. _ 윌리엄 미첼

공군력은 모든 형태의 군사력 가운데에서 측정하거나 혹은 정확한 말로 표현하기에 가장 어렵다. _ 윈스턴 처칠

새천년 6월 15일 평양에서 개최된 최초의 성공적 남북정상회담으로 한국은 그동안 국가 안보제일주의에서 이제 민족의 숙원인 남북통일을 향해 새로운 궤도에 진입한 듯이 보인다. 한국전쟁 휴전 이후 최초의 직접적 남북 간 무력대결이었던 1년 전 연평해전에서 거의 일방적으로 패퇴한 북한은 패배의 1주년이 되는 바로 그 날 6월 15일에 남북 정상회담 개최를 평양에서 화려하게 장식함으로써 마치 1년 전의 연평해전을 모두가 망각케 하려는 것처럼 보인다.

* 본 장은 원래 공군본부 『군사교리연구』, 제40호(2000년)에 실린 "한국안보의 미래조건과 공군력: 댄서에서 프리마돈나로?"와 『신아세아』, 제9권 제4호(2002년 겨울)에 실린 "주한미군과 한국공군의 발전방향"을 발췌 통합한 것이다.

남북 정상회담이 김대중 정부의 일관되고 꾸준한 소위 '햇볕정책'의 결실이라는 점을 부인할 수는 없지만 연평해전에서 한국의 막강한 현대 군사력 앞에 패퇴한 북한이 '적대적이고 대결적인 대남정책'의 위험성을 절실하게 깨닫고, 모두가 공감할 '평화적 조국통일'의 명분을 내세우면서 '화해적 대남정책'으로의 변화를 전략적으로 선택한 것처럼 보인다. 그리하여 북한은 한국의 대북 햇볕을 마치 솔로몬의 전술처럼 한국으로 반사케 하여 아이러니컬하게도 한국의 대북정책이 반사된 햇볕에 점점 녹아드는 것 같다. 자칫 잘못하다간 한국민들만이 정신적으로 해이해지고 신체적으로 무장해제 되는 일종의 안보불감증이 초래되지 않을까 하는 우려를 금할 수 없다.

남북 정상회담은 분명히 극적인 중요성을 보여 주었다. 그러나 그것이 진실로 남북통일을 향한 역사적 중요성을 갖게 될지 아니면 효과만점의 단막극으로 끝나 버리고 말 것인지는 아직 분명하지 않다. 오직 역사만이 그것을 말해 줄 것이다. 분명히 한반도에도 정치적 해빙의 무드가 점점 팽배해지고 있다. 그러나 아직 남북간의 군사전략적 상황이 근본적으로 달라진 것은 거의 없다. 어쩌면 남북 정상회담 이후 남북교류협력과 북한의 국제사회의 등장과 그에 편승하는 국제적 대북 지원과 투자는 북한이 추구하는 소위 '강성대국' 건설에 기여함으로써 분명히 북한군의 현대화에 기여할 것이다. 또한 북한이 김정일 일인지배체제라는 특수성을 고려 할 때 남북관계는 화해의 궤도에서 쉽고도 갑작스럽게 대결의 궤도로 재진입할 가능성도 전적으로 배제할 수 없다.

정치지도자는 언제나 돌발적 최악의 사태에 대비해야만 한다. 그것이 지도자의 조건이라면 시대적 조건에 맞는 적절한 국방력의 준비는 국민 생존전략의 제1차적 조건이다. 뿐만 아니라 그러한 준비만이 남북 화해협력을 통해 남북통일로 가는 여러 가지 정책들을 두려움 없이 실천해 나갈 수 있게 해 줄 것이다.

냉전 종식 후 발생한 전쟁과 강압외교의 경험이 가장 명백하게 보여 준 교훈은 공군력의 거의 결정적인 중요성이다. 그것을 우리에게 적용한다면 효율적이고 자립적인 공군력의 확보와 유지가 한국의 국가안보는 물론 한반도의 안정과 평화적 남북통일 노력에 필수불가결한 조건이라는 실질적 결론에 도달하게 될 것이다.

Ⅰ. 공군력의 비밀: '두헤'의 복권

항공기의 출현으로 자연의 섭리가 뒤바뀐 것은 아니지만 인간들 사이의 공간적 질서개념이나 시간적 관념 그리고 세계관에는 변화가 초래되었다. 적어도 국가 간의 전쟁에서 항공력의 출현으로 3차원의 개념이 도입되고, 수평적 조망에 수직적 조망이 추가됨으로써 전선 그 자체가 확대되었고 동시에 전쟁이 가져다주는 공포심과 파괴 범위가 크게 확대되었다. 특히 양차 세계대전을 통해서 3차원의 폭력이 도덕적인 제한을 받지 않는 익명의 파괴성으로 인해 잔인한 전쟁을 더욱 잔혹하게 만들 수도 있다는 사실이 입증되었지만 공군력의 효과적인 활용이 전쟁의 승패를 가름하는 중요한 요인이 될 수도 있다는 사실을 군사 전략가들은 절감했다.

정치가들이나 군사 전략가들에 있어서 공군력의 유용성은 언제나 과학기술의 발전 정도 그리고 그에 따른 전략, 전술개념의 변화와 궤를 같이해 왔다. 냉전시대에는 '전략적' 공군력이 언제나 대륙간 장거리 폭격기나 핵무기와 연결되어 전략적 분석가들의 사고를 지배했다. 전략적이지 못한, 즉 '전장의' 또는 '전술적'인 공군력의 존재이유는 지상전투의 지원에서나 그 존재이유를 찾고 있었다. 심지어는 공군 조종사들조차도 공동작전의 수행에 있어서 지상군과는 독립적으로 전략적 결과를 산출할 수 있는 공군력의 잠재적 능력에 거의 주목하지 않았다.

공군력의 개념이 변화하기 시작한 것은 1980년대부터였다. 냉전 시대 군사과학기술의 발전으로 공군력의 질적 개선이 가능해졌고 비로소 공군은 전장에서의 공동작전의 목적을 직접적으로 달성할 수 있는 능력을 부여받게 되었다. 이러한 변화를 실감하게 한 것은 1991년 다국적군의 걸프전 수행과정이었는데, 이 전쟁에서의 공군력의 탁월한 위용은 공군력의 파괴력과 효율성에 있어서의 근본적인 변화를 대변하는 것이었다. 뿐만 아니라 인류는 물론 정치가들의 오랜 꿈이기도 했던 치명적이지 않으면서도 적을 무력화시킬 수 있는 기술의 혁신으로, 우군이든 적군이든 인명의 희생 없이도, 즉 지상군의 직접적인 유혈교전을 최소화하면서도 전쟁을 수행할 수 있다는 매력적인 환상을 걸프전 이후의 공군력은 제공해 주었다.

"사막의 폭풍 작전" 전야의 신속한 제공권 장악 그리고 그러한 제공권의 장악을 통해서 가능해진 지상전의 성과는 많은 사람들의 눈에 공군력 시대의 도래를 예감케 했다. 특히 이 전쟁에서는 적의 레이더와 적외선 감지장치에 탐지되지 않는 '스텔스' 시스템이 F-117전투기에 장착됨으로써 이라크의 방공망을 초기 단계에서 무력화시키면서 전쟁의 대세를 쉽게 결정지었다. 사실 걸프전의 승리는 공군력 그 자체라기보다는 고도로 발전된 과학기술의 승리였지만, 아무튼 과학기술의 성과를 군사부문에서 대변하고 있던 것은 공군력이었다.

따라서 걸프전 이후 미국이 한때 "전 지구적 접근과 전 지구적 위력"을 모토로 기술력의 우위를 구가하고, 1996년에는 〈Joint Vision 2010〉을 입안하여 유리한 작전지역의 선점, 전 방위적 자군 보호, 정확한 작전준비와 전개, 집중적 병참지원 등의 모든 면에서 기술적으로 선도에 서 있는 공군의 역할을 강조하고 있는 것도 공군력의 이러한 역사적 발전성과에 토대를 둔 것이다.

1990년대의 막을 연 걸프전에서 독자적인 전술과 공격능력을 지닌 고독한 매로서의 능력을 시험받았다면, 전쟁은 물론 평화 시나 위기 시에도 이른바 '외교적 강압'의 유일한 수단으로서의 능력을 인정받게 된 것은 1999년 코소보 사태시의 NATO에 의한 유고슬라비아/세르비아 공습부터라고 할 수 있다. 이 공습을 통해서 공군력은 최소한의 희생으로 최대한의 정치적 목적을 달성하려는 민주국가 지도자들의 열망과 그를 위한 외교정책 수행의 적절한 군사적 수단으로 부각되었다. 이미 걸프전에서 그 위용을 자랑한 공군력의 정밀타격능력은 피아의 손실과 인명희생을 최소화할 수 있는 '인도주의적 개입'을 위한 일종의 '인도주의적 무력'으로 간주되기 시작했다.

그러나 사실 외교정책의 수행에 있어서 강압을 위한 수단으로서의 군사적 위협과 실행은 물론 특히 공군력의 활용조차도 전혀 새로운 국제 정치학적 발견은 아니다. 어떤 의미에서 전쟁 그 자체는 언제나 일종의 외교적 강제력의 행사이다. 그러나 1999년 유고슬라비아 폭격작전 후 NATO는 이 작전이 '절대로 전쟁이 아닌 강압외교의 승리'라고 공식적으로 주장했으며, 실제로 NATO 동맹군은 78일 동안 거의 오로지 38,000회 이상의 공군력의 출격에만 의존하면서, 교전을 통한 우군의 희생자를 전혀 내지 않고도 밀로셰비치를 굴복시켰다.

즉 그동안 공군력의 효과에 대한 여러 가지 회의에도 불구하고 NATO의 유고슬라비아/세르비아 공습은 밀로셰비치로 하여금 잔학행위를 단념케 하는 데 충분한 효과를 발휘했을 뿐만 아니라 미래에는 오히려 지금까지와는 반대로 지상군이 공군 전투수행의 지원역할을 하게 될 것이라는 예측마저 강화시켜 주었다. 이제 공군력은 전시가 아닌 평화 시에도 지구상 어느 곳에나 신속하게 배치, 전개될 수 있는 능력을 지닌, 또 희생을 기피하는 국내적 여론을 거스르지 않고 정책결정자가 작전의 통제범위와 규모를 직접 통제, 확인할 수 있는 전략적일 뿐만 아니라 전술, 작전적 차원의 강제 수단으로 인정받게 된 것이다.

원래 전통적인 공군의 역할이란 전장에서의 합동작전에 있어서 제공권의 장악, 폭격 그리고 전투지원으로 정리된다. 다시 말해서 공군력의 역할은 다른 군종과의 합동작전에서 그 의미를 찾을 수 있었다. 그러나 기술의 발전으로 전략 및 전술적 차원에서의 공군력의 지분이 확대되었고, 독자적인 정보수집과 폭격능력의 질적, 양적 팽창, 정밀타격기술의 발달로 다른 군종, 특히 지상군에 대한 보조역할에서 탈피할 수 있게 된 것이다.

사이버 정보전의 시대가 될 것으로 예상되는 21세기에 공군력은 전시는 물론 평화 시의 정보수집과 방어능력에 있어서도 절대적으로 필요한 존재가 될 것이라고 주장되고 있다. 공군력을 현대 군사력의 모든 분야에 스며든 과학기술의 상징으로 보는 시각 그리고 공중에서의 치명적인 화력의 투하능력만으로 보는 전통적인 시각의 두 가지로 분류하는 엘리어트 코언(Eliot Cohen)의 주장을 원용하자면, 세기적 전환기의 공군력은 단순한 3차원적 우위, 수직적 조감의 우위에만 만족하던 후자의 범주로부터 현대 군사력의 선두주자로서의 전자로 이행하고 있다고 말할 수 있을 것이다. 공군력에 관한 전통적인 시각을 고집하더라도 정밀유도무기(PGM)의 발달과 확산 그리고 '스텔스' 시스템 장착 전폭기와 야간저고도 비행이 가능한 아파치(AH-64) 헬기 등 적의 탐지가 어려운 공중무기의 발전으로 제공권 장악과 정밀폭격 같은 전술 개념의 재검토가 요구되게 되었다.

이러한 공군력의 위상변화는 아직은 세계 최강, 최첨단의 미국

공군력의 경우에 국한되지만, 1990년대 이후의 걸프전과 코소보 사태를 거치면서 목격해 온 기술적인 발전과 이를 이용한 공군력의 전개는 한국공군의 경우에도 기본적인 사고의 전환을 가져오게 했다. 즉 한국공군에서도 과학기술의 발달로 미래전의 양상이 정보전, 비대칭전, 병행전, 우주전, 미사일전 등의 요소를 지닌 것으로 근본적인 변화를 겪게 될 것이며, 거기서 공군이 중요한 역할을 할 것으로 전망하면서 항공력 중심의 군사력 운용개념의 정립과 항공력의 공세적 운용을 강조하고 또 교육하고 있다.

그러나 한국의 공군은 아직 미국공군의 수준에 도달하지 못하고 있다. 한국공군은 아직은 미국공군의 과거에 머무르고 있는 것이다. 따라서 '한국 안보의 미래조건'과 '한국 공군력의 발전방향'에 관한 논의는 공군력의 발전을 가져온 전사(戰史)에 대한 구체적인 검토와 함께 한반도를 둘러싼 동북아시아의 근미래적 조건을 예측하는 것에서부터 시작해야 한다.

따라잡기 어려운 정도로 급격하고 광범위한 변화에 직면하게 되면 인간은 기본적인 사실들을 쉽게 망각하게 되고, 과거사로부터 배운 것들 가운데 미래에 적용할 만한 것은 거의 없다는 잘못된 신념에 빠져들게 마련이다. 그러나 역사는 기다란 그림자를 드리운다. 과거의 전쟁에서 노정된 공군력의 발전 가능성과 한계는 미래의 역사가들에게나 분명한 모습을 드러내겠지만 현재의 공군제도의 발전과정과 정책결정과정 역시 역사의 영향을 받는다. 뿐만 아니라 정치와는 달리 직접적인 인명의 희생을 강요하는 전쟁과 무력에 관한 부분은 결코 '가능성의 예술'일 수 없으며 그렇게 되어서도 안 된다. 한국 공군력의 현실적 한계와 발전 가능성을 알기 위해 우리는 역사적 조망을 거쳐야 한다.

Ⅱ. 한국전쟁에서의 공군력의 역할

일반인들의 머릿속에 한국전쟁에서 공군력의 공헌은 B-29의 대량폭격으로 각인되어 있다. 1951년 8월 개성의 휴전협상 테이블에서 북한군의 협상대표 남일 중장이 "솔직히 말해서 당신들(공군)의 폭격만 없었더라도 당신네 지상군은 지금 여기에 있지도 남아 있을 수도 없었을 것이다"라고 공언할 정도로 공군력은 한국전쟁의 제공권 장악, 폭격, 지상군 전투의 지원 등의 전 과정에서 위력을 발휘했다. 뿐만 아니라 한국전쟁은 개전 초기부터 종전에 이르기까지 전략적 핵무기의 사용이 고려된 최초의 전쟁이기도 했다.

실제로 미 공군과 커티스 리메이(Curtis E. Lemay) 장군이 이끄는 전략공군사령부는 원자폭탄의 출현 이래 제2차 세계대전에서의 제공권 장악과 대량폭격이라는 전통적인 공군력의 역할보다는 거의 전략적 핵시대의 독트린과 기술에 대한 신념에 집착하고 있었다. 이들에게 있어서 한국전쟁은 전후의 동원해체로 위축되고 소련의 위협에 직면한 미국의 군편제 속에서 독립된 군종으로서의 공군력이 국가의 정책목표를 수행할 수 있음을 입증할 수 있는 최초의 전쟁이었다.

전쟁의 결과 미국은 '뉴 룩(New Look)' 정책을 택함으로써 경제성 있는 핵전략 위주의 공군력 강화의 길을 밟게 되었지만 공군으로서는 37개월간의 작전을 통해서 다시 한 번 제공권의 우위와 대량폭격의 효율성을 인식하고 그 이후 규모와 힘에 있어서의 성장을 거듭하여 독립적이고 전문적인 공군력을 탄생시킬 수 있는 계기가 되었다.

공군력의 전술적인 측면과 전투기 및 폭격기의 기술적 측면에서도 한국전쟁은 미 공군에게는 적지 않은 의미를 지니고 있었다. 미 공군은 1950년 6월 25일(미국시각) F-82 트윈 무스탕 전투기

기관총으로 적기를 격추시킨 것을 처음으로 전쟁을 시작했고, 1953년 7월 27일 F-86 세이버 전투기가 마지막 공중전에서 적기를 격추시킴으로써 끝을 냈다. 한국전쟁은 공군력의 관점에서 보면 최초의 제트기들 사이의 전쟁이었고, 미 공군이 처음으로 F-80 제트전투기를 사용한 전쟁이었다.

오토 웨일랜드(Otto P. Weyland) 장군이 명명한 것처럼 "최초의 제트항공전" 시대가 도래했던 것이다. 제2차 세계대전의 끝에 발명된 제트엔진은 북한의 하늘에서 동서가 충돌할 때까지 아무도 이해할 수 없었을 정도로 항공전을 혁명적으로 변모시켰다. 즉 항공전의 혁명이 발생했던 것이다. 항공모함에서 전장으로 제트기가 최초로 발진한 것도 한국전에서였다. 뿐만 아니라 한국전에서는 1940년대 말에 미국의 해 · 공군에 의해 거의 전적으로 무시되었던 헬리콥터들이 처음으로 광범위하게 사용되었다. 미 공군과 해군은 탐색 및 구조작전에서 헬리콥터들의 중요성을 비로소 인식했고 한국전에서 처음 걸음마로 시작되어 베트남전에서 격추된 수백 명의 비행사들을 구조하는 탁월한 능력을 과시하게 되었다.

또한 한국전쟁에서 미 공군은 소련제 전투기와 처음으로 교전을 경험했고, 소련의 전술을 맛보았으며, 때로는 소련조종사들과도 조우했다. 한국전쟁은 피스톤 엔진과 제트 엔진(F-86, MIG-15 등)이 동시에 사용된 처음이자 마지막 전쟁이었고, 어떤 우주항공력의 지원도 없이 치러진 마지막 주요 전쟁이기도 했다.

개전 초기 한국 지상군의 후퇴작전에서 미 공군은 이를 지원하는 임무를 맡게 되었는데, 조지 스트레이트마이어(George E. Stratemeyer) 중장이 이끄는 극동 미 공군(주력은 제5공군)은 일본, 오키나와, 괌 그리고 필리핀 등지에 가용 전투력으로서 F-80 전투기 70기, F-82 전투기 15기, B-26 폭격기가 22기, B-29 폭격기 12기만을 가지고 있었다. 1950년 7월 2일 미 공군 참모총장 호이트 반덴버그

(Hoyt S. Vandenberg) 장군은 전략공군사령부로부터 중거리 폭격기 B-29 2개 편대를 차출하여 이 사령부 제15공군의 에메트 오도넬(Emmett O'Donnell, Jr.) 소장과 함께 극동으로 파견했다. 전쟁은 처음부터 미 지상군의 전투 투입이 아니라 전략공군사령부의 대규모 전면전을 예상한 폭격계획으로 시작되었다.

북한의 공군이 그다지 위협적이지 못했고 또 후퇴하는 국군을 그 타격 대상으로 삼을 만한 제공거리를 지니고 있지도 못했기 때문에 미 공군은 적의 지상군의 보급로 차단은 물론 적의 후방에 대한 폭격에 주력할 수 있었던 것이다. 이것은 제2차 세계대전의 유산을 고스란히 새로운 형태의 전쟁에 적용하려는 시도였으나 아무튼 이러한 초기의 제공권 장악은 인천상륙작전과 북진으로 이어지는 지상군 전투수행에 효과적인 국면을 조성했다. 다시 말해서 공군의 폭격으로 북한군의 밀물 같은 남진속도를 지연시키지 못했더라면 한국이 전투를 공세로 전환시켰던 낙동강 전투는 없었을 것이며, 침략군에 대한 결정적 기습으로 단행된 인천상륙작전도 없었을 것이다.

미 공군은 7월 10일 평택 근처에서 F-80, F-82, B-26 등으로 교량을 파괴하여 북한군의 전진 병력을 차단한 후 117대의 트럭과 38대의 탱크를 파괴하며 거의 1개 사단을 궤멸시키는 등 9월 15일 인천상륙작전이 시작되기 전까지 미 공군은 막강한 제공권과 화력으로 폭격과 근접지원공격에 주력했다. 북한 지상군의 보급로는 B-26, B-29의 지속적인 폭격을 받아 차단되었으며, 낙동강 전선의 북한 병력 역시 F-80, F-51, B-26의 공격을 받아 궤멸되었다. 9월 15일의 인천상륙작전 역시 제5공군의 완벽한 제공권 장악 하에 인천지역의 북한 지상군에 대한 공습과 고립화 작전의 지원으로 가능했다.

북진과 함께 제공권의 장악과 근접지원에 주력하고 폭격과 공습작전을 중단했던 공군이 다시 폭격을 시작한 것은 11월 중국군의 참전 위협이 있고 나서부터였다. 스트레이트마이어는 적의 후방과 보급기지에 대한 폭격이 공군력 본연의 임무라고 생각하는 제2차 세계대전의 베테랑이었다. 11월 5일 극동 공군은 중국에 대한 심리적 위협을 겸해서 퇴진 북한군의 거점인 국경도시 강계의 65%를 소이탄으로 맹폭했고, 같은 달에 신의주를 비롯한 다른 9개의 도시가 같은 운명에 처해졌다. 회령의 경우는 도시의 90% 이상이 폐허가 되었다. 중국군의 참전과 동시에 출현한 당시 신무기인 MIG-15 전투기에 대항하여 미 공군은 F-84, F-86의 전투기를 투입했고, 이로써 약 4개월간 본래의 기능과는 전혀 걸맞지 않는 전천후 작전임무를 수행해 왔던 B-29는 낮의 전선에서 사라지기 시작했다.

중국의 참전과 소련제 미그기의 출현 이후에도 미국 파일럿들의 상대적으로 우수한 조종능력에 기인하여 제공권은 여전히 미 공군이 장악하고 있었지만, 전선이 다시 38도선 부근에서 교착상태에 빠진 이후 미 공군력은 폭격의 임무에 추가해서 중국의 비행장에서 출격해 오는 미그기와의 공중전도 담당해야 했다. 1951년 9월쯤에는 공산군이 약 500기의 미그기를 전선에 투입하고 있었던 반면 미 공군의 신예 전투기 F-86전투기는 90기에 불과했다. 캐나다로부터 60기의 F-86 전투기를 구입하기도 했지만 결국 총 150기 이상을 보유하지 못했고, 절반 이상이 임무수행 후의 수리, 유지를 위한 부품을 찾지 못해 일찍 퇴역했다. 북한 측 참전국의 확대는 폭격기의 전세에도 영향을 주었다. 한때 공산군은 100기 이상의 IL028 제트 폭격기를 보유했다.

한국전쟁이 교착상태에 빠지면서 형성된 전장에서의 전투기 및 폭격기의 상대적 열세를 극복한 것은 제2차 세계대전을 경험한 미 공군 조종사들의 전투능력이었다. 1950년 11월 8일 소련제 미그기와의 첫 교전을 경험한 이후 미 공군의 조종사들은 1953년 7월 27일의 마지막 공중전에서 9기의 MIG-15와 1기의 IL-12를 격추할 때까지 주로 F-86전투기를 투입하여 10대 1의 교전 전승을 유지했다. 전쟁초기의 제공권 장악이 계속 유지되어 압록강 남쪽의 삼각 지형, 즉 '미그회랑(MIG Alley)'을 포함한 북한의 영공이 공중전의 주전장이었다.

휴전협상이 진행된 2년 동안 미 공군은 주로 적을 협상의 테이블로 끌어내기 위한 강제력 행사로서의 폭격에 전념했다. 1951년 5월 20일 스트레이트마이어의 후임으로 부임한 오토 웨일랜드 역시 전임자와 마찬가지로 '근접전투지원도 중요하지만 공군력이 산출할 수 있는 적에 대한 주요한 효과는 전선의 후방에 대한 폭격'이라고 생각하는 제2차 세계대전의 베테랑이었다. 특히 한국의 지형에서는 적이 참호 속에서 전투를 수행하기 때문에 후방에 대한 폭격이 더 유효하다고 생각했다. 그의 전술에 따라서 B-26과 B-29는 낡은 장비와 전투의 피로누적에도 불구하고 거의 매일 그리고 전쟁 통산 21,000회를 출격하여 167,000톤의 폭탄을 투하했다. 1952년 봄부터는 제이콥 스마트(Jacob E. Smart) 소장의 '전면강압작전'이 채택되어 적의 능력에 타격을 줄 수 있는 표적의 형태에 초점이 맞추어지는 약간의 변화는 있었지만, 이 역시 폭격위주의 공군력 활용이었다.

폭격에 있어서 실제적인 적의 보급로가 중국과 소련 영토 내에 위치하고 있다는 전략적 항공작전의 제한 요소가 있었지만, 미 공군은 1952년 6월 23일 북한의 수력발전소들에 대한 공습을 감행, 4일 동안 1,300회 이상을 출격하면서 전 전력시설의 90%를 마비시켰다. 그리고 표적을 산업시설과 건설 중인 비행장으로 옮기면서 폭격을 수행했다. 그리고 1953년 5월 중순에는 덕산을 비롯한 북한의 주요 댐과 관개시설들을 폭격함으로써 휴전회담의 성립과 전쟁의 종결에 기여했다.

한국전쟁에서의 공군력의 성공적인 임무달성의 많은 부분은 역시 공군이 보유의 정찰 출격이 실행되었고, 공수능력에 있어서는 C-47, C-119, C-47, C-54, C-124 등이 20만 회 이상 출격하면서 연인원 260만 명을 수송했고 40만 톤의 물자를 수송했다.

사실 한국전쟁에서 한국의 공군력이 기여한 부분은 미미한 수준이었지만, 미 공군은 한국전쟁의 모든 부분의 전투에 기여하면서 명실상부한 독립 군종으로서의 위치를 확보하였다. 한국전 초기에 미 공군이 세웠던 48개 비행단, 병력 416,314명의 확보라는 미 공군 전체의 군비증강 목표는 한국전을 계기로 1951년 1월까지 총 95개 비행단, 병력 1,061,000명의 확보라는 두 배 이상의 목표 달성을 이룩했다. 그리고 그해 11월에는 미 합참에 의해서 143개 비행단, 병력 121만 명이라는 전력증강 계획을 승인받았다.

그러나 공군력 활용의 전략변화나 다양한 전술개발이 병행된 것은 아니었다. 전쟁 종결 이후 공군력의 양적, 질적 규모의 팽창에도 불구하고 핵무기에 의존하는 기본적인 전략에는 변화가 없었다. 한국전쟁 이후에도 여전히 핵전략과 전략폭격은 미국의 정치, 군사 지도자들의 사고를 지배했고, 적에 대한 전략적 폭격은 미 공군의 존재이유였다. 이러한 추세는 리메이가 미 합참의 부의장에 이어 의장으로 승진하면서 더욱 강화되었다.

이와 같은 전략적 사고의 제한이 초래할 수 있는 전술적 한계 내지는 부재 역시 한국전쟁에서 노정되었다. 전역의 각 단계에서 제공권의 장악, 폭격, 지상군에 대한 근접지원이라는 전술적 목적을 훌륭하게 달성한 공군력이지만, 적의 '힘의 중심부(center of gravity)'가 어디인지를 파악하는 능력과 그에 대한 타격의 능력에서는 한계를 노출했다. 전쟁이 장기전으로 돌입하면서 적의 지상군은 참호 속에서 공습의 압력을 피했고, 미 공군 지휘부는 실제로 적의 정책결정자에게 영향을 미치는 적절한 표적을 파악해야 하는 어려움에 직면할 때마다 제2차 세계대전의 경험에 따랐다.

전쟁 초기에 주로 폭격기에 의존해야 하는 기술적인 한계도 있었지만 한반도의 지리적 조건 역시 공군력의 전술적 활용을 어렵게 했다. 한국 지형의 협소함으로 인해 남쪽에서 발진한 미 전투기는 불과 25분 만에 중국과 소련의 영공을 의식해야 하는 등 기본적인 비행의 폭과 자유가 제약되었다. 또한 미 공군과 전략공군사령부는 무기체계, 조종사 그리고 공군지휘부의 부문에 있어서 심각한 물적, 인적 부족을 경험했고, 제한된 전통적인 전장에서 그러한 공군력을 적용하는데 어려움을 겪었다. 조종사들은 제한된 숫자의 전투기와 폭격기로 거듭된 출격과 대량폭격임무를 수행해야 했기 때문에 '비행공포', 즉 극심한 피로를 느꼈고, 이들은 적절한 예비병력에 의해서 교체되지도 못했다.

한국전쟁은 미 공군의 입장에서나 한국의 입장에서 북한이 여전히 잠재적인 적이라는 면에서 결코 잊혀질 수 없는 전쟁이지만, 전 세계를 타격의 범위 내에 두려는 미국의 입장에서는 더더욱 '불확실한 지역에서의 공군력의 효과적인 활용'을 위한 연구대상이어야 했다. 그러나 미국은 변하지 않는 전략적 독트린을 가지고 베트남에서 다시 한 번 공군력의 가능성보다는 한계를 경험해야 했다.

Ⅲ. 베트남전에서의 공군력: 핵대결구조 속에서 제한된 역할

한국전쟁에서 공군력이 중요한 기여를 했지만 전쟁의 최종적 결과에 미친 전략폭격의 효과는 명백하지 못했다. 제2차 세계대전에서 연합국은 '무조건 항복'이라는 명백한 목적을 추구했지만, 한국전에서 미 공군의 목적은 대한민국의 독립과 한반도에서 공산주의자들이 축출 사이의 제한된 정치적 목적을 달성하도록 돕는 것이었다.

따라서 두 전쟁의 정치적 목적과 군사적 전투수행 사이의 차이는 전략폭격의 효율성에 관해 모호한 결론을 낳았다. 군사 지도자들은 한국전쟁을 하나의 일탈로 간주했다. 그 결과 한국전쟁 이후 발전된 항공교리는 세계대전에 초점을 맞추었으며, 이른바 '제한전쟁'을 소홀히 다루었던 것이다. 즉 냉전의 와중에서 미국은 핵차원의 억제전략에 몰두함으로써, 게릴라전과 같은 저강도전쟁에 대한 대비를 간과했으며, 그 결과 미국은 베트남전에서 비싼 대가를 지불해야 했던 것이다.

미국의 민간 및 군사지도자들은 베트남전 당시 공군력 폭격의 치사율이 정치적 결과를 보증한다는 신념으로 베트남에 들어갔다. 그러나 한국전쟁 후 항공력 기술의 발전이 군사적 승리를 보장하지 않았다. 기술발전은 치사율에 초점을 맞춘 현대 항공력의 비전을 창조했지만 정치적 수단으로서 그 항공무기의 효율성을 가져오진 않았다. 그들은 항공력의 정치적 효력이란 여러 가지 요인들에 따라 다르다는 것을 충분히 깨닫지 못했다.

월맹에 대한 항공작전은 정치적 수단으로서 효율성에서 달랐으며 여러 가지 정치적 목적들이 그 결과의 차이를 초래했다. 당시 존슨 대통령은 독립적이고 안정적인 비공산 베트남이라는 자신의 적극적 목적을 달성하기 위해 항공력에 의존했다. 그러나 동시에 제3차 세계대전을 막고 국내 및 세계여론의 관심 베트남에서 멀어지도록 하려는 그의 소극적 목적은 '북폭작전'을 제한시켰다. 그는 신중하게 통제된 폭격이 하노이의 전쟁수행비용을 높여 궁극적으로 종전하도록 할 것이라고 믿었다. 그러나 소위 북폭은 하노이의 전쟁의지를 박탈하지 못했다.

베트남에서 닉슨 대통령의 목적은 전임자의 것과 달랐다. 닉슨의 정치적 목적은 베트남을 공산주의자들에게 쉽게 포기하지 않는 미국의 철수였다. 소극적 목적은 닉슨 대통령의 항공력 사용에 별다른 영향을 미치지 않았다. 그의 중국 및 소련과의 데탕트가 갈등의 확대위험을 제거했으며 모스크바 정상회담의 성공과 미지상군의 계속적인 철수 그리고 월맹의 겁 없는 부활절 공세가 닉슨 대통령에게 "라인백커 I" 폭격작전에 대한 지지를 보증해 주었다. 1973년 12월까지 미 의회의 소집 전에 전쟁을 끝내겠다는 주된 소극적 목적이 항공력 사용을 제한했지만 닉슨 대통령은 "라인백커 II"를 높이는 데는 바로 이 소극적 목적을 이용했던 것이다.

요컨대 닉슨 대통령의 폭격은 존슨 대통령의 것보다도 더 효과적이었는데 그것은 닉슨의 폭격이 월맹이 생각하는 치명적 우려에 더욱더 위협적이기 때문이었다. 소극적 목적의 부재가 닉슨으로 하여금 월맹의 군대를 무기력하게 만들어버림으로써 하노이의 전투능력의 궤멸을 위협할 때까지 폭격을 확장할 수 있도록 했던 것이다. 뿐만 아니라 월맹의 부활절 공세는 자국의 군대가 공중폭격에 취약하게 만든 전면적인 재래식 공격이었다. 즉 공산주의자들의 승리에 본질적인 목표물을 미 공군이 공격했던 것이다. 월맹은 무한적 재래식 전쟁을 수행했지만 라인백커가 월맹의 승리능력보다 더 위협적이었고 월맹의 자체방어능력마저 위협했다. 따라서 라인백커 II 의 작전 11일 만에 월맹은 휴전에 응했다. 라인백커 II 가 폭격의 효율성을 과시한 후에 공군사령관들에겐 정치지도자들이 정치적 통제로 방해받지 않는 공중폭격이 제한전쟁도 이길 수 있음을 깨달았을 것이라는 믿음이 생겼다. 그러나 대부분의 공군사령관들은 이 '11일간의 전쟁'이란 매우 제한된 목적을 위한 독특한 작전이었으며, 그것의 성공은 라인백커에 의한 파괴, 닉슨과 키신저의 외교 그리고 폭격의 계속이 육군을 마비시킬 것이라는 월맹인들의 두려움 등의 복합적 요인들의 결과라는 것을 이해하지 못했던 것이다.

베트남에서 미국 관리들은 1914년의 유럽의 정치 및 군사 지도자들과 너무도 흡사하게도 그들의 경험 및 기대와는 너무도 다른 전쟁양상에 봉착했었다. 냉전의 분위기 속에서 정치적 성숙에 이르고, 한국에서 중국의 개입을 목격했던 존슨 대통령과 그 보좌진들은 베트남전에서 확전에 신중을 기하지 않을 수 없었다. 또한 그들은 소련군이 쿠바에서 항공력의 위협 앞에 후퇴하는 것을 보았었기에 베트남에서도 비슷한 위협이 월맹의 침략을 궁극적으로 억제할 것으로 믿었다. 공군지도자들은 적의 전쟁능력을 파괴하는 항공력의 승리에 결정적 기여를 할 수 있을 것으로 믿었다. 이런 인식의 결과 존슨 대통령과 보좌진들은 항공력의 분명한 군사적 목적을 결코 정의하지 않았으며 공군사령관들 자신들이 정의한 목표는 대통령의 정치적 목적이나 전쟁의 본질적 성격과 조화되지 않았다. 그럼에도 불구하고 공군사령관들은 자신들이 교리가 베트남전에서 옳았으며 미래에도 옳다는 신념에 머물렀다 1941년 이후 미국의 공군작전들을 분석한 윌리엄 모마이어(William Momyer)는 "항공력은 그것이 강렬하고 지속적이며 적의 치명적 제 체제에 초점을 맞추면 전략적으로 결정적일 수 있다"는 결론에 도달했다. 베트남전 이후의 공군사령관들은 라인백커Ⅱ를 폭격이 제한전쟁에서 성공할 것이라는 증거로 과신했으며 지나친 무력사용이 핵전쟁을 촉발할지도 모른다는 생각을 무시했다. 그러나 핵전쟁의 위협이 아무리 희박하다고 할지라도 미국의 정치지도자들은 초강대국의 지원을 받는 적과 싸울 때 그 위협을 존중해야만 했다. 베트남전에서 항공력 사용의 정치적 통제는 결코 비정상이 아니었다. 그리고 핵무기가 오히려 정치적 통제들을 현대에서 전쟁의 표준적 특성으로 만들었다.

결국 베트남전의 최종결과는 베트남의 공산화로 인해 미국의 패전으로 간주되게 되었고 미국의 항공력도 부정적 평가를 받게 되었다. 미국이 절대적 무기인 핵폭탄을 투하하지 않는 한 항공력은 두헤의 기대처럼 공포의 대상이 되지 못했다.

그러나 베트남에서의 치욕적인 경험과 상기하기 괴로운 과거를 지니고 있던 미국 공군력의 위상변화를 극적으로 마련해 준 계기가 된 것은 바로 '걸프전'이었다. 양극적 핵대결구조가 종식되고, 베트남전 이후의 기술적 발전은 마침내 걸프전에서 항공력 선구자들의 예언이 실현되는 것을 전세계가 목격하게 하였다.

Ⅳ. 걸프전에서 과시된 공군력: 주피터와 같은 위력

1990년 1월 이라크의 외상 타리크 아지즈(Tariq Azia)는 워싱턴에서 미 국무장관 제임스 베이커(James Baker)에게 "당신들의 동맹국들은 무너질 것이고, 당신들은 사막에서 길을 잃게 될 것이오. 당신은 말이나 낙타를 타 본 적이 없기 때문에 사막이 어떤 곳인지 모르오"라고 경고했다. 그러나 모르는 것은 이라크가 더 많았다. 이란과 8년 동안이나 사막에서 전쟁을 치른 이라크의 아지즈는 미국이 냉전시대에 소련과의 군비경쟁에서 최첨단의 과학기술을 응용한 전쟁 장비를 개발, 숙달하고 있다는 사실과 사막이라는 지형이 제공해 주는 신속한 병력의 전개 그리고 정찰 및 정보수집의 용이성은 피차에게 유리한 조건으로 작용한다는 사실 그리고 미국이 베트남의 치욕을 씻고 싶어 한다는 사실을 모르고 있었다.

이라크에 대한 다국적군 공군력의 압박은 "사막의 폭풍작전"이 시작되기 이미 5개월 반 전부터 시작되었다. 1990년 8월 2일 이라크가 쿠웨이트를 침공한 지 24시간 이내에 미국은 F-15C/D 요격기 2개 비행중대에 중동으로의 발진을 명령했고, 8월 7일까지 이 비행중대는 사우디아라비아에 도착했다. 그 뒤를 이어 F-16 전투기 중대와 A-10 지상공격기 그리고 5기의 E-3A 공중정찰기가 중동지역으로 발진했다. 그 이후의 48시간 동안 영국 공군의 12대의 F-3 토네이도 요격기, 12대의 재규어 지상공격용 비행기 그리고 수송기, 공중급유 해상정찰기들이 가세했다. 8월 23일까지 약 500대의 공격전투기들이 위기 지역에 배치되었고 그 가운데 450대는 미 항공기였다. 걸프지역에 불과 24시간 이내에 전투기들이 도착함으로써 사담 후세인은 초기의 남진 구상을 재고해야 했으며, 주변의 아랍국가들에게는 서방의 군사적, 정치적 관여의 의지를 과시할 수 있었다. 공군력은 이라크의 지상병력의 우위를 상쇄시키는 데 적절한 것이었다.

미국을 비롯한 다국적군이 전장으로 쏟아져 들어온 "사막의 방패작전"이라고 명명된 이 5개월 반 동안의 기간은 그 이후의 "사막의 폭풍작전"의 빛에 가려 별로 주목을 받지 못했지만 이라크군의 더 이상의 전진을 막고 또 다국적군이 반격작전을 개시하기 위해서 병력이 구축기간으로 활용할 수 있었던 중요한 시간이었다. 실제로 이 기간 동안 다국적군의 대응은 공군력의 역사상 가장 대규모의 것이었다. 처음 단 한 번의 작전에서만 베를린 공수의 6주 분에 해당하는 물자가 수송되었다. 오클라호마시의 사람, 차량, 음식, 가재도구 전체가 지구를 반 바퀴 돌아 이동한 것과 같은 것이었다. F-117A 편대, 모든 F-111F 병력, 대다수의 F-15E, E-8 정찰/공격기, EF-111A, F-4G, 6개의 항공모함 그룹이 이동했고, 미국과 영국, 프랑스, 이탈리아 등지로부터 공격적인 공군력의 배치가 이루어졌다. 1월 중순까지는 300기 이상의 방어/공격 전투기, 500기의 폭격기, 400기의 다목적 비행기, 500기의 지원수송비행기가 전투태세에 돌입했다.

이렇게 몰려든 폭풍우가 번개와 천둥을 작렬하기 시작한 것은 1991년 1월 17일 02시 38분(현지시각)이었다. 미군의 아파치 헬기에서 발사된 헬파이어 미사일이 이라크 방공체제의 주축인 레이더 기지를 파괴한 것을 신호탄으로 F-15E의 스커드 미사일 기지 파괴 그리고 다국적군의 바그다드 폭격이 개시되었다. 이미 작전개시 직전에 F-117 스텔스 전투기가 이라크의 조기경보체제를 파괴해 놓았다. 이틀 전에 딕 체니 미 국방장관은 "사막의 폭풍작전" 명령서에 서명하면서 "당분간 이 작전은 엄격하게 공군의 작전이 될 것"이라고 말했으며, 작전 개시 2시간 후 조지 부시 미 대통령은 사령관들에게 "가능한 한 빠른 시간 내에 (전세를) 장악할 수 있도록 가능한 모든 조치를 취하라"고 지시하면서 이 작전이 '제2의 베트남'이 되지 않도록 하겠다는 의지를 표명했다. "사막의 폭풍작전"은 미국에게 베트남의 치욕을 씻을 수 있는 공군력의 작전이었다.

작전 개시 첫 7시간 동안 다국적군의 전투기가 무려 700회의 출격을 수행하면서 이라크의 통제 및 지휘센터와 스커드 미사일 기지, 레이더망, 비행장 그리고 비행기들을 무력하게 만들었다. 1월 23일 미 합참의장 콜린 파웰 장군은 다국적군의 전략을 "(쿠웨이트 내의 이라크군을) 차단하여 말살하는 것"이라고 요약했다. 이라크의 지상군을 표적으로 한 작전까지도 공군력에 위임된 것이었다.

사실 걸프전은 기술(스텔스 테크놀러지), 병참, 우주정보탐지체제, 프로포셔널리즘(육 · 해 · 공군의 적절한 병력배치와 전개) 그리고 거의 실시간 보고와 작전지시 그리고 홍보 등에서의 완벽함으로 군사전략가들은 물론 세계인들을 경악시킨 최초의 전쟁이었지만, 전통적인 공군력 활용과 목적의 3요소인 제공권 장악, 공중폭격 그리고 지상군 전투의 근접지원에 충실했던 전쟁이었다.

개전 후 첫 두 주 동안 다국적 공군은 제공권 장악을 위해 100기

이상의 조기경보레이더의 지원과 SA-2, SA-3, SA-6 등 70기 이상의 SAM(지대공미사일) 그리고 ZSU-23 방공포(AAA) 등으로 무장한 이라크의 통합방공체제(IADS)를 파괴했다. 이 임무는 EF-111A, EA-6B 그리고 아파치 헬기 등이 수행했고 토네이도, F-111F, A-6는 비행장과 관련시설을 폭격했다. 제공권 장악 후 폭격은 토마호크 순항 미사일과 F-117A 등에 의해서 이라크의 군지휘부, C^3I(지휘, 통제, 커뮤니케이션, 정보)시설, 정부의 주요 건물 등을 표적으로 이루어졌고, 스커드 미사일 기지를 비롯한 이라크의 전략목표들도 파괴되었다. 지상군에 대한 근접지원도 작전 첫날부터 시작되었다. 이라크의 지상군은 지속적인 공중포화에 시달려야 했다. 쿠웨이트에 진주해 있는 이라크 지상군의 보급로 차단과 축출이 노먼 슈워츠코프의 작전목표였고, 공군력은 그것을 수행했다.

1991년 2월 28일 이라크군이 쿠웨이트와 바스라를 연결하는 도로를 따라 철수하다가 궤멸당한 전투를 마지막으로 단 6주일에 걸친 지상 최첨단의 작은 끝을 맺었다. 초기의 제공권 장악과 전략 및 통신목표물 폭격 등으로 6주 내내 이라크군의 사기는 붕괴되었고, 이라크의 공군력은 이란에 피신처를 얻었다.

뿐만 아니라 다국적 공군의 보급로 차단으로 고전하던 50만 병력의 쿠웨이트 주둔 이라크 지상군은 2월 21일 "사막의 사브르 작전"이 시작된 지 1주일이 지나지 않아 퇴각하기 시작했다. 마지막 100시간의 전쟁에서 공군은 지상군의 전개를 근접 지원했고, 미 육군의 AH-64 아파치와 AH-1 슈퍼코브라는 전장에서의 공격과 보병을 지원하기 위한 임무를 수행했다. 적어도 마지막 100시간 동안은 육 · 해 · 공군의 합동작전에 의한 시너지 효과의 극대화가 이루어졌고 적 공군의 공격으로 인한 미군 병사의 사망을 초래하지 않으면서 이라크군을 쿠웨이트에서 축출할 수 있었다. 초기 제공권의 장악과 유지가 결정적으로 주효했던 것이다.

걸프전에서는 공군력의 활용에 중요한 다양한 신종 병기와 그를 이용한 전술들이 선을 보였지만 공군력의 공헌이 돋보일 수 있었던 것은 정밀유도무기(PGM)의 존재와 그로 인한 작전에서의 중심적 위치의 구축이 있었기 때문이었다. 작전 초기의 대규모 폭격 이외에도 예를 들어 1월 29일 이라크군의 공격으로 시작된 알 하프지(Al Khafji) 전투를 비롯한 사막에서의 작전에서 F-111E, F-15E 그리고 A-6와 같은 미 공군의 전투기들은 적외선감지장치를 이용한 레이저유도폭탄으로 이라크의 탱크를 파괴하는 고비용의 전투를 전개했다. 뿐만 아니라 노먼 슈워츠코프 사령관은 보급루트와 전략거점의 파괴에 이용해야 할 B-52 폭격기를, 산개하여 모래 속으로 숨어 들어간 이라크 지상군 병력에 타격을 가하기 위해서도 활용했다.

이러한 공군력의 전천후 위력에도 불구하고 걸프전에서의 공군력의 역할이 절대적인 것은 아니라는 주장도 있을 수 있다. 즉 이란-이라크 전쟁에서 이라크는 그 어떤 공군의 위협도 느끼지 않을 만큼 강대했고, 기술적인 측면에서도 우수했다는 것이다. 그러한 이라크의 공군력이 1991년이라고 해서 나빠졌을 리는 없다는 것이다. 이라크가 전문적으로 필요한 기술을 상대적으로 결여하고 있을 뿐이었던 것이고, 공군력은 이러한 결점을 부각시켰을 뿐 이것을 창출한 것은 아니라는 것이다. 그러나 공군력은 분명 다국적군의 현저한 저손실을 위한 필요조건을 창출했다. 특히 지상전에서 저항하는 이라크의 병력을 다국적군의 손실 없이 패배시키는 데 중요한 역할을 수행했던 것이다.

비록 걸프전에서 보여준 공군력의 위용이 냉전시대 미소간 군비경쟁의 산물로서 지역적 갈등의 해결에 이용하기 위하여 고안된 것은 아니라고 할지라도, 또 엄밀하게 말해서 공군력의 독자적인 영역이라고만은 할 수 없는 C^3I와 적의 방어능력제압, 정밀유도기술에 의존한 것이라고 할지라도 공군력은 전쟁의 성격과 수행에 관한 이라크군의 예견을 여지없이 붕괴시킴으로써 그 이후에 수행된 지상전에서의 다국적군의 희생을 전례 없는 최소수준으로 유지하는 데 중요한 역할을 했다. 전략적 차원에서 다국적 공군력의 유효성은 이라크 지도부의 전쟁수행 전략을 궤멸시켰고, 공군력이 예상 외로 효과적이었기 때문에 이라크 지도부는 자신들의 선호전략을 수행할 기회를 상실해 버렸다. 뿐만 아니라 작전의 차원에 있어서도 다국적군의 초기 제공권 장악은 이라크 사령부의 지상군 전개 능력을 무력화시켰다. 공습의 위협이 이라크군의 움직임을 둔화시키고 고정된 위치에서 싸우도록 만들었다. 또한 이라크 지상군의 이동 목표물에 대한 파괴명령의 65%가 공군에 할당됨으로써 지상군을 능가하는 공군력의 위상을 확립했다. 그러나 이 공군력이 독립된 작전수행능력을 과시하기 위해서는 8년을 더 기다려야 했다.

Ⅴ. 코소보의 창공에서: 강압외교수단으로서의 공군력 출현

1999년 3월 24일부터 6월 11일까지 NATO 군이 유고슬라비아에 가한 11주 동안의 공중폭격은 NATO 동맹 50년 동안에 발생한 첫 번째의 지속적인 무력사용으로 기록될 수도 있다. 그렇지만 한 국가의 영역 내에서 행해지는 인류에 대한 범죄를 저지하기 위해서 동원된 최초의 폭격, 즉 인도주의적 목적의 폭격으로도 그리고 지속적인 지상군의 전개없이 한 정부의 정책의 변화를 초래하기 위해서 취해진 최초의 폭격, 즉 정치적 목적의 폭격으로도 기록될 수 있을 것이다. 적의 무력을 완전히 궤멸시키는 것이 아니라 밀로셰비치로 하여금 평화를 받아들이도록 하는 제한된 정치적 목적을 위해 수행된, 다시 말해서 강압을 위한 군사작전이었다. 따라서 밀로셰비치가 여전히 유고슬로비아에서 건재하다든지, 코소보에는 NATO 지상군의 주둔이 무한정 유지되어야 할 불안정상태가 지속되고 있다든지, 유고슬로비아군이 받은 타격이 명확하지 않다든지 또는 그렇기 때문에 "화력은 파괴하고 보병은 점령한다"는 도식을 코소보 사태가 바꾸어 놓지는 못했다는든지 하는 식의 비판은 적절치 못한 것일지도 모른다.

사실 유고슬로비아 공습을 공군력에 있어서 걸프전의 이미지를 되살려 주기보다는 베트남전의 기억을 강요할 수도 있는 작전이었다. NATO와 미국은 외교가 군사적 행동의 필요성을 제거해 줄 것이며, 이러한 외교적인 노력이 실패할 경우에 무력의 과시로 정책목적을 실현할 수 있을 것이라는 판단 하에 충격과 기습의 효과를 노리기보다는 점차적으로 그리고 단계적으로 압력을 강화해 나갔다. 따라서 그들에게 이것은 전쟁이 아니었고, 또 그들은 전쟁으로 이끌기 위한 분명한 독트린이나 계획을 가지고 있지도 않았다. 공군력이 본격적인 전쟁에서의 무력수단이 아니라 외교정책의 수행을 위한 '강압적 외교 수단'으로 활용되기 시작했던 것이다.

NATO는 이미 1998년 여름에 합동군 작전계획을 수립하면서 폭격과 순항미사일 공격을 구상했고, 이것이 원하는 결과를 가져오는 데 실패할 경우에는 좀 더 전면적인 노력을 경주하기로 결정했다. 그러나 걸프전의 기억 속에서 초기의 성공이 기대되었고, NATO의 동맹국들은 더 이상의 강제가 필요하지 않을 것이라고 생각했다. 결국 걸프전과 비교해서 작전은 완만하게 시작되었다.

작전은 전적으로 공군력에만 의존하면서 시작되었는데, 베오그라드의 주요한 전략목표물에 대한 폭격과 코소보의 전술목표물(코소보의 세르비아군)에 대한 공격으로 나뉘어 진행되었다. 그러나 실제로 첫 3주 동안 NATO 공군의 1일 출격횟수는 84회에 불과했고, 표적 리스트의 확대에만 1개월이 걸렸다. 뿐만 아니라 전체적으로 코소보에서는 걸프전과 비교하여 공군력의 활용이 거의 10분의 1에 불과했다. 걸프전에서는 43일 동안 다국적군의 공군이 47,588회의 출격임무를 수행한 반면 코소보에서는 5월 27일까지의 65일 동안 모두 6,950회의 출격에 그쳤다. 걸프전에서는 총 출격의 42%가 폭격임무였던데 비해 코소보에서의 폭격임무는 총 출격의 25%에 불과했다.

이러한 전략적 결함에도 불구하고 정밀유도무기로 무장한 공군 조종사들은 폭격의 정확도에 있어서 99.6%의 적중률을 기록하면서 걸프전의 기록을 경신했다. 작전 개시 50일째인 5월 14일 유럽 주둔 미 공군 사령관 존 점퍼(John Jumper) 장군은 유고슬로비아에서 완벽한 제공권을 장악했다고 주장하면서 "공군력만으로 밀로셰비치의 군대를 무력하게 만들 수 있다"고 말했다.

5월 마지막 주에 접어들면서 NATO 공군은 매일 1,000회씩의 출격임무를 수행했다. 그 가운데 700회가 전투와 폭격이었다. 5월 27일에 이르러 코소보의 세르비아군은 25%가 감소했고, 유고슬로비아의 원유, 정유 기타 비축물 등 군사물자가 거의 절반이나 파괴되었다. 유고슬로비아의 MIG-29의 79%가, MIG-21의 30% 이상이 그리고 지대공미사일 SA-2의 3분의 2와 SA-3의 80%가 파괴되었다. 폭격 10주째에는 NATO의 공군에 대항하는 세르비아의 도전도 거의 사라졌다. 세르비아와 코소보를 연결하는 도로의 절반 이상이 그리고 다뉴브강의 교량과 철도 모두가 자취를 감추었다. 결국 6월 3일 베오그라드는 NATO의 평화안에 동의했고, 일주일 후인 6월 9일 유고슬로비아는 합의서에 서명하고 코소보에서 철군하기 시작했다.

NATO의 전투는 압도적으로 공군의 폭격에 의존하여 수행되었다. 78일간의 갈등 전 기간에 걸쳐서 NATO 공군은 37,465회의 출격을 단행했고 그 가운데 14,006회가 폭격을 위한 것이었다. NATO의 공군력은 유고슬로비아 지상군의 탱크, 장갑수송차(APC), 포병, 트럭 등에 대해서도 974회의 유효한 타격을 가했다. 코소보의 세르비아군은 탱크의 26%, 장갑수송차의 34%, 포의 47%를 상실했다. "사막의 폭풍작전"에서 이라크군이 탱크의 41%, 장갑수송차의 32%, 포의 47%를 상실한 것과 비교하면 상대적으로 낮은 밀도의 공군력 활용으로 세르비아군이 더욱 효율적인 치명타를 당한 셈이었다. 타격임무의 성취도에 있어서 공군력은 코소보에서 걸프전을 능가하는 성공적 수행능력을 보여 주었다.

그러나 공군력만으로 수행된 코소보작전에서의 성공은 수량적인 파괴능력의 과시가 아니라 유고슬로비아의 전략적 표적을 공격함으로 세르비아의 지도자 슬로보단 밀로셰비치가 NATO의 협상안을 수용했다는 데에서 찾아져야 한다. 미 공군참모총장 마이클 라이언(Michael E. Ryan) 장군의 말처럼 코소보에서 공군력은 '전략적 명령'을 수행한 것이 아니라 '도덕적 명령'을 수행하기 위한 군사작전을 전개했던 것이다. 6월 3일 세르비아인들이 항복했을 때 NATO의 공군력은 걸프전과의 또 다른 의미에서 역사적인 진보를 기록했다고 할 수 있다. 즉 전쟁 수행에서 과거처럼 보조적인 요소로만 작용하던 시대로부터 공군력이 주도하는 시대로 이전했다는 표현은 다소 과장일 수 있지만, 아무튼 코소보 작전을 통해서 공군력은 위기 시의 대응에 선택할 수 있는 우선적 무력으로서의 자리매김에 성공했다. 1999년의 유고슬로비아/세르비아에 대한 작전이 전면적인 전쟁의 전개가 아니었고 육 · 해 · 공군의 모든 전력을 진지하게 동원한 통합작전이 아니었다는 유보만 수용한다면, NATO군 최고사령관 웨슬리 클라크(Wesley K. Clark) 대장의 "최종적인 결과는 다양한 요소들로부터 발생했을 것이지만 다른 모든 요소들에 필수불가결한 조건은 바로 공군 작전의 성공이었다"는 주장을 부인하기는 어렵다. 이때의 공군력은 육 · 해 · 공군의 통합작전을 필요로 하지도 않았던 것이다.

그럼에도 불구하고 이 성공적인 작전에는 몇 가지 지적해야 할 전술적, 기술적인 난점들이 존재했다. 공군력의 기술 진보는 보편적인 것이 아니었다. 미 공군이 보유하고 있던 정밀유도무기와 정보차단장치 등을 다른 NATO 연합군은 보유하고 있지 못했다. 9,400개의 전략 목표물 가운데 70% 이상이 정밀타격무기에 의해서 궤멸되고, 투하 또는 발사된 23,000기의 폭탄과 미사일 가운데 단 20기만이 착탄지점에 착오를 일으킨 이 작전에서 대부분의 정밀무기는 미국에 의존했다. 뿐만 아니라 기상 악화 시에 공중공격을 지원하거나 사막의 조건에서 기동하도록 고안되고 훈련된 아파치 헬기를 코소보의 산악지형에 특수기동타격대의 수송에 활용하는 과정에 2기의 헬기와 2명의 병사를 잃었다. 동일한 형태의 전투는 반복되지 않는 법이다. 공군력만을 활용한 작전도 역시 예외는 아니었다. 또한 이 작전에서 중요한 역할을 한 F-16 전투기는 훈련 시에는 보통 일일 2시간 비행을 했음에도 불구하고 발칸에서는 보통 5시간씩의 출격비행을 감수했다. 이 신형전투기의 조종, 보수 능력을 지닌 인원도 부족하여 전역 혹은 전보를 요구한 6천 명의 공군병력이 6월 15일 이후에야 희망을 실현하기도 했다. 한국전쟁에서 미 공군 조종사들이 느꼈던 '비행공포'는 반세기 후에도 여전히 사라지지 않고 있었다.

코소보에서 NATO 군은 짧은 시간 내에 집중적인 화력과 병력, 기술력을 동원하여 희생을 최소화하면서 신속하게 적을 무력화하고 제압했다. 이 작전은 걸프전에서 확인한 공군력의 기술적 찬란함에 독자적인 무력수단으로서의 가능성을 더해 주었다. 그러나 유고슬로비아에 대한 폭격은 걸프전과 마찬가지로 신속하게 끝날 수 있었기에 성공으로 기록될 수 있다. 첨단기술과 압도적인 화력으로 70여일 만에 밀로셰비치를 무릎 꿇게 만들었지만, 그것은 첨단기술과 항공력 이전에 미국의 군사력이 동원할 수 있었던 무력의 압도적 우위에 힘입은 바가 크다. 그러한 미국조차도 전쟁이 더 지연되었더라면 그 후를 예측하기 어려웠을 것이다.

군사작전이란 본질적으로 희망하지 않았던 그리고 예측하지 못했던 인명의 손실을 수반하기 마련이다. 따라서 자국민의 인명 희생에 인내심을 발휘하지 못하는 민주주의 국가의 정책결정자들이 최소의 희생으로 유효한 강제력을 발휘할 수 있는 수단으로서 공군력에 의존하는 것은 어찌 보면 당연한 일이다. 이러한 효과적인 수단으로서의 공군력은 걸프전에서 이미 그 가능성을 보여 주었고, 세르비아에서 다시 한 번 확인시켜 주었다. 만일 지정학적, 기술적, 인적 그리고 물적 조건이 비슷하고 지역갈등의 구조도 유사하다면 공군력의 유용성과 효율성은 계속 강화 · 유지될 수 있을 것이다.

Ⅵ. 한국의 안보조건과 공군력의 발전 방향

동북아시아의 잠재적 갈등과 공군력의 역할과의 관계는 위의 네 가지 유형 가운데 무엇을 모델로 설정해야 할 것인가? 다시 말해서 한국 공군력은 어떠한 미래의 안보조건에 놓이게 될 것인가? 그러한 조건 속에서 한국의 공군력은 어느 정도의 독립적인 역할을 하게 될 것이며 지향해야 할 방향은 무엇인가?

어느 한 갈등의 유형에서 성공적인 공군력의 수행이 다른 유형의 갈등에서의 성공을 보장해 주는 것은 아니다. 반세기 전의 한반도에서 또는 최근의 페르시아만이나 발칸지역에서 벌어진 사태와 그 결과는 공군력 발전의 대체적인 추세를 보여 주고 있지만 반복되는 갈등의 유형을 예언해 주고 있는 것은 아니다. 뿐만 아니라 서로 다른 전략적, 전술적 환경은 서로 다른 무력의 분배구조를 요구하며, 실제로 공포와 혼돈, 불확실성이 지배하는 안개 속 같은 전쟁 그 자체를 경험하기 전까지는 평상시의 군의 기술혁신과 전투준비태세에 대해서 완전하게 상대적 평가를 할 수도 없다. 따라서 과거의 성공적인 공군력 적용 사례에 관한 어떠한 타당한 분석이라 할지라도 한반도의 상황에 적용하기 위해서는 이 지역의 군사적인 무장의 정도와 안보조건 그리고 전략적 환경 속에서 추측할 수밖에 없다.

동북아시아에는 여전히 냉전이 해체되지 않고 있다는 일반적인 주장은 남북한이 분단과 대치를 지속하고 있다는 사실 이외에 이 지역 강대국들 사이에 안보협력체제의 구축이 수립되지 못한 채 아직도 사실상의 동맹체제가 지배하고 있음을 가리킨다고 하겠다. 미국의 국가미사일방어(NMD)체제와 전역미사일방어(TMD)체제의 수립을 둘러싼 외교공방은 이러한 일종의 양극적인 대립의 구도가 여전히 건재함을 보여주고 있다.

이와 같은 상황에서 동북아시아 최대의 잠재적 분쟁요인은 역시 중국과 타이완, 한국과 북한 사이의 갈등이며, 여기에 중첩적으로 동아시아의 주도권을 둘러싼 미국과 중국의 대립이 도사리고 있다. 중국은 여전히 '국가의 통일을 달성'하기 위해서 타이완에 대한 무력행사의 가능성을 배제하지 않고 있으며, 실질 국방비 최소 870억 달러를 유지하면서 매년 10% 이상 국방비를 증액하고 있다. 뿐만 아니라 중국은 해외의 기술 도입과 무기 개발로 향후 10년간 의미 있는 진전을 이룩할 잠재력을 지니고 있다. 타이완 역시 1998년 군사력 신장을 위해서 F-16, 미라지 2000-5 전투기, 순양함과 구축함 그리고 패트리어트 방공체제를 도입하는 등 주로 공군력을 중심으로 한 병력증강으로 대응하고 있다. 중국군의 현대화와 동아시아의 헤게모니 장악기도에 대응할 유일한 국가임을 자부하는 미국이 소련의 붕괴 이후에도 여전히 한국에 8,660명 병력의 제7공군과 일본에 14,000명 병력의 제5공군을 유지하고 있는 것은 기본적으로 중국을 염두에 두고 있는 것이다. 이와 같은 대립의 구도하에서 미국의 전략적 고려 속에는 한국과 일본의 군사력이 유사시 미국의 전력으로 평가되고 있을 것이다.

한미 간의 안보적 동맹관계를 고려하면 한국공군은 미국과 중국의 경쟁관계 속에서, 적어도 군사적인 측면에서는, 원하든 원하지 않든 중국을 견제하는 동아시아의 미국의 전력에 포함되어 있음을 부인할 수 없다. 통합지휘체제와 공통의 독트린 그리고 통합작전 프로그램을 공유하는 한국과 미국의 공군력의 편제 속에서 한국 공군력은 동아시아 안정의 억지력으로 작용하고 있는 것이다. 결국 한반도만으로 초점을 좁혀 북한과의 관계 속에서 한국의 공군력을 파악할 때에도 유사시 주한 미군사령부가 통제하는 미국의 공군력, 특히 제7공군과의 연계에서 고려될 수밖에 없다.

앞서 살펴본 바와 같이 사실 공군력은 국가의 최첨단 산업을 응용한 무력부문이며, 국가의 경제적 능력을 가장 잘 반영하는 부문이기 때문에 국가의 경제력을 근거로 하면 북한의 군사력, 특히 공군력이 실체에 비해서 과대평가되고 있는 면도 없다고는 할 수 없다. 북한이 보유하고 있는 가용 전투기와 폭격기가 241대에 불과한 반면에 한국은 385대를 보유하고 조종사들의 훈련정도에 있어서도 한국이 우위에 있으며, 여기에 주한 미 공군의 전투기 78대와 E-3A 조기경보기, E-8 정찰기, F-117 스텔스기, B-2 폭격기와 순항미사일 등이 가세하면 전세는 더욱 명확해져서 걸프전에서의 이라크와도 비교할 수 없을 정도라는 것이다. 따라서 만일 전면전쟁이 발생한다면 북한과 한미연합군의 공군력의 대비로 볼 때나 페르시아만과 코소보 그리고 아프가니스탄에서 보여준 미 공군력의 효율성(정밀타격, 산업시설과 보급로 등의 중력타격)으로 볼 때 한반도에서의 국지전은 걸프전과는 비교할 수도 없는 단기간에 작은 규모의 작전으로 진화될 가능성이 크다고 할 수 있다.

그러나 이러한 논의가 공군력의 강화이유를 축소시키지는 않는다. 동북아시아의 한국과 미국의 공군력은 유사시 돌발 사태에 대한 준비태세의 확립은 물론 기본적으로 동아시아 내지는 한반도에서의 전쟁 억지력으로서의 특성을 지니고 있다. 더욱이 적의 공군력이 가져오는 심리적 효과를 고려하면 공군력의 우위 유지는 필수적이다. 아무리 경제적 효과를 노린 것이라고 할지라도 북한의 미사일 위협과 같은 한반도의 새로운 형태의 위협에 가장 효과적으로 대처할 수 있는 것은 역시 공군력일 수밖에 없다.

미국은 자국의 안보이익에 대한 위협의 정도에 있어서 '미국의 생존을 위협하는' A급에 해당하던 소련이 붕괴된 이후에도 여전히 북한이나 이라크와 같은 국가들을 '미국의 생존을 위협할 정도는 아니지만 그래도 위험한' B급으로 그리고 '미국의 안보이익에 간접적으로 영향을 주는' 코소보, 소말리아, 르완다 등을 C급으로 분류하면서, 현재까지는 북한의 위협을 상대적으로 중시하고 있다. 그러나 C급의 코소보가 여론과 인도주의적 고려에 근거하여 B급으로 격상되어 공격적인 공군력의 적용대상이 된 것처럼, B급의 '깡패국가' 북한이 미-중 관계의 진전과 한반도의 해빙무드의 확산으로 인해 인도주의적 고려의 대상이자 국내적인 위기 발생의 진원지인 C급으로 격하될 가능성도 없지 않다.

그렇게 될 경우의 미 공군의 개입은 코소보 사태에서 보여준 것과 같이 국내적인 여론의 조성과 수렴, 동맹국들과의 협의와 작전전략 논의 등의 절차를 거치는 과정에서 작전결정이 계속 지연될 수 있다. 결국 한반도의 급변하는 안보상황은 현재의 상황에서는 미 공군과의 유기적 연대를 중심축으로 전개될 것이지만, 가능한 미래적 상황에서는 한국공군의 독자적인 활동반경이 넓어지는 안보환경이 조성될 수도 있다. 냉전적 대립구조의 색채가 엷어지고 국지적 분쟁의 발생가능성이 높아지는 21세기에 필연적으로 전술적 요소(공격 및 방어능력)로서의 공군력의 역할이 강조된다면, 한국의 공군에는 전략적, 방어적 환경 속에서의 공군력 강화뿐만 아니라 전술적, 공격적 환경 속에서의 공군력 활용도 미래의 안보 플랜에서 고려할 수밖에 없게 될 것이다.

만일 한반도에서 국가 간의 전면전쟁이 발생한다면 한국전쟁의 경험으로 보아도 승리를 위해서는 제공권의 장악이 필수적이다. 그리고 전면전쟁이 아닌 근미래의 안보상황을 고려한다면 '쿠웨이트'가 상정되기보다는 위기관리의 상대적 중요성과 평화지원작전을 바탕으로 하는 '코소보'가 상정될 수 있다.

요컨대 한국공군은 주한 미 공군과의 연대 속에서 전쟁을 억지하고, 전쟁발생 시에는 초기에 적을 제압하며, 독자적으로도 국지적인 지역의 위기를 방지할 수 있는 능력을 갖추어야 하는 임무를 부여받고 있는 것이다. 과거에는 공군력이 전장의 사령관들이 직면할 수 있는 모든 형태의 도전에 대한 해답을 제공해 주는 보편적으로 적용될 수 있는 수단은 아니었다. 그러나 오늘과 내일의 한반도에서는 그러한 공군력의 한계가 재발되지 않을지도 모른다.

우리는 장기적으로 주한미군이 한반도에서 완전 철수하는 한국의 미래 안보 조건 또한 고려해야 할 것이다. 주한미군은 미국이 한반도에 대한 인식변화에 따라 필요하다는 결론을 내릴 때는 언제든지 한국 상황과 관계없이 철수를 단행할 것이며 철수 시기나 필요는 미국의 세계 전략적 계산과 미국 내 정치과정에 의해 결정될 것이다. 동시에 주한미군의 장래는 한국인들의 주한미군에 대한 인식변화에 따른 국민적 요구에 의해서 크게 영향을 받을 것이다. 따라서 주한미군의 계속 주둔은 냉전시대처럼 결코 확실하게 보장된 것이 아닐 뿐만 아니라 오히려 머지않아 주한미군이 완전히 철수할 가능성이 높아지고 있고 그 철수시기가 서서히 다가오고 있음을 감지할 수 있는 것이다.

만일 저자의 분석과 그 결론에 입각한 이러한 추론이 타당한 것이라면, 한국공군의 발전방향은 아주 자명하다고 해도 과언이 아닐 것이다. 그것은 지난 반세기 동안 제2의 북한의 침략을 억제시킨 그 억제력을 주한미군 없이도 유지하고 그 경제력을 좀 더 높이는 방향으로 나아가는 길이 된다. 다시 말해 주한미군과 한미동맹체제에서 북한이 가장 두려워하는 것을 계속 두려워하게 만드는 것이다. 현재 북한이 가장 두려워하는 것은 바로 주한미군의 공군력이다. 따라서 한국의 자립적 공군력, 즉 북한의 침략을 억제할 만한 한국의 공군력을 발전시키는 것이다.

또한 냉전체제 종식으로 소련제국의 초강대국 지위 상실은 미국의 정치적 및 군사지도자, 특히 공군의 지도자들에게서 핵전쟁 위협의 무서운 그림자로부터 벗어나서 이제 보다 자유롭게 사실상 무제한적 항공력에 의한 전쟁의 승리를 모색할 수 있게 해주었으며 그 첫 실험대상이 바로 걸프전이었다고 하겠다. 발칸의 코소보나 최근 아프가니스탄에서 보여준 미 공군력의 놀라운 위력은 어쩌면 일찍이 두헤, 트렌처드 그리고 미첼의 항공이론이 더 이상 공상이 아니었음을 우리에게 증명해 보였다고 해도 과언이 아닐 것이다.

그러나 냉전후 미국이 페르시아만, 발칸반도 그리고 아프가니스탄에서 감행한 전쟁은 피해당사자들의 비극을 국제적 전쟁윤리와 같은 별도의 카테고리에서 다루고 순전히 전쟁기술의 관점에서만 본다면 '거인'과 '난쟁이' 간의 일종의 닌텐도 게임 같았다. 이런 일방적 게임 같은 전쟁을 로날드 포글만(Ronald R. Fogleman) 장군은 "신 미국식 전쟁방식"이라고 명명했다. 그에 의하면 이 신 미국식 전쟁방식을 실현시키는 정찰, 평가 및 전투관리의 새로운 수단과 함께 연장된 항속거리와 증가된 치사율을 가진 새 무기체계들이 수천 명의 미국 젊은이들로 하여금 잔인한 병력 대 병력의 갈등에 처하게 하는 섬멸전이나 지구전의 개념으로부터 적의 전략적이고 전술적인 힘의 중심부를 직접 공격하려는 개념으로 전환시키는 것을 가능하게 하고 있다.

참으로 미국의 정치지도자들은 민간인들이 큰 살상을 모험하지 않고서도 자국의 정치적 목표들을 달성할 수 있을 것이다. 뿐만 아니라 그런 고도의 능력이 요구되는 곳으로 신속하게 이동시킬 수 있는 정도만큼이나 미국은 자신의 힘을 해외에 신속하게 투사할 수 있을 것이며, 따라서 항구적으로 대규모 병력을 해외에 주둔시키는 비용을 피할 수 있게 될 것이다. 바꾸어 말하면 냉전시대의 전진기지가 더 이상 절실히 필요하지 않게 된 것이다. 이러한 논리는 순전히 군사적인 관점에서만 본다면 주한미군에도 그대로 적용될 가능성을 배제할 수 없을 것이다. 따라서 대한민국의 자립적 공군력 확보가 신속히 요구되는 또 다른 이유가 여기에 있는 것이다.

이렇든 주한미군의 계속주둔이 확실히 보장된다고 확신할 수 없는 상황이 발생한다면 대북한 억제력은 급속히 약해질 것이다. 따라서 대한민국의 공군이 점점 불투명해지는 미래를 준비하려 한다면 주한 미 공군의 억제력을 대체하고도 남을 만한 자립적 공군력과 그리고 그것을 뒷받침할 항공산업을 최우선적으로 육성하도록 노력해야 한다.

그런 노력의 시급한 착수의 당위성은 다음과 같이 집약될 수 있을 것이다. 첫째, 현재 대한민국 공군이 보유하고 있는 항공기는 초보적인 훈련기를 제외하고는 모두 수입한 것들이다. 항공기에 관한 한 우리는 소비자일 뿐 결코 생산자가 아니다. 그것은 한국의 안보를 위태롭게 할 것은 물론이고 한국의 재정에도 영원히 무거운 짐으로 남게 될 것이다.

둘째, 유능한 파일럿을 길러낸다는 것은 시간이 많이 걸릴 뿐만 아니라 상당한 비용이 요구된다. 따라서 빨리 시작할수록 그 부담을 연도별로 분산시킬 수 있다.

셋째, 북한뿐만 아니라 주변강대국들의 항공우주력의 발전을 경계하면서 한국도 우주항공력 발전을 모색함으로써 항공우주시대의 미래를 기약해야 한다. 우리가 살고 있는 시대는 분명히 항공우주시대이다. 따라서 여기에 관심을 갖는 것은 어떤 이유로도 지연될 수 없다.

넷째, 항공력의 강화는 전쟁 발발 시 최종적 승리를 위한 것임은 두말할 필요가 없지만 설사 최종적 승리를 거둔다할지라도 그 과정에서 피해를 최소화해야 할 것이며 무엇보다도 최소의 피해마저 막을 수 있는 도발억제를 위해서 북한이 두려워할 만한 공군력을 꾸준히 확보 · 유지해 나가야한다.

다섯째, 궁극적으로 주한미군의 다가오는 철수에 대비하자는 것이다. 주한미군 없이도 독자적 · 자립적일 수 있는 방위체제의 수립을 준비해 나가야한다.

대한민국은 새로운 미국식의 전쟁방식을 채택할 만한 군사적 · 기술적 및 지리적 조건을 갖추고 있지 못하다. 북한도 그런 일방적 전쟁수행의 기회를 결코 주지 않기 위해 온갖 노력을 다할 것이다. 북한 정권은 경제적 어려움에도 불구하고 가까운 장래에 붕괴될 것 같지도 않다. 따라서 동맹국인 미국의 새로운 전쟁방식에 현혹되어 공군력만으로도 한반도의 전쟁억제와 전쟁의 승리를 꿈꾸는 일종의 '이카루스 신드롬'에 전염되어선 안 된다. 그러나 막강한 항공력의 확보와 유지 없이 한국의 안전이나 평화통일을 기대하는 것은 어리석은 짓이다. 오늘날 항공력은 매우 강력한 압박수단이며 '강력한 설득력'이다. 한반도의 안전과 평화통일을 위해 필요한 경우 소위 '강압적 협력'을 위해서도 북한 김정일 정권이 두려워하고 주변강대국들이 무시 못 할 그런 강력한 공군력을 추구해야 할 것이다.

반세기 전의 한국전쟁은 공군력의 무시 못 할 역할에도 불구하고 주로 수평적 차원의 전투였다. 그러나 이제는 전쟁의 형식이 제3차원, 즉 수직적 차원으로 이동했으며 이것은 항공 우주력의 영역이다. 오늘날 현대 항공 및 우주력에 관해 진실로 혁명적인 것은 미래의 전쟁을 인식하고 수행하는 방법을 근본적으로 변화시킬 수 있는 잠재력이다. 만일 이 분명하고 뚜렷한 잠재력을 명확하게 인식하지 못한 채 이런 저런 이유로 게으름을 피우면서 과거 수평적 전쟁의 경험, 그것도 반세기 전 한국전쟁의 경험에 사로잡혀 그 망령에서 탈피하지 못한다면 "장군들은 항상 지난번 마지막 전쟁을 수행한다(The generals always fight the last war)"는 전쟁사의 냉소적 교훈을 망각하는 어리석은 실수를 범할 것이다. 그리고 그 실수는 대한민국의 종말이며 한국인들 모두의 비극이 될 것이다.

Ⅶ. 한국안보의 아틀라스(Atlas)를 향해서

공군력은 미 · 소간 범세계적 냉전체제의 붕괴 이후 1991의 걸프전쟁과 발칸반도의 코소보 창공에서 그리고 최근 아프가니스탄에서의 반테러 전쟁에도 마치 주피터와 같은 위력으로 적을 굴복시킨 뒤 탈냉전 시대의 전쟁수행이라는 비극적 발레의 댄서에서 프리마돈나로 부상했다. 공군력의 이러한 지위격상은 물론 하루아침에 이루어진 것이 아니다.

1921년 지울리오 두헤(Giulio Douhet)가 제공권의 확보를 통한 신속한 전쟁의 승리를 예언한 뒤 한 인간의 평균수명인 70년의 세월을 필요로 했으며 항공전의 경험과 교훈을 실천하는 끊임없는 노력의 결과였다.

한반도와 그 주변의 잠재적인 무력 갈등에서는 육 · 해 · 공군의 통합작전이 전개될 전면전쟁이나 전쟁예방을 위한 지역적 위기의 진화과정 등 어느 경우에도 공군력이 중심적인 역할을 하게 될 것이다. 지난 반세기 동안의 과학기술의 발전추세와 공군력의 독립적인 전투역량 강화경향의 역사적 경험을 미래를 들여다보기 위한 수정구슬로 삼는다면 전면전의 수행은 물론 전쟁예방을 위한 억지력과 강압외교의 무력수단으로서의 공군력은 그 효용성을 더해 갈 것이다.

동아시아의 민주화 경향은 이러한 가능성을 더욱 강화해준다. 첨단장비로 무장한 공군력은 자국민과 군인의 희생을 줄이라는 압력에 굴복할 수밖에 없는 민주주의 정부가 합리적인 수단으로서 가장 먼저 채택하는 무력이 될 것이다. 그렇다면 21세기로의 스프린터로서 한국공군은 무엇을 할 것인가?

첫째, 타 군종과의 유기적 연계성을 강화해야 한다. 3차원의 공간을 활용할 수 있는 기술의 발달로 힘의 투사범위, 속도, 기동성, 대응성, 집중력에 있어서 공군은 다른 군종에 비해 우위를 점할 수는 있지만, 그것이 전쟁수행을 독점할 수는 없다. 현대적 첨단 무기체계의 확산으로 육군과 해군, 해병대 역시 동일한 기술수준을 활용하고 의지할 수 있으며, 모든 형태의 무력갈등에서 2차원의 개념이 완전히 사라진 것은 아니다.

사실 군대는 단순한 사람들과 기술들의 집합이 아니며 그 조직구조는 매우 복잡하다. 현대 전쟁의 전선에서는 한 가지 형태의 무기만이 아닌 매우 다양한 무기들이 독특한 임무를 띠고 독특한 화력을 내뿜고 있으며, 이러한 화력들의 효율성을 높이기 위하여 거대한 병참, 정보 그리고 지휘와 통제가 존재한다. 현대 군사 조직의 이와 같은 상호의존적 측면은, 기술적 우위를 점하고는 있지만 전체 무기체계의 일부에 불과한 공군 전투력 활용에 핵심적인 네트워크이다.

걸프전의 승리 요인 가운데 하나는 바로 이러한 네트워크의 붕괴를 막는 보호능력이었으며 어떠한 단일 군종만으로 걸프전을 승리로 이끈 것은 아니라는 주장 그리고 세르비아에 대한 NATO의 공습을 분석함에 있어서 지상침공을 대신해서 수행된 공군력의 역할에 초점을 맞추기보다는 다른 군종과의 결합에 의해서 공군력이 수행한 역할에 초점을 맞추어야 한다는 주장에 귀를 기울어야 하는 이유가 여기에 있다.

최근 미 합동참모본부가 입안한 〈Joint Vision 2020〉은 "미래의 통합군이 전략적 환경의 변화와 잠재적인 적에 대응하기 위해서 그리고 변화무쌍한 기술변화의 속도에 대응하기 위해서는 유연해야 한다."고 주장하면서 공군력 발전과 활용에 선도적인 역할을 해 온 미국의 이와 같은 군조직 개념의 수정은 국가의 무력 활용에 간과할 수 없는 시사점을 제공해 준다.

둘째, 공군력의 활용으로 타격을 가할 수 있는 잠재적인 적의 힘의 중심부를 정확하게 간파해 두어야 한다. 걸프전과 코소보 사태 이후 일부 공군력 비판자들은 사담 후세인과 슬로보단 밀로셰비치는 여전히 건재하지 않으냐고 주장해 왔다. 그러나 공군력의 유용성은 당초의 정치적 목적의 성패 여부로 판단되어야 하며 특히 위기관리 시에 공군력은 제한된 정치적 목적만을 수행한다. 군사작전에서 적의 힘의 중심부가 어디인지를 간파해야 하는 것은 사령관과 참모들의 임무이지만, 정치 외교적 목적 달성을 위한 제한된 군사작전에서의 타격지점 선정은 코소보 사태에서와 같이 정치지도자들의 임무가 될 수도 있다. 따라서 코소보 사태의 경우에 적의 힘의 중심부 또는 유효한 타격지점의 선정이 잘못되었기 때문에 비판받아야 할 것은 정치지도자이지 공군력 그 자체는 아닐 수도 있다. 그러나 공군은 어떠한 돌발 상황에도 대비하여 적의 중력을 항상 숙지하고 시뮬레이션 해 두어야 한다.

사실 한국전쟁과 걸프전 그리고 코소보 공습에서 살펴본 바와 같이 적의 힘의 중심부에는 리더십 엘리트, 지휘와 통제, 내적인 안보구조 전쟁물자의 생산능력 등 효과적으로 전쟁을 수행할 수 있는 모든 부문이 포함된다. 즉 무력으로서의 공군력 또는 강압외교의 수단으로서의 공군력이 적용되는 환경과 사안에 따라서 다를 수 있는 것이다.

셋째, 한국의 공군은 지휘부의 교육과 훈련을 위해서 최근의 항공 전사를 연구하여 실러버스를 마련하고 항공 독트린을 수립해야 한다. 시간을 다투는 상황에서의 신속하고도 현명한 결정은 정보의 우월성과 독트린에 대한 적응 및 훈련경험으로부터 나온다. 독트린이 없는 군대는 철학이 없는 인간처럼 공허하다. 평화 시의 무력이 의존하는 경제적 합리성과 효율성의 개념은 통신 또는 정보망에 가능한 한 많은 타격을 입히려는 적과의 전쟁에서는 거의 의지하기 어려운 척도이다. 모든 것이 혼란스런 전시에 무력의 효율성을 유지해 줄 수 있는 것이 바로 독트린이며, 파괴된 경제적 합리성은 높은 수준의 인적, 기술적 자원과 충분한 준비시간만이 보충해 줄 수 있다.

그러므로 첨단장비에 대한 관심 못지않은 인적 자원에 대한 관심과 개발에도 초점을 맞추어야 한다. 기술의 신화가 빛을 발하면 인간의 서사시는 빛이 바랜다. 전투는 기계를 가지고 인간이 수행하는 것이며, 무인 비행기를 조종하는 것도 컴퓨터 앞의 인간이다. 미 공군 참모총장 맥피크 장군은 걸프전의 성공요인으로 "월 20시간의 비행훈련과 공군비행훈련단"을 지적했으며, 코소보 사태 시에 러시아의 공군력으로 무장한 유고슬라비아의 패배에 대해서 당시 러시아 외상 알렉산드르 베세메르트니흐는 "좋은 연장도 훌륭한 목수의 손에서야 제 기능을 하는 법"이라고 비아냥거렸다.

마지막으로, 한국전쟁 휴전 이후 북한이 제2의 남침을 시도하지 못한 것은 미국의 군사력에 대한 공포심 때문이었다. 그리하여 지난 거의 반세기 동안 북한은 주한미군의 철수와 한미동맹체제의 해체를 목표로 온갖 선전전에 주력했다. 그러면서 이따금씩 무력도발을 시도해 보기도 했었다. 그러나 연평해전에서 북한은 미군이 배제된 한국 해군의 우월한 능력에 패퇴하고 화해정책으로 선회했다.

연평해전에서 위력을 과시했던 한국의 해군이 하루아침에 건설된 것은 아니었다. 그것은 수년간에 걸친 꾸준한 투자와 노력의 결실이었다. 군사력이란 두말할 필요도 없이 수단에 지나지 않는다. 수단의 보유는 필요하지만 그것만으로는 평화유지를 위해 불충분하다. 그 수단을 사용할 의지가 수반되어야만 한다. 또 예상하지 못한 어려움과 손실이 초래될 경우에도 그 수단의 사용을 지탱해 나갈 충분한 정치지도력이 있어야만 한다.

연평해전의 승리로 한반도에 평화가 정착된 것은 아니다. 비슷한 위험은 또 발생할 것이다. 공군도 비슷한 위험에 직면할 수 있다. 그럴 경우에는 공군도 북한에 대해 명백하고 올바른 교훈을 주어야 할 것이다. 그것도 한국공군의 독자적 힘만으로 가능할 때 훨씬 효과적일 것이다. 막강하고 효율적이며, 자립적인 공군력이란 단기간 내에 성취할 수 있는 것이 아니다. 바로 여기에 한국 공군력의 물리적, 기술적 그리고 인적 자원의 확보를 위한 꾸준한 투자가 요구되는 이유가 있는 것이다. 현재 한국공군은 국가방위 안무에서 댄서의 역할을 담당하고 있다. 앞으로 한반도에 또 다른 위기가 발생할 때 한국의 공군이 소심한 방관자로 남지 않고 막강한 위용을 과시할 수 있다면 한국공군도 프리마돈나로 부상하게 되지 않을까?

■ 인명 색인

■ 사항 색인

■ 저자 약력: 강 성 학(姜 聲 鶴)

고려대학교 정치외교학과 졸업
고려대학교 대학원 정치학 석사
미국 Northern Illinois University 대학원 정치학 박사
영국 런던 정경대학(LSE) 객원교수
일본 도쿄대학교 동양문제연구소 객원연구원
일본 와세다대학교 교환교수
한국국제정치학회 상임연구이사
한국정치학회 부회장
유엔평화유지활동 특별위원회 한국대표
미국 유엔체제학회(ACUNS) 이사
한국 유엔체제학회(KACUNS) 회장
고려대학교 평화연구소 소장
고려대학교 정책대학원 원장
한국 풀브라이트 (미국) 동문회 회장
한국쉐브닝 (영국) 동창회 회장
고려대학교 정경대학 교수(1981년 3월 1일~2014년 2월 28일)
고려대학교 정치외교학과 평생명예교수(2014년 3월~)
외교부 정책자문위원(2014년 8월~)

〈저서〉

『평화신과 유엔사무총장: 국제 평화를 위한 리더십의 비극』, 2014.

『Korea's Foreign Policy Dilemmas: Defining State Security and the Goal of National Unification』, Kent, 2011.

『카멜레온과 시지프스: 변천하는 국제질서와 한국의 안보』
(1995년 제1회 한국국제정치학회 저술상 수상)

『시베리아 횡단열차와 사무라이: 러일전쟁의 외교와 군사전략』
(1999년 문화관광부 추천 우수학술도서)

『인간神과 평화의 바벨탑: 국제정치의 원칙과 평화를 위한 세계헌정질서의 모색』(2007년 대한민국 학술원 우수도서 선정)
『이아고와 카산드라: 항공력 시대의 미국과 한국』
(1997년 가을 미국 학술지 FOREIGN POLICY가 서평을 게재)
『소크라테스와 시이저: 정의, 평화 그리고 권력』
『무지개와 부엉이: 국제정치의 이론과 실천에 관한 논문 선집』
『용과 사무라이의 결투: 중(청)일전쟁의 국제정치와 군사전략』(편저)
『새우와 고래싸움: 한민족과 국제정치』
『북한외교정책론』(공편)
『주한미군과 한미안보협력』(공저)
『정치학원론』(공저)
『셰익스피어의 정치철학』(역)
『핵시대를 어떻게 살 것인가』(공역)
『불평등한 세계』(역)
『제국주의의 해부』(역)
『키신저 박사와 역사의 의미』(역)
『자유주의의 정의론』(역)
『동아시아의 안보와 유엔체제』(편저)
『동북아시아의 안보와 유엔체제』(편저)
『시베리아와 연해주의 정치경제학』(편저)
『유엔과 한국전쟁』(편저) (2006년 문화관광부 추천 우수학술도서)
『유엔과 국제위기관리』(편저) (2005년 문화관광부 추천 우수학술도서)
『동북아의 근대적 변용과 탈근대 지향』(공편저)
『The United Nations and Keeping Peace in Northeast Asia』(편저)
『The UN in the 21st Century』(공편저)
『UN, PKO and East Asian Security: Currents, Trends and Prospects』(공편저)
『UN and Global Crisis Management』(편저)